Norbert Henze

Stochastik für Einsteiger

Prof. Dr. Norbert Henze
Fakultät für Mathematik
Universität (TH) Karlsruhe
76128 Karlsruhe
E-mail: henze@mspcdip.mathematik.uni-karlsruhe.de

Umschlag: Klaus Birk, Wiesbaden
Gedruckt auf säurefreiem Papier

ISBN 978-3-528-06894-3   ISBN 978-3-322-87607-2 (eBook)
DOI 10.1007/978-3-322-87607-2

Danksagung

An dieser Stelle möchte ich allen danken, die mir während der Entstehungsphase dieses Buches eine unschätzbare Hilfe waren. Frau Ingrid Voss „TEXte" große Teile des Manuskriptes und war an der Erstellung des Sachwortverzeichnisses sowie des Symbolverzeichnisses beteiligt. Herr Dipl.-Math. techn. Thorsten Wagner und Herr Dipl.-Math. Heiko Zimmermann steuerten zahlreiche Abbildungen bei und waren stets mit Rat und Tat zur Stelle. Herr Dipl.-Math. Michael Fichter ließ uns uneigennützig von seinem „TEXpertenwissen" profitieren.

Herrn Dr. Martin Folkers verdanke ich zahllose Verbesserungsvorschläge und viele wertvolle biographische Hinweise. Herr Dr. Wolfgang Henn fand trotz eines beängstigend vollen Terminkalenders noch die Zeit, große Teile des Manuskriptes einer wohlwollenden Kritik zu unterziehen. In tiefer Schuld stehe ich bei Frau Dipl.-Math. Nora Gürtler und bei Herrn Dipl.-Math. Bernhard Klar. Durch gründliches und schnelles Korrekturlesen und zahlreiche Verbesserungsvorschläge haben beide einen entscheidenden Anteil daran, dass sich der Abgabetermin beim Verlag nicht noch weiter verzögert hat.

Meiner Frau Edda und meinen Kindern Martin, Michael und Matthias danke ich zutiefst für ihr Verständnis und ihre grenzenlose Geduld. Ihnen ist dieses Buch gewidmet.

Vorwort

Als weiterer Vertreter der „Einsteiger"–Reihe ist das vorliegende Buch als Lehrbuch zwischen gymnasialem Mathematikunterrrricht und Universität konzipiert. Es wendet sich damit insbesondere an Lehrer/-innen, Studierende des Lehramtes, Studienanfänger an Fachhochschulen, Berufsakademien und Universitäten sowie „Quer–Einsteiger" aus Industrie und Wirtschaft. Durch

- Lernzielkontrollen am Ende der Kapitel,

- mehr als 140 Übungsaufgaben mit Lösungen und

- ein Symbol– sowie ein ausführliches Sachwortverzeichnis

eignet es sich insbesondere zum Selbststudium und als vorlesungsbegleitender Text.

Um den Leser möglichst behutsam in die Stochastik, die Kunst des geschickten Vermutens, einzuführen, wurden die mathematischen Vorkenntnisse bewusst so gering wie möglich gehalten. So reicht für die ersten 22 Kapitel abgesehen von einem Beweis in Kapitel 10 ein Abiturwissen in Mathematik völlig aus. Erst ab Kapitel 23 (diskrete Wahrscheinlichkeitsräume) wird eine gewisse Vertrautheit mit Begriffen und Methoden der Analysis vorausgesetzt. Hier können die im Literaturverzeichnis aufgeführten Bücher [HEU] und [WAL] als Nachschlagewerke dienen.

Der Konzeption dieses Buches liegt die Erfahrung zugrunde, dass die spezifischen Denkweisen der Stochastik – insbesondere die Erfassung des Wahrscheinlichkeitsbegriffes – den Studierenden anfangs große Schwierigkeiten bereiten. Hinzu kommt das „harte Geschäft" der Modellierung zufallsabhängiger Vorgänge als ein wichtiges Aufgabenfeld der Stochastik. Da die Konstruktion geeigneter Modelle im Hinblick auf die vielfältigen Anwendungen der Stochastik von Grund auf gelernt werden sollte, nimmt der Aspekt der Modellbildung einen breiten Raum ein. Hier mag es trösten, dass selbst Universalgelehrte wie Leibniz oder Galilei bei einfachen Zufallsphänomenen mathematische Modelle aufstellten, die sich nicht mit den gemachten „Beobachtungen des Zufalls" in Einklang bringen ließen. Um dem Einüben stochastischer Modellbildung ohne Verwendung fortgeschrittener mathematischer Techniken genügend Raum zu lassen, wurde bewusst auf die Behandlung stetiger Verteilungsmodelle verzichtet.

Im Gegenzug habe ich großen Wert auf die Motivation der Begriffsbildungen und auf die Diskussion von Grundannahmen wie z.B. die „Unabhängigkeit und Gleichartigkeit von Versuchen" gelegt. Ausführlich werden die Modellierung mehrstufiger Experimente sowie der Zusammenhang zwischen Übergangswahrscheinlichkeiten und den oft nur stiefmütterlich behandelten bedingten Wahrscheinlichkeiten besprochen. Auch in den beiden letzten Kapiteln über Schätz– und Testprobleme habe ich versucht, keine Rezepte zu vermitteln, sondern prinzipielle Vorgehensweisen der Schließenden Statistik anhand elementarer Beispiele zu verdeutlichen. Einige kritische Anmerkungen zum Testen statistischer Hypothesen entspringen einer langjährigen Erfahrung in der statistischen Beratung.

Eine Reihe paradoxer Phänomene dürfte nicht nur im Schulunterrrricht zu anregenden Diskussionen und zur Beschäftigung mit mathematischer Modellierung führen. Hierzu gehören u.a. das *Ziegenproblem* (Kapitel 7 und 16), das *Paradoxon der ersten Kollision* (Kapitel 11; das Phänomen der ersten Gewinnreihenwiederholung im Zahlenlotto könnte ein „Klassiker" werden), *Simpsons Paradoxon* (Kapitel 16 und Kapitel 22), das *Zwei–Jungen–Problem* (Kapitel 16) und das häufig auch als *Coupon–Collector–Problem* oder *Problem der vollständigen Serie* bekannte *Sammlerproblem* (Kapitel 24).

Was beim ersten Durchblättern dieses Buches auffällt, ist ein häufiger Wechsel zwischen einem (hoffentlich) angenehm zu lesenden Prosastil und dem in der Mathematik gewohnten „Definition–Satz–Beweis–Schema". Dieser Wechsel ist für die Stochastik typisch. Stochastik ist – wenn man sie nicht auf die *Mathematische Stochastik* reduziert – **kein** Teilgebiet der Mathematik, sondern eine interdisziplinäre Wissenschaft mit vielfältigen Anwendungen, deren formale Sprache die Mathematik ist. Denjenigen, die an der Entstehungsgeschichte dieser Wissenschaft interessiert sind, werden vermutlich die zahlreichen biographischen Hinweise und die angegebenen Internet–Adressen von Nutzen sein. Weitere einschlägige Internet–Adressen sind unter meiner Homepage *http://www.mathematik.uni-karlsruhe.de /˜stoch/Mitarbeiter/henze.html* abrufbar.

Steigen Sie ein in die faszinierende Welt des Zufalls!

Karlsruhe, im März 1997

Inhaltsverzeichnis

0 Einleitung

Welch ein Zufall! sagen wir häufig, um unserer Verwunderung über ein als „unwahrscheinlich" erachtetes Ereignis Ausdruck zu geben. Der Zufall führt Regie bei den wöchentlichen Ziehungen der Lottozahlen, und er steht Pate bei Spielen wie *Mensch-ärgere-Dich-nicht!* oder *Roulette*, wobei Zufall meist mit Glück (*Glücksgöttin Fortuna*) oder Pech (*Pechvogel, Pechsträhne*) verbunden wird. Um allen Mannschaften die „gleiche Chance" zu sichern, werden die Spielpaarungen des Pokalwettbewerbs des Deutschen Fußballbundes (DFB–Pokal) vor jeder Runde unter den noch verbliebenen Mannschaften durch das Los bestimmt, d.h. durch die „höhere Gewalt des Zufalls" festgelegt. Neuerdings entscheidet das Los sogar bei strittigen Fragen über das Abstimmungsverhalten im Bundesrat (so beschlossen bei den Koalitionsverhandlungen 1996 in Rheinland–Pfalz).

Das Wort *Stochastik* steht als Sammelbegriff für die Gebiete *Wahrscheinlichkeitstheorie* und *Statistik* und kann kurz und prägnant als „Mathematik des Zufalls" bezeichnet werden. Dabei wollen wir im folgenden nicht über die Existenz eines „Zufalls" philosophieren, sondern den pragmatischen Standpunkt einnehmen, dass sich gewisse Vorgänge wie die Ziehung der Lottozahlen einer deterministischen Beschreibung entziehen und somit ein stochastisches Phänomen darstellen, weil wir nicht genug für eine sichere Vorhersage wissen. Wir lassen hierbei offen, ob dieses Wissen nur für uns in der speziellen Situation oder prinzipiell nicht vorhanden ist.

Stochastische Begriffsbildungen begegnen uns im täglichen Leben auf Schritt und Tritt. So verspricht uns der lokale Wetterbericht für den morgigen Tag eine *Regenwahrscheinlichkeit von 70 Prozent*, und Jurist(inn)en nehmen einen Sachverhalt mit *an Sicherheit grenzender Wahrscheinlichkeit* an, wenn sie ihn als „so gut wie sicher" erachten. Wir lesen, dass die Überlegenheit einer neuen Therapie zur Behandlung einer bestimmten Krankheit gegenüber einer Standard–Therapie *statistisch auf dem 5% Niveau abgesichert* sei. Diese Formulierung mag (und soll es vielfach auch) beeindrucken; sie wird aber den meisten von uns nicht viel sagen. Es werden uns Ergebnisse von Meinungsumfragen präsentiert, die eine *statistische Unsicherheit von einem Prozent* aufweisen sollen. Auch hier interpretieren wir diese „statistische Unsicherheit" – wenn überhaupt – meist falsch.

Ziel dieses Buches ist es, dem Leser einen ersten Einstieg in die faszinierende Welt des Zufalls zu vermitteln und ihn in die Lage zu versetzen, stochastische Phäno-

mene korrekt zu beurteilen und über „statistische Unsicherheiten" oder „eine
statistische Signifikanz auf dem 5% Niveau" kritisch und kompetent mitreden zu
können. Wir werden sehen, dass selbst der sprichwörtlich „unberechenbare Zufall" gewissen Gesetzen der Mathematik gehorcht und somit „berechenbar" wird.
Dabei macht gerade der Aspekt, dem Zufall „auf die Finger sehen" und für ein be-
obachtetes stochastisches Phänomen ein passendes Modell aufstellen zu müssen,
den spezifischen Reiz der Stochastik aus.

In der Tat ist die historische Entwicklung der Stochastik von einer intensiven
und äußerst fruchtbaren Wechselwirkung zwischen Theorie und Anwendungen
geprägt; nicht zuletzt waren es irrtümliche Modellvorstellungen bei Karten– und
Würfelspielen, welche die Entwicklung der Wahrscheinlichkeitstheorie entscheidend vorangetrieben haben. Dass sich dabei Trugschlüsse aus der Welt des Zufalls weiterhin einer ungebrochenen Popularität erfreuen, zeigt das im Sommer
des Jahres 1991 heiß diskutierte „Ziegenproblem". Bei diesem Problem geht es
um ein Auto, das in einer Spielshow gewonnen werden kann. Hierzu sind auf der
Bühne drei verschlossene Türen aufgebaut. Hinter genau einer vom Spielleiter
vorher rein zufällig ausgewählten Tür befindet sich der Hauptpreis, hinter den
beiden anderen jeweils eine Ziege. Der Kandidat wählt eine der Türen aus, die
aber zunächst verschlossen bleibt. Der Spielleiter sondert daraufhin durch Öffnen einer der beiden anderen Türen eine Ziege aus und bietet dem Kandidaten
an, bei seiner ursprünglichen Wahl zu bleiben oder die andere verschlossene Tür
zu wählen. Ein intuitiv naheliegender und weit verbreiteter Irrtum ist hier, dass
nach Ausschluss einer „Ziegen–Tür" durch den Spielleiter die beiden verbleibenden Türen die gleichen Gewinnchancen eröffnen.

Natürlich beschränkt sich der Anwendungsbereich der Stochastik nicht auf Glücksspiele. Die Tatsache, dass stochastische Fragestellungen in so unterschiedlichen
Anwendungsbereichen wie *Medizin* (Vergleich des Erfolges verschiedener Thera-
pien), *Versicherungswesen* (Prämienkalkulation), *Epidemiologie* (Modelle für die
Ausbreitung von Krankheiten), *Verkehrswesen* (Studium von Warteschlangensy-
stemen), *Biologie* (Planung und Auswertung von Versuchen), *Meinungsforschung*
(Gewinnung repräsentativer Stichproben und „Hochrechnen" auf die Grundgesamtheit) sowie *Ökonomie* (Portfolio–Analyse, Marketing–Strategien u.a.) auftreten, unterstreicht die wachsende Bedeutung der Stochastik für die berufliche
Praxis.

Abschließend sei ausdrücklich hervorgehoben, dass ich das Wort „Leser" im folgenden stets in einem **geschlechtsneutralen** Sinn verstehe. Es schließt grundsätzlich auch alle Leser**innen** mit ein, um Konstruktionen wie „Wir empfehlen dem
Leser und der Leserin, seine bzw. ihre Aufmerksamkeit ..." zu vermeiden.

1   Zufallsexperimente, Ergebnismengen

Ein wesentlicher Aspekt der Stochastik ist die *Modellierung* zufallsabhängiger Phänomene. Dabei ist uns das Wort *Modell* in der Bedeutung einer kleinen plastischen Ausführung eines u.U. erst geplanten Objektes (Modellflugzeug, Modell eines Einkaufszentrums, eines Denkmals, einer Sportstätte o.ä.) vertraut. Natürlich kann ein Modell nicht alle Einzelheiten des Originals aufweisen; ein gutes Modell sollte aber alle **wesentlichen** Merkmale des Originals besitzen.

In der gleichen Weise wie ein Modellflugzeug eine Nachbildung eines tatsächlichen Flugzeugs darstellt, liefert ein *stochastisches Modell* eine Nachbildung eines zufallsabhängigen Vorgangs in der Sprache der Mathematik. Was ein derartiges Modell genau ist, werden wir bald erfahren, wenn wir uns mit Problemen der stochastischen Modellierung anhand einiger Beispiele beschäftigt haben.

Als erstes Übungsmaterial zur stochastischen Modellbildung eignen sich vor allem zufallsabhängige Vorgänge bei Glücksspielen wie das Werfen eines Würfels oder einer Münze, das Ziehen einer Karte aus einem gut gemischten Kartenspiel oder das Drehen eines Glücksrades. All diesen Vorgängen ist gemeinsam, dass sie unter genau festgelegten Bedingungen durchgeführt werden können und zumindest prinzipiell beliebig oft wiederholbar sind. Hinzu kommt, dass trotz des stochastischen Charakters jeweils die Menge der **überhaupt möglichen Ergebnisse** dieser Vorgänge bekannt ist.

Da sich diese Eigenschaften als hilfreich für das Verständnis der stochastischen Grundbegriffe erwiesen haben, wollen wir sie noch einmal hervorheben. Ein stochastischer Vorgang heißt *ideales Zufallsexperiment*, wenn folgende Gegebenheiten vorliegen:

- Das Experiment wird unter genau festgelegten Bedingungen, den sogenannten *Versuchsbedingungen*, durchgeführt.

- Die Menge der möglichen Ergebnisse (Ausgänge) ist vor der Durchführung des Experimentes bekannt.

- Das Experiment kann zumindest prinzipiell beliebig oft unter gleichen Bedingungen wiederholt werden.

Ein elementares Beispiel für ein ideales Zufallsexperiment stellt der *einfache Würfelwurf* mit den möglichen Ergebnissen 1,2,3,4,5,6 dar. Die Versuchsbedingungen könnten etwa die Auswahl eines Würfels und eines Knobelbechers sein, wobei der Wurf nach gutem Schütteln des Würfels im Becher zu erfolgen hat.

Die Menge der möglichen Ergebnisse eines idealen Zufallsexperimentes wollen wir mit dem griechischen Buchstaben Ω (lies: *Omega*) bezeichnen und *Ergebnismenge* des Zufallsexperimentes nennen. Synonym hierfür wird auch der Begriff *Grundraum* verwendet. Als mathematisches Objekt ist Ω eine *Menge*, und es ist immer der erste Schritt einer stochastischen Modellbildung, die Ergebnismenge bei einem Zufallsexperiment festzulegen. Da es nur darauf ankommt, die möglichen Ausgänge des Experimentes zu identifizieren, ist die Wahl von Ω in einer vorliegenden Situation bis zu einem gewissen Grad willkürlich. So könnten wir beim Ziehen einer Karte aus einem Kartenspiel (französisches Blatt, 32 Karten)

$$\Omega := \{ \begin{array}{llllllll} \Diamond 7, & \Diamond 8, & \Diamond 9, & \Diamond 10, & \Diamond B, & \Diamond D, & \Diamond K, & \Diamond A, \\ \heartsuit 7, & \heartsuit 8, & \heartsuit 9, & \heartsuit 10, & \heartsuit B, & \heartsuit D, & \heartsuit K, & \heartsuit A, \\ \spadesuit 7, & \spadesuit 8, & \spadesuit 9, & \spadesuit 10, & \spadesuit B, & \spadesuit D, & \spadesuit K, & \spadesuit A, \\ \clubsuit 7, & \clubsuit 8, & \clubsuit 9, & \clubsuit 10, & \clubsuit B, & \clubsuit D, & \clubsuit K, & \clubsuit A \end{array} \}$$

setzen, aber auch genausogut $\Omega := \{1, 2, 3, 4, 5, 6, \ldots\ldots, 30, 31, 32\}$ wählen, wenn wir alle 32 Karten gedanklich in einer vereinbarten Weise durchnummerieren und z.B. festlegen, dass $\Diamond 7$ der Zahl 1, $\Diamond 8$ der Zahl 2, ..., $\clubsuit K$ der Zahl 31 und $\clubsuit A$ der Zahl 32 entspricht. Das anstelle des Gleichheitszeichens verwendete Zeichen „:=" (lies: *definitionsgemäß gleich*) soll dabei andeuten, dass der auf der Seite des Doppelpunktes stehende Ausdruck erklärt wird; mit dieser Konvention wird später häufig auch das Symbol „=:" verwendet.

Als weiteres Beispiel für ein ideales Zufallsexperiment betrachten wir die vielen von uns bekannte Situation des „Wartens auf die erste Sechs" beim Spiel *Mensch-ärgere-Dich-nicht!*. Das Experiment besteht darin, nach jeweils gutem Schütteln einen Würfel so lange zu werfen, bis zum ersten Mal eine Sechs auftritt. Das Ergebnis des Experimentes sei die Anzahl der dazu benötigten Würfe. Jeder, der Erfahrung mit *Mensch-ärgere-Dich-nicht!* besitzt, weiß, dass er schon einmal der Verzweiflung nahe war, weil selbst nach sehr vielen Versuchen noch keine Sechs gewürfelt wurde. Es ist in der Tat logisch nicht auszuschließen, dass auch nach 100 oder 1000 (oder mehr) Würfen noch keine Sechs aufgetreten ist, obwohl dies vermutlich niemand von uns je beobachtet hat. Da wir offenbar keine sichere Obergrenze für die Anzahl der benötigten Würfe bis zum Auftreten der ersten Sechs angeben können, ist die Menge

$$\Omega := \{1, 2, 3, \ldots\} =: \mathbb{N}$$

der natürlichen Zahlen ein geeigneter Grundraum für dieses Zufallsexperiment. Im Gegensatz zum einfachen Würfelwurf und zum Ziehen einer Spielkarte enthält die

Ergebnismenge beim Warten auf die erste Sechs unendlich viele Elemente. Hier ist natürlich die Idealvorstellung enthalten, beliebig oft würfeln zu können.

Wird ein durch die Ergebnismenge Ω beschriebenes Zufallsexperiment n mal hintereinander durchgeführt, und wird dieser Vorgang als ein aus n „Einzelexperimenten" bestehendes „Gesamtexperiment" betrachtet, so lassen sich die Ergebnisse des Gesamtexperimentes in naheliegender Weise als n-*Tupel*

$$a = (a_1, a_2, a_3, \ldots, a_{n-1}, a_n)$$

mit den *Komponenten* $a_1, a_2, \ldots, a_n$ darstellen, wenn wir $a_j \in \Omega$ als das Ergebnis des j-ten Einzelexperimentes ansehen ($j = 1, \ldots, n$). Die Menge aller n-Tupel mit Komponenten aus einer Menge Ω wird mit Ω^n bezeichnet.

Bei n-Tupeln muss im Gegensatz zur Angabe der Elemente von Mengen die Reihenfolge der Komponenten des Tupels beachtet werden. Dies bedeutet, dass zwei n-Tupel $a = (a_1, a_2, a_3, \ldots, a_{n-1}, a_n)$ und $b = (b_1, b_2, b_3, \ldots, b_{n-1}, b_n)$ dann und nur dann gleich sind, wenn sie komponentenweise übereinstimmen, d.h. wenn $a_j = b_j$ für jedes $j = 1, \ldots, n$ gilt.

Offenbar können die Ergebnisse eines aus n hintereinander durchgeführten Einzelexperimenten bestehenden Gesamtexperimentes auch dann durch n-Tupel beschrieben werden, wenn die mit Ω_j bezeichnete Ergebnismenge des j-ten Einzelexperiments von j abhängen darf. Der Ergebnisraum des Gesamtexperimentes ist dann das *kartesische Produkt*

$$\Omega_1 \times \Omega_2 \times \ldots \times \Omega_n := \{(a_1, a_2, \ldots, a_n) : a_1 \in \Omega_1, a_2 \in \Omega_2, \ldots, a_n \in \Omega_n\}$$

der Mengen $\Omega_1, \Omega_2, \ldots, \Omega_n$. In diesem Sinn stellt also Ω^n das n-fache kartesische Produkt der Menge Ω mit sich selbst dar.

Wir werden in diesem Buch ausschließlich die beiden Fälle betrachten, dass der Grundraum Ω eine *endliche* oder eine *abzählbar-unendliche* Menge ist. Die Anzahl der Elemente einer endlichen Menge M bezeichnen wir mit $|M|$. Die Eigenschaft *abzählbar-unendlich* bedeutet, dass die Elemente der unendlichen Menge Ω mit den natürlichen Zahlen $1, 2, 3, \ldots$ „durchnummeriert" werden können.

Liegt ein endlicher Grundraum mit s Elementen vor, so schreiben wir Ω im allgemeinen in der Form

$$\Omega = \{\omega_1, \omega_2, \ldots, \omega_s\}.$$

Im Fall einer abzählbar-unendlichen Ergebnismenge Ω schreiben wir

$$\Omega = \{\omega_j : j \in \mathbb{N}\}. \tag{1.1}$$

In diesem Fall wird meist $\Omega = \mathbb{N}$ oder $\Omega = \mathbb{N}_0 = \{0, 1, 2, \ldots\}$ gelten. Die oben angesprochene „Durchnummerierung" der Elemente von Ω ist gerade durch die Darstellung (1.1) gegeben: ω_1 ist das *erste*, ω_2 das *zweite* Element usw.

Übungsaufgaben

Ü 1.1 In einer Schachtel liegen vier mit 1 bis 4 nummerierte Kugeln. Wie lautet die Ergebnismenge, wenn zwei Kugeln mit einem Griff gezogen werden?

Ü 1.2 Welche Ergebnismenge ist beim *Zahlenlotto 6 aus 49* angemessen, wenn

  a) nur die Ziehung der 6 Lottozahlen (ohne Zusatzzahl),

  b) das Ziehen der 6 Lottozahlen mit Zusatzzahl

beschrieben werden soll?
Anmerkung: Das Ziehungsgerät enthält 49 Kugeln, die von 1 bis 49 nummeriert sind.

Ü 1.3 Geben Sie eine geeignete Ergebnismenge für folgende stochastischen Vorgänge an:

  a) Drei nicht unterscheidbare Markstücke werden gleichzeitig geworfen.

  b) Ein Markstück wird dreimal hintereinander geworfen.

  c) Ein Pfennig und ein Markstück werden gleichzeitig geworfen.

  d) Ein Pfennig wird so lange geworfen, bis zum ersten Mal *Zahl* erscheint, jedoch höchstens sechsmal.

  e) Ein Würfel wird so lange geworfen, bis jede Augenzahl mindestens einmal aufgetreten ist.

Lernziel–Kontrolle

Sie sollten mit den Begriffen

- *ideales Zufallsexperiment,*

- *Ergebnismenge (Grundraum),*

- *n–Tupel*

und

- *kartesisches Produkt von Mengen*

umgehen können.

2 Ereignisse

Bei der Durchführung eines Zufallsexperimentes interessiert oft nur, ob der Ausgang zu einer **gewissen Menge von Ergebnissen** gehört. So kommt es zu Beginn des Spiels *Mensch-ärgere-Dich-nicht!* nicht auf die genaue Augenzahl an, sondern nur darauf, ob eine *Sechs* geworfen wird oder nicht. Bei Spielen mit zwei Würfeln mag es in einer bestimmten Situation nur wichtig sein, dass die Augensumme beider Würfe größer als 8 ist.

Offenbar führen uns diese Überlegungen in natürlicher Weise dazu, *Teilmengen* aus der Menge aller möglichen Ergebnisse zu betrachten. Ist Ω die Ergebnismenge eines Zufallsexperimentes, so heißt jede Teilmenge von Ω ein *Ereignis*. Für Ereignisse verwenden wir große lateinische Buchstaben aus dem vorderen Teil des Alphabetes, also $A, A_1, A_2, \ldots, B, B_1, B_2, \ldots, C, C_1, C_2, \ldots$.

Da wir Ω als Ergebnismenge eines Zufallsexperimentes ansehen, ist jedes Element ω der Menge Ω potentieller Ausgang dieses Experimentes. Ist A ein Ereignis (Teilmenge von Ω), so besagt die Sprechweise *„das Ereignis A tritt ein"*, dass das Ergebnis des Zufallsexperimentes zur Teilmenge A von Ω gehört. Durch diese Sprechweise identifizieren wir die Menge A als mathematisches Objekt mit dem anschaulichen Ereignis, dass ein Element aus A als Ausgang des Zufallsexperimentes realisiert wird. Extreme Fälle sind hierbei das *sichere Ereignis* $A = \Omega$ und die leere Menge $A = \emptyset = \{\,\}$ als *unmögliches Ereignis*. Jede einelementige Teilmenge $\{\omega\}$ von Ω heißt *Elementarereignis*.

Sind A und B Ereignisse, so kann durch Bildung des *Durchschnittes (Schnittmenge)*

$$A \cap B := \{\omega \in \Omega : \omega \in A \text{ und } \omega \in B\}$$

(siehe Bild 2.1 auf S. 9) ein neues Ereignis konstruiert werden. Da ein Ausgang des Experiments dann und nur dann zu $A \cap B$ gehört, wenn er sowohl zu A als auch zu B gehört, **tritt das Ereignis $A \cap B$ genau dann ein, wenn jedes der Ereignisse A und B eintritt.**

Die mengentheoretische *Vereinigung*

$$A \cup B := \{\omega \in \Omega : \omega \in A \text{ oder } \omega \in B\}$$

von A und B (Bild 2.2) steht für das Ereignis, dass **mindestens eines der Ereignisse A oder B eintritt**. Hierbei ist der Fall nicht ausgeschlossen, dass A und B beide eintreten!

In direkter Verallgemeinerung hierzu beschreiben

- $A_1 \cap \ldots \cap A_n$ das Ereignis, dass **jedes** der Ereignisse $A_1, \ldots, A_n$ eintritt,

und

- $A_1 \cup \ldots \cup A_n$ das Ereignis, dass **mindestens eines** der Ereignisse $A_1, \ldots, A_n$ eintritt.

Wir sehen also, dass der Umgang mit mengentheoretischen Operationen ein wichtiges Handwerkszeug der Stochastik bildet. Deshalb sollen kurz die grundlegenden Bezeichnungen und Regeln der Mengenlehre zusammengestellt werden.

Gehört jedes Element einer Menge A auch zur Menge B , so heißt A eine *Teilmenge* von B, und wir schreiben hierfür kurz $A \subseteq B$ (Bild 2.3). Zwei Mengen A und B sind demnach gleich, falls sowohl $A \subseteq B$ als auch $B \subseteq A$ gilt. Die *Teilmengenbeziehung* $A \subseteq B$ bedeutet, dass das Eintreten des Ereignisses A das Eintreten des Ereignisses B nach sich zieht: „aus A folgt B".

Die Menge

$$B \setminus A \; := \; \{\omega \in \Omega : \omega \in B \text{ und } \omega \notin A\}$$

(lies: B *minus* A oder B *vermindert um* A) beschreibt das Ereignis, dass B, aber **nicht** A eintritt (Bild 2.4). Im Spezialfall $B = \Omega$ schreiben wir $\overline{A} := \Omega \setminus A$ und nennen $\overline{A}$ das *Gegenereignis* *zu* A oder *Komplement von* A (Bild 2.5). Offenbar tritt das Ereignis $\overline{A}$ genau dann ein, wenn A nicht eintritt. Man beachte auch, dass die Mengen $B \setminus A$ und $B \cap \overline{A}$ gleich sind.

Zwei Ereignisse A und B heißen *unvereinbar* oder *disjunkt*, falls ihr Durchschnitt die leere Menge ist, d.h. wenn $A \cap B = \emptyset = \{\;\}$ gilt (Bild 2.6). Da die leere Menge kein Element enthält, können unvereinbare Ereignisse nie zugleich eintreten. Allgemeiner heißen n Ereignisse $A_1, A_2, \ldots, A_n$ *unvereinbar*, wenn je zwei von ihnen unvereinbar sind, also wenn $A_i \cap A_j = \emptyset$ für jede Wahl von i und j mit $1 \leq i, j \leq n$ und $i \neq j$ gilt. Unvereinbare Ereignisse stellen eine spezielle und – wie wir später sehen werden – besonders angenehme Situation im Hinblick auf die Berechnung von Wahrscheinlichkeiten dar. Um dies auch in der Notation zu betonen, schreiben wir die Vereinigung **disjunkter** Ereignisse mit dem *Summenzeichen*, d.h. wir setzen

$$A + B \; := \; A \cup B$$

für disjunkte Ereignisse A und B bzw.

$$\sum_{j=1}^{n} A_j \;=\; A_1 + A_2 + \ldots + A_n \;:=\; \bigcup_{j=1}^{n} A_j \;=\; A_1 \cup A_2 \cup \ldots \cup A_n$$

für disjunkte Ereignisse $A_1, A_2, \ldots, A_n$ und vereinbaren, dass diese **Summen-schreibweise** ausschließlich für den Fall disjunkter Ereignisse gelten soll.

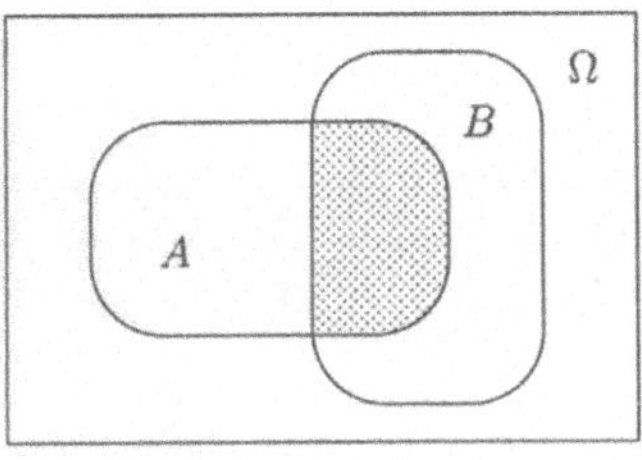

Bild 2.1 $A \cap B$

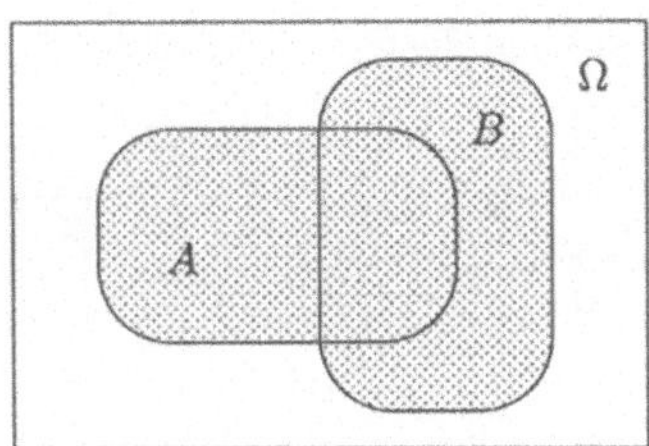

Bild 2.2 $A \cup B$

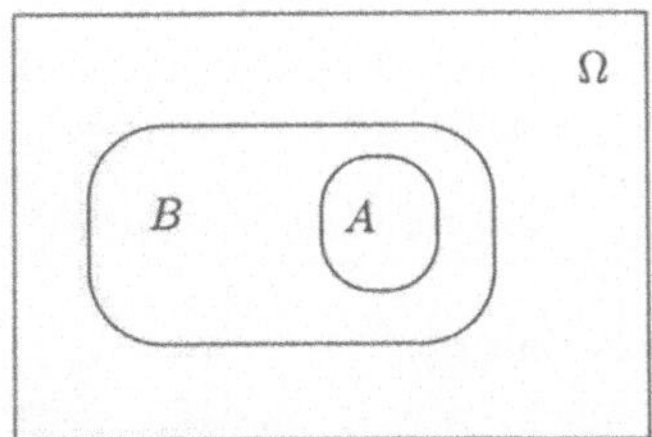

Bild 2.3 $A \subseteq B$

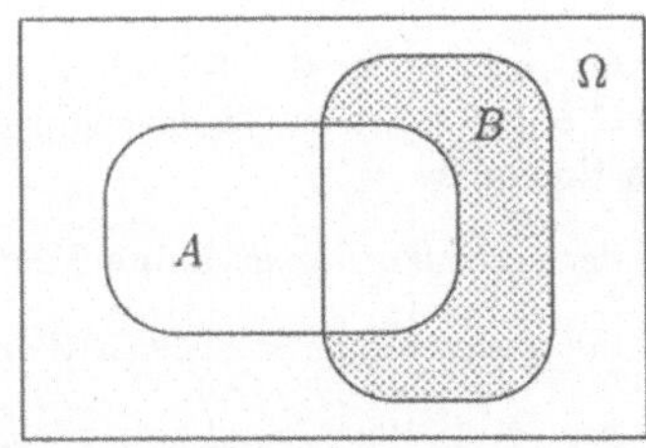

Bild 2.4 $B \backslash A$

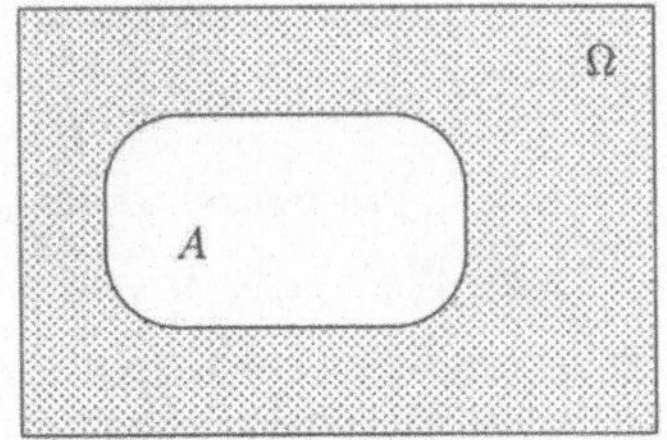

Bild 2.5 $\bar{A}$

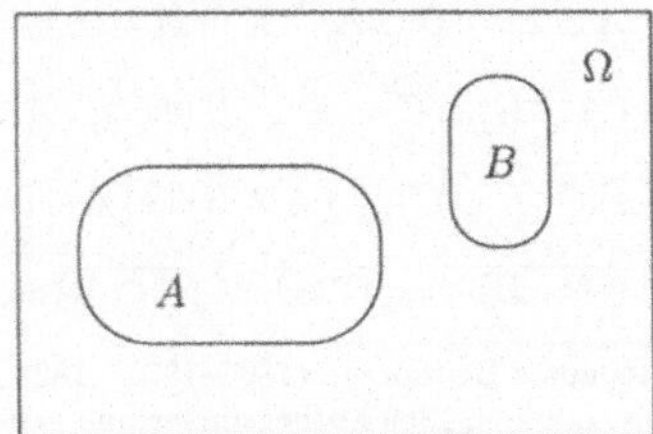

Bild 2.6 $A \cap B = \emptyset$

Zur Illustration betrachten wir den *zweifachen Würfelwurf* mit der Ergebnismenge $\Omega := \{(i,j) : i,j \in \{1,2,3,4,5,6\}\}$, wobei i die Augenzahl des ersten und j die Augenzahl des zweiten Wurfes angibt. Den anschaulich beschriebenen Ereignissen

- *der erste Wurf ergibt eine Fünf,*

- *die Augensumme aus beiden Würfen ist höchstens fünf,*

- *der zweite Wurf ergibt eine höhere Augenzahl als der erste Wurf*

entsprechen die formalen Ereignisse

$$
\begin{aligned}
A \;&:=\; \{(5,1),(5,2),(5,3),(5,4),(5,5),(5,6)\} \\
&=\; \{(5,j):\ 1 \le j \le 6\ \},
\end{aligned}
$$

$$
\begin{aligned}
B \;&:=\; \{(1,1),(1,2),(2,1),(1,3),(2,2),(3,1),(1,4),(2,3),(3,2),(4,1)\} \\
&=\; \{(i,j) \in \Omega:\ i+j \le 5\},
\end{aligned}
$$

$$
\begin{aligned}
C \;&:=\; \{(1,2),(1,3),(1,4),(1,5),(1,6),(2,3),(2,4),(2,5),(2,6), \\
&\qquad (3,4),(3,5),(3,6),(4,5),(4,6),(5,6)\} \\
&=\; \{(i,j) \in \Omega : i < j\}.
\end{aligned}
$$

Es gilt $A \cap B = \emptyset$, $B \setminus C = \{(1,1),(2,1),(2,2),(3,1),(3,2),(4,1)\}$ und $A \cap C = \{(5,6)\}$. Den Gegenereignissen $\overline{A}$, $\overline{B}$ und $\overline{C}$ entsprechen die anschaulichen Ereignisse

- *der erste Wurf ergibt* **keine** *Fünf,*

- *die Augensumme aus beiden Würfen ist* **größer als** *fünf,*

- *der zweite Wurf ergibt* **keine** *höhere Augenzahl als der erste Wurf.*

Zum Abschluss dieses Ausfluges in die Mengenlehre sei daran erinnert, dass für mengentheoretische Verknüpfungen grundlegende Regeln wie zum Beispiel

- $A \cup B = B \cup A, \quad A \cap B = B \cap A$ *Kommutativ-Gesetze*

- $(A \cup B) \cup C = A \cup (B \cup C), (A \cap B) \cap C = A \cap (B \cap C)$ *Assoziativ-Gesetze*

- $A \cap (B \cup C) = (A \cap B) \cup (A \cap C)$ *Distributiv-Gesetz*

- $(\overline{A \cup B}) = \overline{A} \cap \overline{B}, \quad (\overline{A \cap B}) = \overline{A} \cup \overline{B}$ *Formeln von De Morgan* [1]

---

[1] Auguste De Morgan (1806–1871), 1828–1831 und 1836–1866 Professor am University College in London, 1866 Mitbegründer und erster Präsident der London Mathematical Society. De Morgan schrieb Arbeiten zu fast allen Teilgebieten der Mathematik, auch zur Wahrscheinlichkeitstheorie. 1838 prägte er den Begriff der *Mathematischen Induktion*. Hauptarbeitsgebiete: Mathematische Logik und Geschichte der Mathematik.

gelten. Da uns insbesondere die erste Formel von De Morgan des öfteren begegnen wird, formulieren wir sie noch einmal in der Form

$$\overline{A_1 \cup A_2 \cup \ldots \cup A_n} = \overline{A_1} \cap \overline{A_2} \cap \ldots \cap \overline{A_n} \tag{2.1}$$

für den allgemeinen Fall von n Ereignissen. Die „verbale Version" hierzu lautet: Es tritt genau dann **nicht** mindestens eines der Ereignisse $A_1, A_2, \ldots, A_n$ ein, wenn keines dieser Ereignisse, d.h. weder A_1 noch $A_2 \ldots$ noch A_n, eintritt.

Übungsaufgaben

Ü 2.1 Es seien A, B, C Ereignisse in einem Grundraum Ω. Geben Sie die folgenden Ereignisse in Mengenschreibweise an:

a) Es tritt A, aber weder B noch C ein.

b) Es treten genau zwei der drei Ereignisse ein.

c) Es tritt höchstens eines der drei Ereignisse ein.

Ü 2.2 Es seien Ω ein Grundraum und $A_1, \ldots, A_n$ Ereignisse. Beschreiben Sie die folgenden Ereignisse mengentheoretisch:

a) Keines der Ereignisse $A_1, \ldots, A_n$ tritt ein.

b) Genau eines der Ereignisse $A_1, \ldots, A_n$ tritt ein.

c) Genau $n-1$ der Ereignisse $A_1, \ldots, A_n$ treten ein.

Ü 2.3 Ein Markstück wird dreimal geworfen. Es sei A das Ereignis, dass mindestens zweimal hintereinander *Zahl* erscheint und B das Ereignis, dass alle Würfe das gleiche Ergebnis liefern. Bestimmen Sie: a) $A \cup B$, b) $A \cap B$, c) $A \setminus B$, d) $\overline{A \cup B}$.

Ü 2.4 Beschreiben Sie das Ereignis $B \setminus C$ im Beispiel des zweimal hintereinander ausgeführten Würfelwurfes verbal.

Lernziel–Kontrolle

Sie sollten wissen, dass Ereignisse Teilmengen eines Grundraumes sind, und verbal formulierte Ereignisse als geeignete Mengen angeben können. Sie sollten ferner

- mit Ereignissen mengentheoretisch „rechnen" können

und die Begriffsbildungen

- *Elementarereignis,*

- *Gegenereignis (komplementäres Ereignis)*

sowie

- *unvereinbare (disjunkte) Ereignisse*

kennen.

3   Zufallsvariablen

Viele Ereignisse lassen sich gerade deshalb so einfach in Worten beschreiben, weil sie sich auf ein bestimmtes *Merkmal* der Ausgänge eines Zufallsexperimentes beziehen. Solche Merkmale sind beispielsweise die größte Augenzahl oder die Summe der Augenzahlen beim wiederholten Würfelwurf. Der anschaulichen Vorstellung von einem Merkmal entspricht im mathematischen Modell für ein Zufallsexperiment der Begriff einer *Zufallsvariablen*. In diesem Kapitel lernen wir *Zufallsvariablen* als natürliches und suggestives Darstellungsmittel für Ereignisse kennen. Dass die Namensgebung *Zufallsvariable* auch hält, was sie verspricht, nämlich eine mit dem Zufall variierende Größe, zeigt die folgende formale Definition.

3.1 Definition

Ist Ω ein Grundraum, so heißt jede Abbildung

$$X \; : \; \Omega \; \to \; \mathbb{R}$$

von Ω in die Menge $\mathbb{R}$ der reellen Zahlen eine *Zufallsvariable* (auf Ω).

In der Interpretation von Ω als Menge der möglichen Ergebnisse eines Zufallsexperimentes können wir eine Zufallsvariable X als eine Vorschrift ansehen, die jedem Ausgang ω des Experimentes eine reelle Zahl $X(\omega)$ zuordnet. Der Wert $X(\omega)$ heißt auch *Realisierung der Zufallsvariablen zum Ausgang ω*. Steht z.B. Ω für die Menge der möglichen Ausgänge eines Glücksspiels, so könnte $X(\omega)$ der Gewinn sein, den eine Person beim Ausgang ω des Spiels erhält (wobei ein negativer Wert einen Verlust darstellt). Als mathematisches Objekt ist X eine *reellwertige Funktion mit dem Definitionsbereich Ω*. Dabei hat es sich in der Stochastik eingebürgert, Zufallsvariablen mit **großen** lateinischen Buchstaben „aus dem hinteren Teil des Alphabetes", also $Z, Y, X, \ldots$, und nicht mit vertrauteren Funktions–Symbolen wie z.B. f oder g zu bezeichnen.

3.2 Beispiel

Ein einfaches Beispiel für eine Zufallsvariable liefert der zweifache Würfelwurf mit der Ergebnismenge $\Omega := \{(i,j) : i,j \in \{1,2,3,4,5,6\}\}$ und der Deutung von i und j als Ergebnis des ersten bzw. zweiten Wurfes. Definieren wir

$$X(\omega) := i + j, \qquad \omega = (i,j),$$

so steht die Zufallsvariable X für die *Augensumme* aus beiden Würfen. Offenbar besitzt X den Wertebereich $\{2, 3, 4, \ldots, 10, 11, 12\}$.

An diesem Beispiel wird deutlich, dass wir allein aufgrund der Information über die Realisierung von X, d.h. über den **beobachteten Wert der Augensumme**, i.a. nicht den genauen Ausgang ω des Experimentes rekonstruieren können. So kann etwa die Augensumme 4 von jedem der drei Ergebnisse (1,3), (2,2) und (3,1) herrühren. Dies liegt daran, daß die Zufallsvariable X nicht mehr zwischen Ergebnissen ω mit gleicher Augensumme $X(\omega)$ unterscheidet.

Schreiben wir abkürzend

$$\{X = k\} := \{\omega \in \Omega : X(\omega) = k\} \tag{3.1}$$

für das Ereignis, dass „X den Wert k annimmt" (in diesem Sinn ist etwa beim zweifachen Würfelwurf $\{X = 3\} = \{(1, 2), (2, 1)\}$), so können wir die Ereignisse $\{X = k\}$ ($k = 2, 3, \ldots, 11, 12$) als Elementarereignisse eines Experimentes ansehen, bei dem nicht ω, sondern $X(\omega)$ als Ausgang beobachtet wird. Jedes durch die Zufallsvariable X beschreibbare Ereignis ist eine Vereinigung der für verschiedene Werte von k unvereinbaren Ereignisse in (3.1).

Als Beispiele zum Würfelwurf betrachten wir die anschaulichen Ereignisse

- *die Augensumme ist mindestens* 10,

- *die Augensumme liegt zwischen* 3 *und* 8,

- *die Augensumme ist kleiner als* 7,

welche sich mit Hilfe von X unter Beachtung der Summenschreibweise für Vereinigungen disjunkter Ereignisse in der Form

- $\{X \geq 10\} = \{X = 10\} + \{X = 11\} + \{X = 12\}$,

- $\{3 \leq X \leq 8\} = \displaystyle\sum_{k=3}^{8} \{X = k\}$,

- $\{X < 7\} = \displaystyle\sum_{k=2}^{6} \{X = k\}$

darstellen lassen. ∎

Ist Ω eine endliche Menge, so kann eine Zufallsvariable X auch nur endlich viele verschiedene Werte $X(\omega)$ annehmen. Da X eine gewisse Information über das Ergebnis eines Zufallsexperimentes vermitteln soll, werden im Normalfall (wie im obigen Beispiel) verschiedene Elemente aus Ω durch X auf denselben Wert abgebildet. Dies bedeutet, dass der *Wertebereich*

$$X(\Omega) \; := \; \{X(\omega): \; \omega \in \Omega\}$$

von X im Falle eines endlichen Grundraums Ω häufig deutlich weniger Elemente als Ω enthält.

3.3 Arithmetik mit Zufallsvariablen

Mit den Zufallsvariablen X und Y auf einem Grundraum Ω ist auch die durch

$$(X + Y)(\omega) \; := \; X(\omega) + Y(\omega), \qquad \omega \in \Omega, \tag{3.2}$$

definierte *Summe von* X *und* Y eine Zufallsvariable auf Ω. Man beachte, dass (3.2) nur die herkömmliche Verknüpfung von Funktionen darstellt. In gleicher Weise, d.h. elementweise auf Ω, sind die *Differenz* $X - Y$, das *Produkt* $X \cdot Y$, das *Maximum* $\max(X, Y)$ und das *Minimum* $\min(X, Y)$ definiert. Weiter ist mit $a \in \mathbb{R}$ auch das *a–fache* $a \cdot X$ einer Zufallsvariablen X, definiert durch

$$(a \cdot X)(\omega) \; := \; a \cdot X(\omega), \qquad \omega \in \Omega,$$

eine Zufallsvariable auf Ω. Dies zeigt, dass mit Zufallsvariablen wie mit Zahlen gerechnet werden kann. Definieren wir z.B. in der Situation des zweifachen Würfelwurfes von Beispiel 3.2 die Zufallsvariablen X_1 und X_2 durch

$$X_1(\omega) \; := \; i, \; X_2(\omega) \; := \; j, \qquad \omega = (i, j)$$

(anschaulich steht X_k für das Ergebnis des k–ten Wurfes, $k = 1, 2$), so beschreibt $X = X_1 + X_2$ gerade die Augensumme aus beiden Würfen.

Natürlich ist es auch möglich, in Analogie zu (3.1) Ereignisse zu definieren, die durch mehr als eine Zufallsvariable beschrieben werden. Beispiele hierfür sind

$$
\begin{aligned}
\{X \le Y\} \; &= \; \{\omega \in \Omega : X(\omega) \le Y(\omega)\}, \\
\{X \ne Y\} \; &= \; \{\omega \in \Omega : X(\omega) \ne Y(\omega)\}, \\
\{X - 2 \cdot Y > 0\} \; &= \; \{\omega \in \Omega : X(\omega) - 2 \cdot Y(\omega) > 0\}
\end{aligned}
$$

usw. (siehe auch Übungsaufgabe 3.2).

3.4 Indikatorfunktionen

Besondere Bedeutung besitzen Zufallsvariablen, die das Eintreten oder Nichteintreten von Ereignissen beschreiben. Ist $A \subseteq \Omega$ ein Ereignis, so heißt die durch

$$\mathbf{1}_A(\omega) := \begin{cases} 1, & \text{falls } \omega \in A \\ 0, & \text{sonst} \end{cases} \qquad (\omega \in \Omega)$$

definierte Zufallsvariable $\mathbf{1}_A$ die *Indikatorfunktion von* A bzw. der *Indikator von* A (von lat. *indicare: anzeigen*). Anstelle von $\mathbf{1}_A$ schreiben wir häufig auch $1\{A\}$.

In der Tat gibt uns die Realisierung von 1_A an, ob das Ereignis A eingetreten ist ($1_A(\omega) = 1$) oder nicht ($1_A(\omega) = 0$). Für die Ereignisse Ω und $\emptyset$ gilt offenbar $1_\Omega(\omega) = 1$ bzw. $1_\emptyset(\omega) = 0$ für jedes ω aus Ω.

Als nützliche Regel für den Umgang mit Indikatorfunktionen merken wir uns, dass der Indikator des Durchschnittes $A \cap B$ zweier Ereignisse A und B gleich dem Produkt der Indikatorfunktionen von A und B ist, d.h. dass gilt:

$$1_{A \cap B}(\omega) = 1_A(\omega) \cdot 1_B(\omega) \quad \text{für jedes } \omega \text{ aus } \Omega. \tag{3.3}$$

Um Gleichung (3.3) einzusehen, unterscheiden wir die beiden Fälle $\omega \in A \cap B$ und $\omega \notin A \cap B$. Im ersten Fall ist die linke Seite von (3.3) gleich 1, aber auch die rechte Seite, da ω sowohl zu A als auch zu B gehört. Im zweiten Fall ist die linke Seite von (3.3) gleich 0, aber auch die rechte Seite, weil mindestens einer der Faktoren gleich 0 ist (de Morgansche Formel $\overline{A \cap B} = \overline{A} \cup \overline{B}$!). In gleicher Weise ergibt sich die Produktdarstellung

$$1\{A_1 \cap A_2 \cap \ldots \cap A_n\} = 1\{A_1\} \cdot 1\{A_2\} \cdot \ldots \cdot 1\{A_n\} \tag{3.4}$$

der Indikatorfunktion des Durchschnittes von Ereignissen $A_1, A_2, \ldots, A_n$. Dabei ist (3.4) eine Gleichung zwischen Zufallsvariablen und somit wie (3.3) „elementweise auf Ω" zu verstehen.

Setzt man in (3.3) speziell $B = A$, so folgt wegen $A \cap A = A$ die für spätere Zwecke wichtige Gleichung

$$1_A = 1_A \cdot 1_A = 1_A^2. \tag{3.5}$$

Eine einfache, aber nützliche Beziehung ist auch

$$1_{\overline{A}} = 1_\Omega - 1_A, \tag{3.6}$$

also $1_{\overline{A}}(\omega) = 1 - 1_A(\omega)$ für jedes ω aus Ω (Übungsaufgabe 3.1 a)).

3.5 Zählvariablen als Indikatorsummen

Sind Ω ein Grundraum und $A_1, A_2, \ldots, A_n$ Ereignisse, so ist es in vielen Fällen von Bedeutung, **wie viele** der Ereignisse $A_1, A_2, \ldots, A_n$ eintreten. Diese Information liefert die *Indikatorsumme*

$$X := 1\{A_1\} + 1\{A_2\} + \ldots + 1\{A_n\}. \tag{3.7}$$

Werten wir nämlich die rechte Seite von (3.7) als Abbildung auf Ω an der Stelle ω aus, so ist der j-te Summand gleich 1, wenn ω zu A_j gehört, also das Ereignis A_j eintritt (bzw. gleich 0, wenn ω nicht zu A_j gehört). Die in (3.7) definierte Zufallsvariable X beschreibt somit die **Anzahl der eintretenden Ereignisse unter $A_1, A_2, \ldots, A_n$.**

Das Ereignis $\{X = k\}$ tritt dann und nur dann ein, wenn genau k der n Ereignisse $A_1, A_2, \ldots, A_n$ eintreten. Die dabei möglichen Werte für k sind $0, 1, 2, \ldots, n$, d.h. die Zufallsvariable X besitzt den Wertebereich $\{0, 1, 2, \ldots, n\}$. Speziell gilt

$$\{X = 0\} = \overline{A_1} \cap \overline{A_2} \cap \ldots \cap \overline{A_n}, \quad \{X = n\} = A_1 \cap A_2 \cap \ldots \cap A_n.$$

Weiter beschreiben

$$\{X \leq k\} = \{\omega \in \Omega : X(\omega) \leq k\}$$

und

$$\{X \geq k\} = \{\omega \in \Omega : X(\omega) \geq k\}$$

die Ereignisse, dass **höchstens k** bzw. **mindestens k** der A_j eintreten. Da eine Zufallsvariable X der Gestalt (3.7) die eintretenden A_j $(j = 1, 2, \ldots, n)$ *zählt*, nennen wir Indikatorsummen im folgenden auch *Zählvariablen* .

3.6 Beispiel

Ein Standardbeispiel für eine Zählvariable ist die in einer Versuchsreihe erzielte *Trefferzahl*. Hierzu stellen wir uns einen Versuch mit zwei möglichen Ausgängen vor, die wir *Treffer* und *Niete* nennen wollen. Dieser Versuch werde n mal durchgeführt. Beispiele für solche Versuche sind

- der Würfelwurf: *Treffer* $\hat{=}$ „Sechs", *Niete* $\hat{=}$ „keine Sechs",
- der dreifache Würfelwurf: *Treffer* $\hat{=}$ „Augensumme ≥ 9",
                                            Niete $\hat{=}$ „Augensumme < 9",
- der Münzwurf: *Treffer* $\hat{=}$ „Zahl" , *Niete* $\hat{=}$ „Adler".

Beschreiben wir den Ausgang *Treffer* durch die Zahl 1 und den Ausgang *Niete* durch die Zahl 0, so ist

$$\Omega := \{(a_1, a_2, \ldots, a_n) : a_j \in \{0, 1\} \text{ für } j = 1, \ldots, n\} = \{0, 1\}^n$$

ein adäquater Grundraum für das aus n einzelnen Versuchen bestehende Gesamtexperiment, wenn wir a_j als Ergebnis des j–ten Versuchs ansehen. Da das Ereignis $A_j := \{(a_1, a_2, \ldots, a_n) \in \Omega : a_j = 1\}$ genau dann eintritt, wenn der j–te Versuch einen Treffer ergibt $(j = 1, \ldots, n)$, können wir die Zufallsvariable $X := \mathbf{1}\{A_1\} + \ldots + \mathbf{1}\{A_n\}$ als **Anzahl der in den n Versuchen erzielten Treffer** deuten. Aufgrund der speziellen Wahl des Grundraums gilt hier offenbar

$$X(\omega) = a_1 + a_2 + \ldots + a_n , \quad \omega = (a_1, a_2, \ldots, a_n).$$

Übungsaufgaben

Ü 3.1 Es seien A und B Ereignisse in einem Grundraum Ω. Zeigen Sie:

a) $1_{\overline{A}} = 1_\Omega - 1_A$,

b) $1_{A \cup B} = 1_A + 1_B - 1_{A \cap B}$,

c) $A \subseteq B \iff 1_A \leq 1_B$.

Ü 3.2 Ein Versuch mit den möglichen Ergebnissen *Treffer* (1) und *Niete* (0) werde $2 \cdot n$-mal durchgeführt. Die ersten (bzw. zweiten) n Versuche bilden die erste (bzw. zweite) Versuchsreihe. Beschreiben Sie folgende Ereignisse mit Hilfe geeigneter Zählvariablen:

a) In der ersten Versuchsreihe tritt mindestens ein Treffer auf.

b) Bei beiden Versuchsreihen treten gleich viele Treffer auf.

c) Die zweite Versuchsreihe liefert mehr Treffer als die erste.

d) In jeder Versuchsreihe gibt es mindestens eine Niete.

Ü 3.3 In der Situation von Beispiel 3.2 (zweifacher Würfelwurf) bezeichne die Zufallsvariable X_k das Ergebnis des k-ten Wurfes ($k = 1, 2$). Welchen Wertebereich besitzen die Zufallsvariablen a) $X_1 - X_2$,   b) $X_1 \cdot X_2$,   c) $X_1 - 2 \cdot X_2$?

Ü 3.4 Ein Würfel wird höchstens dreimal geworfen. Erscheint eine Sechs zum ersten Mal im j-ten Wurf ($j = 1, 2, 3$), so erhält eine Person a_j DM, und das Spiel ist beendet. Hierbei sei $a_1 = 100$, $a_2 = 50$ und $a_3 = 10$. Erscheint auch im dritten Wurf noch keine Sechs, so sind 30 DM an die Bank zu zahlen, und das Spiel ist ebenfalls beendet. Beschreiben Sie den Spielgewinn mit Hilfe einer Zufallsvariablen auf einem geeigneten Grundraum.

Lernziel–Kontrolle

Was ist (bzw. sind)

- eine *Zufallsvariable*?

- die *Summe*, das *Produkt*, die *Differenz*, das *Maximum*, das *Minimum* und das a-*fache* von Zufallsvariablen?

- eine *Indikatorfunktion*?

- eine *Zählvariable*?

4 Relative Häufigkeiten

Jeder von uns wird die Chance, beim Wurf eines Markstücks *Zahl* zu erhalten, höher einschätzen als die Chance, beim Würfelwurf eine *Sechs* zu werfen. Eine einfache Begründung hierfür mag sein, dass es beim Wurf einer Münze nur zwei, beim Würfelwurf hingegen sechs mögliche Ergebnisse gibt.

Schwieriger wird das Problem der Chanceneinschätzung schon beim Wurf einer Reißzwecke auf einen Steinboden mit den beiden möglichen Ergebnissen „Spitze nach oben" (wir symbolisieren diesen Ausgang mit „1") und „Spitze schräg nach unten" (dieser Ausgang sei mit „0" bezeichnet). Hier ist es keineswegs klar, ob wir eher auf den Ausgang „1" oder auf den Ausgang „0" wetten sollten.

Um ein Gefühl für eine „mögliche Präferenz des Zufalls" in dieser Situation zu erhalten, wurde in Familienarbeit eine Reißzwecke 300 mal geworfen. Tabelle 4.1 zeigt die in zeitlicher Reihenfolge zeilenweise notierten Ergebnisse.

```
0 0 0 1 0 0 0 1 1 0     1 1 0 1 1 0 0 0 0 1     1 0 1 0 1 0 1 0 1 0
0 1 1 0 0 0 1 0 1 1     0 1 1 1 0 0 0 0 1 0     1 0 0 1 1 1 0 0 1 1
1 0 1 0 0 0 1 0 0 1     1 1 1 0 0 0 0 0 0 1     0 0 0 0 0 1 0 0 1 0
0 0 0 0 1 1 0 1 0 0     0 0 1 0 0 1 0 0 1 1     1 1 1 0 0 1 0 0 0 1
1 0 0 0 0 1 0 0 1 1     0 0 0 1 1 0 0 0 1 1     0 1 1 0 0 1 0 1 0 0
1 1 0 1 0 0 0 0 0 1     1 1 0 0 0 1 0 1 0 1     0 0 0 0 0 0 1 0 0 1
0 0 0 1 1 1 0 1 0 1     1 0 0 1 0 0 0 0 0 1     0 0 0 1 0 1 1 1 0 0
1 0 0 1 1 1 1 1 1 0     0 0 1 1 0 1 0 1 1 0     0 1 1 0 0 0 0 1 1 1
0 1 0 1 0 0 1 0 1 1     0 0 0 0 0 0 1 1 0 1     0 0 1 0 0 1 1 1 0 0
1 1 0 0 1 1 0 1 0 1     1 0 0 0 0 1 0 0 0 0     1 0 0 0 0 0 0 1 0 0
```

Tabelle 4.1 Ergebnisse von 300 Würfen mit einer Reißzwecke

Einfaches Auszählen ergibt, dass in 124 Fällen das Ergebnis „1" und in 176 Fällen das Ergebnis „0" auftrat. Aufgrund dieser „Erfahrung mit dem Zufall" würde man vermutlich bei **dieser** Reißzwecke und **diesem** Steinboden die Chance für das Auftreten einer „0" im Vergleich zur „1" bei **einem weiteren** Versuch etwas höher einschätzen.

Im folgenden wollen wir versuchen, den Begriff „Chance" als „Grad der Gewissheit" zahlenmäßig zu erfassen. Hierzu sei Ω ein Grundraum, der die möglichen

Ausgänge eines Zufallsexperimentes beschreibe. Um den „Gewissheitsgrad des Eintretens" eines Ereignisses A ($A \subseteq \Omega$) zu bewerten, sei es uns wie im Fall der Reißzwecke erlaubt, „Erfahrungen zu sammeln", indem das Experiment wiederholt unter gleichen Bedingungen durchgeführt und sein jeweiliger Ausgang notiert wird. Bezeichnet a_j den Ausgang des j-ten Experimentes ($j = 1, \ldots, n$), so ergibt sich als Ergebnis einer n-maligen Durchführung das n-Tupel $a = (a_1, \ldots, a_n)$.

Zur Bewertung des „Gewissheitsgrades" von A ist es naheliegend, von der *relativen Häufigkeit*

$$r_{n,a}(A) \ := \ \frac{1}{n} \cdot |\{j : j = 1, \ldots, n \text{ und } a_j \in A\}| \tag{4.1}$$

des Eintretens von A in den durchgeführten Versuchen auszugehen. Dabei soll die Schreibweise $r_{n,a}$ betonen, dass diese relative Häufigkeit nicht nur von der Anzahl n der Versuche, sondern auch vom erhaltenen „Daten–Vektor" a abhängt.

Relative Häufigkeiten werden umgangssprachlich meist als Prozent–Anteile ausgedrückt. So bedeuten 34 von 50 Stimmen bei einer Wahl gerade 68% der abgegebenen Stimmen, was einer relativen Häufigkeit von 0.68 entspricht.

Für unser „Reißzwecken–Beispiel" ist $\Omega = \{0, 1\}$, $n = 300$ und der Daten–Vektor a das zeilenweise gelesene 300–Tupel aus Tabelle 4.1. Hier gilt

$$r_{300,a}(\{1\}) \ = \ \frac{124}{300} \ = \ 0.413\ldots, \quad r_{300,a}(\{0\}) \ = \ \frac{176}{300} \ = \ 0.586\ldots$$

Offenbar ist $r_{n,a}(A)$ in (4.1) umso größer (bzw. kleiner), je öfter (bzw. seltener) das Ereignis A in den n Experimenten beobachtet wurde. Die beiden Extremfälle sind dabei $r_{n,a}(A) = 1$ und $r_{n,a}(A) = 0$, falls A in jedem bzw. in keinem der n Versuche eintrat. Selbstverständlich steht es uns frei, nach Durchführung der n Versuche auch jedem anderen Ereignis als Teilmenge von Ω seine relative Häufigkeit zuzuordnen. Das bedeutet, dass wir das Ereignis A in (4.1) als **variabel** ansehen und die Bildung der relativen Häufigkeit als **Funktion der Ereignisse** (Teilmengen von Ω) studieren können.

Es ist leicht einzusehen, dass die relative Häufigkeit $r_{n,a}(\cdot)$ bei gegebenem n-Tupel a als Funktion der möglichen Ereignisse folgende Eigenschaften besitzt:

$$0 \leq r_{n,a}(A) \leq 1 \text{ für jedes } A \subseteq \Omega, \tag{4.2}$$

$$r_{n,a}(\Omega) = 1, \tag{4.3}$$

$$r_{n,a}(A + B) = r_{n,a}(A) + r_{n,a}(B), \text{ falls } A \cap B = \emptyset. \tag{4.4}$$

Dabei ist für das Bestehen der letzten Gleichung die Unvereinbarkeit der Ereignisse A und B von entscheidender Bedeutung. Weitere elementare Eigenschaften relativer Häufigkeiten finden sich in Übungsaufgabe 4.1.

Interpretieren wir $r_{n,a}(A)$ als *empirischen Gewissheitsgrad* für das Eintreten des Ereignisses A aufgrund der im Daten–Vektor a der Länge n enthaltenen Erfahrung über den Zufall, so stellen die Beziehungen (4.2) – (4.4) grundlegende Eigenschaften dieses empirischen Gewissheitsgrades dar. Dabei besagt Gleichung (4.4), dass sich die empirischen Gewissheitsgrade zweier **unvereinbarer Ereignisse** bei der Bildung der Vereinigung dieser Ereignisse addieren.

Es ist plausibel, dass wir z. B. im Fall $n = 10$ mit einem 10–Tupel a und den Ergebnissen $r_{10,a}(A) = 2/10$, $r_{10,a}(B) = 5/10$ (ohne weitere Information über den Charakter des Zufallsexperimentes) eher auf das Eintreten von B als auf das Eintreten von A in einem **zukünftigen Experiment** wetten und somit B einen höheren Gewissheitsgrad als A zubilligen würden. Aufgrund der „Unberechenbarkeit des Zufalls" wissen wir aber auch, dass sich bei erneuter n–maliger Durchführung des Experimentes ein im allgemeinen anderes n–Tupel $b = (b_1, \ldots, b_n)$ und somit eine andere relative Häufigkeitsfunktion $r_{n,b}(\cdot)$ ergeben wird. Sollte im obigen Zahlenbeispiel das Ereignis A öfter eingetreten sein als das Ereignis B, so würde sich dies in der Ungleichung $r_{10,b}(A) > r_{10,b}(B)$ niederschlagen.

Andererseits ist auch einsichtig, dass die relative Häufigkeit eines Ereignisses A in n Versuchen eine umso stärkere Aussagekraft für den Gewissheitsgrad des Eintretens von A in einem zukünftigen Experiment besitzt, je größer die Versuchsanzahl n ist. Dies liegt daran, dass **relative** Häufigkeiten (ganz im Gegensatz zu **absoluten** Häufigkeiten, die sich in (4.1) durch Multiplikation mit n ergeben) bei einer wachsender Anzahl von Experimenten, die wiederholt unter gleichen Bedingungen und „unbeeinflusst voneinander" durchgeführt werden, erfahrungsgemäß immer weniger fluktuieren und somit „immer stabiler" werden.

Als Zahlenbeispiel für dieses *empirische Gesetz über die Stabilisierung relativer Häufigkeiten* verwenden wir die Daten aus Tabelle 4.1. Bild 4.1 zeigt ein Diagramm der in Abhängigkeit von n, $1 \leq n \leq 300$, aufgetragenen relativen Häufigkeiten für das Ereignis $\{1\}$, wobei eine Stabilisierung deutlich zu erkennen ist.

Es erscheint verlockend, die „Wahrscheinlichkeit" eines Ereignisses A als „empirischen Gewissheitsgrad des Eintretens von A bei unendlich großer Erfahrung" durch denjenigen „Grenzwert" zu **definieren**, gegen den sich die relative Häufigkeit von A bei wachsender Anzahl wiederholter Experimente erfahrungsgemäß stabilisiert. Dieser naive Versuch einer „Grenzwert–Definition" scheitert jedoch schon an der mangelnden Präzisierung des Adverbs „erfahrungsgemäß" und an der fehlenden Kenntnis des Grenzwertes. Wie sollte dieser Grenzwert z.B. für das Ereignis {1} bei den Reißzwecken–Daten von Tabelle 4.1 aussehen? Man beachte insbesondere, dass **das empirische Gesetz über die Stabilisierung relativer Häufigkeiten nur eine Erfahrungstatsache und kein mathematischer Sachverhalt ist**.

Zumindest logisch kann nicht ausgeschlossen werden, dass bei fortgesetztem Reißzweckenwurf nur das Ergebnis „Spitze nach oben" auftritt!

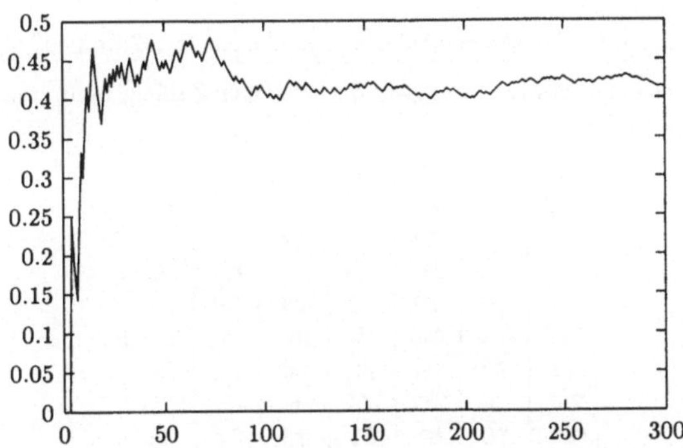

Bild 4.1 Fortlaufend notierte relative Häufigkeiten für „1" beim
Reißzweckenversuch

Trotz dieser Schwierigkeiten versuchte R. v. Mises[1] im Jahre 1919, Wahrscheinlichkeiten mit Hilfe von Grenzwerten relativer Häufigkeiten **unter gewissen einschränkenden Bedingungen** zu definieren. Obwohl dieser Versuch einer Axiomatisierung der Wahrscheinlichkeitsrechnung nicht zum vollen Erfolg führte, beeinflusste er jedoch die weitere Grundlagenforschung in starkem Maße.

---

[1]Richard Edler von Mises (1883–1953), nach der Habilitation (1908) in Brünn ab 1909 Professor in Straßburg. Während des Ersten Weltkrieges Flugzeugkonstrukteur und Pilot bei der österreichisch–ungarischen Luftwaffe. 1919 Professor in Dresden und ab 1920 Professor und Direktor des neugegründeten Institutes für Angewandte Mathematik in Berlin. 1933 Emigration zusammen mit seiner späteren zweiten Frau Hilda Pollaczek-Geiringer (1893–1973) in die Türkei und dort Professor an der Universität in Istanbul. Ab 1939 Professor für Aerodynamik und Angewandte Mathematik an der Harvard University, Boston. Hauptarbeitsgebiete: Numerische Mathematik, Mechanik, Hydro– und Aerodynamik, Stochastik.

Übungsaufgaben

Ü 4.1 Zeigen Sie: Die in (4.1) definierte relative Häufigkeitsfunktion $r_{n,a}(\cdot)$ besitzt die Eigenschaften

a) $r_{n,a}(\emptyset) = 0$,

b) $r_{n,a}(\overline{A}) = 1 - r_{n,a}(A)$,

c) $r_{n,a}(A \cup B) = r_{n,a}(A) + r_{n,a}(B) - r_{n,a}(A \cap B)$.

Ü 4.2 Im Zahlenlotto 6 aus 49 ergab sich nach 2058 Ausspielungen die untenstehende Tabelle mit den absoluten Häufigkeiten der gezogenen Zahlen ohne Berücksichtigung der Zusatzzahl.

a) Wie groß sind die relativen Häufigkeiten der Zahlen 13, 32 und 43?

b) Wie groß wäre die relative Häufigkeit der einzelnen Zahlen, wenn jede Zahl gleich oft gezogen worden wäre?

1	2	3	4	5	6	7
252	259	263	244	255	259	244
8	**9**	**10**	**11**	**12**	**13**	**14**
236	262	242	241	248	198	243
15	**16**	**17**	**18**	**19**	**20**	**21**
244	243	266	255	267	244	277
22	**23**	**24**	**25**	**26**	**27**	**28**
260	238	237	255	264	257	223
29	**30**	**31**	**32**	**33**	**34**	**35**
238	242	262	292	259	229	250
36	**37**	**38**	**39**	**40**	**41**	**42**
261	258	274	257	253	257	263
43	**44**	**45**	**46**	**47**	**48**	**49**
248	240	239	262	238	267	283

Ü 4.3 In einem Saal befinden sich 480 Frauen und 520 Männer. 630 Personen seien höchstens 39 Jahre alt. 20 % aller Frauen seien mindestens 40 Jahre alt. Wieviel Prozent aller Männer sind höchstens 39 Jahre alt?

Lernziel–Kontrolle

Sie sollten

- die Eigenschaften (4.2) – (4.4) relativer Häufigkeiten verinnerlicht haben

und sich

- der Problematik einer „Grenzwert–Definition" der Wahrscheinlichkeit eines Ereignisses bewusst sein.

5 Grundbegriffe der deskriptiven Statistik

Wohl jeder hat das Wort *Statistik* schon einmal gehört oder benutzt. Es gibt *Aussenhandelsstatistiken, Bevölkerungsstatistiken, Wahlstatistiken, Arbeitslosenstatistiken, Insolvenzstatistiken, Betriebsstatistiken, Schadensstatistiken, Tuberkulosestatistiken, Einkommensstatistiken* usw. Derartige *Statistiken* überhäufen uns täglich mit *Daten* aus fast allen Lebensbereichen, und oft wird *Statistik* mit Zahlenkolonnen, Tabellen und grafischen Darstellungen gleichgesetzt. Diese verengte Sichtweise der Statistik als *amtliche Statistik* — institutionalisiert z.B. im Statistischen Bundesamt mit Sitz in Wiesbaden und den Statistischen Landesämtern — spiegelt recht gut den historischen Ursprung des Begriffes Statistik wider[1].

Üblicherweise erfolgt heute eine Einteilung der Statistik in die *beschreibende (deskriptive)* und in die *beurteilende (schließende) Statistik*. Diese Einteilung ist insofern irreführend, als sie fälschlicherweise den Eindruck erweckt, die beschreibende

---

[1]Die *amtliche Statistik* in Form von Volkszählungen gab es schon im Altertum, wovon die Bibel berichtet. Im 18. Jahrhundert entstanden in vielen Ländern statistische Zentralämter, die sich z.B. mit der Fortschreibung von Bevölkerungszahlen und Vermögenserhebungen beschäftigten. Als *Universitätsstatistik* wird die von Hermann Conring (1606–1681) begründete wissenschaftliche Staatskunde als „Wissenschaft und Lehre von den Staatsmerkwürdigkeiten" bezeichnet. Conring war ab 1632 Professor der Naturphilosophie, Medizin und Politik an der Universität in Helmstedt. Seine wichtigste Leistung war die Etablierung der deutschen Rechtsgeschichte als wissenschaftliche Disziplin. Der Jurist und Historiker Gottfried Achenwall (1719–1772) definierte das Wort Statistik im Sinne von Staatskunde (ital. *statista* = Staatsmann). Achenwall lehrte ab 1748 Staatskunde an der Universität in Göttingen. Ein weiterer wichtiger Vertreter dieser Universitätsstatistik war August Ludwig von Schlözer (1735–1809), 1765 Mitglied der Akademie und Professor für russische Geschichte in St. Petersburg, 1769–1804 Professor für Weltgeschichte und Staatenkunde (Statistik) in Göttingen. Die *politische Arithmetik* entstand in England und wurde begründet durch John Graunt (1620–1674) und (Sir) William Petty (1623–1687). Graunt war zunächst Tuchhändler. Durch sein 1662 erschienenes Werk *Natural and political observations upon the bills of mortality* gilt er als Begründer der *Biometrie* und der Bevölkerungsstatistik. Petty studierte Medizin und lehrte ab ca. 1650 Anatomie in Oxford; er gehörte 1660 zu den Gründungsmitgliedern der Royal Society. Petty führte statistische und demographische Methoden in die politische Ökonomie ein und gilt daher als bedeutender Vorläufer der klassischen Nationalökonomie. Ein weiterer wichtiger Vertreter der politischen Arithmetik war der Astronom, Geophysiker und Mathematiker Edmond Halley (1656–1742). Mit der Erstellung der Sterbetafeln der Stadt Breslau 1693 war er ein Pionier der *Sozialstatistik*. In Deutschland wurde die politische Arithmetik vor allem durch den Pfarrer Johann Peter Süßmilch (1707–1767) vertreten. Süßmilch leistete bahnbrechende Arbeit für die Entwicklung der Bevölkerungsstatistik. Die *deskriptive Statistik* entwickelte sich im 19. Jahrhundert aus der amtlichen Statistik, der Universitätsstatistik und der politischen Arithmetik.

Statistik sei frei von Beurteilungen. Obwohl eine der Hauptaufgaben der beschreibenden Statistik die übersichtliche grafische und/oder tabellarische Darstellung der für die jeweilige Fragestellung wesentlichen Aspekte vorliegender Daten ist, werden oft Hochglanz–Präsentationsgrafiken (z.B. bzgl. der Umsatzentwicklung eines Unternehmens) nur erstellt, um die Beurteilung potentieller Investoren zu beeinflussen.

5.1 Untersuchungseinheiten und Merkmale

Bei *statistischen Untersuchungen* (*Erhebungen*) werden an geeignet ausgewählten *Untersuchungseinheiten* (*Beobachtungseinheiten, Versuchseinheiten*) jeweils die Werte eines oder mehrerer *Merkmale* festgestellt. Dabei ist ein *Merkmal* eine zu untersuchende Größe der Beobachtungseinheit. Werte, die von Merkmalen angenommen werden können, heißen *Merkmalsausprägungen* . Tabelle 5.1 erläutert diese Begriffsbildungen anhand einiger Beispiele.

Untersuchungseinheit	Merkmal	Ausprägungen
Baum	Baumart	Eiche, Buche, ...
Baum	Schadstufe	$0, 1, 2, 3, 4$
Neugeborenes	Größe (in cm)	$..., 49.5, 50, 50.5, ...$
arbeitslose Person	Schulabschluss	keiner, Sonderschule, Hauptschule, Realschule, Gymnasium
vollzeiterwerbstätige Person	Bruttoeinkommen im Jahr 1995 (in DM)	$..., 59999,$ $60000,$ $60001, ...$
Betonwürfel	Druckfestigkeit (in 0.1 N/mm^2)	$..., 399, 400, 401, ...$

Tabelle 5.1 Beispiele für Untersuchungseinheiten, Merkmale und ihre
Ausprägungen

Bei Merkmalen wird grob zwischen *quantitativen* (in natürlicher Weise zahlenmäßig erfassbaren) und *qualitativen* (artmäßig erfassbaren) *Merkmalen* unterschieden. In Tabelle 5.1 sind Größe bei der Geburt, Bruttoeinkommen und Druckfestigkeit quantitative und Baumart, Schadstufe sowie Schulabschluss qualitative Merkmale. Bei qualitativen Merkmalen unterscheidet man weiter zwischen *nominalen* und *ordinalen Merkmalen*. Bei einem nominalen Merkmal (von lat. *nomen* = Name) erfolgt die Klassifizierung der Ausprägungen nach rein qualitativen Gesichtspunkten (Beispiele: Baumart, Nationalität, Hautfarbe). Eine Codierung der Merkmalsausprägungen im Computer ist daher völlig willkürlich.

Im Gegensatz zu nominalen Merkmalen weisen ordinale Merkmale (in Tabelle 5.1 sind dies die Schadstufe und der Schulabschluss) eine natürliche *Rangfolge* ihrer Ausprägungen auf. Die Codierung der Ausprägungen mittels Zahlenwerten ist weitgehend willkürlich; sie sollte jedoch die natürliche Rangfolge widerspiegeln.

Bei quantitativen Merkmalen unterscheidet man zwischen *diskreten* und *stetigen Merkmalen*. Die Ausprägungen eines diskreten Merkmals sind isolierte Zahlenwerte (Beispiele: Zahl der Milchkühe pro Betrieb, Alter in Jahren). Im Vergleich dazu können die Ausprägungen eines stetigen Merkmals prinzipiell jeden Wert in einem Intervall annehmen (Beispiele: Größe, Gewicht, Länge). Aufgrund vereinbarter Messgenauigkeit sind die Übergänge zwischen stetigen und diskreten Merkmalen fließend. So kann in Tabelle 5.1 die Größe eines Neugeborenen (Messgenauigkeit 0.5 cm) als „diskretisiertes" stetiges Merkmal angesehen werden.

Im folgenden wird es sich überwiegend um quantitative Merkmale handeln. Da Merkmale in stochastischen Modellen durch Zufallsvariablen beschrieben werden, bezeichnen wir Merkmale wie Zufallsvariablen mit großen lateinischen Buchstaben aus dem hinteren Teil des Alphabetes.

5.2 Grundgesamtheit und Stichprobe

Die Menge der Untersuchungseinheiten, über die hinsichtlich eines oder mehrerer interessierender Merkmale eine Aussage gemacht werden soll, wird als *Grundgesamtheit* oder *Population* bezeichnet. Die Grundgesamtheit ist die Menge aller **denkbaren** Beobachtungseinheiten einer Untersuchung. Sie kann endlich oder unendlich groß sein und ist häufig nur fiktiv.

Beispiele für endliche Grundgesamtheiten sind alle Eichen eines bestimmten Areals oder alle land- und forstwirtschaftlichen Betriebe in der BRD zu einem bestimmten Stichtag. Eine unendliche fiktive Grundgesamtheit ist z.B. die Menge aller denkbaren Gewichtszunahmen bei einem zukünftigen Kälbermastversuch.

Dass eine für wissenschaftliche Untersuchungen notwendige eindeutige Festlegung einer Grundgesamtheit nicht immer einfach ist, wird am Beispiel der Arbeitslosenstatistik deutlich. So erfahren wir zwar jeden Monat die neuesten Arbeitslosenzahlen, wissen aber meist nicht, dass **nach Definition** eine Person *arbeitslos* ist, wenn sie *ohne Arbeitsverhältnis — abgesehen von einer geringfügigen Beschäftigung (?!) — ist, sich als Arbeitssuchende beim Arbeitsamt gemeldet hat, eine Beschäftigung von mindestens 18 und mehr Stunden für mehr als 3 Monate sucht, für eine Arbeitsaufnahme sofort zur Verfügung steht, nicht arbeitsunfähig erkrankt ist und das 65. Lebensjahr noch nicht vollendet hat* ([SJB], S. 102). Problematisch ist, dass durch politisch motivierte unterschiedliche Definitionen von Arbeitslosigkeit beim internationalen Vergleich von Arbeitslosenstatistiken „Äpfel und Birnen in einen Topf geworfen werden". So beschränkt sich etwa die Arbeitslosigkeit in der BRD ganz im Gegensatz zu den USA per Gesetz auf Personen unter 65 Jahre.

Eine *Stichprobe*[2] ist eine „zufällig gewonnene" endliche Teilmenge aus einer Grundgesamtheit, z.B. die Menge aller am 1.7.1995 einjährigen Bullen von 10 zufällig ausgewählten landwirtschaftlichen Betrieben der BRD. Hat diese Teilmenge n Elemente, so spricht man von einer *Stichprobe vom Umfang n*. Sollten Sie in diesem Zusammenhang auf den Ausdruck *repräsentative Stichprobe* stoßen, seien Sie vorsichtig. Die suggestive Kraft des Begriffes *Repräsentativität* steht in keinem Verhältnis zu seiner tatsächlichen inhaltlichen Leere (siehe z.B. [QUA]). Hier ist zu sagen, dass nur ein Stichproben**verfahren** (d.h. die **Vorschrift** über die Gewinnung der „zufälligen" Stichprobe aus der Grundgesamtheit) für einen interessierenden „Aspekt" eines bestimmten Merkmals repräsentativ sein kann. Repräsentativität bezieht sich dann darauf, dass dieser Aspekt (z.B. der Durchschnittswert eines quantitativen Merkmals über alle Elemente der Grundgesamtheit) aus den Merkmalswerten der Stichprobe in einem zu präzisierenden Sinn „gut geschätzt" wird (vgl. Kapitel 28).

Wir wollen uns nicht weiter mit dem Problem der Datengewinnung beschäftigen, sondern der Frage nachgehen, wie die bei Experimenten, Befragungen, Zählungen o.ä. anfallenden Daten beschrieben, geordnet und zusammengefasst werden können. Eine Aufbereitung und übersichtliche Darstellung von Daten geschieht u.a. mittels Grafiken und der Angabe *statistischer Maßzahlen*. Dabei sei im folgenden $x_1, x_2, \ldots, x_n$ eine Stichprobe vom Umfang n eines Merkmals X.

5.3 Empirische Häufigkeitsverteilung, Stab– und Kreisdiagramm
Besitzt das Merkmal X genau s mögliche verschiedene Ausprägungen $a_1, a_2, \ldots, a_s$, so gelangen wir durch Bildung der *absoluten Häufigkeiten*

$$h_j := \sum_{i=1}^{n} \mathbf{1}\{x_i = a_j\} \qquad (j = 1, \ldots, s, \quad h_1 + \ldots + h_s = n)$$

der Ausprägungen $a_1, \ldots, a_s$ zur *empirischen Häufigkeitsverteilung* des Merkmals X in der Stichprobe $x_1, \ldots, x_n$. Dabei ist wie in Kapitel 3 allgemein $\mathbf{1}\{\cdot\} = 1$ und $\mathbf{1}\{\cdot\} = 0$, falls die in $\{\cdot\}$ stehende Aussage zutrifft bzw. nicht zutrifft. Anstelle von h_j ist auch die Verwendung der *relativen Häufigkeiten* (vgl. Kapitel 4)

$$r_j := \frac{h_j}{n} = \frac{1}{n} \cdot \sum_{i=1}^{n} \mathbf{1}\{x_i = a_j\} \qquad (j = 1, \ldots, s, \quad r_1 + \ldots + r_s = 1)$$

---

[2]Dieser Begriff entstammt dem Hüttenwesen und rührt vom Anstich des Hochofens her.

oder der *Prozentanteile* $100 \cdot r_j$ % $(j = 1, \ldots, s)$ üblich. Man beachte jedoch, dass bei fehlender Kenntnis des Stichprobenumfangs n die relativen Häufigkeiten $r_1, \ldots, r_s$ nicht zur Rekonstruktion von $h_1, \ldots, h_s$ ausreichen.

Empirische Häufigkeitsverteilungen können in *tabellarischer Form* oder grafisch als *Stab–* oder *Kreisdiagramme* dargestellt werden. Beim *Stabdiagramm* werden die absoluten bzw. relativen Häufigkeiten als Funktion der Merkmalsausprägungen angezeigt, wobei h_j bzw r_j die Länge des Stäbchens über a_j ist. Das *Kreisdiagramm* findet hauptsächlich bei qualitativen Merkmalen Verwendung. Hier wird eine Kreisfläche in Sektoren aufgeteilt, deren Flächen proportional zu den (absoluten oder relativen) Häufigkeiten der Ausprägungen sind.

Als Beispiel betrachten wir das nominale Merkmal „gewählte Partei" der Untersuchungseinheit „gültiger Stimmzettel" bei der Wahl der Abgeordneten des Europäischen Parlaments aus der BRD 1994. In der Stichprobe vom Umfang $n = 2\,384\,699$ der gültigen Stimmzettel in Hessen ergibt sich die in Tabelle 5.2 dargestellte Häufigkeitsverteilung ([SJB], S. 88). Bild 5.1 und Bild 5.2 zeigen das zugehörige Stab– bzw. Kreisdiagramm.

Partei	gültige Stimmen	in Prozent
CDU	881 371	37.0
SPD	832 638	34.9
GRÜNE	291 865	12.2
F.D.P.	111 194	4.7
REP	109 133	4.6
Sonstige	158 498	6.6

Tabelle 5.2 Stimmverteilung bei der Europawahl 1994 (Hessen)

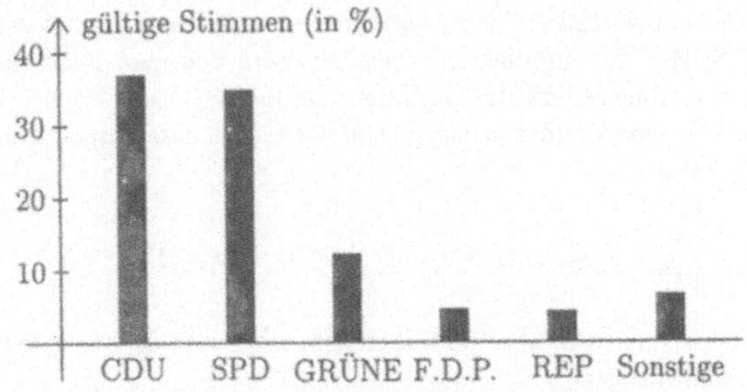

Bild 5.1 Stabdiagramm zu Tabelle 5.2

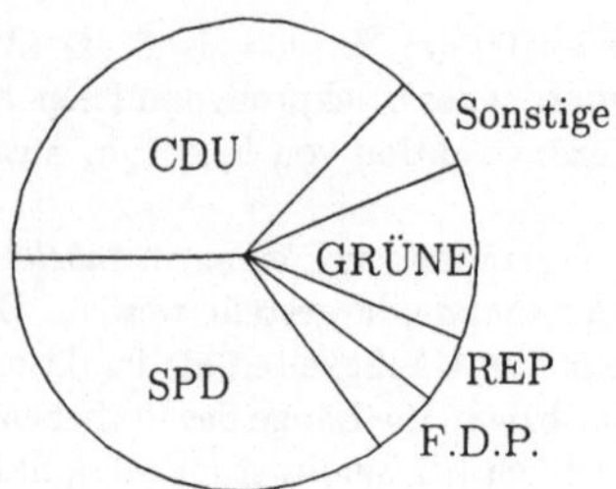

Bild 5.2 Kreisdiagramm zu Tabelle 5.2

5.4 Histogramm

Obwohl auch bei einem prinzipiell stetigen Merkmal wie Größe oder Gewicht –
bedingt durch die vereinbarte Messgenauigkeit – die oben behandelte Situation
eines Merkmals mit endlich vielen möglichen Ausgängen vorliegt, wäre die Anfertigung einer tabellarischen empirischen Häufigkeitsverteilung wie in Abschnitt
5.3 kaum zu empfehlen. Ist der Stichprobenumfang n wesentlich kleiner als die
Anzahl s der möglichen Merkmalsausprägungen, so entsteht bei der Angabe aller absoluten Häufigkeiten $h_1, \ldots, h_s$ zwangsläufig ein „Zahlenfriedhof" mit sehr
vielen Nullen, hervorgerufen durch nicht beobachtete Merkmalswerte.

Abhilfe schafft hier eine Einteilung aller (reellen) Stichprobenwerte $x_1, \ldots, x_n$ in
sogenannte *Klassen*. Dabei ist eine Klasse ein zwecks eindeutiger Zuordnung der
Stichprobenwerte *halboffenes Intervall* der Form $[a, b) := \{x \in \mathbb{R} : a \leq x < b\}$.
Wählen wir $s+1$ Zahlen $a_1 < a_2 < \cdots < a_s < a_{s+1}$ und somit s disjunkte Klassen

$$[a_1, a_2), [a_2, a_3), \ldots, [a_s, a_{s+1}), \tag{5.1}$$

die alle Stichprobenwerte $x_1, \ldots, x_n$ enthalten, so erhalten wir eine grafische Darstellung der Stichprobe in Gestalt eines *Histogramms* zur Klassen–Einteilung
(5.1), indem wir über jedem der Teilintervalle $[a_j, a_{j+1})$ ein Rechteck errichten.
Die Fläche des Rechtecks über $[a_j, a_{j+1})$ soll dabei gleich der zugehörigen *relativen
Klassen–Häufigkeit*

$$k_j := \frac{1}{n} \cdot \sum_{i=1}^{n} \mathbf{1}\{a_j \leq x_i < a_{j+1}\} \qquad (j = 1, \ldots, s)$$

sein. Die Höhe d_j des Histogramms über dem Intervall $[a_j, a_{j+1})$ berechnet sich
also aus der Gleichung

$$d_j \cdot (a_{j+1} - a_j) = k_j \qquad (j = 1, \ldots, s). \tag{5.2}$$

Als Beispiel betrachten wir die folgende Stichprobe vom Umfang $n = 100$ (jährliche Milchleistung von Kühen, in dz; entnommen aus [PRE], S. 17):

37.4	37.8	29.0	35.1	30.9	28.5	38.4	34.7	36.3	30.4
39.1	37.3	45.3	32.2	27.4	37.0	25.1	30.7	37.1	37.7
26.4	39.7	33.0	32.5	24.7	35.1	33.2	42.4	37.4	37.2
37.5	44.2	39.2	39.4	43.6	28.0	30.6	38.5	31.4	29.9
34.5	34.3	35.0	35.5	32.6	33.7	37.7	35.3	37.0	37.8
32.5	32.9	38.0	36.0	35.3	31.3	39.3	34.4	37.2	39.0
41.8	32.7	33.6	43.4	30.4	25.8	28.7	31.1	33.0	39.0
37.1	36.2	28.4	37.1	37.4	30.8	41.6	33.8	35.0	37.4
33.7	33.8	30.4	37.4	39.3	30.7	30.6	35.1	33.7	32.9
35.7	32.9	39.2	37.5	26.1	29.2	34.8	33.3	28.8	38.9

Wählen wir $a_1 = 24$, $a_2 = 27$, $a_3 = 29.6$, $a_4 = 32$, $a_5 = 34.3$, $a_6 = 36.5$, $a_7 = 38.4$, $a_8 = 40.5$, $a_9 = 45.5$, also $s = 8$ Klassen, so ergeben sich die relativen Klassen–Häufigkeiten zu $k_1 = 5/100$, $k_2 = 8/100$, $k_3 = 13/100$, $k_4 = 18/100$, $k_5 = 17/100$, $k_6 = 20/100$, $k_7 = 12/100$ und $k_8 = 7/100$. Mit (5.2) folgt $d_1 = k_1/(a_2 - a_1) = 0.0166\ldots$ usw. Bild 5.3 zeigt das zugehörige Histogramm.

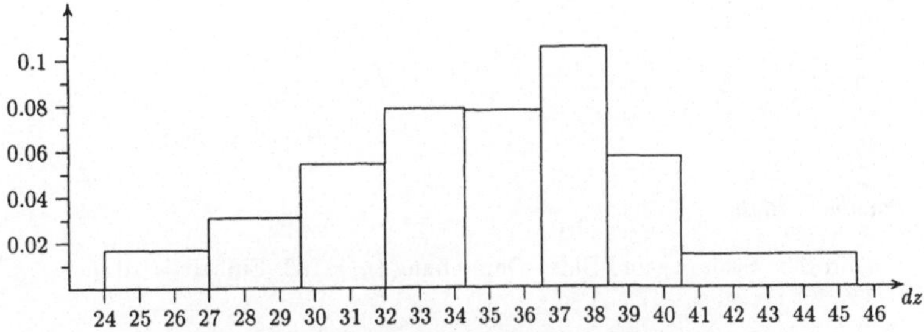

Bild 5.3 Histogramm (Milchleistung von Kühen)

Die zur Anfertigung eines Histogramms notwendige Festlegung der Klassenanzahl s sowie der Klassenbreiten (Intervalllängen) ist immer mit einer gewissen Willkür behaftet. Eine Faustregel für die Klassenanzahl ist $s \approx \sqrt{n}$. Dabei sollten Klassen mit sehr wenigen Daten vermieden werden. Der häufig betrachtete Fall gleicher Klassenbreiten hat den Vorteil, dass nicht nur die Fläche, sondern auch die Höhe der Rechtecke proportional zu den jeweiligen Klassenhäufigkeiten ist.

5.5 Stamm– und Blatt–Darstellung

Die *Stamm– und Blatt-Darstellung* (engl.: stem and leaf display) liefert eine kompakte und übersichtliche Veranschaulichung einer Stichprobe bei geringem Informationsverlust. Bild 5.4 zeigt eine Stamm- und Blatt–Darstellung der Milchleistung von Kühen aus Abschnitt 5.4.

```
24 | 7
25 | 8 1
26 | 4 1
27 | 4
28 | 4 5 0 7 8
29 | 0 2 9
30 | 4 9 4 8 7 6 6 7 4
31 | 3 1 4
32 | 5 9 7 9 2 5 6 9
33 | 7 8 0 6 7 2 8 3 0 7
34 | 5 3 8 7 4
35 | 7 0 1 5 3 1 3 1 0
36 | 2 0 3
37 | 4 5 1 8 3 1 4 5 4 0 7 1 4 0 2 7 2 8 4
38 | 0 4 5 9
39 | 1 7 2 2 4 3 3 0 0
40 |
41 | 8 6
42 | 4
43 | 4 6
44 | 2
45 | 3
  ↓        ⟶
Stamm    Blatt
```

Bild 5.4 Stamm– und Blatt–Darstellung ($n = 100$, Einheit $= 1$dz)

Für die Anfertigung dieser Stamm– und Blatt–Darstellung wurden zunächst die kleinste und die größte Milchleistung (24.7 dz bzw. 45.3 dz) der Daten aus Abschnitt 5.4 ermittelt. Da die beiden Vorkommastellen aller 100 Stichprobenwerte somit nur die Werte $24, 25, \ldots, 44, 45$ sein können, liegt es nahe, diese nicht immer wieder neu aufzuführen, sondern nur einmal als *Stamm* in vertikaler Richtung aufzulisten. Die Konstruktion des *Blattes* entlang des Stammes geschieht dann durch Notieren der jeweils fehlenden Nachkommastelle bei Abarbeitung der Stichprobe. Dabei wurden für Bild 5.4 die Daten aus 5.4 spaltenweise übertragen.

Man beachte, dass aus Bild 5.4 alle 100 Stichprobenwerte bis auf ihre ursprüngliche Reihenfolge rekonstruierbar sind, sofern eine *Einheit* angegeben wird. Dabei sind vereinbarungsgemäß die Werte des Stammes ganzzahlige Vielfache dieser Einheit (im obigen Beispiel 1 dz). Die Ziffern des Blattes bilden dann bezüglich der angegebenen Einheit Werte von nächstkleinerer Dezimalordnung. Würden wir die Einheit 1 dz z.B. durch 100 ml ersetzen, so wären die Einträge in Bild 5.4 als 2470 ml, 2580 ml, 2510 ml, ..., 4530 ml zu lesen.

Drehen wir die in Bild 5.4 gegebene Stamm- und Blatt-Darstellung um 90^0 gegen den Uhrzeigersinn, so ergibt sich der Eindruck eines Histogramms mit 22 Klassen und der Klassenbreite 1 dz. Ein weiterer Nutzen der Stamm- und Blatt-Darstellung besteht darin, dass die ursprüngliche Stichprobe bis zu einem gewissen Grad der Größe nach vorsortiert ist und sich u.a. der *Median* (vgl. Abschnitt 5.6) leicht bestimmen lässt.

Dass das Blatt einer Stamm- und Blatt-Darstellung prinzipiell auch aus mehr als einer Ziffer bestehen kann, zeigt die zu den Werten 1014, 1223, 1130, 1047, 1351, 1234, 1407, 1170 (Längen in m) gehörende Stamm- und Blatt-Darstellung

$$
\begin{array}{c|cc}
10 & 14 & 47 \\
11 & 30 & 70 \\
12 & 23 & 34 \\
13 & 51 & \\
14 & 07 & \\
\end{array}
$$

(Einheit $= 100$ m) mit einem *Zwei-Ziffer-Blatt*.

5.6 Lagemaße

Es seien $x_1, \ldots, x_n$ reelle Zahlen, die wir als Stichprobe eines quantitativen Merkmals auffassen wollen. Wir stellen uns das Problem, der Stichprobe $x_1, \ldots, x_n$ eine Zahl $l(x_1, \ldots, x_n)$ zuzuordnen, die ihre „grobe Lage" auf der Zahlengeraden beschreibt. Dabei soll von einem solchen *Lagemaß* $l(x_1, \ldots, x_n)$ nur gefordert werden, dass sich sein Wert bei Verschiebung jedes x_j um den Wert a um genau diesen Wert a „mitverschiebt", also dass

$$l(x_1 + a, \ldots, x_n + a) \; = \; l(x_1, \ldots, x_n) + a \tag{5.3}$$

für jede Wahl von $x_1, \ldots, x_n$, $a \in \mathbb{R}$ gilt.

Das bekannteste Lagemaß ist das *arithmetische Mittel*

$$\overline{x} \; := \; \frac{1}{n} \cdot (x_1 + \cdots + x_n) \; = \; \frac{1}{n} \cdot \sum_{j=1}^{n} x_j \, ,$$

das umgangssprachlich auch als *Mittelwert* oder *Durchschnitt* von $x_1, \ldots, x_n$ bezeichnet wird. Physikalisch beschreibt $\bar{x}$ den *Schwerpunkt* der durch gleiche Massen in $x_1, \ldots, x_n$ gegebenen Massenverteilung auf der als gewichtslos angenommenen Zahlengeraden (siehe auch Kapitel 12).

Tritt in der Stichprobe $x_1, \ldots, x_n$ der Wert a_i genau h_i mal auf ($i = 1, 2, \ldots, s$, $h_1 + \cdots + h_s = n$), so berechnet sich $\bar{x}$ gemäß

$$\bar{x} = \sum_{i=1}^{s} g_i \cdot a_i$$

als *gewichtetes Mittel* von $a_1, \ldots, a_s$ mit den *Gewichten*

$$g_i := \frac{h_i}{n} \qquad (i = 1, \ldots, s).$$

Nicht zu verwechseln mit dem arithmetischen Mittel sind das *geometrische Mittel* (siehe Übungsaufgabe 5.6) und das *harmonische Mittel* (siehe Übungsaufgabe 5.7). Beides sind *keine* Lagemaße im Sinne von (5.3).

Ein weiteres wichtiges Lagemaß ist der *empirische Median (Zentralwert)* von $x_1, \ldots, x_n$. Zu seiner Bestimmung werden die Daten $x_1, \ldots, x_n$ der Größe nach sortiert. Bezeichnet dabei $x_{(j)}$ den j-kleinsten Wert, also insbesondere

$$x_{(1)} = \min_{1 \le j \le n} x_j, \qquad x_{(n)} = \max_{1 \le j \le n} x_j \tag{5.4}$$

den kleinsten bzw. den größten Wert, so heißt die der Größe nach sortierte Reihe

$$x_{(1)} \le x_{(2)} \le \cdots \le x_{(n-1)} \le x_{(n)} \tag{5.5}$$

die *geordnete Stichprobe* von $x_1, \ldots, x_n$. Diese Begriffsbildung ist in Tabelle 5.3 anhand einer künstlichen Stichprobe veranschaulicht.

j	1	2	3	4	5	6	7	8	9	10
x_j	8.5	1.5	75	4.5	6.0	3.0	3.0	2.5	6.0	9.0
$x_{(j)}$	1.5	2.5	3.0	3.0	4.5	6.0	6.0	8.5	9.0	75

Tabelle 5.3 Stichprobe und geordnete Stichprobe

Der *empirische Median (Zentralwert)* $x_{1/2}$ von $x_1, \ldots, x_n$ ist definiert als

$$x_{1/2} := \begin{cases} x_{\left(\frac{n+1}{2}\right)} & , \text{ falls } n \text{ eine ungerade Zahl ist} \\ \frac{1}{2} \cdot \left(x_{\left(\frac{n}{2}\right)} + x_{\left(\frac{n}{2}+1\right)} \right) & , \text{ falls } n \text{ eine gerade Zahl ist.} \end{cases}$$

Durch diese Festlegung wird erreicht, dass mindestens 50 % aller x_j kleiner oder gleich $x_{1/2}$ und mindestens 50 % aller x_j größer oder gleich $x_{1/2}$ sind. Für die Daten aus Tabelle 5.3 $(n = 10)$ ist $x_{1/2} = (x_{(5)} + x_{(6)})/2 = (4.5 + 6.0)/2 = 5.25$.

Anhand der Daten aus Tabelle 5.3 wird auch ein wichtiger Unterschied zwischen dem arithmetischen Mittel $\bar{x}$ und dem Median $x_{1/2}$ deutlich. Das im Vergleich zum Median relativ große arithmetische Mittel $\bar{x} = 11.9$ verdankt seinen Wert allein dem ungewöhnlich großen Stichprobenelement $x_3 = 75$. Da dieser Wert relativ weit von den übrigen, im Bereich zwischen 1.5 und 9.0 liegenden Daten „entfernt" ist, wollen wir ihn als *Ausreißer* bezeichnen.

Derartige Ausreißer treten bei Datensätzen häufig auf. Im obigen Beispiel könnte z.B. ein fehlender Dezimalpunkt (7.5 anstelle von 75) den Ausreißer 75 verursacht haben. Da zur Bildung von $\bar{x}$ alle Stichprobenwerte mit gleichem Gewicht $1/n$ eingehen, ist das **arithmetische Mittel $\bar{x}$ extrem ausreißeranfällig**. Im Gegensatz dazu ist der Zentralwert $x_{1/2}$ *robust* (unempfindlich) gegenüber dem Auftreten etwaiger Ausreißer. So kann in Tabelle 5.3 auch der zweitgrößte Wert 9.0 beliebig vergrößert werden, ohne den Zentralwert zu ändern.

Die Ausreißeranfälligkeit und somit oft geringe Aussagekraft des arithmetischen Mittels zeigt sich z.B. bei der Angabe des Durchschnittseinkommens. Wenn 9 Personen ein monatliches Bruttoeinkommen von jeweils 5 000 DM haben und eine Person als Krösus mit 100 000 DM aus der Reihe tanzt, so beträgt das monatliche Durchschnittseinkommen aller 10 Personen stattliche 14 500 DM. Um diesen „Krösus–Effekt" abzumildern, bleiben etwa beim durchschnittlichen Haushaltsbruttoeinkommen der 4–Personen–Haushalte von Beamten und Angestellten mit höherem Einkommen (monatlich 9 689 DM im Jahr 1994) Haushalte mit einem **Netto**einkommen von mindestens 35 000 DM unberücksichtigt ([SJB], S. 542).

In Verallgemeinerung des empirischen Medians heißt für eine Zahl p mit $0 < p < 1$

$$x_p := \begin{cases} x_{([n \cdot p+1])} & , \quad \text{falls } n \cdot p \notin \mathbb{N}, \\ \frac{1}{2} \cdot \left(x_{(n \cdot p)} + x_{(n \cdot p+1)} \right) & , \quad \text{falls } n \cdot p \in \mathbb{N}, \end{cases}$$

das *(empirische)* p–*Quantil* von $x_1, \ldots, x_n$. Dabei bezeichnet allgemein der Ausdruck $[y] := \max\{k \in \mathbb{Z} : k \leq y\}$ die größte ganze Zahl, welche kleiner oder gleich einer reellen Zahl y ist, also z.B. $[1.2] = 1$, $[-0.3] = -1$, $[5] = 5$.

Obige Festlegung bewirkt, dass mindestens $p \cdot 100$ % aller Stichprobenwerte kleiner oder gleich x_p und mindestens $(1 - p) \cdot 100$ % aller Stichprobenwerte größer oder gleich x_p sind. Das p–Quantil x_p teilt also grob gesprochen die geordnete Stichprobe „im Verhältnis p zu $1 - p$" auf.

Neben dem empirischen Median als 0.5–Quantil besitzen auch weitere häufig verwendete Quantile eigene Namen. So heißen $x_{0.25}$ und $x_{0.75}$ das *untere* bzw. *obere Quartil* und $x_{j\cdot 0.1}$ das j-te *Dezil* ($j = 1, \ldots, 9$). Für die Daten aus Tabelle 5.3 gilt z.B. $x_{0.25} = x_{([3.5])} = 3.0$ und $x_{0.8} = \frac{1}{2} \cdot (x_{(8)} + x_{(9)}) = 8.75$.

Als weiteren Vertreter aus der Gruppe der Lagemaße betrachten wir das durch

$$x_{t,\alpha} \quad := \quad \frac{1}{n - 2 \cdot k} \cdot \left(x_{(k+1)} + x_{(k+2)} + \cdots + x_{(n-k-1)} + x_{(n-k)} \right)$$

$$= \quad \frac{1}{n - 2 \cdot k} \cdot \sum_{j=k+1}^{n-k} x_{(j)}$$

definierte α–*getrimmte Mittel* (auch: α–*gestutztes* oder $\alpha \cdot 100\,\%$–*getrimmtes Mittel*) von $x_1, \ldots, x_n$. Hierbei sind α eine Zahl mit $0 < \alpha < 1/2$ und $k := [n \cdot \alpha]$.

Als arithmetisches Mittel, das grob gesprochen die $\alpha \cdot 100\,\%$ größten und die $\alpha \cdot 100\,\%$ kleinsten Daten außer Acht lässt, stellt $x_{t,\alpha}$ ein flexibles Instrument gegenüber potentiellen Ausreißern dar. So ignoriert etwa das $10.\,\%$–getrimmte Mittel der Daten aus Tabelle 5.3 den Ausreißer 75 und liefert den Wert $x_{t,0.1} = (x_{(2)} + \cdots + x_{(9)})/8 = 5.3125$. Setzen wir formal $\alpha = 0$, so geht das α–getrimmte Mittel in das arithmetische Mittel $\bar{x}$ über. Vergrößern wir hingegen den „Trimmungsanteil" α bis zu seinem größtmöglichen Wert (man beachte, dass der Nenner $n - 2 \cdot k$ in der Definition von $x_{t,\alpha}$ positiv bleiben muss!), so erhalten wir den empirischen Median $x_{1/2}$ (Übungsaufgabe 5.2).

5.7 Streuungsmaße

Jedes Lagemaß wie das arithmetische Mittel schweigt sich über die „Streuung" der Stichprobenwerte um dieses Mittel völlig aus. So besitzen etwa die Stichproben 9, 10, 11 und 0, 10, 20 das gleiche arithmetische Mittel 10. Die Werte der zweiten Stichprobe „streuen" aber offenbar stärker um dieses Mittel als die Werte der ersten Stichprobe. Die begrenzte Aussagekraft des Mittelwertes und die Eigenschaft von „Streuung" als bisweilen sogar erwünschte Größe kommen treffend im folgenden Gedicht (dieses verdanken wir Herrn Professor Dr. P.H. List, siehe [KRF]) zum Ausdruck:

Ein Mensch, der von Statistik hört,
denkt dabei nur an Mittelwert.
Er glaubt nicht dran und ist dagegen,
ein Beispiel soll es gleich belegen:

Ein Jäger auf der Entenjagd
hat einen ersten Schuss gewagt.

Der Schuss, zu hastig aus dem Rohr,
lag eine gute Handbreit vor.

Der zweite Schuss mit lautem Krach
lag eine gute Handbreit nach.
Der Jäger spricht ganz unbeschwert
voll Glauben an den Mittelwert:
Statistisch ist die Ente tot.

Doch wär' er klug und nähme Schrot
— dies sei gesagt, ihn zu bekehren —
er würde seine Chancen mehren:
Der Schuss geht ab, die Ente stürzt,
weil Streuung ihr das Leben kürzt.

In diesem Abschnitt werden verschiedene Streuungsmaße vorgestellt. Im Gegensatz zu einem Lagemaß bleibt ein *Streuungsmaß* $\sigma(x_1, \ldots, x_n)$ bei Verschiebungen der Daten unbeeinflusst, d.h. es gilt

$$\sigma(x_1 + a, x_2 + a, \ldots, x_n + a) \; = \; \sigma(x_1, \ldots, x_n) \tag{5.6}$$

für jede Wahl von $x_1, \ldots, x_n$ und a.

Das klassische Streuungsmaß ist die durch

$$s^2 \; := \; \frac{1}{n-1} \cdot \sum_{j=1}^{n} (x_j - \overline{x})^2 \tag{5.7}$$

definierte *empirische Varianz* oder *Stichprobenvarianz* von $x_1, \ldots, x_n$. Die Wurzel

$$s \; := \; \sqrt{s^2} \; = \; \sqrt{\frac{1}{n-1} \cdot \sum_{j=1}^{n} (x_j - \overline{x})^2} \tag{5.8}$$

aus s^2 heißt *empirische Standardabweichung* oder *Stichprobenstandardabweichung* von $x_1, \ldots, x_n$.

Man beachte, dass durch das sowohl historisch bedingte als auch mathematisch motivierte **Quadrieren** der Differenzen $x_j - \overline{x}$ in (5.7) positive und negative Abweichungen der Daten vom Mittelwert in gleicher Weise berücksichtigt werden. Die Tatsache, dass in der Definition von s^2 durch $n-1$ und nicht durch das „naheliegende" n dividiert wird, hat mathematische Gründe, auf die an dieser Stelle nicht näher eingegangen werden soll. Viele Taschenrechner stellen hier beide Möglichkeiten (Division durch n und durch $n-1$) mittels eingebauter Funktionen bereit. Offenbar besitzen sowohl s^2 als auch s die Eigenschaft (5.6) der Invarianz gegenüber Verschiebungen.

Ausquadrieren in (5.7) und direktes Ausrechnen liefert die alternative Darstellung

$$s^2 = \frac{1}{n-1} \cdot \left(\sum_{j=1}^{n} x_j^2 - n \cdot \bar{x}^2 \right),$$

welche jedoch durch das eventuelle Auftreten großer Zahlen für Berechnungen unzweckmäßig sein kann. Ein Nachteil von s^2 und s ist wie beim arithmetischen Mittel die Empfindlichkeit gegenüber Ausreißern (vgl. untenstehendes Beispiel).

Weitere Streuungsmaße sind

- die *mittlere absolute Abweichung* $\quad \dfrac{1}{n} \cdot \displaystyle\sum_{j=1}^{n} |x_j - \bar{x}|,$

- die *Stichprobenspannweite* $x_{(n)} - x_{(1)} = \max\limits_{1 \leq j \leq n} x_j - \min\limits_{1 \leq j \leq n} x_j,$

- der *Quartilsabstand* $x_{3/4} - x_{1/4}$
  (Differenz zwischen oberem und unterem Quartil)

- und die als empirischer Median von $|x_1 - x_{1/2}|, |x_2 - x_{1/2}|, \ldots, |x_n - x_{1/2}|$
  definierte *Median–Abweichung* von $x_1, \ldots, x_n$.

Im Gegensatz zur ausreißerempfindlichen Stichprobenspannweite sind Quartilsabstand und Median–Abweichung robuste Streuungsmaße.

Zur Illustration der vorgestellten Streuungsmaße betrachten wir die Daten von Tabelle 5.3. Hier gilt (mit $\bar{x} = 11.9$)

$$s^2 = \frac{1}{9} \cdot \left((8.5 - \bar{x})^2 + (1.5 - \bar{x})^2 + \cdots + (9.0 - \bar{x})^2 \right) = 497.87\ldots,$$

$$s = 22.31\ldots,$$

$$\frac{1}{n} \cdot \sum_{j=1}^{n} |x_j - \bar{x}| = 12.62,$$

$$x_{(n)} - x_{(1)} = 75 - 1.5 = 73.5,$$

$$x_{3/4} - x_{1/4} = x_{(8)} - x_{(3)} = 8.5 - 3.0 = 5.5.$$

Die der Größe nach sortierten Werte $|x_j - x_{1/2}|$ $(j = 1, \ldots, 10)$ sind 0.75, 0.75, 0.75, 2.25, 2.25, 2.75, 3.25, 3.75, 3.75 und 69.75. Als empirischer Median dieser Werte ergibt sich die Median–Abweichung der Daten aus Tabelle 5.3 zu 2.5.

Übungsaufgaben

Ü 5.1 Die untenstehenden Werte (entnommen aus [RIE], S.11) sind Druckfestigkeiten (in 0.1 N/mm^2), welche an 30 Betonwürfeln ermittelt wurden.

$$
\begin{array}{cccccccccc}
374 & 358 & 341 & 355 & 342 & 334 & 353 & 346 & 355 & 344 \\
349 & 330 & 352 & 328 & 336 & 359 & 361 & 345 & 324 & 386 \\
335 & 371 & 358 & 328 & 353 & 352 & 366 & 354 & 378 & 324
\end{array}
$$

a) Fertigen Sie eine Stamm– und Blatt–Darstellung an.

Bestimmen Sie

b) das arithmetische Mittel und den Zentralwert,

c) die empirische Varianz und die Standardabweichung der Stichprobe,

d) das untere Quartil und das 90 %–Quantil,

e) das 20 %–getrimmte Mittel,

f) die Stichprobenspannweite und den Quartilsabstand,

g) die Median–Abweichung.

Ü 5.2 Zeigen Sie durch Unterscheiden der Fälle eines geraden und eines ungeraden Stichprobenumfangs, dass das α–getrimmte Mittel bei größtmöglichem Trimmungsanteil α in den Zentralwert übergeht.

Ü 5.3 Wie groß kann der empirische Median der Daten aus Aufgabe 5.1 höchstens werden, wenn beliebige 4 der 30 Werte verzehnfacht werden?

Ü 5.4 Zeigen Sie, dass bis auf die empirische Varianz jedes andere der vorgestellten Streuungsmaße die Eigenschaft

$$
\sigma(a \cdot x_1, a \cdot x_2, \ldots, a \cdot x_n) = a \cdot \sigma(x_1, \ldots, x_n), \qquad a > 0,
$$

besitzt.

Ü 5.5 Drei Stichproben mit den Umfängen 20, 30 und 50 werden zu einer „Gesamtstichprobe" vom Umfang 100 zusammengefasst. Die Mittelwerte dieser Stichproben seien 14, 12 und 16.

a) Wie groß ist der Mittelwert der Gesamtstichprobe?

b) Konstruieren Sie ein Beispiel, für das der empirische Median der Gesamtstichprobe in obiger Situation gleich 0 ist.

Ü 5.6 Das *geometrische Mittel* $\overline{x}_g$ positiver Zahlen $x_1, \ldots, x_n$ ist durch

$$\overline{x}_g := \sqrt[n]{x_1 \cdot x_2 \cdot \ldots \cdot x_n} = \left(\prod_{j=1}^{n} x_j \right)^{1/n}$$

definiert. Zeigen Sie: Der Durchschnittszinssatz für ein Kapital, das für n Jahre angelegt und im j-ten Jahr mit einem Zinssatz von p_j % verzinst wird, ist $(\overline{x}_g - 1) \cdot 100$ %, wobei $x_j = 1 + p_j/100 \;\; (j = 1, \ldots, n)$.

Ü 5.7 Das *harmonische Mittel* $\overline{x}_h$ positiver Zahlen $x_1, \ldots, x_n$ ist durch

$$\overline{x}_h := n/(1/x_1 + 1/x_2 + \cdots + 1/x_n)$$

definiert. Zeigen Sie: Durchfährt ein Fahrzeug den j-ten Teil einer in n gleichlange Teilstrecken unterteilten Gesamtstrecke mit der konstanten Geschwindigkeit x_j km/h $(j = 1, \ldots, n)$, so ist die auf der Gesamtstrecke erzielte Durchschnittsgeschwindigkeit das harmonische Mittel $\overline{x}_h$ km/h.

Lernziel–Kontrolle

Sie sollten

- mit den Begriffsbildungen *Untersuchungseinheit, Merkmal, Merkmalsausprägung, Grundgesamtheit* und *Stichprobe* vertraut sein;

- sich selbst davon überzeugen, dass Statistiken in Zeitungen, Zeitschriften usw. hinsichtlich der Festlegung der Untersuchungseinheit und/oder weiterer Angaben (Merkmal, Merkmalsausprägungen, welches Mittel?) häufig unvollständig sind und somit manipulierend wirken;

- wissen, was eine *empirische Häufigkeitsverteilung*, ein *Stab–* und ein *Kreisdiagramm* sowie ein *Histogramm* sind;

- die *Stamm– und Blatt–Darstellung* kennen;

- *arithmetisches Mittel* und *Median* in ihrer Bedeutung unterscheiden können;

- mit den Begriffen *geordnete Stichprobe, p–Quantil* und α*–getrimmtes Mittel* umgehen können;

- die Streuungsmaße *Stichprobenvarianz, Stichprobenstandardabweichung, Stichprobenspannweite, Quartilsabstand* und *Median–Abweichung* kennen.

6   Endliche Wahrscheinlichkeitsräume

Aufgrund der in Kapitel 4 angestellten Überlegungen können relative Häufigkeiten im Fall wiederholbarer Experimente als „empirische Gewissheitsgrade" für das Eintreten von Ereignissen angesehen werden. Die Frage, auf welche Fundamente sich eine „Mathematik des Zufalls" gründen sollte, war lange Zeit ein offenes Problem; erst 1933 wurde durch A. N. Kolmogorov[1] eine befriedigende Axiomatisierung der Wahrscheinlichkeitsrechnung erreicht (siehe hierzu [KR2]).

Der Schlüssel zum Erfolg einer mathematischen Grundlegung der Wahrscheinlichkeitsrechnung bestand historisch gesehen darin, Wahrscheinlichkeiten nicht inhaltlich als „Grenz"– Werte relativer Häufigkeiten definieren zu wollen, sondern „bescheidener" zu sein und nur festzulegen, welche Eigenschaften Wahrscheinlichkeiten als mathematische Objekte **unbedingt besitzen sollten**. Wie in anderen mathematischen Disziplinen (z.B. Zahlentheorie, Geometrie, Algebra) werden somit auch die Grundbegriffe der Stochastik nicht inhaltlich definiert, sondern nur **implizit durch Axiome** beschrieben. Diese nicht beweisbaren Grund–Postulate orientieren sich dabei an den Eigenschaften (4.2) – (4.4) relativer Häufigkeiten.

Das bis heute fast ausschließlich als Basis für wahrscheinlichkeitstheoretische Untersuchungen dienende Axiomensystem von Kolmogorov nimmt für den vorläufig betrachteten Spezialfall einer endlichen Ergebnismenge folgende Gestalt an:

6.1 Definition
Ein *endlicher Wahrscheinlichkeitsraum* (kurz: *W–Raum*) ist ein Paar (Ω, P), wobei Ω ($\Omega \neq \emptyset$) eine endliche Menge und P eine auf den Teilmengen von Ω definierte reellwertige Funktion mit folgenden Eigenschaften ist:

a) $P(A) \geq 0$ für $A \subseteq \Omega$, (*Nichtnegativität*)

b) $P(\Omega) = 1$, (*Normiertheit*)

c) $P(A+B) = P(A) + P(B)$, **falls** $A \cap B = \emptyset$. (*Additivität*)

---

[1] Andrej Nikolajewitsch Kolmogorov (1903–1987), Professor in Moskau (ab 1930), einer der bedeutendsten Mathematiker der Gegenwart, leistete u. a. fundamentale Beiträge zur Wahrscheinlichkeitstheorie, Mathematischen Statistik, Mathematischen Logik, Topologie, Maß– und Integrationstheorie, Funktionalanalysis, Informations– und Algorithmentheorie. Weitere biographische Angaben finden sich unter der Internet-Adresse: *http://www.cwi.nl./˜paulv/KOLMOGOROV.BIOGRAPHY.html*

P heißt *Wahrscheinlichkeitsverteilung* (kurz: *W–Verteilung*) oder auch *Wahrscheinlichkeitsmaß* auf Ω (genauer: auf den Teilmengen von Ω). $P(A)$ heißt die *Wahrscheinlichkeit* (kurz: W') des Ereignisses A.

Offenbar stellt diese Definition einen **abstrakten mathematischen Rahmen** mit drei Axiomen dar, der völlig losgelöst von jeglichen zufälligen Vorgängen angesehen werden kann und bei allen rein logischen Schlüssen aus diesen Axiomen auch so angesehen werden muss. Völlig analog zur Axiomatisierung der Geometrie bildet somit das Kolmogorovsche Axiomensystem gewissermaßen einen „Satz elementarer Spielregeln" im Umgang mit Wahrscheinlichkeiten als **mathematischen Objekten**. Da diese Spielregeln (axiomatische Forderungen) direkt aus den Eigenschaften (4.2), (4.3) und (4.4) relativer Häufigkeiten abgeleitet sind, wirken sie zumindest im Hinblick auf unseren intuitiven *frequentistischen* Hintergrund (d.h. relative Häufigkeiten und ihre Stabilisierung bei wiederholbaren Experimenten) völlig natürlich. Der Vorteil des Kolmogorovschen Axiomensystems besteht aber gerade darin, dass es jede konkrete Deutung des Wahrscheinlichkeitsbegriffs außer Acht lässt. Dieser Umstand eröffnete der Stochastik als interdisziplinärer Wissenschaft breite Anwendungsfelder auch außerhalb des eng umrissenen Bereiches kontrollierter wiederholbarer Experimente. Ein wichtiger Gesichtspunkt ist dabei die Möglichkeit der Einbeziehung subjektiver Bewertungen von Unsicherheit (siehe Abschnitt 6.4) und die Kombination von „subjektiver Ungewissheit" mit „objektiven Daten" (Lernen aus Erfahrung, siehe Kapitel 16).

Schon im ersten systematischen Lehrbuch zur Stochastik, der *Ars conjectandi* von Jakob Bernoulli[2] ([BER]) aus dem Jahre 1713, geht es im vierten Teil um eine allgemeine „Kunst des Vermutens", die sich sowohl subjektiver als auch objektiver Gesichtspunkte bedient (siehe [ME], S.185):

> „Irgendein Ding vermuten heißt seine Wahrscheinlichkeit zu messen. Deshalb bezeichnen wir soviel als *Vermutungs– oder Mutmaßungskunst* (Ars conjectandi sive stochastice) die Kunst, so genau wie möglich die Wahrscheinlichkeit der Dinge zu messen und zwar zu dem Zwecke, dass wir bei unseren Urteilen und Handlungen stets das auswählen und befolgen können, was uns besser, trefflicher, sicherer oder ratsamer erscheint. Darin allein beruht die ganze Weisheit der Philosophen und die ganze Klugheit des Staatsmannes."

---

[2]Jakob Bernoulli (1654–1705), 1687 Professor für Mathematik an der Universität Basel, Beschäftigung u.a. mit Kurven (Lemniskate, logarithmische Spirale, Kettenlinie), Reihenlehre, Variationsrechnung (Kurven kürzester Fallzeit), Wahrscheinlichkeitsrechnung. Seine *Ars conjectandi* wurde posthum 1713 veröffentlicht. Bernoulli erkennt als erster die Wichtigkeit eines Wahrscheinlichkeitsbegriffes für das gesamte menschliche Leben; er geht dabei weit über die bis dahin vorherrschende Wahrscheinlichkeitsrechnung als die Lehre von den Chancen beim Glücksspiel hinaus.

Was den Aspekt einer „adäquaten" Modellbildung für ein gegebenes stochastisches Phänomen betrifft, so sollte der W–Raum (Ω, P) als Modell die vorliegende Situation möglichst gut beschreiben. Für die Situation eines wiederholt durchführbaren Experimentes bedeutet dies, dass die (Modell–)Wahrscheinlichkeit $P(A)$ eines Ereignisses A als erwünschtes Maß für den Gewissheitsgrad des Eintretens von A in **einem** Experiment nach Möglichkeit der (nur „Meister Zufall" bekannte) „Grenzwert" aus dem empirischen Gesetz über die Stabilisierung relativer Häufigkeiten sein sollte. Insofern würde es offenbar wenig Sinn machen, mit den Daten von Tabelle 4.1 für den Wurf einer Reißzwecke ($\Omega = \{0, 1\}$) als (Modell–)Wahrscheinlichkeiten $P(\{1\}) = 0.2$ und $P(\{0\}) = 0.8$ zu wählen. Wir werden später sehen, dass die beobachteten Daten unter diesen mathematischen Annahmen „so unwahrscheinlich" wären, dass wir dieses Modell als untauglich ablehnen würden.

Eine unmittelbare Konsequenz dieser Überlegungen ist, dass sich das Modellieren und das Überprüfen von Modellen anhand von Daten (diese letztere Tätigkeit ist Aufgabe der *Statistik*) gegenseitig bedingen. Im Hinblick auf Anwendungen sind somit Wahrscheinlichkeitstheorie und Statistik untrennbar miteinander verbunden!

Die nachfolgenden Aussagen sind direkt aus dem Kolmogorovschen Axiomensystem abgeleitet und bilden „das kleine Einmaleins" im Umgang mit Wahrscheinlichkeiten.

6.2 Folgerungen

Es seien (Ω, P) ein endlicher W–Raum und $A, B, A_1, A_2, \ldots, A_n$ $(n \geq 2)$ Ereignisse. Dann gelten:

a) $P(\emptyset) = 0$,

b) $P(\sum_{j=1}^{n} A_j) = \sum_{j=1}^{n} P(A_j)$,   *(endliche Additivität)*
falls $A_1, \ldots, A_n$ paarweise **disjunkt** sind,

c) $0 \leq P(A) \leq 1$,

d) $P(\overline{A}) = 1 - P(A)$,   *(komplementäre W')*

e) $A \subseteq B \implies P(A) \leq P(B)$,   *(Monotonie)*

f) $P(A \cup B) = P(A) + P(B) - P(A \cap B)$,   *(Additionsgesetz)*

g) $P(\bigcup_{j=1}^{n} A_j) \leq \sum_{j=1}^{n} P(A_j)$.   *(Subadditivität)*

BEWEIS: a) folgt aus den Axiomen 6.1 b) und 6.1 c), indem $A = \emptyset$ und $B = \Omega$ gesetzt wird. Eigenschaft b) ergibt sich durch vollständige Induktion aus dem Axiom 6.1 c). Zum Nachweis von c) und d) benutzen wir das Axiom 6.1 a) sowie die Beziehung

$$
\begin{aligned}
1 \; &= \; P(\Omega) && \text{(nach 6.1 b))} \\
&= \; P(A + \overline{A}) \\
&= \; P(A) + P(\overline{A}) && \text{(nach 6.1 c)) .}
\end{aligned}
$$

e) folgt aus der Darstellung $B = A + (B \setminus A)$ (Skizze!) zusammen mit 6.1 a) und 6.1 c).

Für den Nachweis des Additionsgesetzes f) zerlegen wir die Menge $A \cup B$ in die disjunkten Teile $A \setminus B$, $A \cap B$ und $B \setminus A$ (Skizze!). Nach dem schon bewiesenen Teil b) gilt dann

$$P(A \cup B) \; = \; P(A \setminus B) \; + \; P(A \cap B) \; + \; P(B \setminus A). \tag{6.1}$$

Wegen

$$P(A) \; = \; P(A \cap B) \; + \; P(A \setminus B) \qquad (\text{da } A = A \cap B + A \setminus B),$$

$$P(B) \; = \; P(A \cap B) \; + \; P(B \setminus A) \qquad (\text{da } B = B \cap A + B \setminus A)$$

folgt durch Auflösen dieser Gleichungen nach $P(A \setminus B)$ bzw. $P(B \setminus A)$ und Einsetzen in (6.1) die Behauptung. g) ergibt sich unter Beachtung von $P(A \cup B) \leq P(A) + P(B)$ (vgl. f)) durch vollständige Induktion über n. ∎

Etwas ungewohnt im Umgang mit Wahrscheinlichkeiten ist sicherlich die Tatsache, dass eine Wahrscheinlichkeitsverteilung $P(\cdot)$ eine auf dem System aller Teilmengen von Ω definierte Funktion darstellt. Da schon eine 10-elementige Menge $1024(= 2^{10})$ Teilmengen besitzt, möchte man meinen, die Angabe von $P(\cdot)$, d.h. die Festlegung von $P(A)$ für jede Teilmenge A von Ω unter Berücksichtigung der Axiome 6.1 a) – c), sei schon bei Grundräumen mit relativ wenigen Elementen ein ziemlich hoffnungsloses Unterfangen. Dass dies glücklicherweise nicht der Fall ist, liegt an der Additivitätseigenschaft 6.2 b). Da wir nämlich mit Ausnahme der leeren Menge (diese erhält nach 6.2 a) die Wahrscheinlichkeit 0) jede Teilmenge A von Ω als Vereinigung von endlich vielen (disjunkten!) Elementarereignissen in der Form

$$A \; = \; \sum_{\omega \in \Omega : \omega \in A} \{\omega\}$$

schreiben können, liefert die Additivitätseigenschaft 6.2 b)

$$P(A) \; = \; \sum_{\omega \in \Omega : \omega \in A} p(\omega). \tag{6.2}$$

Dabei haben wir der Kürze halber $p(\omega) := P(\{\omega\})$ geschrieben und werden dies auch weiterhin tun. Folglich reicht es aus, jedem Elementarereignis $\{\omega\}$ eine Wahrscheinlichkeit $p(\omega)$ zuzuordnen. Die Wahrscheinlichkeit eines beliebigen Ereignisses A ergibt sich dann gemäß (6.2) durch Aufsummieren der Wahrscheinlichkeiten der Elementarereignisse, aus denen das Ereignis A zusammengesetzt ist. Natürlich kann auch die Festlegung der Wahrscheinlichkeiten für alle Elementarereignisse nicht völlig willkürlich erfolgen. Ist $\Omega = \{\omega_1, \omega_2, \ldots, \omega_s\}$ eine s-elementige Menge, so gilt ja aufgrund des Axioms 6.1 a) zunächst

$$p(\omega_j) \geq 0 \quad (j = 1, 2, \ldots, s). \tag{6.3}$$

Andererseits folgt aus der Zerlegung $\Omega = \sum_{j=1}^{s} \{\omega_j\}$ zusammen mit Axiom 6.1 b) und der endlichen Additivität 6.2 b) die Summen–Beziehung

$$p(\omega_1) + p(\omega_2) + \ldots + p(\omega_s) = 1. \tag{6.4}$$

Die Eigenschaften (6.3) und (6.4) stellen somit **notwendige Bedingungen** dar, die erfüllt sein müssen, damit – von (6.3) und (6.4) ausgehend – die gemäß Gleichung (6.2) für jede Teilmenge A von Ω **definierte** Festlegung von $P(A)$ auch tatsächlich eine Wahrscheinlichkeitsverteilung ist, d.h. den Kolmogorovschen Axiomen genügt. Da die Bedingungen (6.3) und (6.4) auch hinreichend dafür sind, dass – von ihnen ausgehend – gemäß (6.2) „zusammengebaute" Wahrscheinlichkeiten die Axiome 6.1 a) – c) erfüllen, kommt den Wahrscheinlichkeiten $p(\omega_j)$ der Elementarereignisse bei der Konstruktion eines endlichen Wahrscheinlichkeitsraumes entscheidende Bedeutung zu.

Anschaulich kann $p(\omega)$ als „im Punkt ω angebrachte Wahrscheinlichkeitsmasse" gedeutet werden. Die „Gesamtmasse" (Wahrscheinlichkeit) $P(A)$ eines Ereignisses ergibt sich gemäß (6.2) durch Aufsummieren der „Einzel-Massen" der Elemente von A. Es ist üblich, für die grafische Darstellung dieser „W-Massen" *Stab- oder Balkendiagramme* zu verwenden. Dabei wird über jedem $\omega \in \Omega$ ein Stäbchen (Balken) der Länge $p(\omega)$ aufgetragen (Bild 6.1).

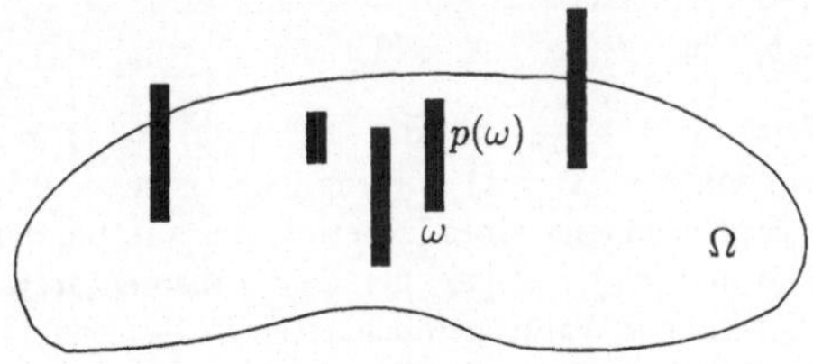

Bild 6.1 Stabdiagramm einer W–Verteilung

Deuten wir das durch einen endlichen W–Raum beschriebene Zufallsexperiment als Drehen eines Glücksrades mit dem Umfang 1, so entspricht dem Ergebnis ω_j gerade ein Bogenstück der Länge $p(\omega_j)$ (Bild 6.2).

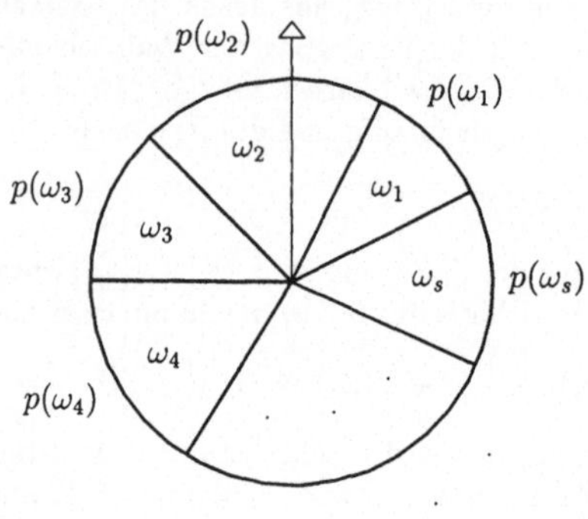

Bild 6.2 Wahrscheinlichkeiten als Bogenstücke eines Glücksrades

6.3 Verteilung einer Zufallsvariablen

Sind (Ω, P) ein endlicher W–Raum und $X : \Omega \to \mathbb{R}$ eine Zufallsvariable, so schreiben wir für x, a, $b \in \mathbb{R}$ kurz

$$P(X = x) := P(\{X = x\}) = P(\{\omega \in \Omega : X(\omega) = x\})$$

und analog

$$
\begin{aligned}
P(X \le x) &:= P(\{X \le x\}), \\
P(a \le X < b) &:= P(\{a \le X < b\}) \text{ usw.}
\end{aligned}
$$

Nimmt X die Werte $x_1, x_2, \ldots, x_k$ an, d.h. gilt $X(\Omega) = \{x_1, x_2, \ldots, x_k\}$, so folgt $\{X = x\} = \emptyset$ und somit $P(X = x) = 0$ für jedes x mit $x \notin \{x_1, \ldots, x_k\}$. Fassen wir $X(\Omega)$ als Ergebnismenge eines Experimentes auf, bei dem der Wert $X(\omega)$ beobachtet wird, so sind $\{x_1\}, \ldots, \{x_k\}$ gerade die Elementarereignisse dieses Experimentes. Das System der Wahrscheinlichkeiten $P(X = x_j)$ $(j = 1, \ldots, k)$ heißt die *Verteilung* der Zufallsvariablen X. Aus der Verteilung von X kann aufgrund der endlichen Additivität von P die Wahrscheinlichkeit jedes durch X beschreibbaren Ereignisses gemäß

$$P(X \leq x) \;=\; \sum_{j:x_j \leq x} P(X = x_j)\,,$$

$$P(a \leq X < b) \;=\; \sum_{j:a \leq x_j < b} P(X = x_j)$$

usw. berechnet werden.

Als einfaches Beispiel betrachten wir die Zufallsvariable „höchste Augenzahl" beim zweimal hintereinander ausgeführten Würfelwurf, also $X(\omega) := \max(i,j)$ ($\omega = (i,j)$) mit $\Omega = \{(i,j) : i,j \in \{1,2,3,4,5,6\}\}$ wie in 3.2. Definieren wir aus Symmetriegründen $p(\omega) := 1/36$ ($\omega \in \Omega$), so folgt

$$P(X = 1) \;=\; P(\{(1,1)\}) \;=\; \frac{1}{36}\,,$$

$$P(X = 2) \;=\; P(\{(1,2),(2,1),(2,2)\}) \;=\; \frac{3}{36}\,,$$

$$P(X = 3) \;=\; P(\{(1,3),(2,3),(3,1),(3,2),(3,3)\}) \;=\; \frac{5}{36}$$

und analog

$$P(X = 4) \;=\; \frac{7}{36}\,, \qquad P(X = 5) \;=\; \frac{9}{36}\,, \qquad P(X = 6) \;=\; \frac{11}{36}\,.$$

Bild 6.3 zeigt das Stabdiagramm der Verteilung von X.

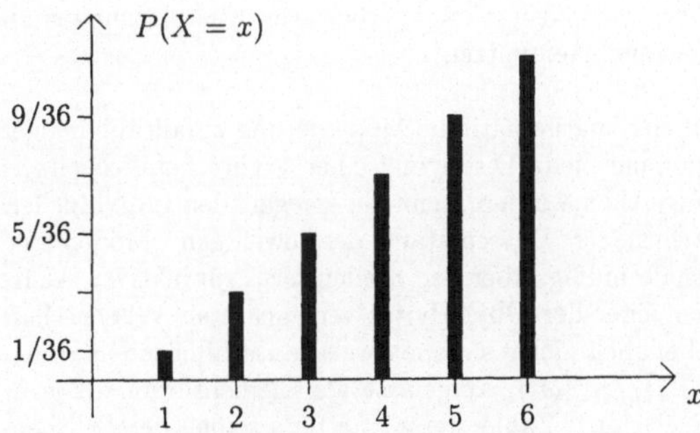

Bild 6.3 Verteilung der höchsten Augenzahl beim zweifachen Würfelwurf

6.4 Subjektive Wahrscheinlichkeiten

Obwohl wir zur Motivation des axiomatischen Wahrscheinlichkeitsbegriffs bislang nur ideale – insbesondere also beliebig oft wiederholbare – Experimente betrachtet haben, sei ausdrücklich betont, dass das Kolmogorovsche Axiomensystem prinzipiell auch auf Situationen anwendbar ist, in denen keine wiederholbaren Experimente unter gleichen Bedingungen vorliegen. Beispiele hierfür finden sich in Formulierungen wie

- wahrscheinlich besteht Klaus die Meisterprüfung,

- wahrscheinlich wird die Partei ABC bei der nächsten Wahl mehr als 30% der Stimmen erreichen,

- wahrscheinlich wird der Karlsruher SC im nächsten Jahr deutscher Meister,

- wahrscheinlich haben wir im kommenden Sommerurlaub wieder nur zwei Regentage.

Offenbar bedeutet „Wahrscheinlichkeit" in obigem Sinne „Stärke für die Überzeugung von der Richtigkeit einer Aussage" und stellt somit ein Maß dafür dar, inwieweit eine Vermutung (Hypothese) „wahr scheint". Da hier viele mehr oder weniger subjektive Faktoren eine Rolle spielen, spricht man auch von (personenbezogenen) *subjektiven Wahrscheinlichkeiten*.

Derartige persönliche Wahrscheinlichkeitsbewertungen treten im Alltag häufig auf. Sie basieren meist auf bestimmten Erfahrungen aus der Vergangenheit. So könnten wir z.B. unsere persönliche Wahrscheinlichkeit dafür, dass es im kommenden Juli an mehr als 10 Tagen regnet, auf Beobachtungen über die Anzahl der Juli–Regentage vergangener Jahre stützen. Wett–Quoten auf den Sieg von Pferden, Sportlern usw. basieren auf subjektiven Einschätzungen und objektiven Daten (z.B. Weltranglistenplätzen).

Im Hinblick auf eine mathematische Modellierung zufallsabhängiger Phänomene muss strenggenommen jede Festlegung einer Wahrscheinlichkeitsverteilung $P(\cdot)$ als subjektiv angesehen werden, denn sie spiegelt den individuellen, von Person zu Person verschiedenen Wissensstand des jeweiligen „Modellierers" wider. Es scheint uns deshalb müßig, über den Stellenwert „subjektiver Wahrscheinlichkeiten" im Rahmen einer der Objektivität verpflichteten Wissenschaft zu streiten. So mag jemand endlich vielen sich paarweise ausschließenden „Elementar–Hypothesen" $\{\omega_1\}, \{\omega_2\}, \ldots, \{\omega_s\}$, aufgefasst als Elementarereignisse in der Grundmenge $\Omega = \{\omega_1, \ldots, \omega_s\}$, Zahlenwerte $p(\omega_j)$ als seine „persönlichen Wahrscheinlichkeiten" zuordnen (z.B. könnte ω_j den Sieg von Pferd Nr. j bei einem zukünftigen Rennen mit bekanntem Teilnehmerfeld bedeuten). Genügen seine Wahrscheinlichkeiten den Bedingungen (6.3) und (6.4), und ist er gewillt, subjektive Wahrscheinlichkeiten für „zusammengesetzte Hypothesen" (Vereinigungen der „Elementar–Hypothesen", z.B. „mindestens eines der Pferde i, j, k gewinnt") gemäß (6.2) zu berechnen, so erfüllen seine subjektiven Wahrscheinlichkeiten die Eigenschaften des Kolmogorovschen Axiomensystems, und es liegt ein zulässiges Modell im Sinne eines endlichen W–Raumes vor.

Übungsaufgaben

Ü 6.1 In einem endlichen W–Raum (Ω, P) seien A, B Ereignisse mit $P(A) \geq 0.99$ und $P(B) \geq 0.97$. Zeigen Sie:

$$P(A \cap B) \geq 0.96.$$

Versuchen Sie, dieses Resultat über „kleine Ausnahmewahrscheinlichkeiten" zu verallgemeinern, indem Sie anstelle der Werte 0.99 und 0.97 allgemeine Wahrscheinlichkeiten einsetzen.

Ü 6.2 Zeigen Sie das *Additionsgesetz für drei Ereignisse*:

$$\begin{aligned} P(A \cup B \cup C) \;=\; & P(A) + P(B) + P(C) \\ & - P(A \cap B) - P(A \cap C) - P(B \cap C) + P(A \cap B \cap C). \end{aligned}$$

Ü 6.3 Umgangssprachlich sagt man oft, die „Chance für das Eintreten eines Ereignisses A sei „$a : b$", wobei $a, b \in \mathbb{N}$. Welche Wahrscheinlichkeit entspricht dieser „Chance"?

Ü 6.4 Die Zufallsvariable X beschreibe die kleinste Augenzahl beim zweifachen Würfelwurf. Bestimmen Sie: a) $P(X \geq 2)$, b) $P(X > 2)$, c) $P(X > 2.5)$, d) $P(X \leq 4)$.

Lernziel–Kontrolle

Sie sollten

- wissen, was ein endlicher W–Raum ist;

- die in 6.2 gezogenen Folgerungen kennen und möglichst viele von ihnen ohne Vorlage beweisen können;

- erkannt haben, dass eine Wahrscheinlichkeitsverteilung durch die Angabe der Wahrscheinlichkeiten aller Elementarereignisse bestimmt ist;

- Wahrscheinlichkeitsverteilungen durch Stabdiagramme darstellen können;

- wissen, was die Verteilung einer Zufallsvariablen ist.

7 Laplace–Modelle

Es gibt zahlreiche Zufallsexperimente mit endlich vielen Ausgängen, bei denen wir keinen Ausgang vor dem anderen als „wahrscheinlicher" oder „unwahrscheinlicher" ansehen. So würden wir etwa bei einem exakt gefertigten Würfel alle sechs Ausgänge als „gleich wahrscheinlich" erachten. Eine naheliegende Modellierung derartiger Experimente besteht darin, allen Elementarereignissen $\{\omega\}$ die gleiche Wahrscheinlichkeit $p(\omega)$ zuzuordnen. Ist $\Omega = \{\omega_1, \omega_2, \ldots, \omega_s\}$ eine s-elementige Menge, so muss wegen der Summenbeziehung (6.4) notwendigerweise

$$p(\omega) \;=\; \frac{1}{s} \;=\; \frac{1}{|\Omega|}, \qquad \omega \in \Omega,$$

und folglich aufgrund der endlichen Additivität

$$P(A) \;=\; \frac{|A|}{s} \;=\; \frac{|A|}{|\Omega|} \qquad \text{für } A \subseteq \Omega, \tag{7.1}$$

gelten.

Da P.S. Laplace[1] bei seinen Untersuchungen zur Wahrscheinlichkeitsrechnung vor allem mit der Vorstellung von „gleich möglichen Fällen" gearbeitet hat, tragen die nachfolgenden Begriffsbildungen seinen Namen.

7.1 Definition
Ist $\Omega = \{\omega_1, \ldots, \omega_s\}$ eine s–elementige Menge und gilt (7.1), so heißt der endliche W–Raum (Ω, P) *Laplacescher W–Raum (der Ordnung s)*. In diesem Fall heißt P die *(diskrete) Gleichverteilung* oder *Laplace-Verteilung* auf $\omega_1, \ldots, \omega_s$.

Wird die Gleichverteilung auf der Menge aller möglichen Ausgänge zugrundegelegt, so nennen wir ein Zufallsexperiment auch *Laplace–Experiment*. Die Annahme eines solchen *Laplace-Modells* drückt sich dann in Formulierungen wie *homogene (echte) Münze, regelmäßiger (echter) Würfel, rein zufälliges Ziehen* o.ä. aus.

---

[1]Pierre Simon Laplace (1749–1827), Physiker und Mathematiker. 1773 (bezahltes) Mitglied der Pariser Akademie, 1794 Professor für Mathematik an der École Polytechnique in Paris, gleichzeitig Vorsitzender der Kommission für Maße und Gewichte. 1812 erschien sein Buch *Théorie analytique des probabilités*, eine Zusammenfassung des wahrscheinlichkeitstheoretischen Wissens seiner Zeit. Hauptarbeitsgebiete: Differentialgleichungen, Himmelsmechanik, Wahrscheinlichkeitsrechnung.

7.2 Beispiel

Es wird ein echter Würfel zweimal nach jeweils gutem Schütteln des Knobelbechers geworfen. Mit welcher Wahrscheinlichkeit tritt die Augensumme 5 auf?

Zur Beantwortung dieser Frage wählen wir wie früher den Grundraum $\Omega = \{(i,j) : 1 \leq i, j \leq 6\}$, wobei i (bzw. j) die Augenzahl des ersten (bzw. zweiten) Wurfes angibt. Da wir alle 36 Paare (i,j) als „gleich möglich" ansehen, wird ein Laplace–Modell zugrundegelegt. Bezeichnet die Zufallsvariable X die Augensumme aus beiden Würfen, also $X(\omega) = i + j$ für $\omega = (i,j)$, so kann das interessierende Ereignis formal als $\{X = 5\} = \{(1,4),(2,3),(3,2),(4,1)\}$ geschrieben werden. Bei Annahme einer Gleichverteilung P auf Ω ist somit

$$P(X = 5) = \frac{|\{X = 5\}|}{|\Omega|} = \frac{4}{36} = \frac{1}{9} .$$

Schreiben wir die 36 Elemente von Ω in „Matrix–Form" gemäß

$$
\begin{array}{cccccc}
(1,1) & (1,2) & (1,3) & (1,4) & (1,5) & (1,6) \\
(2,1) & (2,2) & (2,3) & (2,4) & (2,5) & (2,6) \\
(3,1) & (3,2) & (3,3) & (3,4) & (3,5) & (3,6) \\
(4,1) & (4,2) & (4,3) & (4,4) & (4,5) & (4,6) \\
(5,1) & (5,2) & (5,3) & (5,4) & (5,5) & (5,6) \\
(6,1) & (6,2) & (6,3) & (6,4) & (6,5) & (6,6)
\end{array}
$$

auf, so ist ersichtlich, dass die Augensumme X auf den „45°–Diagonalen" wie z.B. $(3,1),(2,2),(1,3)$ oder $(4,1),(3,2),(2,3),(1,4)$ konstant ist. Folglich ergibt sich die Verteilung von X in der tabellarischen Form:

m	2	3	4	5	6	7	8	9	10	11	12
$P(X = m)$	$\frac{1}{36}$	$\frac{2}{36}$	$\frac{3}{36}$	$\frac{4}{36}$	$\frac{5}{36}$	$\frac{6}{36}$	$\frac{5}{36}$	$\frac{4}{36}$	$\frac{3}{36}$	$\frac{2}{36}$	$\frac{1}{36}$

7.3 Beispiel (Hier irrte Leibniz!)

Die Tücken im Umgang mit Laplace–Modellen werden deutlich, wenn wir das in Beispiel 7.2 beschriebene Experiment leicht abändern und **zwei nicht unterscheidbare Würfel gleichzeitig werfen**. Offensichtlich beobachten wir im Vergleich zur Situation in 7.2 jetzt eine kleinere Zahl unterscheidbarer Ergebnisse, die durch den Grundraum

$$
\begin{aligned}
\Omega = \{ & (1,1),(1,2),(1,3),(1,4),(1,5),(1,6),(2,2),(2,3),(2,4), \\
& (2,5),(2,6),(3,3),(3,4),(3,5),(3,6),(4,4),(4,5),(4,6), \\
& (5,5),(5,6),(6,6)\}
\end{aligned}
$$

– mit der Interpretation $(i, j) \stackrel{\wedge}{=}$ „einer der Würfel zeigt i und der andere j"– beschrieben werden können. Wer jedoch meint, auch hier mit der Laplace–Annahme arbeiten zu können, unterliegt dem gleichen Trugschluss wie Leibniz[2], der glaubte, dass beim Werfen mit zwei Würfeln die Augensummen 11 und 12 mit der gleichen Wahrscheinlichkeit auftreten. Der folgende Gedankengang sollte jeden davon überzeugen, dass das Ergebnis $(5, 6)$ die doppelte Wahrscheinlichkeit im Vergleich zum Ergebnis $(6, 6)$ besitzt, nämlich 2/36 im Vergleich zu 1/36: Nehmen wir an, einer der Würfel sei rot und der andere grün gefärbt. Eine farbenblinde Person sieht das nicht und ist in der Situation unseres Beispiels. Eine nicht farbenblinde Person jedoch befindet sich in der Situation von Beispiel 7.2, wenn sie das Ergebnis des roten (bzw. grünen) Würfels als Ergebnis eines ersten (bzw. zweiten) Wurfes interpretiert. Durch diese **rein gedankliche Unterscheidung** beider Würfel wird Leibniz' Irrtum deutlich.

Analog zum Vorgehen in Beispiel 7.2 kann die Verteilung der Augensumme beim 3–fachen Würfelwurf durch Abzählen aller Tripel (i, j, k) $(1 \leq i, j, k \leq 6)$ mit fester Summe $i + j + k$ erhalten werden (Übungsaufgabe 7.4). Auch hier gab es Trugschlüsse in Bezug auf die „Gleichwahrscheinlichkeit". So wurde Galilei[3] das Problem vorgelegt, wieso beim gleichzeitigen Werfen mit drei Würfeln die Augensumme 10 augenscheinlich leichter zu erreichen sei als die Augensumme 9, obwohl doch 9 durch die „Kombinationen" 1 2 6, 1 3 5, 2 2 5, 2 3 4, 1 4 4, 3 3 3 und 10 durch „genauso viele Kombinationen", nämlich 1 3 6, 2 2 6, 1 4 5, 2 3 5, 2 4 4, 3 3 4 „erzeugt würde". Wo steckt der Fehler?

---

[2]Gottfried Wilhelm Freiherr von Leibniz (1646–1716), einer der letzten Universalgelehrten, Studium an den Universitäten Leipzig, Jena und Altdorf, 1672–1676 Aufenthalt in Paris, danach hauptsächlich im Staatsdienst in Hannover tätig, regte die Gründung der Berliner Akademie der Wissenschaften an und wurde 1700 deren erster Präsident. Leibniz schuf 1675 (unabhängig von Newton) die Grundlagen der Differential– und Integralrechnung (Veröffentlichung erst 1684). Hierin finden sich zum ersten Mal das auch heute noch übliche Integralzeichen $\int$ und die Bezeichnung dx. Mit der Entwicklung der Staffelwalzenmaschine 1672–1674 gelang Leibniz ein wichtiger Schritt hin zur Entwicklung der modernen Rechenmaschine (siehe z.B. [BRE]). Das einzige überlieferte Exemplar dieser ersten echten Vierspeziesmaschine steht in der Niedersächsischen Landesbibliothek in Hannover. Leibniz hat seine Rechenmaschine nicht mehr in Funktion erleben können, weil sein Entwurf die feinmechanischen Möglichkeiten seiner Zeit überforderte.

[3]Galileo Galilei (1564–1642), Mediziner, Mathematiker, Physiker und Astronom, 1589 Professor der Mathematik in Pisa, 1592 Lehrstuhl für Mathematik in Padua. 1609 führt er das von ihm verbesserte holländische Fernrohr vor und schenkt es dem Staat, was ihm u.a. eine Verdoppelung seines Gehalts einbrachte. Entdeckung der 4 größten Jupitermonde, der Venusphasen, der Sonnenflecken, der hydrostatischen Waage, des Mikroskops u.a. Galilei wurde 1610 Hofmathematiker der *Medici* in Florenz und Professor für Mathematik ohne Vorlesungsverpflichtung in Pisa. Er geriet wegen seines Bekenntnisses zum heliozentrischen Weltsystems mit der Kirche in Konflikt und wurde 1616 zum Schweigen verurteilt. 1633 schwor er von dem Inquisitionsgericht in Rom ab, widerrief jedoch angeblich mit „Eppur si muove" („und sie (die Erde) bewegt sich doch!"); 1979 öffentliche Rehabilitierung durch Papst Johannes Paul II.

7.4 Teilungsproblem von Luca Pacioli [4] (1494)

Das *Teilungsproblem (problème des partis)* behandelt die Frage einer „gerechten" Aufteilung des Einsatzes bei vorzeitigem Spielabbruch. Nehmen wir an, Anja (A) und Berthold (B) setzen je 10 DM ein und spielen wiederholt ein faires Spiel, d.h. A und B besitzen bei jeder Runde dieses Spieles die gleiche Gewinnchance. Wer zuerst 6 Runden gewonnen hat, erhält den Gesamteinsatz von 20 DM. Aufgrund höherer Gewalt muss das Spiel zu einem Zeitpunkt abgebrochen werden, bis zu dem A 5 Runden und B 3 Runden gewonnen hat. Wie sind die 20 DM „gerecht" entsprechend den einzelnen Gewinnwahrscheinlichkeiten bei fiktiver Spielfortsetzung aufzuteilen?

Lösung: Die vier möglichen (selbsterklärenden) Spielfortsetzungen sind

$$A, \quad BA, \quad BBA, \quad BBB,$$

wobei A in den ersten drei Fällen und B nur im letzten Fall gewinnt. Müsste A also 3/4 des Einsatzes ($= 15$ DM) erhalten? Das wäre richtig, wenn hier alle Spielverläufe gleichwahrscheinlich wären. Offenbar ist aber die Wahrscheinlichkeit des Spielverlaufs A gleich 1/2, von BA gleich 1/4 und von BBA gleich 1/8, so dass A mit der Wahrscheinlichkeit 7/8 $(= 1/2 + 1/4 + 1/8)$ gewinnt und somit 7/8 $(= 17{,}50$ DM$)$ des Einsatzes erhalten müsste. Viele weitere historische Lösungsvorschläge des Teilungsproblems findet man z.B. in [BH].

7.5 Zwei Ziegen und ein Auto

In der amerikanischen Spielshow „Let's make a deal" ist als Hauptpreis ein Auto ausgesetzt. Hierzu sind auf der Bühne drei verschlossene Türen aufgebaut. Hinter einer rein zufällig ausgewählten Tür befindet sich der Hauptpreis, hinter den beiden anderen jeweils eine Ziege. Der Kandidat wählt eine der Türen, beispielsweise Tür 1, aus; diese bleibt aber vorerst verschlossen. Der Spielleiter, der weiß, hinter welcher Tür das Auto steht, öffnet daraufhin mit den Worten „Soll ich Ihnen mal etwas zeigen?" eine der beiden anderen Türen, z.B. Tür 3, und eine Ziege schaut ins Publikum.

---

[4]Luca Pacioli (ca. 1445–1517), Franziskanermönch und Lehrer für Mathematik an verschiedenen Universitäten, publizierte 1494 das enzyklopädische Werk *Summa de arithmetica, geometria, proportioni et proportionalita* (heute bekannt als *suma*) sowie 1509 das geometrischen und architektonischen Fragen gewidmete Buch *De Devina Proportione* und eine lateinische Übersetzung der *Elemente* Euklids. Ein Abschnitt der *suma* behandelt die doppelte Buchführung. Das Buch gilt daher als erstes gedrucktes Werk zum Rechnungswesen. Das von Pacioli in einem anderen Abschnitt der *suma* behandelte Teilungsproblem findet sich schon in erheblich älteren Texten des Mittelalters.

Der Kandidat hat nun die Möglichkeit, bei seiner ursprünglichen Wahl zu bleiben oder die andere verschlossene Tür (in unserem Beispiel Nr. 2) zu wählen. Er erhält dann den Preis hinter der von ihm zuletzt gewählten Tür.

In der Kolumne „Ask Marilyn" des amerikanischen Wochenmagazins „Parade" erklärte die Journalistin MARILYN VOS SAVANT, dass ein Wechsel des Kandidaten zu Tür 2 dessen Chancen im Vergleich zum Festhalten an Tür 1 verdoppeln würde.

Das war die Geburtsstunde des „Ziegenproblems" im Jahre 1991, denn die Antwort von Frau MARILYN bescherte der Redaktion der „Parade" eine Flut von Leserbriefen gegenteiliger Meinung. Das Problem wurde sowohl in der amerikanischen als auch in der deutschen Öffentlichkeit heiß diskutiert. Es gab „Standhafte", die ihre ursprüngliche Wahl beibehalten wollten, „Randomisierer", die sich nur mittels eines Münzwurfes zwischen den verbleibenden Türen entscheiden mochten, und „Wechsler", die ihre ursprüngliche Wahl verwerfen wollten.

Etwa 90 % der Zuschriften an Frau MARILYN spiegelten die Meinung wider, die Chancen auf den Hauptgewinn hinter Tür 1 hätten sich durch den Hinweis des Moderators von 1 zu 2 auf 1 zu 1 erhöht, da jetzt „zwei **gleichwahrscheinliche** Türen übriggeblieben seien". Diese Meinung wurde mehrheitlich auch von akademisch vorgebildeten Leser(inne)n vertreten. Frau MARILYN blieb jedoch bei ihrer Empfehlung und führte die folgende Argumentation ins Feld: Die Wahrscheinlichkeit, dass sich das Auto hinter Tür 1 befindet, ist 1/3. Die Wahrscheinlichkeit, dass es sich hinter **einer der beiden anderen** Türen befindet, ist somit 2/3. Öffnet der Moderator, welcher weiß, wo das Auto steht, eine dieser beiden Türen, so steht die Tür fest, hinter welcher das Auto mit Wahrscheinlichkeit 2/3 verborgen ist. Folglich verdoppelt „Wechseln" die Chancen auf den Hauptgewinn.

Dieses Argument mag für viele einleuchtend sein, und es tritt noch klarer hervor, wenn man die Erfolgsaussichten der Strategien eines „Wechslers", der immer von der zuerst genannten auf die nach dem Hinweis des Moderators verbleibende andere geschlossene Tür umschwenkt, und eines „Standhaften", der immer bei seiner ursprünglichen Wahl bleibt, gegenüberstellt.

Der Standhafte gewinnt dann (und nur dann!) den Hauptgewinn, wenn sich dieser hinter der ursprünglich gewählten Tür befindet, und die Wahrscheinlichkeit hierfür ist 1/3. Ein Wechsler hingegen gewinnt das Auto genau dann, wenn er zuerst auf eine der beiden „Ziegentüren" zeigt (die Wahrscheinlichkeit hierfür ist 2/3), denn nach dem Öffnen der anderen Ziegentür durch den Moderator führt die Wechsel–Strategie in diesem Fall automatisch zur „Autotür". Bei allen diesen Betrachtungen ist natürlich entscheidend, dass der Moderator die Autotür geheimhalten muss, aber auch verpflichtet ist, eine Ziegentür zu öffnen.

Wer dieser Argumentation nicht trauen mag und lieber praktische Erfahrungen mit dem Ziegenproblem sammeln möchte, lasse sich unter der Internet–Adresse *http://www.intergalact.com/ threedoor/threedoor.html* überraschen.

Übungsaufgaben

Ü 7.1 Konstruieren Sie ein geeignetes stochastisches Modell für das gleichzeitige Werfen dreier nicht unterscheidbarer echter Würfel.

Ü 7.2 Zwei homogene Groschen werden gleichzeitig geworfen. Wie groß ist die Wahrscheinlichkeit, dass verschiedene Symbole oben liegen?
Anmerkung: Hier glaubte (nicht nur) d'Alembert[5], diese Wahrscheinlichkeit sei 1/3.

Ü 7.3 In einer Urne liegen zwei rote und zwei schwarze (ansonsten nicht unterscheidbare) Kugeln. Es werden zwei Kugeln nacheinander (d.h. ohne Zurücklegen der ersten Kugel) rein zufällig gezogen. Wie groß ist die Wahrscheinlichkeit, dass die **zweite** gezogene Kugel rot ist?

Ü 7.4 Leiten Sie die Verteilung der Augensumme beim dreifachen Würfelwurf her.

Ü 7.5 Zwei Ehepaare nehmen rein zufällig um einen runden Tisch mit 4 Stühlen Platz. Wie groß ist die Wahrscheinlichkeit, dass beide Ehepaare jeweils nebeneinander sitzen?

Lernziel–Kontrolle

Sie sollten

- wissen, was ein Laplacescher W–Raum und ein Laplace–Experiment sind;

- die diskrete Gleichverteilung kennen;

- Beispiele für Laplace–Experimente angeben können;

- klar erkennen, dass die in Aufgabe 7.2 und Aufgabe 7.3 gesuchten Wahrscheinlichkeiten jeweils 1/2 sind.

---

[5] Jean–Baptiste le Rond d'Alembert (1717–1783), Mathematiker, Physiker und Philosoph. 1741 Aufnahme in die Pariser Akademie, an der er bis zu seinem Tod tätig war. Angebote von Friedrich II. von Preußen und Katharina II. von Russland lehnte er ab. Hauptarbeitsgebiete: Mathematische Physik, Astronomie, Hydrodynamik, Differentialgleichungen, Funktionentheorie.

8 Elemente der Kombinatorik

Erscheint ein Laplace–Modell in einer Situation angemessen, so können wir nach (7.1) die Wahrscheinlichkeit eines Ereignisses A als den Quotienten

$$P(A) = \frac{\text{Anzahl der für } A \text{ „günstigen" Fälle}}{\text{Anzahl aller möglichen Fälle}}$$

ansehen. Es entsteht somit zwangsläufig das Problem, Wahrscheinlichkeiten durch **Abzählen** der jeweils günstigen und der insgesamt möglichen Ergebnisse (Fälle) zu bestimmen. Folglich ist es von Nutzen, sich das kleine Einmaleins der *Kombinatorik*, der Lehre des Abzählens, anzueignen.

8.1 Fundamentalprinzip des Zählens (Multiplikationsregel)

Es sollen k–Tupel $(a_1, a_2, \ldots, a_k)$ gebildet werden, indem man die k Plätze des Tupels nacheinander von links nach rechts besetzt.

Gibt es	j_1	Möglichkeiten für die Wahl von	a_1,
gibt es (dann)	j_2	Möglichkeiten für die Wahl von	a_2,
	$\vdots$		
gibt es (dann)	j_{k-1}	Möglichkeiten für die Wahl von	a_{k-1}, und
gibt es (dann)	j_k	Möglichkeiten für die Wahl von	a_k,

so lassen sich insgesamt

$$\boxed{j_1 \cdot j_2 \cdot \ldots \cdot j_k}$$

verschiedene k–Tupel bilden.

BEWEIS: Vollständige Induktion über k. ∎

Wichtig für den Gebrauch der Multiplikationsregel ist, dass die Besetzung der k Plätze des Tupels unter Umständen in einer **beliebigen anderen Reihenfolge**, also z.B. zuerst Wahl von a_3, dann Wahl von a_7, dann Wahl von a_1 usw., vorgenommen werden kann. Gibt es z.B. i_3 Möglichkeiten für die Wahl von a_3, dann i_7 Möglichkeiten für die Wahl von a_7, dann i_1 Möglichkeiten für die Wahl von a_1 usw., so lassen sich insgesamt $i_1 \cdot i_2 \cdot \ldots \cdot i_k$ Tupel bilden.

8.2 Zahlenlotto und Fußballtoto

Als Beispiel betrachten wir die wöchentlichen Ziehungen im *Zahlenlotto 6 aus 49*. Der Ziehungsvorgang besteht darin, aus einer Trommel mit 49 nummerierten Kugeln **nacheinander** 6 Kugeln als Gewinnzahlen zu ziehen (wobei im folgenden von der *Zusatzzahl* abgesehen wird). Betrachten wir die Ziehung der 6 Gewinnzahlen **in zeitlicher Reihenfolge** und besetzen die j-te Stelle eines 6–Tupels mit der j-ten gezogenen Zahl a_j, so gibt es

$$
\begin{array}{rll}
 & 49 \text{ Möglichkeiten für die Wahl von} & a_1, \\
(\text{dann}) & 48 \text{ Möglichkeiten für die Wahl von} & a_2, \\
(\text{dann}) & 47 \text{ Möglichkeiten für die Wahl von} & a_3, \\
(\text{dann}) & 46 \text{ Möglichkeiten für die Wahl von} & a_4, \\
(\text{dann}) & 45 \text{ Möglichkeiten für die Wahl von} & a_5, \\
(\text{dann}) & 44 \text{ Möglichkeiten für die Wahl von} & a_6, \\
\end{array}
$$

insgesamt also $49 \cdot 48 \cdot 47 \cdot 46 \cdot 45 \cdot 44 = 10\ 068\ 347\ 520$ Möglichkeiten für den **Ziehungsverlauf in zeitlicher Reihenfolge**. Dabei kommt es für die Anzahl der Möglichkeiten bei der Wahl von a_j im Fall $j \geq 2$ nicht darauf an, welche $j - 1$ Gewinnzahlen vorher gezogen wurden, sondern nur darauf, dass im j-ten Zug unabhängig von den $j - 1$ schon gezogenen Zahlen noch $49 - (j - 1)$ Zahlen in der Ziehungstrommel zur Verfügung stehen.

Ein weiteres Beispiel für die Anwendung der Multiplikationsregel liefern die Ergebnisse der „11er Wette" im deutschen *Fußball-Toto*. Bei der „11er Wette" kann an jedem Wochenende für 11 im voraus bekannte Spielpaarungen (i.a. Spiele der ersten und zweiten Bundesliga) jeweils eine der Möglichkeiten „1" ($\hat{=}$ Heimsieg), „0" ($\hat{=}$ Unentschieden) oder „2" ($\hat{=}$ Auswärtssieg) angekreuzt werden. Die Ergebnisse stellen sich hier als 11–Tupel dar, wobei an jeder Stelle des Tupels eine der drei Möglichkeiten 0,1 oder 2 stehen kann. Nach der Multiplikationsregel ist die Anzahl dieser 11–Tupel durch $3^{11} = 177\ 147$ gegeben.

8.3 Permutationen und Kombinationen

Da sich Tupel in hervorragender Weise als Darstellungsmittel für Ergebnisse von Zufallsexperimenten eignen, verwundert es nicht, dass sich hierfür eine eigene Terminologie entwickelt hat, die im folgenden vorgestellt werden soll.

Ist M eine beliebige n–elementige Menge, so heißt ein k–Tupel $(a_1, a_2, \ldots, a_k)$ mit Komponenten aus M eine *k–Permutation aus M mit Wiederholung* (von lateinisch *permutare: wechseln, vertauschen*). Das optionale Attribut *mit Wiederholung* bedeutet, dass Elemente aus M im k–Tupel $(a_1, a_2, \ldots, a_k)$ mehrfach auftreten **dürfen** (aber nicht müssen!).

Die Menge aller k-Permutationen aus M (mit Wiederholung) ist somit nichts anderes als das schon aus Kapitel 1 bekannte k-fache kartesische Produkt

$$M^k \;=\; \{(a_1, a_2, \ldots, a_k) : a_j \in M \text{ für } j = 1, \ldots, k\}.$$

Gewisse Permutationen zeichnen sich durch besondere Eigenschaften aus. Ist $(a_1, a_2, \ldots, a_k)$ eine k-Permutation aus M mit lauter verschiedenen Komponenten, so nennen wir $(a_1, \ldots, a_k)$ eine *k-Permutation aus M ohne Wiederholung*. Man beachte, dass dies nur im Fall $k \leq n$ möglich ist. Die n-Permutationen aus M ohne Wiederholung heißen kurz *Permutationen* von M.

Falls nichts anderes vereinbart ist, werden wir im folgenden stets $M = \{1, 2, \ldots, n\}$ wählen und dann auch von *k-Permutationen (mit* bzw. *ohne Wiederholung) der Zahlen* $1, 2, \ldots, n$ sprechen. Die Menge aller k-Permutationen mit (bzw. ohne) Wiederholung aus $\{1, 2, \ldots, n\}$ sei mit $Per_k^n(mW)$ (bzw. $Per_k^n(oW)$) bezeichnet, also

$$\begin{aligned}
Per_k^n(mW) \;&:=\; \{(a_1, \ldots, a_k) : a_j \in \{1, \ldots, n\} \text{ für } j = 1, \ldots, n\}, \\
Per_k^n(oW) \;&:=\; \{(a_1, \ldots, a_k) \in Per_k^n(mW) : a_i \neq a_j \text{ für } 1 \leq i \neq j \leq n\}.
\end{aligned}$$

Im Sinne dieser neuen Terminologie haben wir also die Ziehungen der Lottozahlen in zeitlicher Reihenfolge als 6-Permutationen aus $\{1, 2, \ldots, 49\}$ ohne Wiederholung und die Ergebnisse der 11er Wette als 11-Permutationen aus $\{0, 1, 2\}$ mit Wiederholung dargestellt.

Auch die im folgenden zu besprechenden *k-Kombinationen* sind spezielle k-Permutationen. Wir nennen jede k-Permutation $(a_1, \ldots, a_k)$ der Zahlen $1, 2, \ldots, n$ mit der „Anordnungs-Eigenschaft" $a_1 \leq a_2 \leq \ldots \leq a_k$ eine *k-Kombination aus* $\{1, 2, \ldots, n\}$ *mit Wiederholung*. Wie bei Permutationen besitzt auch hier der Fall ein besonderes Interesse, dass alle Komponenten des k-Tupels verschieden sind, was wiederum nur für $k \leq n$ möglich ist. Gilt $a_1 < a_2 < \ldots < a_k$, so heißt $(a_1, a_2, \ldots, a_k)$ eine *k-Kombination aus* $\{1, 2, \ldots, n\}$ *ohne Wiederholung*.

Wir schreiben

$$\begin{aligned}
Kom_k^n(mW) \;&:=\; \{(a_1, \ldots, a_k) : 1 \leq a_1 \leq a_2 \leq \ldots \leq a_k \leq n\}, \\
Kom_k^n(oW) \;&:=\; \{(a_1, \ldots, a_k) : 1 \leq a_1 < a_2 < \ldots < a_k \leq n\}
\end{aligned}$$

für die Menge der k-Kombinationen aus $\{1, 2, \ldots, n\}$ mit bzw. ohne Wiederholung.

Auch Kombinationen sind uns bereits begegnet. So wurden in Beispiel 7.3 2-Kombinationen der Zahlen $1, 2, \ldots, 6$ mit Wiederholung als Ergebnisse beim gleichzeitigen Werfen zweier nicht unterscheidbarer Würfel gewählt. Beim *Zahlenlotto 6 aus 49* (ohne Zusatzzahl) erhalten wir 6-Kombinationen aus $\{1, 2, \ldots, 49\}$

ohne Wiederholung, wenn am Ende des Ziehungsvorganges die 6 Gewinnzahlen in aufsteigender Reihenfolge mitgeteilt werden.

Für die Anzahlen von Permutationen und Kombinationen gelten die folgenden *Grundformeln der Kombinatorik* .

8.4 Satz $\cdot$ Es gilt:

a) $|Per_k^n(mW)| = n^k$,

b) $|Per_k^n(oW)| = n^{\underline{k}} := n \cdot (n-1) \cdot \ldots \cdot (n-k+1), \quad k \le n$,

c) $|Kom_k^n(mW)| = \dbinom{n+k-1}{k}$,

d) $|Kom_k^n(oW)| = \dbinom{n}{k}, \qquad k \le n$.

Die in c) und d) auftretenden *Binomialkoeffizienten*[1] sind allgemein durch

$$\binom{m}{l} := \frac{m!}{l! \cdot (m-l)!} = \frac{m \cdot (m-1) \cdot \ldots \cdot (m-l+1)}{l!}$$

$(m, l \in \mathbb{N}_0, \; l \le m, \; \binom{m}{l} := 0 \; \text{für} \; m < l \; ; \text{lies: } m \text{ } \ddot{u}ber \text{ } l)$ definiert. Dabei ist $m! := 1 \cdot 2 \cdot \ldots \cdot m$ (lies: m *Fakultät*[2]) für $m \in \mathbb{N}$ sowie $0! := 1$.

BEWEIS: Die Aussagen a) und b) ergeben sich unmittelbar aus der Multiplikationsregel 8.1. Zum Nachweis der Anzahl–Formeln für Kombinationen überlegen wir uns zunächst die Gültigkeit der Aussage d). Hierzu beachte man, dass die Komponenten jeder k–Kombination $(a_1, a_2, \ldots, a_k)$ ohne Wiederholung aufgrund der Multiplikationsregel auf $k!$ verschiedene Weisen vertauscht werden können und somit zu $k!$ verschiedenen k–**Permutationen** von $\{1, 2, \ldots, n\}$ führen. Da andererseits jede k–Permutation ohne Wiederholung durch eine (eventuelle) Permutation ihrer nach aufsteigender Größe sortierten Komponenten erhalten werden kann, folgt

---

[1] Binomialkoeffizienten finden sich in der 1544 erschienenen *Arithmetica integra* des evangelischen Pfarrers und Mathematikers Michael Stifel (1487?–1567). Die **Namensgebung** Binomialkoeffizient tritt auf bei dem Mathematiker und Schriftsteller Abraham Gotthelf Kästner (1719–1800), Professor in Leipzig und später in Göttingen, ab 1763 Leiter der Göttinger Sternwarte. Die heute übliche **Notation** führte 1827 der Physiker und Mathematiker Andreas Freiherr von Ettingshausen (1796–1878) ein. Von Ettingshausen übernahm 1853 das von Johann Christian Doppler (1803–1853) gegründete Physikalische Institut der Universität Wien.

[2] Die Bezeichnung $m!$ wurde 1808 von dem Straßburger Arzt und Mathematiker Christian Kramp (1760–1826), seit 1809 Professor in Straßburg, eingeführt.

$$|Kom_k^n(oW)| \;=\; \frac{1}{k!} \cdot |Per_k^n(oW)| \;=\; \frac{n \cdot (n-1)\ldots(n-k+1)}{k!} \;=\; \binom{n}{k}.$$

Um c) zu zeigen, verwenden wir die soeben bewiesene Aussage d) sowie einen kleinen Trick. Wir werden nämlich darlegen, dass es genausoviele k–Kombinationen mit Wiederholung aus $\{1,2,\ldots,n\}$ wie k–Kombinationen **ohne** Wiederholung aus $\{1,2,\ldots,n+k-1\}$ gibt. Da letztere Anzahl aus Teil d) bekannt ist, folgt dann wie behauptet

$$|Kom_k^n(mW)| \;=\; |Kom_k^{n+k-1}(oW)| \;=\; \binom{n+k-1}{k}. \tag{8.1}$$

Sei hierzu $a = (a_1, a_2, \ldots, a_k)$ eine beliebige Kombination aus $Kom_k^n(mW)$, also

$$1 \;\leq\; a_1 \;\leq\; a_2 \;\leq \ldots \leq\; a_k \;\leq\; n. \tag{8.2}$$

Wir transformieren die eventuell gleichen Komponenten dieser Kombination in eine strikt aufsteigende Zahlenfolge, indem wir sie „auseinanderziehen" und

$$b_j \;=\; a_j + j - 1 \qquad (j = 1, \ldots, k) \tag{8.3}$$

setzen. Offensichtlich gilt jetzt nämlich

$$1 \;\leq\; b_1 \;<\; b_2 \;< \ldots <\; b_k \;\leq\; n + k - 1, \tag{8.4}$$

d.h. $b = (b_1, b_2, \ldots, b_k)$ ist eine k–Kombination aus $\{1,2,\ldots,n+k-1\}$ ohne Wiederholung. Da bei der durch (8.3) definierten Zuordnung verschiedene a's in verschiedene b's übergehen und da andererseits jedes b mit (8.4) durch die zu (8.3) inverse „Zusammenzieh-Abbildung"

$$a_j \;=\; b_j - j + 1 \qquad (j = 1, \ldots, k)$$

in ein a aus $Kom_k^n(mW)$ transformiert wird, ist das erste Gleichheitszeichen in (8.1) gezeigt und somit Behauptung c) bewiesen. ∎

8.5 Bemerkung

Da jede k–Kombination $(a_1, a_2, \ldots, a_k)$ ohne Wiederholung aus $\{1,2,\ldots,n\}$ genau eine k–elementige Teilmenge von $\{1,2,\ldots,n\}$, nämlich $\{a_1, a_2, \ldots, a_k\}$, darstellt und da die Elemente einer beliebigen n–elementigen Menge nach eventueller Durchnummerierung mit den Zahlen $1, 2, \ldots, n$ identifiziert werden können, **gibt der Binomialkoeffizient $\binom{n}{k}$ die Anzahl der k–elementigen Teilmengen einer n–elementigen Menge an.** Hierbei ist wegen $\binom{n}{0} = 1$ der Fall $k = 0$, d.h. die leere Menge, mit eingeschlossen.

Diese Bedeutung der Binomialkoeffizienten spiegelt sich auch in der wichtigen *Rekursionsformel*

$$\binom{n+1}{k} = \binom{n}{k-1} + \binom{n}{k} \qquad (k = 1, 2, \ldots, n) \tag{8.5}$$

wider. (8.5) folgt *begrifflich* (d.h. ohne formales Ausrechnen aus der Definition der Binomialkoeffizienten), wenn man die linke Seite als Anzahl aller k–elementigen Teilmengen der Menge $\{1, 2, \ldots, n, n+1\}$ deutet. Die beiden Summanden auf der rechten Seite von (8.5) ergeben sich durch Unterscheidung dieser Teilmengen danach, ob sie das Element $n+1$ enthalten (in diesem Fall müssen noch $k-1$ Elemente aus $\{1, 2, \ldots, n\}$ gewählt werden) oder nicht (dann sind k Elemente aus $\{1, 2, \ldots, n\}$ auszuwählen).

Die *Anfangsbedingungen*

$$\binom{n}{0} = \binom{n}{n} = 1, \qquad \binom{n}{1} = n$$

ergeben zusammen mit (8.5) das Bildungsgesetz des Pascalschen[3] Dreiecks :

$$
\begin{array}{ccccccccccccccc}
 & & & & & & & 1 & & & & & & & \\
 & & & & & & 1 & & 1 & & & & & & \\
 & & & & & 1 & & 2 & & 1 & & & & & \\
 & & & & 1 & & 3 & & 3 & & 1 & & & & \\
 & & & 1 & & 4 & & 6 & & 4 & & 1 & & & \\
 & & 1 & & 5 & & 10 & & 10 & & 5 & & 1 & & \\
 & 1 & & 6 & & 15 & & 20 & & 15 & & 6 & & 1 & \\
1 & & 7 & & 21 & & 35 & & 35 & & 21 & & 7 & & 1 \\
\vdots & & \vdots & & \vdots & & \vdots & & \vdots & & \vdots & & \vdots & & \vdots
\end{array}
$$

In diesem Dreieck steht $\binom{n}{k}$ an der $(k+1)$–ten Stelle der $(n+1)$–ten Zeile.

Auch die *binomische Formel*

$$(x+y)^n = \sum_{k=0}^{n} \binom{n}{k} \cdot x^k \cdot y^{n-k} \tag{8.6}$$

ergibt sich *begrifflich* (d.h. ohne Induktionsbeweis), indem man sich die linke Seite in der Form

---

[3]Blaise Pascal (1623–1662), Mathematiker und Physiker. Hauptarbeitsgebiete: Geometrie (Kegelschnitte, Zykloide), Hydrostatik, Wahrscheinlichkeitsrechnung (Lösung des Teilungsproblems von L. Pacioli), Infinitesimalrechnung. Die umfangreichen Rechenaufgaben seines Vaters, der Steuerinspektor in Rouen war, veranlassten ihn zum Bau einer Rechenmaschine (1642), wobei er innerhalb von 2 Jahren 50 Modelle baute, bevor 1652 das endgültige Modell der *Pascaline* fertiggestellt war. 1662 erhielt Pascal ein Patent für die *carrosses à cinq sols*, die erste Pariser Omnibuslinie.

$$(x + y) \cdot (x + y) \cdot \ldots \cdot (x + y)$$

(n Faktoren) ausgeschrieben denkt. Beim Ausmultiplizieren dieses Ausdrucks entsteht das Produkt $x^k \cdot y^{n-k}$ ($k \in \{0, 1, 2, \ldots, n\}$) immer dann, wenn aus genau k der n Klammern x gewählt wurde. Da es $\binom{n}{k}$ Möglichkeiten gibt, k der n Klammern als „x–Klammern" zu deklarieren, folgt (8.6).

Übungsaufgaben

Ü 8.1 Wie viele vierstellige natürliche Zahlen haben lauter verschiedene Ziffern?

Ü 8.2 Beim Zahlenlotto 6 *aus* 49 beobachtet man häufig, dass sich unter den 6 Gewinnzahlen mindestens ein *Zwilling*, d.h. mindestens ein Paar $(i, i + 1)$ befindet. Wie wahrscheinlich ist dies? (Hinweis: Gegenereignis betrachten!)

Ü 8.3 Analog zur *unteren Faktoriellen*

$$x^{\underline{k}} \; := \; x \cdot (x - 1) \cdot \ldots \cdot (x - k + 1), \quad x^{\underline{0}} := 1, \quad x \in \mathbb{R},$$

ist die *obere Faktorielle* durch

$$x^{\overline{k}} \; := \; x \cdot (x + 1) \cdot \ldots \cdot (x + k - 1), \quad x^{\overline{0}} := 1, \quad x \in \mathbb{R},$$

definiert. Zeigen Sie : $n^{\overline{k}}$ ist die Anzahl der Möglichkeiten, k verschiedene Flaggen an n verschiedenen Masten zu hissen, wobei die Reihenfolge der Flaggen an einem Mast unterschieden wird. Dabei ist der Extremfall zugelassen, dass alle Flaggen an einem Mast hängen.

Ü 8.4 Zeigen Sie : In völliger Analogie zu (8.6) gilt:

a) $(x + y)^{\underline{n}} \; = \; \displaystyle\sum_{k=0}^{n} \binom{n}{k} \cdot x^{\underline{k}} \cdot y^{\underline{n-k}}$,

b) $(x + y)^{\overline{n}} \; = \; \displaystyle\sum_{k=0}^{n} \binom{n}{k} \cdot x^{\overline{k}} \cdot y^{\overline{n-k}}, \quad x, y \in \mathbb{R}$.

Ü 8.5 Zeigen Sie:

a) $\displaystyle\binom{n}{k} = \binom{n}{n - k}, \quad n \in \mathbb{N}, \quad k = 0, \ldots, n,$

b) $\displaystyle\sum_{k=m}^{n} \binom{k}{m} = \binom{n + 1}{m + 1}, \quad m, n \in \mathbb{N}_0, m \leq n, \quad$ (*Gesetz der oberen Summation*).

Ü 8.6 Auf wie viele Arten können 4 rote, 3 weiße und 2 grüne Kugeln in eine Reihe gelegt werden?

Ü 8.7 Ist es vorteilhafter, beim Spiel mit einem fairen Würfel auf das Eintreten mindestens einer Sechs in vier Würfen oder beim Spiel mit zwei echten Würfeln auf das Eintreten mindestens einer „Doppel–Sechs" (Sechser–Pasch) in 24 Würfen zu setzen (Frage des Chevalier de Meré[4], 1654)?

Ü 8.8 Bei der ersten Ziehung der *Glücksspirale* 1971 wurden für die Ermittlung einer 7–stelligen Gewinnzahl aus einer Trommel, die Kugeln mit den Ziffern $0, 1, \ldots, 9$ je 7mal enthält, nacheinander rein zufällig 7 Kugeln ohne Zurücklegen gezogen.

a) Welche 7–stelligen Gewinnzahlen hatten hierbei die größte und die kleinste Ziehungswahrscheinlichkeit, und wie groß sind diese Wahrscheinlichkeiten?

b) Bestimmen Sie die Gewinnwahrscheinlichkeit für die Zahl 3 143 643.

c) Wie würden Sie den Ziehungsmodus abändern, um allen Gewinnzahlen die gleiche Ziehungswahrscheinlichkeit zu sichern?

Ü 8.9 Bei der Auslosung der 32 Spiele der ersten Hauptrunde des DFB–Pokals 1986 gab es einen Eklat, als der Loszettel der Stuttgarter Kickers unbemerkt buchstäblich unter den Tisch gefallen und schließlich unter Auslosung des Heimrechts der zuletzt im Lostopf verbliebenen Mannschaft Tennis Borussia Berlin zugeordnet worden war. Auf einen Einspruch der Stuttgarter Kickers hin wurde vom DFB–Bundesgericht die gesamte Auslosung der ersten Hauptrunde neu angesetzt. Kurioserweise ergab sich dabei wiederum die Begegnung Tennis Borussia Berlin – Stuttgarter Kickers.

a) Zeigen Sie, dass aus stochastischen Gründen kein Einwand gegen die erste Auslosung besteht.

b) Wie groß ist die Wahrscheinlichkeit, dass sich in der zweiten Auslosung erneut die Begegnung Tennis Borussia Berlin – Stuttgarter Kickers ergibt?

Hinweis: Nummerieren wir alle Mannschaften gedanklich von 1 bis 64 durch, so ist das Ergebnis einer „regulären" Auslosung ein 64–Tupel $(a_1, \ldots, a_{64})$, wobei Mannschaft a_{2i-1} gegen Mannschaft a_{2i} Heimrecht hat $(i = 1, \ldots, 32)$.

Lernziel–Kontrolle

Sie sollten

- die Bedeutung der Multiplikationsregel verstanden haben;

- mit k–Permutationen und k–Kombinationen sowie ihren Anzahlen sicher umgehen können.

---

[4]Antoine Gombault Chevalier de Meré (1607–1684), wirkte durch das Stellen von Aufgaben über Glücksspiele (u.a. Korrespondenz mit Pascal) anregend auf die Entwicklung der Wahrscheinlichkeitsrechnung.

9 Urnen- und Teilchen/Fächer-Modelle

Viele stochastische Vorgänge lassen sich in bequemer Weise durch *Urnen–* oder durch *Teilchen/Fächer–Modelle* beschreiben. Der Vorteil einer solchen abstrakten Beschreibung besteht insbesondere darin, dass alle unwesentlichen Aspekte der ursprünglichen „eingekleideten" Aufgabe wegfallen. Als Beispiel für diesen Abstraktionsprozess betrachten wir eine Standard–Situation der *statistischen Qualitätskontrolle*.

Eine Werkstatt hat eine Schachtel mit 10 000 Schrauben einer bestimmten Sorte gekauft. Die Lieferfirma behauptet, höchstens 5 % der gelieferten Schrauben hielten die vorgeschriebenen Maßtoleranzen nicht ein und seien somit Ausschuss. Bei einer Prüfung von 30 rein zufällig ausgewählten Schrauben fand man 6 unbrauchbare. Sollte die Sendung daraufhin reklamiert werden?

Für die stochastische Modellierung dieses Problems ist völlig belanglos, ob es sich um Schrauben, Computerchips, Autozubehörteile o.ä. handelt. Wichtig ist nur, dass eine Grundgesamtheit von N (= 10 000) „Objekten" vorliegt, wobei wir uns im folgenden als „Objekte" *Kugeln* vorstellen wollen. Der Tatsache, dass es „Objekte zweierlei Typs" (unbrauchbar/brauchbar) gibt, wird dadurch Rechnung getragen, dass *rote* und *schwarze* Kugeln vorhanden sind. Ersetzen wir die Schachtel durch ein im folgenden *Urne* genanntes undurchsichtiges Gefäß, und schreiben wir r bzw. s für die Anzahl der roten bzw. schwarzen Kugeln in dieser Urne, so besteht der Urneninhalt aus $N = r + s$ gleichartigen, sich nur in der Farbe unterscheidenden Kugeln, wobei N bekannt ist und r, s unbekannt sind.

Die Behauptung, dass höchstens 5 % der gelieferten Schrauben Ausschuss darstellen, ist gleichbedeutend mit der Behauptung, dass die Anzahl r roter Kugeln höchstens gleich $0.05 \cdot N$ ist. Um diese Annahme zu prüfen, werden der Urne rein zufällig nacheinander n Kugeln entnommen. Würden Sie an der Behauptung zweifeln, falls sich in der entnommenen *Stichprobe k* rote Kugeln befinden (im obigen Beispiel ist $n = 30$ und $k = 6$)?

Als weiteres Beispiel einer eingekleideten Aufgabe betrachten wir das klassische *Sammlerproblem* . Zu einer vollständigen Serie von Sammelbildern (Fußballspieler, Tiere, ...) gehören n Sammelbilder, die in Packungen zu je m **verschiedenen** Bildern verkauft werden. Ein realistisches Zahlenbeispiel ist $n = 358$ und

$m = 6$. Wir nehmen an, dass alle Packungsinhalte rein zufällig und „unbeeinflusst voneinander" zusammengestellt sind. In diesem Zusammenhang stellen sich die natürlichen Fragen:

- Wie viele Packungen muss man „im Mittel" kaufen, bis eine vollständige Serie erreicht ist?

- Mit welcher Wahrscheinlichkeit ist nach dem Kauf von k Packungen eine vollständige Serie erreicht?

Wir werden diese Probleme nach Präzisierung der Begriffe „unbeeinflusst voneinander" und „im Mittel" in Kapitel 24 wieder aufgreifen.

Es ist klar, dass es beim Sammlerproblem einzig und allein auf die Anzahl n verschiedener Sammelbilder und die Anzahl m verschiedener Bilder pro Packung ankommt. In einem abstrakten *Teilchen/Fächer–Modell* stellen wir uns n verschiedene Fächer vor, wobei jedes Fach einem Sammelbild zugeordnet ist. Deuten wir die Sammelbilder als *Teilchen*, so entspricht dem Kauf einer Packung Sammelbilder das Besetzen von m verschiedenen Fächern mit je einem Teilchen. In diesem Teilchen/Fächer–Modell lauten die oben gestellten Fragen:

- Wie viele Besetzungsvorgänge sind „im Mittel" nötig, bis jedes Fach mindestens einmal besetzt ist?

- Mit welcher Wahrscheinlichkeit ist nach k Besetzungsvorgängen jedes Fach mindestens einmal besetzt?

Im folgenden werden verschiedene Urnen- und Teilchen/Fächer–Modelle vorgestellt und die zugehörigen Ergebnisräume präzisiert.

9.1 Urnenmodelle

In einer *Urne* liegen gleichartige, von 1 bis n nummerierte Kugeln. Wir betrachten vier verschiedene Arten, k Kugeln aus dieser Urne zu ziehen.

(1) **Ziehen unter Beachtung der Reihenfolge mit Zurücklegen**
Nach jedem Zug werden die Nummer der gezogenen Kugel notiert und diese Kugel wieder in die Urne zurückgelegt. Bezeichnet a_j die Nummer der beim j-ten Zug erhaltenen Kugel, so ist

$$Per_k^n(mW) = \{1, 2, \ldots, n\}^k = \{(a_1, \ldots, a_k) : 1 \le a_j \le n \text{ für } j = 1, \ldots, k\}$$

(k-Permutationen aus $1, 2, \ldots, n$ mit Wiederholung) ein geeigneter Grundraum für dieses Experiment.

(2) **Ziehen unter Beachtung der Reihenfolge ohne Zurücklegen**
Erfolgt das Ziehen mit Notieren wie oben, ohne dass jedoch die jeweils gezogene Kugel wieder in die Urne zurückgelegt wird, so ist mit der Bedeutung von a_j wie oben

$$Per_k^n(oW) = \{(a_1, \ldots, a_k) \in \{1, 2, \ldots, n\}^k \ : \ a_i \neq a_j \text{ für } 1 \leq i \neq j \leq k\}$$

(k–Permutationen aus $1, 2, \ldots, n$ ohne Wiederholung) ein angemessener Ergebnisraum. Natürlich ist hierbei $k \leq n$ vorausgesetzt.

(3) **Ziehen ohne Beachtung der Reihenfolge mit Zurücklegen**
Wird mit Zurücklegen gezogen, aber nach Beendigung aller Ziehungen nur mitgeteilt, wie oft jede der n Kugeln gezogen wurde, so wählen wir den Ergebnisraum

$$Kom_k^n(mW) = \{(a_1, \ldots, a_k) \in \{1, 2, \ldots, n\}^k \ : \ a_1 \leq \ldots \leq a_k\}$$

(k–Kombinationen aus $1, 2, \ldots, n$ mit Wiederholung). In diesem Fall besitzt a_j nicht die in (1) und (2) zugewiesene Bedeutung, sondern gibt die j–kleinste der Nummern der gezogenen Kugeln (mit Mehrfach–Nennung) an. So besagt etwa das Ergebnis $(1, 3, 3, 6)$ im Fall $n = 7$ und $k = 4$, dass von den 7 Kugeln die Kugeln Nr. 1 und Nr. 6 je einmal und die Kugel Nr. 3 zweimal gezogen wurden.

(4) **Ziehen ohne Beachtung der Reihenfolge ohne Zurücklegen**
Erfolgt das Ziehen wie in (3), aber mit dem Unterschied, dass (wie beim Lotto) ohne Zurücklegen gezogen wird, so ist

$$Kom_k^n(oW) = \{(a_1, \ldots, a_k) \in \{1, 2, \ldots, n\}^k \ : \ a_1 < \ldots < a_k\}$$

(k–Kombinationen aus $1, 2, \ldots, n$ ohne Wiederholung, $k \leq n$) ein geeigneter Grundraum. Hier bedeutet a_j die eindeutig bestimmte j–kleinste Nummer der gezogenen Kugeln.

9.2 Teilchen/Fächer–Modelle

Es sollen k Teilchen (Daten) auf n von 1 bis n nummerierte Fächer (SpeicherPlätze) verteilt werden. Die Anzahl der Besetzungen sowie der zugehörige Grundraum hängen davon ab, ob die Teilchen (Daten) unterscheidbar sind und ob Mehrfachbesetzungen (mehr als ein Teilchen pro Fach) zugelassen werden oder nicht. Interpretieren wir die vorgestellten Urnenmodelle dahingehend um, dass den Teilchen die Ziehungen und den Fächern die Kugeln entsprechen, so ergeben sich die folgenden Teilchen/Fächer–Modelle:

(1) Unterscheidbare Teilchen, Mehrfachbesetzungen zugelassen
In diesem Fall ist die Menge der Besetzungen durch $Per_k^n(mW)$ wie in 9.1
(1) gegeben, wobei a_j jetzt die Nummer des Fachs bezeichnet, in das man
das j–te Teilchen gelegt hat.

(2) Unterscheidbare Teilchen, keine Mehrfachbesetzungen
In diesem Fall ist $Per_k^n(oW)$ (vgl. 9.1 (2)) der geeignete Ergebnisraum.

(3) Nichtunterscheidbare Teilchen, Mehrfachbesetzungen zugelassen
Sind die Teilchen nicht unterscheidbar, so kann man nach Verteilung der k
Teilchen nur noch feststellen, **wie viele Teilchen in jedem Fach liegen**.
Die vorliegende Situation entspricht dem Urnenmodell 9.1 (3), wobei das
Zulassen von Mehrfachbesetzungen gerade Ziehen mit Zurücklegen bedeutet.
Der geeignete Grundraum ist $Kom_k^n(mW)$.

(4) Nichtunterscheidbare Teilchen, keine Mehrfachbesetzungen
Dem Ausschluss–Prinzip, keine Mehrfachbesetzungen zuzulassen, entspricht
das Ziehen ohne Zurücklegen. Der passende Grundraum ist hier $Kom_k^n(oW)$
(vgl. 9.1 (4)).

Der Übersichtlichkeit halber sollen die 4 betrachteten Urnen– bzw. Teilchen/Fächer–Modelle   noch einmal schematisch zusammengefasst werden:

Ziehen von k Kugeln aus einer Urne mit n Kugeln Verteilung von k Teilchen auf n Fächer				
Beachtung der Reihenfolge? Teilchen unterscheidbar?	*Erfolgt Zurücklegen?* Mehrfachbesetzungen erlaubt?	Modell	Grundraum	Anzahl
Ja	Ja	(1)	$Per_k^n(mW)$	n^k
Ja	Nein	(2)	$Per_k^n(oW)$	$n^{\underline{k}}$
Nein	Ja	(3)	$Kom_k^n(mW)$	$\binom{n+k-1}{k}$
Nein	Nein	(4)	$Kom_k^n(oW)$	$\binom{n}{k}$

Übungsaufgaben

Ü 9.1 Beim Zahlenlotto kann es vorkommen, dass im Laufe eines Kalenderjahres (52 Ausspielungen) jede der 49 Zahlen mindestens einmal Gewinnzahl war. Beschreiben Sie dieses Phänomen in einem Teilchen/Fächer-Modell (Sammlerproblem!).

Ü 9.2 Eine Kundin eines Supermarktes, welcher n verschiedene Artikel (jeden in genügend großer Menge) führt, hat einen Einkaufskorb mit insgesamt k (nicht notwendig verschiedenen) Artikeln zusammengestellt. Welches Urnen- bzw. Teilchen/Fächer-Modell liegt hier vor? Wie viele verschiedene Einkaufskörbe gibt es?

Ü 9.3 Formulieren Sie den mehrfach hintereinander ausgeführten Würfelwurf
a) in einem Urnenmodell   b) in einem Teilchen/Fächer-Modell.

Ü 9.4 10 Personen werden 4 Karten für ein Fußballspiel angeboten. Wir machen die Annahme α) es handelt sich um nummerierte Sitzplätze oder β) es handelt sich um nicht nummerierte Stehplätze sowie 1) jede Person erhält höchstens eine Karte oder 2) es gibt keine derartige Beschränkung.
  Welches Urnen- bzw. Teilchen/Fächer-Modell liegt in den Fällen
a) $\alpha 1$ b) $\alpha 2$ c) $\beta 1$ d) $\beta 2$
vor? Wie viele Kartenverteilungen gibt es jeweils?

Lernziel–Kontrolle

Sie sollten

- die vorgestellten Urnen- und Teilchen/Fächer-Modelle kennen

und

- die begriffliche Äquivalenz von Urnenmodellen und Modellen für Besetzungsprobleme eingesehen haben.

10 Das Paradoxon der ersten Kollision

Bekanntlich ist die Urlaubs– und Ferienzeit relativ arm an aufregenden Ereignissen, und wir sind längst daran gewöhnt, dass Politiker aller Couleur dieses „Sommerloch" durch ungewöhnliche Aktionen oder Wortbeiträge zur Selbstdarstellung nutzen. Umso erfreulicher ist es, dass wir die erste Sommerloch–Sensation des Jahres 1995 nicht der Politik, sondern dem reinen Zufall verdankten! So konnte man der Tagespresse am 29.6.1995 die folgende Meldung entnehmen:

Erstmals im Lotto
dieselbe Zahlenreihe

Stuttgart (dpa/lsw). Die Staatliche Toto–Lotto GmbH in Stuttgart hat eine Lottosensation gemeldet: Zum ersten Mal in der 40jährigen Geschichte des deutschen Zahlenlottos wurden zwei identische Gewinnreihen festgestellt. Am 21. Juni dieses Jahres kam im Lotto am Mittwoch in der Ziehung A die Gewinnreihe 15–25–27–30–42–48 heraus. Genau die selben Zahlen wurden bei der 1628. Ausspielung im Samstaglotto schon einmal gezogen, nämlich am 20. Dezember 1986. Welch ein Lottozufall: Unter den 49 Zahlen sind fast 14 Millionen verschiedene Sechserreihen möglich.

Zur wahrscheinlichkeitstheoretischen Bewertung dieser angeblichen „Sensation" ist zunächst zu beachten, nach welchem Ereignis *gesucht* wurde. Offenbar gilt als Sensation, dass *irgendeine* Gewinnreihe *irgendeines* Lottos (Mittwochslotto A, Mittwochslotto B oder Samstagslotto) schon in *irgendeiner* früheren Ziehung aufgetreten ist. Aus diesem Grunde müssen wir die Ausspielungen aller drei wöchentlich stattfindenden Ziehungen zusammenfassen. Da bis zum 21.6.1995 2071 Ausspielungen des Samstagslottos und jeweils 472 Ausspielungen des Mittwochslottos A (bzw. B) erfolgt waren, besteht das sensationelle Ereignis anscheinend darin, dass zum ersten Mal in der 3016ten Ausspielung eine Gewinnreihe erneut aufgetreten ist. Natürlich wäre die Sensation noch größer gewesen, wenn diese erste Gewinnreihen–Wiederholung schon früher erfolgt wäre.

Für die nachfolgenden Betrachtungen setzen wir

$$n := \binom{49}{6} = 13\,983\,816$$

und denken uns alle Gewinnreihen *lexikographisch* durchnummeriert, d.h.

$$
\begin{array}{llllllllllllll}
\text{Nr. 1:} & 1 & - & 2 & - & 3 & - & 4 & - & 5 & - & 6 \\
\text{Nr. 2:} & 1 & - & 2 & - & 3 & - & 4 & - & 5 & - & 7 \\
\text{Nr. 3:} & 1 & - & 2 & - & 3 & - & 4 & - & 5 & - & 8 \\
& \vdots & & & & \vdots & & & & & & \vdots \\
\text{Nr. } n: & 44 & - & 45 & - & 46 & - & 47 & - & 48 & - & 49.
\end{array}
$$

In dieser Deutung können wir uns die Ermittlung einer Gewinnreihe als rein zufälliges Besetzen eines von insgesamt n verschiedenen Fächern vorstellen.

Das anscheinend sensationelle Ereignis besteht nun offenbar darin, dass bei der sukzessiven rein zufälligen Besetzung von $n = 13\,983\,816$ verschiedenen Fächern **schon** beim 3016ten Mal die „erste Kollision" auftrat, d.h. ein bereits besetztes Fach erneut besetzt wurde. Intuitiv würde man nämlich den „Zeitpunkt" dieser ersten Kollision viel später erwarten. Würden Sie z.B. bei $n = 1000$ Fächern darauf wetten, dass die erste Kollision nach spätestens 50 Versuchen erfolgt ist?

Zur Modellierung des Kollisions–Phänomens betrachten wir die Zufallsvariable

$$
\begin{aligned}
X_n \ :=\ & \text{Zeitpunkt der ersten Kollision beim sukzessiven} \\
& \text{rein zufälligen Besetzen von } n \text{ Fächern.}
\end{aligned}
$$

Da mindestens 2 und höchstens $n + 1$ Versuche (Zeiteinheiten) bis zur ersten Kollision nötig sind, nimmt X_n die Werte $2, 3, \ldots, n + 1$ an, und es gilt

$$
P(X_n \geq k + 1) = \frac{n \cdot (n - 1) \cdot (n - 2) \cdot \ldots \cdot (n - k + 1)}{n^k} = \frac{n^{\underline{k}}}{n^k} \tag{10.1}
$$

für jedes $k = 1, 2, \ldots, n+1$. Um (10.1) einzusehen, beachte man, dass das Ereignis $\{X_n \geq k + 1\}$ gleichbedeutend damit ist, dass bei der rein zufälligen Verteilung von k unterscheidbaren Teilchen auf n Fächer (Modell 9.2 (1)) alle Teilchen in verschiedenen Fächern liegen. Bei Annahme eines Laplace–Modells (Grundraum $Per_k^n(mW)$, $|Per_k^n(mW)| = n^k$) gibt der Zähler in (10.1) gerade die Anzahl der günstigen Fälle $(= |Per_k^n(oW)| = n^{\underline{k}} = n \cdot (n - 1) \cdot \ldots \cdot (n - k + 1))$ an.

Aus (10.1) folgt durch Komplement–Bildung

$$
P(X_n \leq k) = 1 - \prod_{j=1}^{k-1} \left(1 - \frac{j}{n}\right) \tag{10.2}
$$

$(k = 2, 3, \ldots, n + 1;\ P(X_n \leq 1) = 0)$.

Tabelle 10.1 enthält die Wahrscheinlichkeiten $P(X_n \leq k)$ in Abhängigkeit von k für den Fall $n = 13\,983\,816$. Für das Ereignis $\{X_n \leq 3016\}$ gilt $P(X_n \leq$

3016) = 0.2775... Die Wahrscheinlichkeit des als „Sensation" angepriesenen Ereignisses ist somit kaum kleiner als die Wahrscheinlichkeit, beim Werfen zweier echter Würfel eine Augensumme von höchstens 5 zu erhalten (10/36 = 0.2777...).

k	$P(X_n \leq k)$	k	$P(X_n \leq k)$	k	$P(X_n \leq k)$
500	0.0089	4500	0.5152	8500	0.9245
1000	0.0351	5000	0.5909	9000	0.9448
1500	0.0773	5500	0.6609	9500	0.9603
2000	0.1332	6000	0.7240	10000	0.9720
2500	0.2002	6500	0.7792	10500	0.9806
3000	0.2751	7000	0.8266	11000	0.9868
3500	0.3546	7500	0.8662	11500	0.9912
4000	0.4356	8000	0.8986	12000	0.9942

Tabelle 10.1

Es mag überraschend erscheinen, dass wir bei fast 14 Millionen möglichen Tippreihen durchaus auf das Auftreten der ersten Gewinnreihen–Wiederholung nach höchstens 4500 Ausspielungen wetten können. Der Grund hierfür ist, dass wir auf *irgendeine* und nicht auf eine bestimmte Kollision warten. Wie im folgenden gezeigt werden soll, ist der Zeitpunkt der ersten Kollision bei der rein zufälligen sukzessiven Besetzung von n Fächern **von der Größenordnung** $\sqrt{n}$.

10.1 Satz

Für jede positive reelle Zahl t gilt die Grenzwertaussage

$$\lim_{n \to \infty} P\left(X_n \leq \sqrt{n} \cdot t\right) \;=\; 1 - e^{-\frac{t^2}{2}}.$$

BEWEIS: Zu vorgegebenem $t > 0$ existiert für jede genügend große Zahl n eine natürliche Zahl k_n mit

$$2 \;\leq\; k_n \;\leq\; \sqrt{n} \cdot t \;\leq\; k_n + 1 \;\leq\; n + 1 \tag{10.3}$$

(warum?), und es folgt

$$P(X_n \leq k_n) \;\leq\; P(X_n \leq \sqrt{n} \cdot t) \;\leq\; P(X_n \leq k_n + 1). \tag{10.4}$$

Unter Verwendung der Ungleichung

$$\ln x \;\leq\; x - 1 \qquad (x > 0) \tag{10.5}$$

für die Logarithmus–Funktion (Skizze!) und der Summenformel $\sum_{j=1}^{m} j = \frac{m(m+1)}{2}$ erhalten wir aus (10.2) die Abschätzung

$$P(X_n \leq k_n) \;=\; 1 - \prod_{j=1}^{k_n-1}\left(1 - \frac{j}{n}\right) \;=\; 1 - \exp\left(\sum_{j=1}^{k_n-1} \ln\left(1 - \frac{j}{n}\right)\right)$$

$$\geq \; 1 - \exp\left(-\frac{1}{2} \cdot \frac{k_n(k_n-1)}{n}\right) \; .$$

Völlig analog liefert die durch Ersetzen von x durch $1/x$ in (10.5) entstehende Ungleichung $\ln x \geq 1 - 1/x$ die Abschätzung

$$P(X_n \leq k_n + 1) \;\leq\; 1 - \exp\left(-\sum_{j=1}^{k_n} \frac{j}{n-j}\right)$$

$$\leq \; 1 - \exp\left(-\frac{1}{2} \cdot \frac{k_n \cdot (k_n+1)}{n - k_n}\right)$$

(man beachte, dass $n - j \geq n - k_n$ für $j \in \{1, \dots, k_n\}$!). Da (10.3) die Grenzwertaussagen

$$\lim_{n \to \infty} \frac{k_n \cdot (k_n - 1)}{n} \;=\; \lim_{n \to \infty} \frac{k_n \cdot (k_n + 1)}{n - k_n} \;=\; t^2$$

nach sich zieht, konvergieren beide Schranken in (10.4) gegen $1 - \exp(-t^2/2)$. $\blacksquare$

Setzen wir in Satz 10.1 speziell $t = \sqrt{2 \cdot \ln 2}$, so folgt für großes n

$$P\left(X_n \leq \sqrt{n \cdot 2 \cdot \ln 2}\right) \;\approx\; \frac{1}{2} \tag{10.6}$$

und somit speziell $P(X_n \leq 4403) \approx \frac{1}{2}$ im Fall $n = 13\,983\,816$. Der Beweis von Satz 10.1 zeigt aber auch, dass die Wahrscheinlichkeit $P(X_n \leq k)$ durch

$$1 - \exp\left(-\frac{k(k-1)}{2n}\right) \;\leq\; P(X_n \leq k) \;\leq\; 1 - \exp\left(-\frac{k(k-1)}{2(n-k+1)}\right) \tag{10.7}$$

nach unten und oben abgeschätzt werden kann.

Abschließend sei bemerkt, dass das Paradoxon der ersten Kollision in anderem Gewand als *Geburtstagsproblem* bekannt ist. Beim Geburtstagsproblem ist nach der Wahrscheinlichkeit gefragt, dass unter k rein zufällig ausgewählten Personen mindestens zwei an demselben Tag Geburtstag haben. Deuten wir die 365 Tage des Jahres (Schaltjahre seien unberücksichtigt) als Fächer und die Personen als Teilchen, so entspricht das Feststellen der Geburtstage dem rein zufälligen Besetzen der 365 Fächer mit k Teilchen. Hierbei wird zwar die unrealistische Annahme einer Gleichverteilung der Geburtstage über alle 365 Tage gemacht; es kann aber gezeigt werden, dass Abweichungen von dieser Annahme die Wahrscheinlichkeit für einen Mehrfachgeburtstag nur vergrößern. Da beim Geburtstagsproblem

$P(X_{365} \leq 23) = 0.507\ldots > 1/2$ gilt (vgl. (10.2)), kann getrost darauf gewettet werden, dass unter 23 (oder mehr) Personen mindestens zwei an demselben Tag Geburtstag haben. Wegen $\sqrt{365 \cdot 2 \cdot \ln 2} = 22.49\ldots$ ist dabei die Approximation (10.6) schon für $n = 365$ sehr gut.

Eine weitere Erklärung dafür, dass die Zeit bis zur ersten Kollision im Teilchen/Fächer-Modell bei n Fächern von der Größenordnung $\sqrt{n}$ ist, liefert die Darstellung

$$P(X_n \leq k) = P\left(\bigcup_{1 \leq i < j \leq k} A_{i,j}\right).$$

Hierbei bezeichne $A_{i,j}$ das Ereignis, dass bei einer Nummerierung der Teilchen von 1 bis k die Teilchen Nr. i und Nr. j in dasselbe Fach gelangen. Da das Ereignis $\{X_n \leq k\}$ die Vereinigung von $\binom{k}{2}$ Ereignissen $A_{i,j}$ mit gleicher Wahrscheinlichkeit $P(A_{i,j}) = \frac{1}{n}$ ist, liefert die Subadditivitätseigenschaft 6.2 g)

$$P(X_n \leq k) \leq \binom{k}{2} \cdot \frac{1}{n} \leq \frac{k^2}{2 \cdot n}.$$

Obwohl die obere Schranke $k^2/(2n)$ die Wahrscheinlichkeit $P(X_n \leq k)$ im allgemeinen deutlich überschätzt, zeigt sie doch zusammen mit der unteren Schranke in (10.7), dass k^2 und n (und somit auch k und $\sqrt{n}$) für großes n von vergleichbarer Größenordnung sein müssen, um weder zu kleine noch zu große Werte für $P(X_n \leq k)$ zu erhalten.

Übungsaufgaben

Ü 10.1 Berechnen Sie für $n = \binom{49}{6}$ und die in Tabelle 10.1 verwendeten Werte von k die in (10.7) gegebenen Schranken für $P(X_n \leq k)$ und vergleichen Sie diese mit den in Tabelle 10.1 angegebenen Werten.

Ü 10.2 Wie groß muss k mindestens sein, damit die Wahrscheinlichkeit für mindestens einen Mehrfachgeburtstag bei k Personen ($n = 365$) mindestens 0.9 ist?

Ü 10.3 Definieren Sie die „Kollisions-Zeit" X_n als Zufallsvariable (d.h. als Abbildung) auf dem Ergebnisraum $\Omega = Per_{n+1}^n(mW)$.

Ü 10.4 Wie groß ist die Wahrscheinlichkeit, dass nach 8 Runden des Roulettespiels (37 gleichwahrscheinliche Zahlen) mindestens eine Zahl mehr als einmal aufgetreten ist?

Lernziel-Kontrolle

Das Phänomen der „frühen" ersten Kollision sollte Ihnen nicht mehr paradox erscheinen.

11 Die Formel des Ein– und Ausschließens

Im folgenden lernen wir eine Formel zur Berechnung der Wahrscheinlichkeit der Vereinigung von Ereignissen kennen. Die Bedeutung dieser Formel lässt sich schon allein daraus ersehen, dass sie unter verschiedenen Namen wie *Siebformel*, *Formel von Poincaré* [1] *–Sylvester* [2], *Formel des Ein- und Ausschließens* oder *Allgemeines Additionsgesetz* bekannt ist. Zur Vorbereitung erinnern wir an das Additionsgesetz

$$P(A \cup B) = P(A) + P(B) - P(A \cap B) \tag{11.1}$$

für zwei Ereignisse. Für die Vereinigung von drei Ereignissen A_1, A_2 und A_3 ergibt sich aus (11.1) die folgende Formel, wenn wir $A := A_1 \cup A_2$ und $B := A_3$ setzen:

$$P(A_1 \cup A_2 \cup A_3) = P(A_1 \cup A_2) + P(A_3) - P((A_1 \cup A_2) \cap A_3). \tag{11.2}$$

Wenden wir hier (11.1) auf $P(A_1 \cup A_2)$ sowie unter Beachtung des Distributivgesetzes $(A_1 \cup A_2) \cap A_3 = (A_1 \cap A_3) \cup (A_2 \cap A_3)$ auf den Minusterm in (11.2) an und sortieren anschließend die auftretenden Summanden nach der Anzahl der zu schneidenden Ereignisse, so folgt

$$\begin{aligned}
P(A_1 \cup A_2 \cup A_3) = \; & P(A_1) + P(A_2) + P(A_3) \\
& - P(A_1 \cap A_2) - P(A_1 \cap A_3) - P(A_2 \cap A_3) \\
& + P(A_1 \cap A_2 \cap A_3).
\end{aligned} \tag{11.3}$$

In Verallgemeinerung zu (11.1) und (11.3) gilt:

11.1 Formel des Ein– und Ausschließens, Siebformel

Es seien (Ω, P) ein endlicher W–Raum und $A_1, \ldots, A_n$ $(n \geq 2)$ Ereignisse. Für jede natürliche Zahl r mit $1 \leq r \leq n$ sei

---

[1] Jules–Henri Poincaré (1854–1912), 1879 Professor für Analysis in Caen, 1881 Professor an der Sorbonne in Paris (nacheinander für Mechanik, mathematische Physik und Himmelsmechanik), 1906 Präsident der französischen Akademie. Poincaré war einer der universellsten Gelehrten der neueren Zeit (u.a. 250 wissenschaftliche Arbeiten). Hauptarbeitsgebiete: Funktionentheorie, Topologie, Differentialgleichungen, Potentialtheorie, Wahrscheinlichkeitstheorie, Thermodynamik, Hydromechanik, Himmelsmechanik u.a.

[2] James Joseph Sylvester (1814–1897), Professor für Naturwissenschaften an der Universität London, 1841 Universität Virginia (USA), 1845–1855 zunächst Aktuar, danach als Rechtsanwalt in London tätig, 1855–1870 Professor für Mathematik an der Militärakademie in Woolwich, 1876–1884 an der John Hopkins Universität in Baltimore, 1884–1892 Professor für Geometrie an der Universität Oxford (England). Sylvester führte den Begriff *Matrix* ein, um quadratische Zahlenschemata und Determinanten zu unterscheiden. Über seine Zeit in Virginia kursieren viele Erzählungen (s. [FEU]). Hauptarbeitsgebiete: Algebra, Kombinatorik, Geometrie.

$$S_r := \sum_{1 \le i_1 < \ldots < i_r \le n} P(A_{i_1} \cap \ldots \cap A_{i_r}) \tag{11.4}$$

(Summation über alle r–elementigen Teilmengen $\{i_1, \ldots, i_r\}$ von $\{1, \ldots, n\}$). Dann gilt:

$$P\left(\bigcup_{j=1}^{n} A_j\right) = \sum_{r=1}^{n} (-1)^{r-1} \cdot S_r . \tag{11.5}$$

BEWEIS: Der Beweis erfolgt durch vollständige Induktion über n, wobei die Fälle $n = 2$ und $n = 3$ bereits erledigt wurden. Der Induktionsschluss von n auf $n + 1$ ergibt sich analog zur Herleitung von (11.3) aus (11.1): Zunächst liefert (11.1)

$$P\left(\bigcup_{j=1}^{n+1} A_j\right) = P\left(\left(\bigcup_{j=1}^{n} A_j\right) \cup A_{n+1}\right)$$

$$= P\left(\bigcup_{j=1}^{n} A_j\right) + P(A_{n+1}) - P\left(\bigcup_{j=1}^{n} A_j \cap A_{n+1}\right) .$$

Anwendung der Induktionsvoraussetzung auf $\cup_{j=1}^{n} A_j$ und $\cup_{j=1}^{n}(A_j \cap A_{n+1})$ ergibt

$$P\left(\bigcup_{j=1}^{n+1} A_j\right) = \sum_{r=1}^{n}(-1)^{r-1} \cdot S_r + P(A_{n+1}) + \sum_{m=1}^{n} (-1)^m \cdot \tilde{S}_m$$

mit S_r wie in (11.4) und

$$\tilde{S}_m := \sum_{1 \le i_1 < \ldots < i_m \le n} P(A_{i_1} \cap \ldots \cap A_{i_m} \cap A_{n+1}) .$$

Mit einer Indexverschiebung in der Summe $\sum_{m=1}^{n}(-1)^m \cdot \tilde{S}_m$ erhalten wir

$$P\left(\bigcup_{j=1}^{n+1} A_j\right) = S_1 + P(A_{n+1}) + \sum_{r=2}^{n}(-1)^{r-1}(S_r + \tilde{S}_{r-1}) + (-1)^n \cdot \tilde{S}_n.$$

Wegen

$$S_r + \tilde{S}_{r-1} = \sum_{1 \le i_1 < \ldots < i_r \le n+1} P(A_{i_1} \cap \ldots \cap A_{i_r}) \qquad (2 \le r \le n)$$

(Aufspaltung danach, ob $n + 1$ in der r–elementigen Teilmenge $\{i_1, \ldots, i_r\}$ von $\{1, \ldots, n + 1\}$ auftritt oder nicht!) folgt die Behauptung. ∎

11.2 Bemerkung

Wir können die Siebformel als eine Aussage über die Zählvariable

$$X \;=\; \mathbf{1}\{A_1\} \;+\; \mathbf{1}\{A_2\} \;+\; \ldots \;+\; \mathbf{1}\{A_n\}$$

auffassen, denn (11.5) ist gleichbedeutend mit

$$P(X \geq 1) \;=\; P(A_1 \cup A_2 \cup \ldots \cup A_n) \;=\; \sum_{r=1}^{n} (-1)^{r-1} \cdot S_r \; .$$

Komplement–Bildung liefert

$$P(X = 0) \;=\; P(\overline{A_1} \cap \overline{A_2} \cap \ldots \cap \overline{A_n}) \;=\; 1 \;-\; \sum_{r=1}^{n} (-1)^{r-1} \cdot S_r$$

und somit einen Ausdruck für die Wahrscheinlichkeit, dass **keines der Ereignisse** $\mathbf{A_1}, \ldots, \mathbf{A_n}$ eintritt.

Ein wichtiger Spezialfall der Siebformel ergibt sich, wenn für jedes r mit $1 \leq r \leq n$ und jede Wahl von $i_1, i_2, \ldots, i_r$ mit $1 \leq i_1 < \ldots < i_r \leq n$ die Wahrscheinlichkeit des Durchschnittes $A_{i_1} \cap \ldots \cap A_{i_r}$ **nur von der Anzahl** $\mathbf{r}$, aber nicht von der speziellen Wahl der Ereignisse $A_{i_1}, \ldots, A_{i_r}$ aus $A_1, \ldots, A_n$ abhängt. Liegt diese Eigenschaft vor, so nennen wir die Ereignisse $A_1, A_2, \ldots, A_n$ *austauschbar* .

Für austauschbare Ereignisse $A_1, A_2, \ldots, A_n$ sind die Summanden in (11.4) identisch, nämlich gleich $P(A_1 \cap A_2 \cap \ldots \cap A_r)$. Da die Anzahl dieser Summanden durch den Binomialkoeffizienten $\binom{n}{r}$ $(= |Kom_r^n(oW)|$, vgl. Kapitel 8) gegeben ist, nimmt die Siebformel in diesem Fall die folgende Gestalt an:

$$P\left(\bigcup_{j=1}^{n} A_j\right) \;=\; \sum_{r=1}^{n} (-1)^{r-1} \cdot \binom{n}{r} \cdot P(A_1 \cap A_2 \cap \ldots \cap A_r). \tag{11.6}$$

Zur Anwendung der Siebformel müssen die Wahrscheinlichkeiten aller möglichen Durchschnitte der beteiligten Ereignisse bekannt sein. Dass Wahrscheinlichkeiten für Durchschnitte prinzipiell leichter zu bestimmen sind als Wahrscheinlichkeiten für Vereinigungen von Ereignissen, liegt daran, dass die Durchschnittsbildung dem logischen „und" entspricht und somit mehrere Forderungen erfüllt sein müssen. Dies zeigt sich in exemplarischer Weise an folgendem Paradoxon.

11.3 Das Koinzidenz–Paradoxon   (Rencontre–Problem)

Das von uns so bezeichnete *Koinzidenz-Paradoxon* ist ein klassisches wahrscheinlichkeitstheoretisches Problem, welches auf die Untersuchung des *treize-Spiels* durch de Montmort[3] (1708) zurückgeht. Beim *treize-Spiel* werden 13 Karten mit den Werten $1, 2, \ldots, 13$ gut gemischt und eine Karte nach der anderen abgehoben. Stimmt kein Kartenwert mit der Ziehungsnummer überein, so gewinnt der Spieler, andernfalls die Bank. Gleichwertig hiermit sind die folgenden, auch als *Rencontre-Problem* (von frz. *rencontre: Zusammenstoß*) bzw. *Lambertsches*[4] *Problem der vertauschten Briefe* bekannten Fragestellungen (Lambert 1771):

- Von zwei Personen hat jede ein Kartenspiel ($n = 32$ Karten) in der Hand. Nach gutem Mischen decken beide je eine Karte auf. Treffen gleiche Karten zusammen, so hat sich (mindestens) ein *Rencontre* ergeben. Wie groß ist die Wahrscheinlichkeit, dass dieser Fall eintritt?

- n Briefe werden rein zufällig in n adressierte Umschläge gesteckt. Mit welcher Wahrscheinlichkeit gelangt mindestens ein Brief in den richtigen Umschlag?

Der gemeinsame mathematische Nenner dieser Einkleidungen ist, dass die Zahlen $1, 2, \ldots, n$ einer rein zufälligen Permutation unterworfen werden und nach der Wahrscheinlichkeit gefragt wird, dass diese Permutation **mindestens ein Element „fest lässt"**, d.h. auf sich selbst abbildet. Zur stochastischen Modellierung wählen wir den Grundraum $\Omega := Per_n^n(oW)$ aller Permutationen von $\{1, 2, \ldots, n\}$ und als Wahrscheinlichkeitsverteilung P die Gleichverteilung auf Ω. Bezeichnet

$$A_j := \{(a_1, a_2, \ldots, a_n) \in \Omega : a_j = j\}$$

die Menge aller Permutationen, welche das Element j fest lassen, also den „Fixpunkt" j besitzen, so ist das interessierende Ereignis **„mindestens ein Fixpunkt tritt auf"** gerade die Vereinigung aller A_j.

Zur Berechnung von $P(\cup_{j=1}^n A_j)$ anhand der Siebformel ist für jedes $r \in \{1, \ldots, n\}$ und jede Wahl von $i_1, \ldots, i_r$ mit $1 \leq i_1 < \ldots < i_r \leq n$ die Wahrscheinlichkeit

$$P(A_{i_1} \cap \ldots \cap A_{i_r}) = \frac{|A_{i_1} \cap \ldots \cap A_{i_r}|}{|\Omega|} = \frac{|A_{i_1} \cap \ldots \cap A_{i_r}|}{n!}$$

---

[3] Pierre Rémond de Montmort (1678–1719), lernte Mathematik und Physik im Selbststudium vor allem aus dem Werk von Nicolas Malebranche (1638–1715), um 1700 Domherr von Nôtre-Dame in Paris, legte 1706 dieses Amt nieder und zog sich auf sein Schloss Montmort (im heutigen Département de la Marne) zurück. Montmort war Mitglied der Académie Royale (1716–1719) und der Royal Society (1715–1719), er unterhielt einen regen (teilweise erhaltenen) Briefwechsel mit vielen berühmten Zeitgenossen. 1708 veröffentlichte er sein berühmtes Essay *D'analyse sur les jeux de hasard*, ein Buch über die mathematische Behandlung von Glücksspielen.

[4] Johann Heinrich Lambert (1728–1777), Mathematiker, Naturwissenschaftler und Philosoph, seit 1765 Mitglied der Akademie der Wissenschaften in Berlin; durch seine Arbeiten zum Parallelenpostulat ist er ein Wegbereiter der nichteuklidischen Geometrie. Berühmt sind seine Arbeiten über die Zahl π; Lambert führte den ersten einwandfreien Beweis, dass π eine Irrationalzahl ist.

und somit die Anzahl $|A_{i_1} \cap \ldots \cap A_{i_r}|$ aller Permutationen $(a_1, a_2, \ldots, a_n)$ zu bestimmen, welche r gegebene Elemente $i_1, i_2, \ldots, i_r$ auf sich selbst abbilden. Da die Elemente $a_{i_1}(= i_1), \ldots, a_{i_r}\ (= i_r)$ eines solchen Tupels festgelegt sind und die übrigen Elemente durch eine beliebige Permutation der restlichen $n - r$ Zahlen gewählt werden können, gilt $|A_{i_1} \cap \ldots \cap A_{i_r}| = (n - r)!$ und folglich

$$P(A_{i_1} \cap \ldots \cap A_{i_r}) = (n - r)!/n! \ . \tag{11.7}$$

Diese Wahrscheinlichkeit hängt nur von r, aber nicht von $i_1, \ldots, i_r$ ab, und somit sind $A_1, \ldots, A_n$ austauschbare Ereignisse. Nach (11.6) erhalten wir

$$P\left(\bigcup_{j=1}^{n} A_j\right) = \sum_{r=1}^{n} (-1)^{r-1} \binom{n}{r} \frac{(n-r)!}{n!} = \sum_{r=1}^{n} (-1)^{r-1} \cdot \frac{1}{r!} \ . \tag{11.8}$$

Geht man in (11.8) zum Gegenereignis über und multipliziert beide Seiten der resultierenden Gleichung mit $n!$, so folgt, dass die **Anzahl aller fixpunktfreien Permutationen einer n-elementigen Menge** durch die *Rencontre-Zahl*

$$\mathcal{R}_n := n! \cdot \sum_{r=2}^{n} (-1)^r \cdot \frac{1}{r!} = n! \cdot \sum_{r=0}^{n} (-1)^r \cdot \frac{1}{r!} \tag{11.9}$$

gegeben ist. Hieraus ergibt sich leicht die Verteilung der Anzahl der Fixpunkte einer rein zufälligen Permutation (siehe Übungsaufgabe 11.3).

Eine numerische Auswertung der in (11.8) stehenden Summe für $n = 2, 3, 4, 5, 6$ liefert die auf vier Nachkommastellen gerundeten Werte 0.5; 0.6667; 0.6250; 0.6333 und 0.6319. Aufgrund des alternierenden Charakters der Summanden in (11.8) und der Ungleichung $1/n! \leq 1/7! = 0.00019\ldots$ für $n \geq 7$ erhalten wir das überraschende Resultat, dass die **Wahrscheinlichkeit für mindestens einen Fixpunkt in einer rein zufälligen Permutation einer n-elementigen Menge praktisch nicht von n abhängt und bis auf drei Nachkommastellen genau durch 0.632 gegeben ist**. Damit wird auch klar, dass die Bank beim *treize-Spiel* einen Vorteil besitzt.

Unter Verwendung der Exponentialreihe $e^x = \sum_{r=0}^{\infty} x^r/r!$ $(x \in \mathbb{R})$ folgt ferner die zuerst von Euler[5] bemerkte Grenzwertaussage

$$\lim_{n \to \infty} \sum_{r=1}^{n} (-1)^{r-1} \cdot \frac{1}{r!} = \lim_{n \to \infty} \left(1 - \sum_{r=0}^{n} \frac{(-1)^r}{r!}\right)$$

$$= 1 - \frac{1}{e} = 0.63212\ldots \ .$$

---

[5]Leonhard Euler (1707–1783), einer der vielseitigsten und produktivsten Mathematiker der Neuzeit, das Verzeichnis von Gustav Eneström (1852–1923, schwedischer Mathematikhistoriker) sämtlicher gedruckten Werke von Euler umfasst 866 Titel, eine Gesamtausgabe seiner Werke wird in den nächsten Jahren wahrscheinlich abgeschlossen werden können. Genauere Angaben auch zum Lebenslauf und zum wissenschaftlichen Gesamtwerk von Euler findet man in [FIH].

Beim Koinzidenz–Paradoxon offenbart sich einer der häufigsten Trugschlüsse zum Thema Wahrscheinlichkeiten: Es wird oft übersehen, dass ein vermeintlich unwahrscheinliches Ereignis in Wirklichkeit die **Vereinigung** vieler unwahrscheinlicher Ereignisse darstellt. Wie im Fall des Rencontre–Problems kann die Wahrscheinlichkeit dieser Vereinigung jedoch recht groß sein!

Übungsaufgaben

Ü 11.1 Von 1000 befragten Haushalten besitzen 473 einen CD–Spieler, 614 einen Videorecorder, 381 einen PC, 392 einen CD–Spieler und einen Videorecorder, 322 einen CD–Spieler und einen PC und 297 einen Videorecorder und einen PC. 214 Haushalte gaben an, alle 3 Geräte zu besitzen. Wie viele der befragten Haushalte besitzen keines der 3 Geräte?

Ü 11.2 8 Kugeln fallen rein zufällig und „unabhängig voneinander" in 4 Fächer (alle 4^8 Möglichkeiten seien gleichwahrscheinlich). Mit welcher Wahrscheinlichkeit bleibt mindestens ein Fach leer?

Ü 11.3 Catalan[6] betrachtete folgendes Problem: Eine Urne enthält n markierte Kugeln. Ein „Ziehungsvorgang" besteht darin, alle Kugeln sukzessive einzeln herauszuziehen und sie danach wieder in die leere Urne zurückzulegen. Wie groß ist die W', dass in zwei aufeinanderfolgenden Ziehungsvorgängen genau k Kugeln an gleicher Stelle erscheinen?

a) Überlegen Sie sich, dass das gestellte Problem gleichbedeutend damit ist, die Wahrscheinlichkeit dafür zu bestimmen, dass eine rein zufällige Permutation der Zahlen $1, \ldots, n$ genau k Fixpunkte besitzt.

b) Zeigen Sie: Die Anzahl der Permutationen von $1, 2, \ldots, n$, welche genau k Fixpunkte besitzen, ist das Produkt $\binom{n}{k} \cdot \mathcal{R}_{n-k}$, wobei $\mathcal{R}_n$ in (11.9) definiert ist.

c) Zeigen Sie: Beschreibt die Zufallsvariable X_n die Anzahl der Fixpunkte einer rein zufälligen Permutation von $1, 2, \ldots, n$, so gilt:

$$P(X_n = k) = \frac{1}{k!} \cdot \sum_{r=0}^{n-k} \frac{(-1)^r}{r!} \qquad (k = 0, 1, \ldots, n).$$

Lernziel–Kontrolle

- Sie sollten die *Formel des Ein- und Ausschließens* und das *Koinzidenz–Paradoxon* kennen.

---

[6]Eugène Charles Catalan (1814–1894), ursprünglich Lehrer, ab 1865 Professor in Lüttich. Hauptarbeitsgebiete: Geometrie und Zahlentheorie. Catalan schrieb vier Arbeiten zur Wahrscheinlichkeitsrechnung, welche sich mit verschiedenen Urnenmodellen beschäftigen.

12 Der Erwartungswert

In diesem Kapitel lernen wir mit dem *Erwartungswert* einen weiteren Grundbegriff der Stochastik kennen. Da die Namensgebung *Erwartungswert* historisch gesehen aus der Beschäftigung mit Glücksspielen entstand[1], wollen wir die formale Definition des Begriffes auch anhand einer Glücksspiel–Situation motivieren.

Stellen Sie sich vor, Ihnen würde folgendes Spiel angeboten: Gegen einen noch festzulegenden Einsatz dürfen Sie ein Glücksrad mit den Sektoren $\omega_1, \ldots, \omega_s$ drehen. Bleibt dabei der Zeiger im Sektor ω_j stehen (dies geschehe mit der Wahrscheinlichkeit $P(\{\omega_j\})$), so gewinnen Sie $X(\omega_j)$ DM. Wie viel wäre Ihnen dieses Spiel wert, wenn Sie es oftmals wiederholt spielen müssten? — Sollte Ihnen diese Einkleidung zu abstrakt sein, lösen Sie bitte zunächst Aufgabe 12.3.

Zur Beantwortung dieser Frage stellen wir folgende Überlegung an: Für den Fall, dass der Zeiger des Glücksrades nach n–maliger Wiederholung des Spieles h_j mal im Sektor ω_j stehengeblieben ist ($h_j \geq 0$, $h_1 + \cdots + h_s = n$), erhalten wir insgesamt

$$\sum_{j=1}^{s} X(\omega_j) \cdot h_j$$

DM ausbezahlt. Teilt man diesen Wert durch die Anzahl n der durchgeführten Spiele, so ergibt sich die *durchschnittliche Auszahlung pro Spiel* zu

$$\sum_{j=1}^{s} X(\omega_j) \cdot \frac{h_j}{n}$$

DM. Da sich nach dem empirischen Gesetz über die Stabilisierung relativer Häufigkeiten   (vgl. Kapitel 4) der Quotient h_j/n bei wachsendem n der Wahrscheinlichkeit $P(\{\omega_j\})$ annähern sollte, müsste der Ausdruck

$$\sum_{j=1}^{s} X(\omega_j) \cdot P(\{\omega_j\}) \tag{12.1}$$

---

[1] Der Begriff *Erwartungwert* (engl.: *expectation*) geht auf Christiaan Huygens (1629–1695) zurück, der in seiner Abhandlung *Van rekeningh in spelen van geluck* (1656) den erwarteten Wert eines Spieles mit „Das ist mir soviel wert" umschreibt. Huygens' Arbeit wurde 1657 von Frans van Schooten (um 1615 – 1660) ins Lateinische übersetzt, welcher hier zur Verdeutlichung das Wort *expectatio* einführt. Diese Übersetzung diente Jakob Bernoulli als Grundlage für seine *Ars conjectandi*, in der dieser den Begriff *valor expectationis* benutzt.

die *auf lange Sicht erwartete Auszahlung pro Spiel* und somit einen fairen Einsatz darstellen.

Deuten wir allgemein $\omega_1, \ldots, \omega_s$ als Elemente eines Grundraumes mit einer durch $P(\{\omega_j\})$ $(j = 1, \ldots, s)$ gegebenen W–Verteilung sowie X als Zufallsvariable auf Ω, und beachten wir, dass die Summe in (12.1) nicht von der Nummerierung der Elemente von Ω abhängt, so ist die folgende Definition sinnvoll.

12.1 Definition

Für eine Zufallsvariable $X : \Omega \to \mathbb{R}$ auf einem endlichen W–Raum (Ω, P) heißt die Zahl

$$E(X) := \sum_{\omega \in \Omega} X(\omega) \cdot P(\{\omega\})$$

der *Erwartungswert* von X.

Aufgrund der vorangegangenen Überlegungen können wir $E(X)$ als *durchschnittliche Auszahlung pro Spiel auf lange Sicht* ansehen, wenn wiederholt ein Glücksspiel mit den möglichen Ausgängen $\omega \in \Omega$ und einer durch die Zufallsvariable X festgelegten Auszahlungsfunktion gespielt wird (*Häufigkeitsinterpretation des Erwartungswertes*). Wer sich dabei an etwaigen negativen Werten $X(\omega)$ stört, fasse diese als *Einzahlungen* (negative Auszahlungen) auf.

Als Beispiel betrachten wir die Augenzahl beim Wurf eines echten Würfels ($\Omega = \{1, \ldots, 6\}$, $P = $ Gleichverteilung auf Ω, $X(\omega) = \omega$, $\omega \in \Omega$). Hier ist

$$E(X) = \sum_{j=1}^{6} j \cdot \frac{1}{6} = 3.5 , \tag{12.2}$$

was insbesondere zeigt, dass der Erwartungswert einer Zufallsvariablen X nicht unbedingt eine mögliche Realisierung von X sein muss. In der Häufigkeitsinterpretation des Erwartungswertes besagt (12.2), dass bei fortgesetztem Werfen eines echten Würfels der Wert 3.5 eine gute Prognose für den auf lange Sicht erhaltenen Durchschnitt (arithmetisches Mittel) aller geworfenen Augenzahlen sein sollte.

Die nachstehenden Eigenschaften bilden „das kleine Einmaleins" im Umgang mit Erwartungswerten.

12.2 Eigenschaften des Erwartungswertes

Sind X, Y Zufallsvariablen auf Ω, $a \in \mathbb{R}$ und $A \subseteq \Omega$ ein Ereignis, so gelten:

a) $E(X + Y) = E(X) + E(Y)$,

b) $E(a \cdot X) \; = \; a \cdot E(X)$,

c) $E(\mathbf{1}_A) \; = \; P(A)$,

d) aus $X \leq Y$ (d.h. $X(\omega) \leq Y(\omega)$ für alle $\omega \in \Omega$) folgt $E(X) \leq E(Y)$.

BEWEIS: a) Es gilt

$$
\begin{aligned}
E(X + Y) \; &= \; \sum_{\omega \in \Omega} (X + Y)(\omega) \cdot P(\{\omega\}) \\
&= \; \sum_{\omega \in \Omega} (X(\omega) + Y(\omega)) \cdot P(\{\omega\}) \\
&= \; \sum_{\omega \in \Omega} X(\omega) \cdot P(\{\omega\}) \; + \; \sum_{\omega \in \Omega} Y(\omega) \cdot P(\{\omega\}) \\
&= \; E(X) + E(Y).
\end{aligned}
$$

Völlig analog erfolgt der Nachweis von b) und d).

c) Wegen $\mathbf{1}_A(\omega) = 1$ für $\omega \in A$ und $\mathbf{1}_A(\omega) = 0$ für $\omega \notin A$ ergibt sich

$$
E(\mathbf{1}_A) \; = \; \sum_{\omega \in A} 1 \cdot P(\{\omega\}) \; = \; P(A). \quad \blacksquare
$$

Da die Menge aller Zufallsvariablen auf Ω mit der Addition und der skalaren Multiplikation einen reellen Vektorraum bildet, besagen die Eigenschaften 12.2 a) und b), dass die Erwartungswert–Bildung eine *Linearform*, d.h. eine lineare Abbildung mit Wertebereich $\mathbb{R}$, auf diesem Vektorraum darstellt.

Durch vollständige Induktion erhalten wir aus 12.2 a) die wichtige Regel

$$
E\left(\sum_{j=1}^{n} X_j \right) \; = \; \sum_{j=1}^{n} E(X_j) \tag{12.3}
$$

für beliebige Zufallsvariablen $X_1, \ldots, X_n$ auf Ω.

12.3 Der Erwartungswert einer Zählvariablen
Ist

$$
X \; = \; \sum_{j=1}^{n} \mathbf{1}\{A_j\} \tag{12.4}
$$

$(A_j \subseteq \Omega, \; j = 1, \ldots, n)$ eine Zählvariable, so folgt aus (12.3) und 12.2 c)

$$E(X) \;=\; \sum_{j=1}^{n} P(A_j).$$

Besitzen die Ereignisse $A_1, \ldots, A_n$ darüber hinaus die gleiche Wahrscheinlichkeit p, so ergibt sich

$$E(X) \;=\; n \cdot p. \tag{12.5}$$

Als Beispiel betrachten wir die Menge $\Omega = Per_n^n(oW)$ aller Permutationen der Zahlen von 1 bis n mit der Gleichverteilung P sowie für $j = 1, \ldots, n$ die Ereignisse

$$A_j \;=\; \{(a_1, \ldots, a_n) \in \Omega : a_j = j\} \qquad (\text{„} j \ \text{ist Fixpunkt“}).$$

In diesem Fall gibt die in (12.4) eingeführte Zählvariable X gerade die Anzahl der Fixpunkte einer rein zufälligen Permutation der Zahlen $1, \ldots, n$ an. Wegen $P(A_j) = 1/n$ $(j = 1, \ldots, n;$ vgl. (11.7)) liefert (12.5) das überraschende Resultat $E(X) = 1$.

In einer rein zufälligen Permutation der Zahlen 1, 2, $\ldots, n$ gibt es also unabhängig von n auf Dauer im Mittel genau einen Fixpunkt (Häufigkeitsinterpretation)!

12.4 Die Transformationsformel

Es sei $g : \mathbb{R} \to \mathbb{R}$ eine beliebige Funktion. Nimmt die Zufallsvariable $X : \Omega \to \mathbb{R}$ die verschiedenen Werte $x_1, \ldots, x_k$ an, so gilt

$$E(g(X)) \;=\; \sum_{j=1}^{k} g(x_j) \cdot P(X = x_j). \tag{12.6}$$

Dabei ist $g(X)$ die durch $g(X)(\omega) := g(X(\omega))$, $\omega \in \Omega$, definierte Zufallsvariable. Insbesondere folgt also für $g(x) = x$ die Darstellung

$$E(X) \;=\; \sum_{j=1}^{k} x_j \cdot P(X = x_j). \tag{12.7}$$

BEWEIS: Setzen wir $A_j := \{\omega \in \Omega : X(\omega) = x_j\}$ $(j = 1, \ldots, k)$, so gilt $\Omega = \sum_{j=1}^{k} A_j$ und somit

$$E(g(X)) \;=\; \sum_{\omega \in \Omega} g(X(\omega)) \cdot P(\{\omega\}) \;=\; \sum_{j=1}^{k} \sum_{\omega \in A_j} g(X(\omega)) \cdot P(\{\omega\})$$

$$=\; \sum_{j=1}^{k} \sum_{\omega \in A_j} g(x_j) \cdot P(\{\omega\}) \;=\; \sum_{j=1}^{k} g(x_j) \cdot \sum_{\omega \in A_j} P(\{\omega\})$$

$$=\; \sum_{j=1}^{k} g(x_j) \cdot P(X = x_j). \ \blacksquare$$

Formel (12.7) zeigt insbesondere, dass der **Erwartungswert einer Zufallsvariablen X nur von deren Verteilung, nicht aber von der speziellen Gestalt des zugrundeliegenden W–Raumes (Ω, P) abhängt:** Sind
(Ω_1, P_1), (Ω_2, P_2) W–Räume und $X_i : \Omega_i \to \mathbb{R}$ $(i = 1, 2)$ Zufallsvariablen
mit $X_1(\Omega_1) = X_2(\Omega_2) = \{x_1, \ldots, x_k\}$ sowie $P_1(X_1 = x_j) = P_2(X_2 = x_j)$
$(j = 1, \ldots, k)$, so folgt $E(X_1) = E(X_2)$.

12.5 Beispiel

Die Zufallsvariable X bezeichne die größte Augenzahl beim zweifachen Würfelwurf (Laplace–Modell). Nach 6.3 und (12.7) gilt

$$E(X) = 1 \cdot \frac{1}{36} + 2 \cdot \frac{3}{36} + 3 \cdot \frac{5}{36} + 4 \cdot \frac{7}{36} + 5 \cdot \frac{9}{36} + 6 \cdot \frac{11}{36} = 4\,\frac{17}{36}\,.$$

12.6 Erwartungswert als physikalischer Schwerpunkt

Eine *physikalische Interpretation des Erwartungswertes* erhält man, wenn die
möglichen Werte $x_1, \ldots, x_k$ einer Zufallsvariablen X als „Massepunkte" mit den
Massen $P(X = x_j)$ $(j = 1, \ldots, k; \sum_{j=1}^{k} P(X = x_j) = 1)$ auf der gewichtslosen
reellen Zahlengeraden gedeutet werden. Der *Schwerpunkt* (Massenmittelpunkt) s
des so entstehenden Körpers ergibt sich nämlich aus der *Gleichgewichtsbedingung*

$$\sum_{j=1}^{k} (x_j - s) \cdot P(X = x_j) = 0$$

zu

$$s = \sum_{j=1}^{k} x_j \cdot P(X = x_j) = E(X)$$

(siehe Bild 12.1).

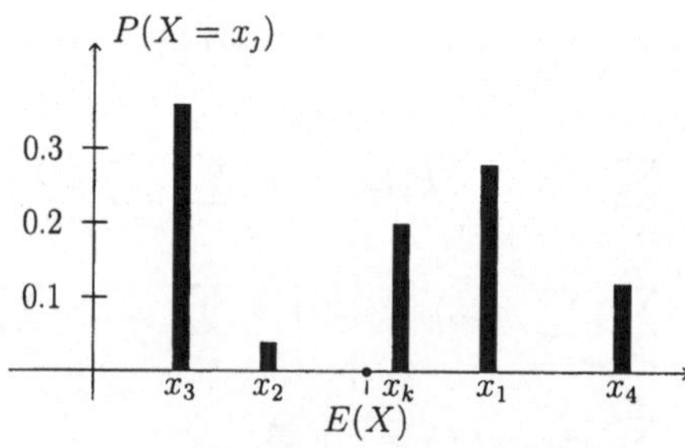

Bild 12.1 Erwartungswert als Schwerpunkt

Wer sich an der „wilden Reihenfolge" $x_3 < x_2 < \cdots < x_4$ der x_j in Bild 12.1 stört, beachte, dass wir in 12.4 nicht die „natürliche Anordnung" $x_1 < x_2 < \cdots < x_k$ gefordert haben.

Übungsaufgaben

Ü 12.1 Es sei $\Omega := Per_n^n(oW)$ und $A_j := \{(a_1,\dots,a_n) \in \Omega : a_j < j\}$ $(j = 2,\dots,n)$. Zeigen Sie: Unter einem Laplace–Modell gilt

$$E\left(\sum_{j=2}^n 1\{A_j\}\right) = \frac{n-1}{2}.$$

Ü 12.2 Ein echter Würfel wird n mal nacheinander geworfen (Laplace–Modell (Ω, P) mit $\Omega = \{1,\dots,6\}^n$). Die Zufallsvariable Y_n sei die größte der geworfenen Augenzahlen, also $Y_n(a_1,\dots,a_n) := \max_{1\le j\le n} a_j$, $(a_1,\dots,a_n) \in \Omega$. Zeigen Sie:

$$\lim_{n\to\infty} E(Y_n) = 6.$$

Ü 12.3 Ihnen wird folgendes Spiel angeboten: Sie dürfen eine Münze (Zahl/Adler) 4 mal werfen (Laplace–Modell). Erscheint in jedem Wurf Adler, so gewinnen Sie 20 DM. Erscheint in genau 3 Würfen Adler, so werden Ihnen 10 DM ausbezahlt. Würden Sie dieses Spiel für einen Einsatz von 4 DM pro Spiel einen ganzen Abend lang spielen?

Ü 12.4 Die Zufallsvariable X nehme die Werte $0,1,2,\dots,n$ an. Zeigen Sie:

$$E(X) = \sum_{j=1}^n P(X \ge j).$$

Ü 12.5 Die Zufallsvariable Y sei die **kleinste** Augenzahl beim zweifachen Würfelwurf (Laplace–Modell). Bestimmen Sie mit Hilfe von Beispiel 12.5 den Erwartungswert von Y, ohne die Verteilung von Y zu bestimmen.

Lernziel–Kontrolle

Sie sollten

- den Begriff *Erwartungswert* sicher beherrschen;

- die Eigenschaften 12.2 herleiten können;

- die Transformationsformel 12.4 anwenden können.

13 Stichprobenentnahme: Die hypergeometrische Verteilung

Aus einer Urne mit r roten und s schwarzen Kugeln (Deutung z.B. als defekte/intakte Exemplare einer Warenlieferung) werden rein zufällig *nacheinander ohne Zurücklegen* n $(n \leq r + s)$ Kugeln entnommen. Wie groß ist die Wahrscheinlichkeit, dass diese *Stichprobe* genau k rote Kugeln enthält?

Zur Beantwortung dieser Frage denken wir uns alle Kugeln von 1 bis $r + s$ durchnummeriert und vereinbaren, dass die roten Kugeln die Nummern 1 bis r und die schwarzen Kugeln die Nummern $r + 1$ bis $r + s$ tragen. Bezeichnet a_j die Nummer der j–ten gezogenen Kugel $(j = 1, \ldots, n)$, so ist

$$\Omega := Per_n^{r+s}(oW)$$
$$= \{(a_1, \ldots, a_n) \in \{1, \ldots, r + s\}^n : a_i \neq a_j \text{ für } 1 \leq i \neq j \leq r + s\}$$

ein natürlicher Ergebnisraum für dieses Experiment (vgl. das Urnenmodell 9.1 (2)). Da das Ziehen *rein zufällig* erfolgt, wählen wir ein Laplace-Modell, also

$$P(A) := \frac{|A|}{|\Omega|} = \frac{|A|}{(r + s)^{\underline{n}}} , \qquad A \subseteq \Omega, \tag{13.1}$$

mit $(r + s)^{\underline{n}} = (r + s) \cdot (r + s - 1) \cdot \ldots \cdot (r + s - n + 1)$. Durch die getroffene Vereinbarung über die Zuordnung der Farben zu den Kugelnummern ist

$$A_j := \{(a_1, \ldots, a_n) \in \Omega : a_j \leq r\} \tag{13.2}$$

das Ereignis, dass die j–te entnommene Kugel rot ist $(j = 1, \ldots, n)$. Wir überlegen uns zunächst, dass

$$P(A_j) = \frac{r}{r + s} \qquad (j = 1, \ldots, n) \tag{13.3}$$

gilt. Hier mag mancher einwenden: Für den Fall $j = 1$ ist dies offensichtlich, da vor dem ersten Zug unter $r + s$ Kugeln r „günstige" vorhanden sind. Aber schon für den zweiten Zug kommt es doch darauf an, ob die als erste gezogene Kugel rot oder schwarz ist! In der Tat hängen die Ereignisse $A_1, \ldots, A_n$ aufgrund des sich im Laufe der Ziehungen ändernden Urneninhalts in einem zu präzisierenden Sinne (siehe Kapitel 17) voneinander ab. Dies hindert sie jedoch nicht daran, gleichwahrscheinlich zu sein!

Ein intuitives Argument für die Gültigkeit von (13.3) ist, dass jede der $r+s$ Kugeln die gleiche Chance besitzt, als j–te gezogen zu werden. Für einen formalen Beweis müssen wir die Anzahl aller Tupel $(a_1, \ldots, a_n)$ aus Ω mit $a_j \leq r$ bestimmen. Dazu besetzen wir **zuerst die j–te Stelle** des Tupels (hierfür existieren r Möglichkeiten) und danach alle anderen Stellen von links nach rechts (vgl. die Bemerkung am Ende von 8.1). Da es dafür der Reihe nach $r+s-1, r+s-2, \ldots, r+s-(n-1)$ Möglichkeiten gibt, liefert die Multiplikationsregel 8.1 die Gleichheit $|A_j| = r \cdot (r + s - 1)^{\underline{n-1}}$, und mit (13.1) folgt (13.3).

13.1 Definition und Satz

Die Zählvariable

$$X := \sum_{j=1}^{n} 1\{A_j\} \tag{13.4}$$

mit A_j wie in (13.2) beschreibt die Anzahl roter Kugeln beim n–maligen Ziehen **ohne Zurücklegen** aus einer Urne mit r roten und s schwarzen Kugeln. Die Verteilung von X heißt *hypergeometrische Verteilung mit Parametern n, r und s*, und wir schreiben hierfür kurz: $X \sim Hyp(n, r, s)$.

a) Es gilt $E(X) = n \cdot \dfrac{r}{r + s}$.

b) Mit der Festlegung $\binom{m}{l} = 0$ für $m < l$, vgl. S. 8.4, gilt

$$P(X = k) = \frac{\binom{r}{k} \cdot \binom{s}{n-k}}{\binom{r+s}{n}} \qquad (k = 0, \ldots, n). \tag{13.5}$$

BEWEIS: a) folgt aus (13.3) und (13.4) unter Beachtung von 12.3.

b) Das Ereignis $\{X = k\}$ bedeutet, dass genau k der Ereignisse $A_1, \ldots, A_n$ eintreten. Die hierfür günstigen Tupel $(a_1, \ldots, a_n)$ haben an genau k Stellen Werte (Kugelnummern) $\leq r$. Wir zählen diese Tupel ab, indem wir zuerst aus den n Stellen k auswählen, wofür es nach Bemerkung 8.5 $\binom{n}{k}$ Möglichkeiten gibt. Dann werden **diese** Stellen sukzessive von links nach rechts mit verschiedenen Nummern im Bereich 1 bis r besetzt. Nach 8.4 b) existieren dafür $r^{\underline{k}}$ Möglichkeiten. Da die restlichen $n - k$ Komponenten mit verschiedenen Nummern im Bereich von $r + 1$ bis $r + s$ belegt werden müssen und da die Anzahl der Möglichkeiten hierfür nach 8.4 b) durch $s^{\underline{n-k}}$ gegeben ist, liefern die Multiplikationsregel 8.1 und Gleichung (13.1)

$$P(X = k) = \binom{n}{k} \cdot \frac{r^{\underline{k}} \cdot s^{\underline{n-k}}}{(r+s)^{\underline{n}}} \qquad (k = 0, \ldots, n). \tag{13.6}$$

Die Äquivalenz von (13.5) und (13.6) folgt unmittelbar aus der Definition der Binomialkoeffizienten. ∎

Da die Summe der in (13.5) stehenden Wahrscheinlichkeiten gleich 1 ist, erhalten wir unmittelbar die als *Vandermondesche*[1] *Faltungsformel* bekannte Gleichung

$$\binom{r+s}{n} = \sum_{k=0}^{n} \binom{r}{k} \cdot \binom{s}{n-k}. \tag{13.7}$$

Diese ergibt sich auch aus Ü 8.4 a) für $x = r$ und $y = s$ nach Division durch $n!$

13.2 Ein alternatives Modell

Wir hätten auch ein „einfacheres Modell" für das ursprünglich gestellte Problem wählen können, nämlich den Grundraum

$$\tilde{\Omega} := Kom_n^{r+s}(oW) = \{(b_1, \ldots, b_n) : 1 \leq b_1 < \cdots < b_n \leq r+s\}$$

mit der Deutung von b_i als **i–kleinste Nummer der gezogenen Kugeln**. Dabei erlaubt die in $b_1, \ldots, b_n$ enthaltene Information zwar keinen Rückschluss auf die Nummern der Kugeln in ihrer Ziehungsreihenfolge; sie reicht jedoch völlig aus, um die **Anzahl** roter Kugeln festzustellen (vgl. die Ansage der sortierten Gewinnzahlen im Lotto 6 aus 49). Definieren wir nämlich für $i = 1, \ldots, r+s$

$$B_i := \Big\{ (b_1, \ldots, b_n) \in \tilde{\Omega} : i \in \{b_1, \ldots, b_n\} \Big\} \tag{13.8}$$

als das Ereignis, dass Kugel Nr. i in der Stichprobe vorkommt, so gibt auch

$$\tilde{X} := \sum_{i=1}^{r} \mathbf{1}\{B_i\}$$

die Anzahl aller gezogenen roten Kugeln an. Da das Ereignis $\{\tilde{X} = k\}$ genau dann eintritt, wenn $b_j \leq r$ $(j = 1, \ldots, k)$ und $b_j > r$ $(j = k+1, \ldots, n)$ gilt (beachte, dass $b_1 < \cdots < b_n$), ergeben sich die für $\{\tilde{X} = k\}$ günstigen Kombinationen $(b_1, \ldots, b_n)$, indem zunächst aus den roten Kugeln mit den Nummern $1, \ldots, r$ genau k ausgewählt werden (die der Größe nach sortierten Nummern seien $b_1 < \cdots < b_k$) und anschließend aus den schwarzen Kugeln mit den Nummern $r+1, \ldots, r+s$ genau $n-k$ Kugeln ausgewählt werden (die der Größe nach sortierten Nummern seien $b_{k+1} < \cdots < b_n$). Nach der Multiplikationsregel und 8.4 d) folgt

---

[1] Alexandre Théophile Vandermonde (1735–1796), vielseitig interessiert, 1771 Mitglied der Pariser Akademie, später Direktor des Pariser Kunst- und Gewerbemuseums, eng befreundet mit Gaspar Monge (1746–1818). Vandermonde schrieb in den Jahren 1771/72 vier mathematische Arbeiten hauptsächlich über algebraische Gleichungen und Determinanten; hierin findet sich die berühmte Determinantendarstellung des Produktes $\prod_{i<j}(a_i - a_j)$.

$$|\{\tilde{X} = k\}| = \binom{r}{k} \cdot \binom{s}{n-k} \qquad (k = 0, \ldots, n).$$

Schreiben wir $\tilde{P}$ für die Gleichverteilung auf $\tilde{\Omega}$, so ergibt sich

$$\tilde{P}(\tilde{X} = k) = \frac{\binom{r}{k} \cdot \binom{s}{n-k}}{\binom{r+s}{n}} \qquad (k = 0, \ldots, n). \tag{13.9}$$

Ein Vergleich von (13.9) mit (13.5) zeigt, dass die Zufallsvariablen X und $\tilde{X}$ die gleiche Verteilung besitzen, obwohl sie als Abbildungen unterschiedliche Definitionsbereiche (Ω bzw. $\tilde{\Omega}$) haben. Man beachte auch, dass P und $\tilde{P}$ als Gleichverteilungen auf unterschiedlichen Mengen verschieden sind.

Übungsaufgaben

Ü 13.1 Aus 5 Männern und 5 Frauen werden 5 Personen rein zufällig ausgewählt. Mit welcher Wahrscheinlichkeit enthält die Stichprobe höchstens 2 Frauen? Ist das Ergebnis ohne Rechnung einzusehen?

Ü 13.2 Eine Warenlieferung enthalte 40 intakte und 10 defekte Stücke. Wie groß ist die Wahrscheinlichkeit, dass eine Stichprobe vom Umfang 10

a) genau 2 defekte Stücke enthält?

b) mindestens 2 defekte Stücke enthält?

Ü 13.3 Es seien $A_1, \ldots, A_n$ die in (13.2) definierten Ereignisse. Zeigen Sie:

$$P(A_i \cap A_j) = \frac{r \cdot (r-1)}{(r+s) \cdot (r+s-1)} \qquad (1 \le i \ne j \le n).$$

Ü 13.4 Zeigen Sie, dass das in (13.8) definierte Ereignis B_i (unter der Gleichverteilung auf $\tilde{\Omega}$) die Wahrscheinlichkeit $n/(r+s)$ besitzt, und leiten Sie damit analog zum Beweisteil a) von 13.1 den Erwartungswert der hypergeometrischen Verteilung her.

Lernziel–Kontrolle

Sie sollten

- die *hypergeometrische Verteilung* als Verteilung der Anzahl roter Kugeln beim Ziehen ohne Zurücklegen kennen;

- den Erwartungswert der hypergeometrischen Verteilung ohne Zuhilfenahme der Transformationsformel 12.4 herleiten können.

14 Mehrstufige Experimente

Viele stochastische Vorgänge bestehen aus Teilexperimenten (*Stufen*), welche der Reihe nach durchgeführt werden. Eine adäquate Modellierung solcher *mehrstufigen Experimente* lässt sich von den folgenden Überlegungen leiten:

Besteht das Experiment aus insgesamt n Stufen, so stellen sich seine Ergebnisse als n–Tupel $\omega = (a_1, a_2, \ldots, a_n)$ dar, wobei a_j den Ausgang des j-ten Teilexperimentes angibt. Bezeichnet Ω_j die Ergebnismenge dieses Teilexperimentes, so ist das kartesische Produkt

$$
\begin{aligned}
\Omega \ &:= \ \Omega_1 \times \cdots \times \Omega_n \\
&= \ \{\omega = (a_1, \ldots, a_n) : a_j \in \Omega_j \ \text{ für } \ j = 1, \ldots, n\}
\end{aligned}
\tag{14.1}
$$

ein angemessener Grundraum für das Gesamt–Experiment.

Zur Festlegung einer geeigneten Wahrscheinlichkeitsverteilung P auf Ω rufen wir uns in Erinnerung, dass diese durch die Angabe der Wahrscheinlichkeiten $p(\omega) = P(\{\omega\})$, $\omega \in \Omega$, eindeutig bestimmt ist (vgl. die Bemerkungen nach (6.2)). Dabei haben wir nur die Nichtnegativität von $p(\omega)$ und die Normierungsbedingung

$$
\sum_{\omega \in \Omega} p(\omega) \ = \ 1
\tag{14.2}
$$

zu beachten. Eine adäquate Modellierung von $p(\omega)$ sollte jedoch alle *bekannten Rahmenbedingungen* des n–stufigen Experimentes berücksichtigen.

Als Beispiel betrachten wir zunächst ein einfaches Urnenmodell.

14.1 Beispiel
Eine Urne enthalte eine rote und drei schwarze Kugeln. Es werden rein zufällig eine Kugel gezogen, ihre Farbe notiert und anschließend **diese sowie eine weitere Kugel der gleichen Farbe** in die Urne zurückgelegt. Nach gutem Mischen wird wiederum eine Kugel gezogen. Mit welcher Wahrscheinlichkeit ist diese rot?

Symbolisieren wir das Ziehen einer roten (schwarzen) Kugel mit „1" (bzw. „0"), so ist $\Omega := \Omega_1 \times \Omega_2$ mit $\Omega_1 = \Omega_2 = \{0, 1\}$ ein geeigneter Grundraum für dieses zweistufige Experiment, wobei sich das interessierende Ereignis „die beim zweiten Mal gezogene Kugel ist rot" formal als

$$B \;=\; \{(1,1),(0,1)\} \tag{14.3}$$

darstellt. Zur Wahl einer geeigneten Wahrscheinlichkeit $p(\omega)$ für $\omega = (a_1, a_2) \in \Omega$ greifen wir auf den intuitiven Hintergrund des Wahrscheinlichkeitsbegriffes (Stabilisierung relativer Häufigkeiten) zurück und stellen uns eine oftmalige Wiederholung unseres zweistufigen Experimentes vor. Da vor dem ersten Zug eine rote und drei schwarze Kugeln vorhanden sind, würden wir für das Ergebnis a_1 des ersten Teilexperimentes auf die Dauer in 1/4 aller Fälle eine „1" und in 3/4 aller Fälle eine „0" erwarten. In allen Fällen mit $a_1 = 1$ (bzw. $a_1 = 0$) besteht der Urneninhalt vor dem zweiten Zug aus 2 roten und 3 schwarzen (bzw. einer roten und 4 schwarzen) Kugeln. Das bedeutet, dass unter allen Experimenten mit dem Ausgang $a_1 = 1$ (bzw. $a_1 = 0$) für das erste Teilexperiment das zweite Teilexperiment auf die Dauer in 2/5 (bzw. 1/5) aller Fälle den Ausgang $a_2 = 1$ und in 3/5 (bzw. 4/5) aller Fälle den Ausgang $a_2 = 0$ haben wird. Insgesamt würden wir also auf die Dauer in $\frac{1}{4} \cdot \frac{2}{5} = \frac{2}{20}$ aller Fälle das Ergebnis $\omega = (1,1)$ und in $\frac{3}{4} \cdot \frac{1}{5} = \frac{3}{20}$ aller Fälle das Ergebnis $\omega = (0,1)$ im Gesamt–Experiment erwarten.

Diese Überlegungen führen „fast zwangsläufig" zur Festlegung

$$p(1,1) \;:=\; \frac{1}{4} \cdot \frac{2}{5} \tag{14.4}$$

und analog

$$p(1,0) \;:=\; \frac{1}{4} \cdot \frac{3}{5}\,, \qquad p(0,1) \;:=\; \frac{3}{4} \cdot \frac{1}{5}\,, \qquad p(0,0) \;:=\; \frac{3}{4} \cdot \frac{4}{5}\,. \tag{14.5}$$

Offenbar ist der Faktor $\frac{1}{4}$ auf der rechten Seite von (14.4) die Wahrscheinlichkeit dafür, dass das erste Teilexperiment den Ausgang r besitzt. Der zweite Faktor $\frac{2}{5}$ ist eine Wahrscheinlichkeit, welche wir **aufgrund der Kenntnis des Ausgangs a_1 des ersten Teilexperimentes** (in unserem Fall $a_1 = 1$) festlegen konnten. Da diese Wahrscheinlichkeit etwas mit dem „Übergang vom ersten zum zweiten Teilexperiment" zu tun hat, wollen wir sie eine *Übergangswahrscheinlichkeit* nennen. In Kapitel 16 werden wir sehen, dass Übergangswahrscheinlichkeiten Spezialfälle sogenannter *bedingter Wahrscheinlichkeiten* sind.

Das nachstehende *Baumdiagramm* veranschaulicht die Situation von Beispiel 14.1. In diesem Diagramm stehen an den vom Startpunkt ausgehenden Pfeilen die Wahrscheinlichkeiten für die an den Pfeil-Enden notierten Ergebnisse der ersten Stufe. Darunter finden sich die vom Ergebnis der ersten Stufe abhängenden Übergangswahrscheinlichkeiten zu den Ergebnissen der zweiten Stufe. Man beachte, dass jedem Ergebnis des Gesamt–Experimentes ein vom Startpunkt ausgehender und entlang der Pfeile verlaufender *Pfad* im Baumdiagramm entspricht.

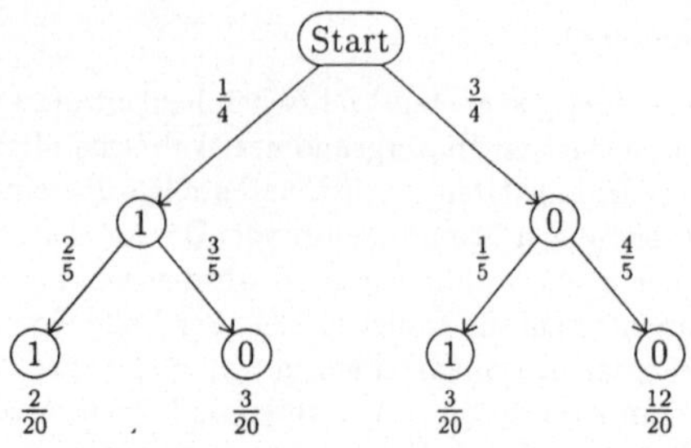

Bild 14.1 Baumdiagramm zu Beispiel 14.1

In Bild 14.1 wurden an den Pfad–Enden die gemäß (14.4) und (14.5) gebildeten Wahrscheinlichkeiten der Pfade eingetragen. Deuten wir die Pfade als „Kanäle", durch welche Wahrscheinlichkeit „fließt", so teilt sich die im Start–Punkt vorhandene „Fluss–Stärke" (Wahrscheinlichkeit) 1 auf die Ergebnisse der ersten Stufe auf. Dort werden die „ankommenden Wahrscheinlichkeiten" im Verhältnis der jeweiligen Übergangswahrscheinlichkeiten zur zweiten Stufe erneut aufgespalten und zu den Ergebnissen der zweiten Stufe „weitertransportiert". Natürlich könnte dieser Prozess mit einer dritten Stufe fortgesetzt werden, indem z.B. die nach dem zweiten Zug entnommene Kugel zusammen mit einer Kugel der gleichen Farbe zurückgelegt, anschließend gemischt und neu gezogen wird (siehe Kapitel 15).

Bevor wir die spezielle Situation unseres Beispiels verlassen, soll die eingangs gestellte Frage „Mit welcher Wahrscheinlichkeit ist die **zweite** gezogene Kugel rot?" behandelt werden. Natürlich hätte man hier sofort die Antwort 1/4 gegeben, wenn nach der Farbe Rot für die **erste** gezogene Kugel gefragt worden wäre. Interessanterweise ergibt sich jedoch aus Bild 14.1 bzw. aus den Festlegungen (14.4) und (14.5) die Wahrscheinlichkeit des Ereignisses $B = \{(1,1),(0,1)\}$ ebenfalls zu

$$P(B) \; = \; p(1,1) + p(0,1) \; = \; \frac{2}{20} + \frac{3}{20} \; = \; \frac{1}{4} \; .$$

Um dieses Resultat auch ohne Rechnung einzusehen, beachten wir, dass der Urneninhalt vor der zweiten Ziehung (in Unkenntnis des Ergebnisses der ersten Ziehung!) aus einer roten und drei schwarzen „normalen" Kugeln sowie einer zusätzlich zurückgelegten „Zauberkugel" besteht. Wird beim zweiten Zug eine der vier normalen Kugeln gezogen, so ist die Wahrscheinlichkeit, eine rote Kugel zu ziehen, gleich 1/4. Aber auch für den Fall, dass die Zauberkugel gezogen wird, ist die Wahrscheinlichkeit für die Farbe Rot gleich 1/4. Hierbei stellen wir uns vor, dass die Zauberkugel gleichsam ein „stochastisches Chamäleon" ist, welches erst nach dem Ziehen seine Farbe enthüllt.

14.2 Modellierung mehrstufiger Experimente

Nach den oben angestellten Überlegungen sind die im folgenden zu diskutierenden Bestandteile für eine adäquate stochastische Modellierung eines n-stufigen
Experimentes mit der Ergebnismenge $\Omega := \Omega_1 \times \cdots \times \Omega_n$ fast selbstverständlich.

Zunächst benötigen wir eine *Start–Verteilung* in Form von Wahrscheinlichkeiten

$$p_1(a_1) \quad , \quad a_1 \in \Omega_1, \tag{14.6}$$

für die Ausgänge a_1 des ersten Teilexperimentes, wobei die Normierungsbedingung

$$\sum_{a_1 \in \Omega_1} p_1(a_1) = 1 \tag{14.7}$$

zu beachten ist. Des Weiteren brauchen wir **zu jedem Ausgang** a_1 des ersten
Teilexperimentes ein System von *Übergangswahrscheinlichkeiten*

$$p_2(a_2|a_1) \quad , \quad a_2 \in \Omega_2,$$

wobei wiederum die Summenbeziehung

$$\sum_{a_2 \in \Omega_2} p_2(a_2|a_1) = 1 \tag{14.8}$$

für jedes $a_1 \in \Omega_1$ erfüllt sein muss.

Die Modellierung des Überganges zum dritten Teilexperiment erfolgt dann mit
Hilfe eines von den Ergebnissen $(a_1, a_2) \in \Omega_1 \times \Omega_2$ der beiden ersten Teilexperimente abhängenden Systems

$$p_3(a_3|a_1, a_2) \quad , \quad a_3 \in \Omega_3,$$

von Übergangswahrscheinlichkeiten mit

$$\sum_{a_3 \in \Omega_3} p_3(a_3|a_1, a_2) = 1$$

für jede Wahl von $a_1 \in \Omega_1$ und $a_2 \in \Omega_2$.

Allgemein benötigen wir zur Modellierung des Überganges vom $(j-1)$-ten zum j-
ten Teilexperiment ($j = 2, 3, \ldots, n$) **für jede Wahl von** $a_1 \in \Omega_1, \ldots, a_{j-1} \in \Omega_{j-1}$
ein System

$$p_j(a_j|a_1, \ldots, a_{j-1}) \quad , \quad a_j \in \Omega_j, \tag{14.9}$$

von Übergangswahrscheinlichkeiten mit

$$\sum_{a_j \in \Omega_j} p_j(a_j | a_1, \ldots, a_{j-1}) = 1.$$

Die Festlegung der Wahrscheinlichkeit $p(\omega)$ für das Ergebnis $\omega = (a_1, \ldots, a_n)$ des Gesamt–Experimentes geschieht dann in Verallgemeinerung von (14.4) und (14.5) durch den Produkt–Ansatz

$$p(\omega) := p_1(a_1) \cdot p_2(a_2|a_1) \cdot p_3(a_3|a_1, a_2) \cdot \ldots \cdot p_n(a_n|a_1, \ldots, a_{n-1}). \quad (14.10)$$

Deuten wir ω als einen Pfad in einem Baumdiagramm, so besagt (14.10), dass die Wahrscheinlichkeit dieses Pfades gleich dem Produkt der an den Pfeilen des Pfades stehenden Übergangswahrscheinlichkeiten ist. Dieser Sachverhalt wird manchmal auch als *erste Pfadregel* bezeichnet.

Die Tatsache, dass die durch (14.10) festgelegten Wahrscheinlichkeiten die Normierungsbedingung (14.2) erfüllen und somit das durch

$$P(A) := \sum_{\omega \in A} p(\omega) \quad , \quad A \subseteq \Omega, \quad\quad\quad (14.11)$$

definierte P eine Wahrscheinlichkeitsverteilung auf Ω ist, folgt im Spezialfall $n = 2$ aus

$$\begin{aligned}
\sum_{\omega \in \Omega} p(\omega) &= \sum_{a_1 \in \Omega_1} \sum_{a_2 \in \Omega_2} p_1(a_1) \cdot p_2(a_2|a_1) & \\[2mm]
&= \sum_{a_1 \in \Omega_1} p_1(a_1) \cdot \sum_{a_2 \in \Omega_2} p_2(a_2|a_1) & \\[2mm]
&= \sum_{a_1 \in \Omega_1} p_1(a_1) \cdot 1 & \text{(nach (14.8))} \\[2mm]
&= 1. & \text{(nach (14.7))}
\end{aligned}$$

Der allgemeine Fall ergibt sich hieraus leicht durch vollständige Induktion.

Wir fassen zusammen: Die Ergebnisse eines n–stufigen Experimentes können als *Pfade* in einem *Baumdiagramm* gedeutet werden. Für die stochastische Modellierung eines solchen Experimentes wählen wir als Grundraum den *Produkt–Raum* $\Omega = \Omega_1 \times \cdots \times \Omega_n$. Die Festlegung einer Wahrscheinlichkeitsverteilung erfolgt mittels einer *Start–Verteilung* (14.6) und *Übergangswahrscheinlichkeiten* (14.9) über die *erste Pfadregel* (14.10). Die Wahrscheinlichkeit eines Ereignisses A berechnet sich gemäß (14.11) als Summe der Wahrscheinlichkeiten aller zu A gehörenden Pfade. Letztere Eigenschaft wird manchmal *zweite Pfadregel* genannt.

Die nur die Additivität einer Wahrscheinlichkeitsverteilung widerspiegelnde zweite Pfadregel bedeutet insbesondere, dass zur Berechnung von $P(A)$ nur die zu A gehörenden Pfade in ein Baumdiagramm eingezeichnet werden müssen (siehe z.B. Übungsaufgabe 14.2).

14.3 Produktexperimente

Ein wichtiger Spezialfall eines mehrstufigen Experimentes liegt vor, wenn n Teilexperimente „unbeeinflusst voneinander ablaufen". Hiermit ist gemeint, dass wir für jedes $j = 2, \ldots, n$ das j-te Teilexperiment ohne Kenntnis der Ergebnisse der früheren $j - 1$ Teilexperimente räumlich oder zeitlich **getrennt** von allen anderen Teilexperimenten durchführen können. Eine alternative Vorstellung wäre, dass die n Teilexperimente **gleichzeitig** durchgeführt werden.

Die mathematische Präzisierung dieser anschaulichen Vorstellung besteht darin, **für jedes $j=2, \ldots, n$** die in (14.9) stehenden Übergangswahrscheinlichkeiten als nicht von den Ergebnissen $a_1, \ldots, a_{j-1}$ der früheren Experimente abhängig anzusehen und

$$p_j(a_j | a_1, \ldots, a_{j-1}) \; =: \; p_j(a_j) \tag{14.12}$$

$(a_j \in \Omega_j, a_1 \in \Omega_1, \ldots, a_{j-1} \in \Omega_{j-1})$ zu setzen. Dabei definiert $p_j(.)$ eine Wahrscheinlichkeitsverteilung auf Ω_j, d.h. es gelten $p_j(a_j) \geq 0$, $a_j \in \Omega_j$, sowie

$$\sum_{a_j \in \Omega_j} p_j(a_j) \; = \; 1.$$

Da mit (14.12) der Ansatz (14.10) die Produkt–Gestalt

$$p(\omega) \; := \; p_1(a_1) \cdot p_2(a_2) \cdot p_3(a_3) \cdot \; \ldots \; \cdot p_n(a_n). \tag{14.13}$$

annimmt, nennen wir solche mehrstufigen Experimente auch *Produktexperimente*.

Insbesondere erhält man im Falle $\Omega_1 = \Omega_2 = \ldots = \Omega_n$ und $p_1(.) = p_2(.) = \ldots = p_n(.)$ mittels (14.1), (14.13) und (14.11) ein stochastisches Modell, d.h. einen Wahrscheinlichkeitsraum (Ω, P), für die n-malige „unabhängige" wiederholte Durchführung eines durch die Grundmenge Ω_1 und die Startverteilung (14.6), (14.7) modellierten Zufallsexperimentes (siehe Kapitel 17). Dieses Modell besitzt auch grundlegende Bedeutung für die Statistik.

Man beachte, dass uns die oben beschriebene Modellierung „unabhängiger" wiederholt durchgeführter Experimente bereits in Spezialfällen begegnet ist. Einer dieser Fälle ist z.B. der Laplace–Ansatz für das zweimalige „unabhängige" Werfen eines echten Würfels mit $\Omega_1 = \Omega_2 = \{1, 2, 3, 4, 5, 6\}$, $p_1(i) = p_2(j) = 1/6$, also $p(i, j) = 1/36$ für $i, j = 1, \ldots, 6$.

Übungsaufgaben

Ü 14.1 Eine Urne enthalte 2 rote, 2 schwarze und 2 blaue Kugeln. Es werden zwei Kugeln rein zufällig „mit einem Griff" entnommen. Danach wird rein zufällig aus den restlichen 4 Kugeln eine Kugel gezogen. Mit welcher Wahrscheinlichkeit ist sie rot? Ist das Ergebnis ohne Rechnung aufgrund einer Symmetriebetrachtung einzusehen?

Ü 14.2 In einer Urne befinden sich 2 rote und 3 schwarze Kugeln. Eine Kugel wird rein zufällig entnommen und durch eine Kugel der **anderen** Farbe ersetzt. Dieser Vorgang wird noch einmal wiederholt. Mit welcher Wahrscheinlichkeit ist eine danach zufällig entnommene Kugel rot?

Ü 14.3 Um in der Spielshow „Randotime" den Hauptpreis zu gewinnen, erhält ein Kandidat zwei Schachteln sowie 100 weiße und 100 schwarze Kugeln. Er hat 10 Minuten Zeit, die Kugeln nach Belieben auf beide Schachteln zu verteilen, wobei nur keine Schachtel leer bleiben darf. Danach werden ihm die Augen verbunden, und er darf „blind" eine Schachtel auswählen sowie aus dieser rein zufällig eine Kugel ziehen. Er erhält den Hauptpreis, falls die gezogene Kugel weiß ist.
Wie sollte der Kandidat die Verteilung der Kugeln vornehmen, um die Gewinnwahrscheinlichkeit zu maximieren, und wie groß ist diese dann?

Ü 14.4 Eine Fabrik stellt ein Gerät her, welches unter anderem einen elektronischen Schalter enthält. Dieser Schalter wird von zwei Zulieferfirmen A und B bezogen, wobei 60% aller Schalter von A und 40% aller Schalter von B stammen. Erfahrungsgemäß sind 5% aller A–Schalter und 2% aller B–Schalter defekt. Die Endkontrolle der Fabrik akzeptiert jeden intakten Schalter und fälschlicherweise auch 5% aller defekten Schalter. Modellieren Sie die Situation durch ein geeignetes mehrstufiges Experiment und bestimmen Sie in diesem Modell die Wahrscheinlichkeit, dass ein in den Verkauf gelangtes Gerät einen defekten Schalter besitzt.

Lernziel–Kontrolle

Sie sollten

- gekoppelte Experimente mittels *Start–Verteilungen* und *Übergangswahrscheinlichkeiten* modellieren können und wissen, was ein *Produktexperiment* ist;

- erkennen, dass die *erste Pfadregel* **kein mathematischer Satz**, sondern eine aus dem empirischen Gesetz über die Stabilisierung relativer Häufigkeiten entstandene Definition für die Wahrscheinlichkeit eines Ergebnisses (Pfades) im gekoppelten Experiment ist.

15 Das Pólyasche Urnenschema

Das nachfolgende Urnenschema stellt eine direkte Verallgemeinerung von Beispiel 14.1 dar. Es wurde von G. Pólya [1] als einfaches Modell zur Ausbreitung ansteckender Krankheiten vorgeschlagen.

In einer Urne sind r rote und s schwarze Kugeln. Wir entnehmen rein zufällig eine Kugel, notieren ihre Farbe und legen diese sowie c weitere Kugeln derselben Farbe in die Urne zurück. Ist c negativ, so werden $|c|$ Kugeln entnommen; der Urneninhalt muss dann hinreichend groß sein. In den Fällen $c = 0$ und $c = -1$ erfolgt das Ziehen mit bzw. ohne Zurücklegen. Nach gutem Mischen wird dieser Vorgang noch $n - 1$ mal wiederholt. Mit welcher Wahrscheinlichkeit ziehen wir genau k mal eine rote Kugel?

Zur Modellierung dieses n–stufigen Experimentes symbolisieren wir wie in Beispiel 14.1 das Ziehen einer roten bzw. schwarzen Kugel durch „1" bzw. „0" und setzen $\Omega := \Omega_1 \times \cdots \times \Omega_n$ mit $\Omega_j = \{0, 1\}$ $(j = 1, \ldots, n)$. Da die Urne zu Beginn r rote und s schwarze Kugeln enthält, ist die Start–Verteilung (14.6) durch

$$p_1(1) \; := \; \frac{r}{r + s}, \qquad p_1(0) \; := \; \frac{s}{r + s} \tag{15.1}$$

gegeben. Sind in den ersten $j - 1$ Ziehungen insgesamt l rote und $j - 1 - l$ schwarze Kugeln aufgetreten, so besteht der Urneninhalt vor Durchführung der j-ten Ziehung aus $r + l \cdot c$ roten und $s + (j - 1 - l) \cdot c$ schwarzen Kugeln. Wir legen demnach für ein Tupel $(a_1, \ldots, a_{j-1})$ mit genau l „Einsen" und $j - 1 - l$ „Nullen", d.h. $\sum_{\nu=1}^{j-1} a_\nu = l$, die Übergangswahrscheinlichkeiten (14.9) fest durch

$$p_j(1|a_1, \ldots, a_{j-1}) \; := \; \frac{r + l \cdot c}{r + s + (j - 1) \cdot c},$$

$$p_j(0|a_1, \ldots, a_{j-1}) \; := \; \frac{s + (j - 1 - l) \cdot c}{r + s + (j - 1) \cdot c}. \tag{15.2}$$

Es folgt dann, dass die gemäß (14.10) gebildete Wahrscheinlichkeit $p(\omega)$ für ein n–Tupel $\omega = (a_1, \ldots, a_n) \in \Omega$ durch

---

[1]George Pólya (1887–1985), lehrte 1914–1940 an der ETH Zürich (ab 1928 Professor), 1940–1942 Gastprofessur an der Brown University, 1942–1953 Professor an der Stanford University. Pólya war in erster Linie Analytiker. Er lieferte u.a. wichtige Beiträge zur Analysis, Wahrscheinlichkeitstheorie, mathematischen Physik, Kombinatorik und Zahlentheorie.

$$p(\omega) \;=\; \frac{\prod_{j=0}^{k-1}(r + j \cdot c) \cdot \prod_{j=0}^{n-k-1}(s + j \cdot c)}{\prod_{j=0}^{n-1}(r + s + j \cdot c)}\;, \quad \text{falls} \quad \sum_{j=1}^{n} a_j \;=\; k \quad (15.3)$$

$(k = 0, 1, \ldots, n)$ gegeben ist. Hierbei machen wir von der Konvention Gebrauch, ein Produkt über die leere Menge, also z.B. ein von $j = 0$ bis $j = -1$ laufendes Produkt, gleich Eins zu setzen.

In (15.3) ist die Bedingung $\sum_{j=1}^{n} a_j = k$ entscheidend. Sie besagt, dass die Wahrscheinlichkeit für das Auftreten eines Tupels $(a_1, \ldots, a_n)$ nur von der **Anzahl** seiner „Einsen", nicht aber von der Stellung dieser Einsen innerhalb des Tupels abhängt. Wer Schwierigkeiten hat, Formel (15.3) aus (14.10) zusammen mit (15.1), (15.2) herzuleiten, sollte sich die Entstehung von (15.3) zunächst anhand eines Beispiels verdeutlichen. Setzen wir z.B. $n = 5$, $c = 2$ und $k = 2$, so gilt

$$p(1, 0, 1, 0, 0) \;=\; \frac{r}{r+s} \cdot \frac{s}{r+s+2} \cdot \frac{r+2}{r+s+4} \cdot \frac{s+2}{r+s+6} \cdot \frac{s+4}{r+s+8}$$

$$= \; \frac{\prod_{j=0}^{1}(r + j \cdot 2) \cdot \prod_{j=0}^{2}(s + j \cdot 2)}{\prod_{j=0}^{4}(r + s + j \cdot 2)} \;=\; p(0, 0, 1, 1, 0).$$

Formel (15.3) gibt uns auch sofort eine Antwort auf die eingangs gestellte Frage nach der Wahrscheinlichkeit, genau k mal eine rote Kugel zu ziehen. Hierzu seien

$$A_j \;:=\; \{(a_1, \ldots, a_n) \in \Omega : a_j = 1\} \tag{15.4}$$

das Ereignis, beim j–ten Mal eine rote Kugel zu ziehen $(j = 1, \ldots, n)$ und die Zufallsvariable $X := \sum_{j=1}^{n} \mathbf{1}\{A_j\}$ die Anzahl der gezogenen roten Kugeln. Da das Ereignis $\{X = k\}$ aus allen Tupeln $(a_1, \ldots, a_n)$ mit $\sum_{j=1}^{n} a_j = k$ besteht und da jedes dieser $\binom{n}{k}$ Tupel die in (15.3) angegebene Wahrscheinlichkeit besitzt, folgt

$$P(X = k) = \binom{n}{k} \frac{\prod_{j=0}^{k-1}(r + j \cdot c) \cdot \prod_{j=0}^{n-k-1}(s + j \cdot c)}{\prod_{j=0}^{n-1}(r + s + j \cdot c)} \quad (k = 0, \ldots, n). \tag{15.5}$$

Die Verteilung von X heißt *Pólya-Verteilung* mit den Parametern n, r, s und c. Sie enthält als Spezialfälle für $c = -1$ (Ziehen ohne Zurücklegen) die *hypergeometrische Verteilung* (vgl. Darstellung (13.6)) und für $c = 0$ (Ziehen mit Zurücklegen) die *Binomialverteilung*

$$P(X = k) \;=\; \binom{n}{k} \cdot \frac{r^k \cdot s^{n-k}}{(r+s)^n} \;=\; \binom{n}{k} \cdot p^k \cdot (1-p)^{n-k} \quad (k = 0, \ldots, n),$$

wobei $p = r/(r + s)$ gesetzt wurde.

Die Binomialverteilung ist eine der wichtigsten Verteilungen der Stochastik und wird in Kapitel 19 ausführlich behandelt.

Da die Wahrscheinlichkeit $p(\omega)$ in (15.3) nur von der Anzahl der Einsen im Tupel $\omega = (a_1, \ldots, a_n)$ abhängt, sind die in (15.4) definierten Ereignisse $A_1, \ldots, A_n$ *austauschbar* im Sinne von Bemerkung 11.2, d.h. es gilt

$$P(A_{i_1} \cap \ldots \cap A_{i_l}) = P(A_1 \cap \ldots \cap A_l) \tag{15.6}$$

für jede Wahl von l mit $1 \leq l \leq n$ und jede Wahl von $i_1, \ldots, i_l$ mit $1 \leq i_1 < \cdots < i_l \leq n$. Zur Veranschaulichung betrachten wir den Fall $n = 4$, $l = 2$: hier gilt z.B.

$$\begin{aligned}
P(A_1 \cap A_2) &= p(\mathbf{1}, \mathbf{1}, 0, 0) + p(\mathbf{1}, \mathbf{1}, 0, 1) + p(\mathbf{1}, \mathbf{1}, 1, 0) + p(\mathbf{1}, \mathbf{1}, 1, 1) \\
&= p(0, \mathbf{1}, 0, \mathbf{1}) + p(0, \mathbf{1}, 1, \mathbf{1}) + p(1, \mathbf{1}, 0, \mathbf{1}) + p(1, \mathbf{1}, 1, \mathbf{1}) \\
&= P(A_2 \cap A_4) \,.
\end{aligned}$$

Dabei wurden die Komponenten mit den zu den Ereignissen A_1, A_2 bzw. A_2, A_4 gehörenden „festen Einsen" hervorgehoben.

Aus (15.6) folgt insbesondere

$$P(A_1) = \cdots = P(A_n) = p_1(1) = \frac{r}{r+s} \tag{15.7}$$

und somit für den Erwartungswert von $X = \sum_{j=1}^{n} \mathbf{1}\{A_j\}$

$$E(X) = \sum_{j=1}^{n} P(A_j) = n \cdot \frac{r}{r+s} \,. \tag{15.8}$$

Der Erwartungswert der Pólya–Verteilung hängt also nicht von der Anzahl c zusätzlich zurückgelegter bzw. entnommener Kugeln der gleichen Farbe ab!

Das auf den ersten Blick überraschende Resultat (15.7) lässt sich im Fall $c > 0$ mit den gleichen Überlegungen wie am Ende von Beispiel 14.1 einsehen. Vor dem j–ten Zug ($j = 2, 3, \ldots, n$) enthält die Urne die ursprünglichen r roten und s schwarzen Kugeln sowie $(j - 1) \cdot c$ „Zauberkugeln", wobei jede Zauberkugel im Fall ihrer Entnahme mit Wahrscheinlichkeit $r/(r + s)$ bzw. $s/(r + s)$ die Farbe Rot bzw. Schwarz enthüllt.

Übungsaufgabe

Ü 15.1 Skizzieren Sie die Stabdiagramme der Pólya–Verteilungen mit $n = 4$, $r = 6$, $s = 6$ für $c = -1$, $c = 0$ und $c = 1$.

Lernziel–Kontrolle

Sie sollten das Pólyasche Urnenmodell als Verallgemeinerung des Ziehens mit und ohne Zurücklegen kennen und die Austauschbarkeit der Ereignisse $A_1, \ldots, A_n$ eingesehen haben.

16 Bedingte Wahrscheinlichkeiten

In diesem etwas längeren Kapitel geht es hauptsächlich um Fragen der *vernünftigen Verwertung von Teilinformationen über stochastische Vorgänge* und um den Aspekt des *Lernens aufgrund von Erfahrung*. Zur Einstimmung betrachten wir einige Beispiele.

16.1 Beispiel
Eine Urne enthalte 2 rote, 2 schwarze und 2 blaue Kugeln. Zwei Personen I und II vereinbaren, dass II räumlich von I getrennt rein zufällig ohne Zurücklegen aus dieser Urne Kugeln entnimmt und I mitteilt, bei welchem Zug zum ersten Mal eine blaue Kugel auftritt. Nehmen wir an, II ruft I „im dritten Zug!" zu. Wie würden Sie als Person I die Wahrscheinlichkeit dafür einschätzen, dass die ersten beiden gezogenen Kugeln rot waren?

16.2 Beispiel
In der Situation des „Ziegenproblems" (siehe Abschnitt 7.5) wurde auf Tür 1 gezeigt, und der Moderator hat Tür 3 als Ziegentür zu erkennen gegeben. Mit welcher Wahrscheinlichkeit gewinnt der Kandidat das Auto, wenn er zur Tür 2 wechselt?

16.3 Beispiel
Im Nachbarraum werden zwei echte Würfel geworfen. Wir erhalten die Information „die Augensumme aus beiden Würfen ist mindestens 8". Mit welcher Wahrscheinlichkeit zeigt mindestens einer der Würfel eine Sechs?

Allen drei Beispielen ist gemeinsam, dass das (uns unbekannte!) Ergebnis eines stochastischen Vorgangs **feststeht**. In 16.1 sind es die Farben der ersten beiden gezogenen Kugeln, in 16.2 die Nummer der Tür, hinter der sich das Auto befindet (im folgenden wie in 7.5 kurz *Autotür* genannt), und in 16.3 sind es die Augenzahlen beider Würfel. Hätten wir **ohne** irgendeine zusätzliche Kenntnis „a priori"–Wahrscheinlichkeiten für die interessierenden Ereignisse angeben müssen, so wären wir vermutlich wie folgt vorgegangen:

In 16.1 ist die a priori–Wahrscheinlichkeit des Ereignisses „die beiden ersten gezogenen Kugeln sind rot" nach der ersten Pfadregel durch $1/15$ ($= 2/6 \cdot 1/5$) gegeben.

In Beispiel 16.2 ist a priori jede der 3 Türen mit Wahrscheinlichkeit 1/3 die Autotür. Dass die durch den Hinweis des Moderators erhaltene Information (unter gewissen Annahmen) zu einer Verdoppelung und somit zur „a posteriori-Wahrscheinlichkeit" 2/3 für Tür Nr. 2 als Autotür führt, hat in der Tagespresse merkliches Aufsehen erregt; eine ausführliche mathematische Behandlung des „Ziegenproblems" erfolgt in 16.9 (siehe hierzu auch das Buch [VR]).

Eine Antwort auf die in Beispiel 16.3 gestellte Frage ist vergleichsweise einfach, wenn Konsens darüber besteht, nach welcher Regel der Hinweis „die Augensumme ist mindestens 8" erfolgte. Die a priori-Wahrscheinlichkeit des interessierenden Ereignisses „es wird mindestens eine 6 gewürfelt" ist natürlich 11/36. Weiteres hierzu findet sich in 16.10.

Allen drei Beispielen ist gemeinsam, dass wir eine **Teil**information über das Ergebnis eines bereits abgeschlossenen stochastischen Vorgangs erhalten und diese Information in einem „Lernprozess" verarbeiten müssen. Das Ergebnis des Lernprozesses aus subjektiver Bewertung und gemachter Erfahrung führt zu einer eventuellen „wahrscheinlichkeitstheoretischen Neubewertung" von Ereignissen in dem Sinne, dass das Eintreten gewisser Ereignisse durch die gemachte Erfahrung gegenüber dem „a priori-Wissensstand" begünstigt werden kann (als Beispiel betrachte man das interessierende Ereignis in 16.1). Andere Ereignisse wiederum mögen aufgrund des neuen Kenntnisstandes unwahrscheinlicher oder – wie z.B. das Ereignis „beim ersten Zug erscheint eine blaue Kugel" in Beispiel 16.1 – sogar unmöglich werden.

Die mathematische Beschreibung der Verarbeitung von Teilinformationen bei stochastischen Vorgängen geschieht mit Hilfe *bedingter Wahrscheinlichkeiten.* Hierzu betrachten wir ein wiederholt durchführbares Zufallsexperiment, welches durch den endlichen W–Raum (Ω, P) beschrieben sei. Über dessen Ausgang ω sei nur bekannt, dass ein Ereignis $B \subseteq \Omega$ eingetreten ist, also $\omega \in B$ gilt. Diese Information werde im folgenden die *Bedingung B* genannt.

Wir stellen uns die Aufgabe, aufgrund der (für uns) unvollständigen Information über ω eine Wahrscheinlichkeit für das Eintreten eines Ereignisses $A \subseteq \Omega$ „unter der Bedingung B" festzulegen. Im Gegensatz zu früheren Überlegungen, bei denen Wahrscheinlichkeiten üblicherweise als Maße für die Gewissheit von Ereignissen bei **zukünftigen** Experimenten gedeutet wurden, stellt sich hier wie schon in den Beispielen 16.1 – 16.3 das begriffliche Problem, den Grad der Gewissheit von A **nach** Durchführung eines Zufallsexperimentes zu bewerten.

Welche sinnvollen Eigenschaften sollte eine geeignet zu definierende bedingte Wahrscheinlichkeit von A unter der Bedingung B – im folgenden mit $P(A|B)$

bezeichnet – besitzen? Sicherlich sollte $P(A|B)$ als Wahrscheinlichkeit die Ungleichungen $0 \le P(A|B) \le 1$ erfüllen. Weitere natürliche Eigenschaften wären

$$P(A|B) = 1, \quad \text{falls } B \subseteq A, \tag{16.1}$$

und

$$P(A|B) = 0, \quad \text{falls } A \cap B = \emptyset. \tag{16.2}$$

Um (16.1) einzusehen, beachte man, dass die Inklusion $B \subseteq A$ unter der Bedingung B notwendigerweise das Eintreten von A nach sich zieht. (16.2) sollte gelten, weil das Eintreten von B im Falle der Disjunktheit von A und B das Eintreten von A ausschließt.

Natürlich stellen (16.1) und (16.2) extreme Situationen dar. Allgemein müssen wir mit den drei Möglichkeiten $P(A|B) > P(A)$ (das Eintreten von B „begünstigt" das Eintreten von A), $P(A|B) < P(A)$ (das Eintreten von B „beeinträchtigt" die Aussicht auf das Eintreten von A) und $P(A|B) = P(A)$ (die Aussicht auf das Eintreten von A ist „unabhängig" vom Eintreten von B) rechnen.

Im folgenden soll die Begriffsbildung *bedingte Wahrscheinlichkeit* anhand relativer Häufigkeiten motiviert werden. Da wir uns Gedanken über die Aussicht auf das Eintreten von A unter der Bedingung des Eintretens von B machen müssen, liegt es nahe, den Quotienten

$$r_n(A|B) := \frac{\text{Anzahl aller Versuche, in denen } A \text{ und } B \text{ eintreten}}{\text{Anzahl aller Versuche, in denen } B \text{ eintritt}} \tag{16.3}$$

(bei positivem Nenner) als „empirischen Gewissheitsgrad von A unter der Bedingung B" anzusehen. Wegen

$$r_n(A|B) = \frac{r_n(A \cap B)}{r_n(B)}$$

(Division von Zähler und Nenner in (16.3) durch n) und der Erfahrungstatsache, dass sich allgemein die relative Häufigkeit $r_n(C)$ des Eintretens eines Ereignisses C in n voneinander unbeeinflussten gleichartigen Versuchen bei wachsendem n um einen bestimmten Wert stabilisiert (siehe Kapitel 4) und dass dieser (nicht bekannte) Wert die „richtige Modell-Wahrscheinlichkeit" $P(C)$ sein sollte, ist die nachfolgende Definition „frequentistisch motiviert".

16.4 Definition
Es seien (Ω, P) ein endlicher W–Raum und $A, B \subseteq \Omega$ mit $P(B) > 0$. Dann heißt

$$P(A|B) := \frac{P(A \cap B)}{P(B)}$$

die *bedingte Wahrscheinlichkeit von A unter der Bedingung* B (bzw. *unter der Hypothese B*). Wir schreiben im folgenden auch $P_B(A) := P(A|B)$. Man beachte, dass $P(A|B)$ nur für den Fall $P(B) > 0$ definiert ist.

Offenbar gelten

$$0 \leq P_B(A) \leq 1 \qquad \text{für } A \subseteq \Omega,$$

$$P_B(\Omega) = 1$$

und für **disjunkte** Ereignisse A_1, $A_2 \subseteq \Omega$

$$P_B(A_1 + A_2) = P_B(A_1) + P_B(A_2) \,.$$

Somit ist die bedingte Wahrscheinlichkeit $P_B(\cdot) = P(\cdot|B)$ bei einem festen bedingenden Ereignis B eine Wahrscheinlichkeitsverteilung auf Ω, welche offenbar die Eigenschaften (16.1) und (16.2) besitzt. Wegen $P_B(B) = 1$ ist die Verteilung $P_B(\cdot)$ ganz auf dem bedingenden Ereignis „konzentriert". Setzen wir in die Definition von $P_B(\cdot)$ speziell die Elementarereignisse $\{\omega\}, \omega \in \Omega$, ein, so folgt

$$p_B(\omega) := P_B(\{\omega\}) = \begin{cases} \dfrac{p(\omega)}{P(B)}, & \text{falls } \omega \in B \\ 0, & \text{sonst.} \end{cases} \qquad (16.4)$$

Aufgrund von (16.4) können wir uns den Übergang von der Wahrscheinlichkeitsverteilung $P(\cdot)$ zur „bedingten Verteilung" $P_B(\cdot)$ so vorstellen, dass jedes Elementarereignis $\{\omega\}$ mit $\omega \notin B$ die Wahrscheinlichkeit 0 erhält und dass die ursprünglichen Wahrscheinlichkeiten $p(\omega)$ der in B liegenden Elementarereignisse jeweils um den gleichen Faktor $P(B)^{-1}$ vergrößert werden (vgl. Bild 16.1).

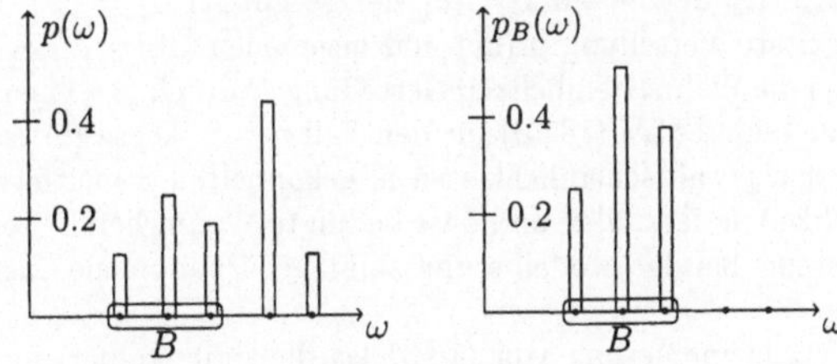

Bild 16.1 Übergang zur bedingten Verteilung

16.5 Beispiel (Fortsetzung von Beispiel 16.1)

Nach diesen allgemeinen Betrachtungen wollen wir zunächst die in Beispiel 16.1 gestellte Frage beantworten. Für eine formale Lösung nummerieren wir gedanklich alle Kugeln durch, wobei die roten Kugeln die Nummern 1 und 2 und die blauen bzw. schwarzen Kugeln die Nummern 3 und 4 bzw. 5 und 6 tragen. Als W–Raum wählen wir den Grundraum $\Omega = Per_3^6(oW)$ mit der Gleichverteilung P auf Ω. In diesem Grundraum stellen sich das Ereignis „die ersten beiden gezogenen Kugeln sind rot" als·

$$A \ = \ \{(a_1, a_2, a_3) \in \Omega : \{a_1, a_2\} \ = \ \{1, 2\}\}$$

und das Ereignis „im dritten Zug tritt zum ersten Mal eine blaue Kugel auf" als

$$B \ = \ \{(a_1, a_2, a_3) \in \Omega : a_3 \in \{3, 4\}, \{a_1, a_2\} \ \subseteq \ \{1, 2, 5, 6\}\}$$

dar. Wegen $|A \cap B| = 2 \cdot 1 \cdot 2$ und $|B| = 4 \cdot 3 \cdot 2$ (Multiplikationsregel!) folgt

$$P(A|B) \ = \ \frac{P(A \cap B)}{P(B)} \ = \ \frac{|A \cap B|/|\Omega|}{|B|/|\Omega|} \ = \ \frac{|A \cap B|}{|B|} \ = \ \frac{1}{6} \, .$$

Dieses Ergebnis ist auch intuitiv einzusehen, da bei den beiden ersten Zügen aufgrund der Bedingung B effektiv aus einer Urne mit 2 roten und 2 schwarzen Kugeln gezogen wird. Die Wahrscheinlichkeit, dass hierbei zweimal hintereinander „rot" erscheint, ist nach der ersten Pfadregel $(2/4) \cdot (1/3) = 1/6$.

16.6 Zusammenhang mit Übergangswahrscheinlichkeiten

In den Anwendungen wird meist nicht $P(A|B)$ aus $P(B)$ und $P(A \cap B)$ berechnet, sondern umgekehrt $P(A \cap B)$ aus $P(B)$ und $P(A|B)$ gemäß

$$P(A \cap B) \ = \ P(B) \cdot P(A|B). \tag{16.5}$$

Das Standard–Beispiel hierfür ist ein zweistufiges Experiment, bei dem das Ereignis B (bzw. A) einen Ausgang des ersten (bzw. zweiten) Teilexperimentes beschreibt. Formal ist dann $\Omega = \Omega_1 \times \Omega_2$ und $B = \{a_1\} \times \Omega_2$, $A = \Omega_1 \times \{a_2\}$ mit $a_1 \in \Omega_1, a_2 \in \Omega_2$. Setzen wir $\omega = (a_1, a_2)$, so gilt $A \cap B = \{\omega\}$. Definiert man bei gegebener Start–Verteilung $p_1(a_1)$ und gegebenen Übergangswahrscheinlichkeiten $p_2(a_2|a_1)$ die Wahrscheinlichkeitsverteilung P durch (14.11) und (14.10), so ist (16.5) nichts anderes als (14.10) für den Fall $n = 2$. Diese Betrachtungen zeigen, dass Übergangswahrscheinlichkeiten in gekoppelten Experimenten bedingte Wahrscheinlichkeiten darstellen und dass bedingte Wahrscheinlichkeiten in erster Linie als Bausteine bei der Modellierung zufälliger Phänomene dienen.

Die direkte Verallgemeinerung von (16.5) ist die unmittelbar durch Induktion nach n einzusehende *allgemeine Multiplikationsregel*

$$P(A_1 \cap \ldots \cap A_n) = P(A_1)P(A_2|A_1)P(A_3|A_1 \cap A_2) \ldots P(A_n|A_1 \cap \ldots \cap A_{n-1})$$

für n Ereignisse $A_1, \ldots, A_n$ mit der Eigenschaft $P(A_1 \cap \ldots \cap A_{n-1}) > 0$. Diese Bedingung garantiert, dass alle anderen Schnittmengen positive Wahrscheinlichkeiten besitzen und dass somit die auftretenden bedingten Wahrscheinlichkeiten definiert sind. Der Standard–Anwendungsfall ist auch hier ein n–stufiges Experiment mit gegebener Start–Verteilung und gegebenen Übergangswahrscheinlichkeiten (vgl. 14.2), wobei

$$A_j = \Omega_1 \times \ldots \times \Omega_{j-1} \times \{a_j\} \times \Omega_{j+1} \times \ldots \times \Omega_n$$

das Ereignis bezeichnet, dass beim j–ten Teilexperiment das Ergebnis a_j auftritt ($j = 1, \ldots, n, a_j \in \Omega_j$). Definieren wir P über (14.11) und (14.10), so stimmt die bedingte Wahrscheinlichkeit $P(A_j|A_1 \cap \ldots \cap A_{j-1})$ mit der in (14.9) angegebenen Übergangswahrscheinlichkeit $p_j(a_j|a_1, \ldots, a_{j-1})$ überein, und die Multiplikationsregel ist nichts anderes als die erste Pfadregel (14.10).

16.7 Formel von der totalen Wahrscheinlichkeit, Bayes–Formel[1]

Es seien (Ω, P) ein W–Raum und $A_1, A_2, \ldots, A_s$ **disjunkte** Ereignisse mit den Eigenschaften $P(A_j) > 0$ ($j = 1, \ldots, s$) und $\sum_{j=1}^{s} A_j = \Omega$; ein derartiges System von Ereignissen wird *Zerlegung von Ω* genannt. Dann gilt für jedes Ereignis B:

a) $P(B) = \sum_{j=1}^{s} P(A_j) \cdot P(B|A_j)$ (*Formel von der totalen Wahrscheinlichkeit*).

b) Falls $P(B) > 0$, so gilt für jedes $k = 1, \ldots, s$:

$$P(A_k|B) = \frac{P(A_k) \cdot P(B|A_k)}{\sum_{j=1}^{s} P(A_j) \cdot P(B|A_j)} \qquad (\textit{Formel von Bayes.}) \qquad (16.6)$$

BEWEIS: a) folgt unter Beachtung des Distributiv–Gesetzes und der Additivität von $P(\cdot)$ aus

$$\begin{aligned}
P(B) &= P(\Omega \cap B) \\
&= P\left(\left(\sum_{j=1}^{s} A_j\right) \cap B\right) = P\left(\sum_{j=1}^{s} (A_j \cap B)\right) \\
&= \sum_{j=1}^{s} P(A_j \cap B) = \sum_{j=1}^{s} P(A_j) \cdot P(B|A_j).
\end{aligned}$$

Für den Nachweis von b) beachte man, dass nach a) der in (16.6) auftretende Nenner gleich $P(B)$ ist. ∎

---

[1] Thomas Bayes (1702?–1761), Geistlicher der Presbyterianer, 1742 Aufnahme in die Royal Society. Seine Werke *An Essay towards solving a problem in the doctrine of chances* und *A letter on Asymptotic Series* wurden erst posthum in den Jahren 1763/1764 veröffentlicht.

Die Formel von der totalen Wahrscheinlichkeit ist nur dann von Nutzen, wenn die Wahrscheinlichkeiten $P(A_j)$ und $P(B|A_j)$ vorgegeben sind. Den Hauptanwendungsfall hierfür bildet ein zweistufiges Experiment, bei dem $A_1, \ldots, A_s$ die sich paarweise ausschließenden Ergebnisse des **ersten** Teilexperimentes beschreiben und sich B auf ein Ergebnis des **zweiten** Teilexperimentes bezieht. Bezeichnen wir die möglichen Ergebnisse des ersten Teilexperimentes mit $e_1, \ldots, e_s$, also $\Omega_1 = \{e_1, \ldots, e_s\}$, so sind formal $\Omega = \Omega_1 \times \Omega_2$ und $A_j = \{e_j\} \times \Omega_2$. Die Menge B ist von der Gestalt $B = \Omega_1 \times \{b\}$ mit $b \in \Omega_2$. Definieren wir wieder P über (14.11) und (14.10), so sind $P(A_j) = p_1(e_j)$ als Start-Verteilung und $P(\{b\}|A_j) = p_2(b|e_j)$ als Übergangswahrscheinlichkeit im zweistufigen Experiment gegeben (vgl. 16.6 und 14.2). Die Formel von der totalen Wahrscheinlichkeit nimmt somit die Gestalt

$$P(B) \; = \; \sum_{j=1}^{s} p_1(e_j) \cdot p_2(b|e_j)$$

an. Diese Darstellung ist aber nichts anderes als die schon in Beispiel 14.1 angewandte zweite Pfadregel (vgl. auch Seite 92).

Die Bayes–Formel (16.6) ist mathematisch gesehen nicht besonders schwierig. Sie erfährt eine interessante Deutung, wenn die Ereignisse A_j als „Ursachen" oder „Hypothesen" für das Eintreten des Ereignisses B aufgefasst werden. Ordnet man den A_j vor der Beobachtung eines stochastischen Vorgangs gewisse (subjektive) Wahrscheinlichkeiten $P(A_j)$ zu, so nennt man $P(A_j)$ die *a priori–Wahrscheinlichkeit* für A_j. Bei fehlendem Wissen über die „Hypothesen" A_j werden diese oft als gleichwahrscheinlich angenommen. Das Ereignis B trete mit der bedingten Wahrscheinlichkeit $P(B|A_j)$ ein, falls A_j eintritt, d.h. „Hypothese A_j zutrifft". Tritt nun bei einem stochastischen Vorgang das Ereignis B ein, so ist die „inverse" bedingte Wahrscheinlichkeit $P(A_j|B)$ die *a posteriori–Wahrscheinlichkeit* dafür, dass A_j „Ursache" von B ist. Da es naheliegt, daraufhin die a priori–Wahrscheinlichkeiten zu überdenken und den „Hypothesen" A_j gegebenenfalls andere, nämlich die a posteriori–Wahrscheinlichkeiten zuzuordnen, löst die Bayes–Formel das Problem der Veränderung subjektiver Wahrscheinlichkeiten unter dem Einfluss von Information.

16.8 Beispiel (Lernen aus Erfahrung)
Als Beispiel für dieses „Lernen aus Erfahrung" betrachten wir eine Urne mit 4 gleichartigen Kugeln. Dabei wird uns nur mitgeteilt, dass einer der Fälle

A_1 : eine Kugel ist rot und die drei anderen schwarz,

A_2 : zwei Kugeln sind rot und zwei schwarz,

A_3 : drei Kugeln sind rot und eine schwarz

vorliegt. Wir können über diese Hypothesen zunächst nur spekulieren und ordnen ihnen a priori–Wahrscheinlichkeiten $p_j := P(A_j) > 0$ $(j = 1, 2, 3)$ mit $p_1 + p_2 + p_3 = 1$ zu. Nehmen wir an, beim n–maligen rein zufälligen Ziehen mit Zurücklegen aus dieser Urne habe sich bei jedem Zug eine rote Kugel gezeigt (Ereignis B). Da diese Information zu den „objektiven" bedingten Wahrscheinlichkeiten

$$P(B|A_1) = \left(\frac{1}{4}\right)^n \qquad P(B|A_2) = \left(\frac{2}{4}\right)^n, \qquad P(B|A_3) = \left(\frac{3}{4}\right)^n$$

führt, liefert die Bayes–Formel 16.7 b) die a posteriori–Wahrscheinlichkeiten

$$P(A_1|B) = \frac{p_1 \cdot \left(\frac{1}{4}\right)^n}{p_1 \cdot \left(\frac{1}{4}\right)^n + p_2 \cdot \left(\frac{2}{4}\right)^n + p_3 \cdot \left(\frac{3}{4}\right)^n} = \frac{p_1}{p_1 + 2^n \cdot p_2 + 3^n \cdot p_3},$$

$$P(A_2|B) = \frac{2^n \cdot p_2}{p_1 + 2^n \cdot p_2 + 3^n \cdot p_3}, \quad P(A_3|B) = \frac{3^n \cdot p_3}{p_1 + 2^n \cdot p_2 + 3^n \cdot p_3}.$$

Insbesondere konvergieren (unabhängig von p_1, p_2 und p_3) für $n \to \infty$ $P(A_3|B)$ gegen 1 und $P(A_1|B)$ sowie $P(A_2|B)$ gegen 0. Dies zeigt, dass selbst zunächst sehr unterschiedliche „a priori–Bewertungen", die z.B. von verschiedenen Personen vorgenommen worden sind, unter dem „Eindruck objektiver Daten" als „a posteriori–Bewertungen" immer ähnlicher werden können—was sie auch sollten.

16.9 Das Ziegenproblem (vgl. 16.2 und 7.5)

Bei der Modellierung des Ziegenproblems ist zu beachten, **auf welche Weise der Ausschluss einer Ziegentür durch den Moderator erfolgt**. Ein stochastisches Modell könnte so aussehen: Wir beschreiben die Situation als dreistufiges Experiment mit $\Omega = \Omega_1 \times \Omega_2 \times \Omega_3$ mit $\Omega_j = \{1, 2, 3\}$ $(j = 1, 2, 3)$. Für $\omega = (a_1, a_2, a_3) \in \Omega$ bezeichne a_1 die Nummer der Autotür, a_2 die Nummer der von dem Kandidaten gewählten Tür und a_3 die Nummer der vom Moderator geöffneten Tür. Die Wahrscheinlichkeit $p(\omega) = P(\{\omega\})$ wird gemäß (14.10) als

$$p(\omega) = p_1(a_1) \cdot p_2(a_2|a_1) \cdot p_3(a_3|a_1, a_2) \tag{16.7}$$

angesetzt, wobei $p_1(j) = \frac{1}{3}$ $(j = 1, 2, 3;$ der Hauptgewinn wird rein zufällig platziert) und $p_2(k|j) = \frac{1}{3}$ $(1 \leq j, k \leq 3;$ der Kandidat wählt seine Tür „blind" aus) gelten. Für die Übergangswahrscheinlichkeit $p_3(a_3|a_1, a_2)$ ist zu beachten, dass der Moderator keine Wahl hat, wenn a_1 und a_2 verschieden sind. Im Fall $a_1 = a_2$ (d.h. das Auto befindet sich hinter der vom Kandidaten gewählten Tür) nehmen wir an, dass er **rein zufällig** eine der beiden Ziegentüren auswählt. Diese Annahme liefert

$$p_3(l|j, k) = \begin{cases} 1, & \text{falls} & 1 \leq j \neq k \neq l \neq j \leq 3 \\ 1/2, & \text{falls} & 1 \leq j = k \neq l \leq 3 \\ 0, & \text{sonst,} \end{cases}$$

so dass (16.7) in

$$
p(j,k,l) = \begin{cases} 1/9, & \text{falls} & 1 \leq j \neq k \neq l \neq j \leq 3 \\ 1/18, & \text{falls} & 1 \leq j = k \neq l \leq 3 \\ 0, & \text{sonst} \end{cases}
$$

übergeht. Setzen wir

$$
\begin{aligned}
G_j &= \{(a_1, a_2, a_3) \in \Omega : a_1 = j\} \\
&= \{\text{„der Gewinn befindet sich hinter Tür Nr. } j\text{"}\}, \\
W_k &= \{(a_1, a_2, a_3) \in \Omega : a_2 = k\} \\
&= \{\text{„die Wahl des Kandidaten fällt auf Tür Nr. } k\text{"}\}, \\
M_l &= \{(a_1, a_2, a_3) \in \Omega : a_3 = l\} \\
&= \{\text{„der Moderator öffnet Tür Nr. } l\text{"}\},
\end{aligned}
$$

so ergeben sich z.B. für $j = 2$, $k = 1$, $l = 3$ die Wahrscheinlichkeiten

$$
\begin{aligned}
P(G_2|W_1 \cap M_3) &= \frac{P(G_2 \cap W_1 \cap M_3)}{P(W_1 \cap M_3)} = \frac{p(2,1,3)}{p(2,1,3) + p(1,1,3)} \\
&= \frac{\frac{1}{9}}{\frac{1}{9} + \frac{1}{18}} = \frac{2}{3} \, ,
\end{aligned}
$$

$$
\begin{aligned}
P(G_1|W_1 \cap M_3) &= \frac{P(G_1 \cap W_1 \cap M_3)}{P(W_1 \cap M_3)} = \frac{p(1,1,3)}{p(1,1,3) + p(2,1,3)} \\
&= \frac{\frac{1}{18}}{\frac{1}{18} + \frac{1}{9}} = \frac{1}{3}
\end{aligned}
$$

im Einklang mit den in 7.5 angestellten Überlegungen, dass Wechseln die Chancen auf den Hauptgewinn verdoppelt. Dabei geschah die Betrachtung des Falles $j = 2$, $k = 1$, $l = 3$ ohne Beschränkung der Allgemeinheit. Rechnen Sie nach, dass z.B. auch $P(G_1|W_3 \cap M_2) = 2/3$, $P(G_3|W_3 \cap M_2) = 1/3$ gilt!

Bild 16.2 zeigt ein Baumdiagramm zum Ziegenproblem, in dem die zum Ereignis $W_1 \cap M_3$ führenden beiden Pfade $(1,1,3)$ (W' $= 1/18$) und $(2,1,3)$ (W' $= 1/9$) hervorgehoben sind.

Man beachte, dass die oben erfolgte Modellierung die Situation des Kandidaten vor seiner Wahlmöglichkeit „so objektiv wie möglich" wiedergeben soll. Man mache sich auch klar, dass ohne konkrete Annahmen wie z.B. die rein zufällige Auswahl der zu öffnenden Ziegentür im Falle einer Übereinstimmung von Autotür und Wahl des Kandidaten eine Anwendung der Bayes–Formel nicht möglich ist. Natürlich sind Verfeinerungen des Modells denkbar. Beispielsweise könnte man festlegen, dass der Moderator für den Fall, dass er eine Wahlmöglichkeit zwischen zwei Ziegentüren besitzt, mit einer bestimmten Wahrscheinlichkeit q die Tür mit der kleineren Nummer wählt (s. Übungsaufgabe 16.2).

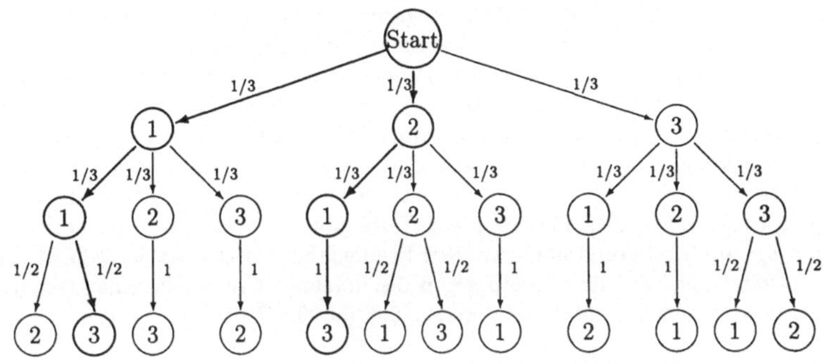

Bild 16.2 Baumdiagramm zum Ziegenproblem

16.10 Beispiel (Fortsetzung von Beispiel 16.3)

Problematische Beispiele wie 16.3 finden sich häufig in Lehrbüchern zur Stochastik. Ihr einziger Zweck ist das schematische Einüben der Definition der bedingten Wahrscheinlichkeit. So wird jeder, der in der Situation von 16.3 als W–Raum den Grundraum $\Omega = \{(i,j) : 1 \leq i, j \leq 6\}$ mit der Gleichverteilung P auf Ω ansetzt, die Ereignisse $A = \{(i,j) \in \Omega : \max(i,j) = 6\}$ und $B = \{(i,j) \in \Omega : i+j \geq 8\}$ einführt und „nach Definition"

$$P(A|B) \; = \; \frac{P(A \cap B)}{P(B)} \; = \; \frac{\frac{9}{36}}{\frac{15}{36}} \; = \; \frac{3}{5}$$

ausrechnet, auf diese Aufgabe die volle Punktzahl erhalten. Hier wird man jedoch über den eigentlichen Sinn bedingter Wahrscheinlichkeiten getäuscht. Die entscheidende Frage in der Situation von 16.3 ist, **nach welcher Regel** ein Teil der Information über das Ergebnispaar (i,j) „verloren wurde". Im Falle des Paares $(4,5)$ hätte man ja neben „$i + j \geq 8$" auch die Informationen „$i + j \geq 9$" oder „$i + j \geq 7$" geben können, was nach dem oben exerzierten „braven Rechnen" zu den bedingten Wahrscheinlichkeiten 7/10 bzw. 11/21 geführt hätte. Die angegebene Lösung ergibt im Hinblick auf die konkrete Situation eines zweifachen Würfelwurfs im Nachbarzimmer nur dann einen Sinn, wenn **vor** Durchführung des Experimentes feststand, dass im Fall $i + j < 8$ nichts mitgeteilt und im Fall $i + j \geq 8$ genau diese Information weitergegeben wird.

16.11 Zur Interpretation der Ergebnisse medizinischer Tests

Bei medizinischen Labortests zur Erkennung von Krankheiten treten bisweilen
sowohl *falsch positive* als auch *falsch negative* Befunde auf. Ein falsch positiver
Befund diagnostiziert das Vorhandensein der betreffenden Krankheit, obwohl die
Person gesund ist; bei einem falsch negativen Resultat wird eine kranke Person
als gesund angesehen. Unter der *Sensitivität* eines Tests versteht man die Wahrscheinlichkeit p_{se}, mit der eine kranke Person als krank erkannt wird. Die *Spezifität*
des Tests ist die Wahrscheinlichkeit p_{sp}, dass eine gesunde Person auch als gesund erkannt wird. Diese **stark vereinfachenden Annahmen** gehen davon aus,
dass die Wahrscheinlichkeit p_{se} (bzw. p_{sp}) für jede sich dem Test unterziehende
kranke (bzw. gesunde) Person gleich ist; hier wird im allgemeinen nach Risikogruppen unterschieden. Für Standard–Tests gibt es Schätzwerte für Sensitivität
und Spezifität aufgrund umfangreicher Studien. So besitzt etwa der *ELISA–Test*
zur Erkennung von Antikörpern gegen die Immunschwäche HIV eine geschätzte
Sensitivität und Spezifität von jeweils 0.998 (= 99.8 Prozent).

Nehmen wir an, eine Person habe sich einem Test zur Erkennung einer bestimmten Krankheit K_0 unterzogen und einen positiven Befund erhalten. Mit welcher
Wahrscheinlichkeit besitzt sie die Krankheit K_0 wirklich?

Die Antwort auf diese Frage hängt davon ab, wie hoch die a priori–Wahrscheinlichkeit der Person ist, die Krankheit zu besitzen. Setzen wir diese Wahrscheinlichkeit (subjektiv) mit q an, so gibt die Bayes–Formel wie folgt eine Antwort: Wir
modellieren obige Situation durch den Raum $\Omega = \{(0,0),(0,1),(1,0),(1,1)\}$, wobei eine „1" bzw. „0" in der ersten (bzw. zweiten) Komponente angibt, ob die Person die Krankheit K_0 hat oder nicht (bzw. ob der Test positiv ausfällt oder nicht).
Bezeichnen $K = \{(1,0),(1,1)\}$ das Ereignis, krank zu sein und $N = \{(1,0),(0,0)\}$
das Ereignis, ein negatives Testergebnis zu erhalten, so führen die Voraussetzungen zu den Modellannahmen

$$P(K) \;=\; q, \quad P(N^c|K) \;=\; p_{se}, \quad P(N|K^c) \;=\; p_{sp}\,.$$

Nach der Bayes–Formel folgt

$$P(K|N^c) \;=\; \frac{P(K)\cdot P(N^c|K)}{P(K)\cdot P(N^c|K) \;+\; P(K^c)\cdot P(N^c|K^c)}$$

und somit wegen $P(K^c) = 1 - q$ und $P(N^c|K^c) = 1 - p_{sp}$

$$P(K|N^c) \;=\; \frac{q\cdot p_{se}}{q\cdot p_{se} \;+\; (1-q)\cdot(1-p_{sp})}\,.$$

Für den ELISA–Test ($p_{sp} = p_{se} = 0.998$) ist die Abhängigkeit dieser Wahrscheinlichkeit vom Krankheitsrisiko q in Bild 16.3 dargestellt. Das Problem bei der
Interpretation von Bild 16.3 für jeden persönlichen Fall ist, wie die betreffende

Person mit positivem Testergebnis ihr persönliches „a priori–Krankheitsrisiko" q ansieht. Obwohl innerhalb mehr oder weniger genau definierter Risikogruppen Schätzwerte für q existieren, kann man die einzelne Person – selbst wenn sie hinsichtlich verschiedener Merkmale sehr gut zu einer dieser Risikogruppen „passt" – nicht unbedingt als rein zufällig ausgewählt betrachten, da sie sich vermutlich aus einem **bestimmten Grund** dem Test unterzogen hat.

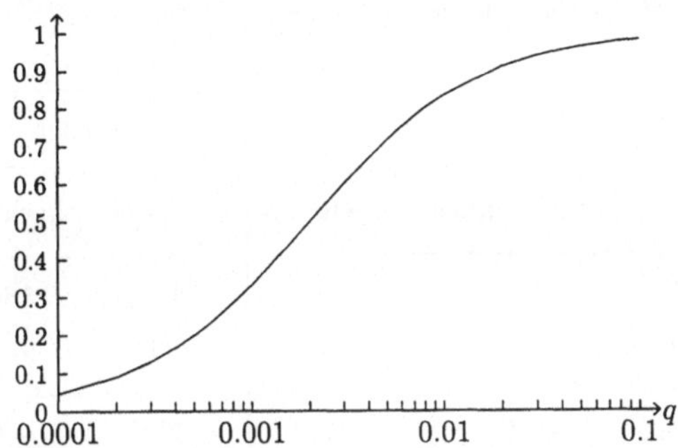

Bild 16.3 Wahrscheinlichkeit für eine vorhandene HIV–Infektion bei positivem Ergebnis des ELISA–Tests in Abhängigkeit vom subjektiven a priori–Krankheitsrisiko

16.12 Das Simpson[2]–Paradoxon

Können Sie sich eine Universität vorstellen, welche Männer so eklatant benachteiligt, dass sie von 1000 männlichen Bewerbern nur 420 aufnimmt, aber 74 Prozent aller Bewerberinnen zum Studium zulässt? Können Sie sich weiter vorstellen, dass die gleiche Universität in jedem einzelnen Fach die Männer gegenüber den Frauen bevorzugt? Dass so etwas prinzipiell möglich ist (und in abgeschwächter Form an der Universität von Berkeley in Kalifornien unter Vertauschung der Geschlechter auch wirklich auftrat, siehe [BIO]), zeigen die „konstruierten Daten" von Tabelle 16.1, wobei wir der Einfachheit halber nur zwei Fächer angenommen haben.

Offenbar wurden für das erste Fach zwar 80% der Frauen, aber 90% aller Männer zugelassen. Auch im zweiten Fach können sich die Männer kaum benachteiligt fühlen, denn ihre Zulassungsquote ist mit 30% um 10% höher als die der Frauen. Die einfache Erklärung für diesen auf den ersten Blick verwirrenden Sachverhalt liefern die Darstellungen

$$0.74 \;=\; 0.9 \cdot 0.8 + 0.1 \cdot 0.2, \qquad 0.42 \;=\; 0.2 \cdot 0.9 + 0.8 \cdot 0.3$$

[2] E.H. Simpson: The Interpretation of the Interaction in Contingency Tables. Journ. Royal Statist. Soc. Ser. B 13 (1951), 238–241.

der globalen Zulassungsquoten der Frauen bzw. Männer als **gewichtete Mittel**
der Zulassungsquoten in den einzelnen Fächern. Obwohl die Zulassungsquoten
der Männer in jedem Fach diejenige der Frauen übertreffen, erscheint die Universität aufgrund der bei Frauen und Männern völlig unterschiedlichen Gewichtung
dieser Quoten auf den ersten Blick als männerfeindlich. Die Männer haben sich
eben (aus welchen Gründen auch immer!) überwiegend in dem Fach beworben,
in welchem eine Zulassung sehr schwer zu erlangen war.

	Frauen		Männer	
	Bewerberinnen	zugelassen	Bewerber	zugelassen
Fach 1	900	720	200	180
Fach 2	100	20	800	240
Summe	1000	740	1000	420

Tabelle 16.1 Eine männerfeindliche Universität?

Hinter diesem konstruierten Beispiel steckt ein allgemeines Phänomen, welches
als *Simpson–Paradoxon* bekannt ist und wie folgt mit Hilfe bedingter Wahrscheinlichkeiten formuliert werden kann.

Es seien (Ω, P) ein endlicher W–Raum, $K_1, \ldots, K_n$ disjunkte Ereignisse mit $\Omega =$
$K_1 + \ldots + K_n$ sowie A und B Ereignisse, wobei wir $P(B \cap K_j) > 0$, $P(B^c \cap K_j) > 0$
für jedes $j = 1, \ldots, n$ voraussetzen.

Das Simpson–Paradoxon liegt dann vor, wenn neben den Ungleichungen

$$P(A|B \cap K_j) > P(A|B^c \cap K_j) \quad \text{für jedes } j = 1, \ldots, n \tag{16.8}$$

„paradoxerweise" die umgekehrte Ungleichung

$$P(A|B) < P(A|B^c) \tag{16.9}$$

erfüllt ist. Wegen

$$P(A|B) \;=\; \sum_{j=1}^{n} P(K_j|B) \cdot P(A|B \cap K_j) \,, \tag{16.10}$$

$$P(A|B^c) \;=\; \sum_{j=1}^{n} P(K_j|B^c) \cdot P(A|B^c \cap K_j) \tag{16.11}$$

(Berechnung der bedingten Wahrscheinlichkeiten $P_B(A)$ bzw. $P_{B^c}(A)$ mit Hilfe der Formel von der totalen Wahrscheinlichkeit) ist die Möglichkeit des Auftretens des Simpson–Paradoxons eine **mathematische** Banalität. Entscheidend für die Gültigkeit von (16.9) ist, dass die „Gewichte" $P(K_j|B)$ in (16.10) gerade für diejenigen j „klein" sein können, für die $P(A|B \cap K_j)$ „groß" ist und umgekehrt. Andererseits kann $P(K_j|B^c)$ in (16.11) gerade für diejenigen j „groß" sein, für die $P(A|B^c \cap K_j)$ „groß" ist (ohne natürlich (16.8) zu verletzen) und umgekehrt.

Im konstruierten Beispiel der angeblich männerfeindlichen Universität ist $n = 2$, und die Ereignisse K_1 und K_2 stehen für eine Bewerbung in Fach 1 bzw. Fach 2. A (bzw. B) bezeichnet das Ereignis, dass eine aus allen 2000 Bewerbern rein zufällig herausgegriffene Person zugelassen wird (bzw. männlich ist).

Das Reizvolle am Simpson–Paradoxon ist sein Auftreten bei realen Daten, wobei die Interpretationsmöglichkeiten von den jeweiligen Rahmenbedingungen abhängen. Als Beispiel sind in Tabelle 16.2 das Gesamt-Bruttoeinkommen sowie die daraus gezahlte Einkommenssteuer der Jahre 1974 und 1978 in den U.S.A., aufgeschlüsselt nach Einkommensklassen, angegeben (Quelle: [WA]).

Jahreseinkommen (pro Person in $)	Einkommen (in 1000 $)	gezahlte Steuer (in 1000 $)	durchschnittlicher Steueranteil
1974			
< 5000	41 651 643	2 244 467	0.054
5000 bis 9999	146 400 740	13 646 348	0.093
10000 bis 14999	192 688 922	21 449 597	0.111
15000 bis 99999	470 010 790	75 038 230	0.160
≥ 100000	29 427 152	11 311 672	0.384
Insgesamt	880 179 247	123 690 314	0.141
1978			
< 5000	19 879 622	689 318	0.035
5000 bis 9999	122 853 315	8 819 461	0.072
10000 bis 14999	171 858 024	17 155 758	0.100
15000 bis 99999	865 037 814	137 860 951	0.159
≥ 100000	62 806 159	24 051 698	0.383
Insgesamt	1 242 434 934	188 577 186	0.152

Tabelle 16.2 Einkommenssteuer in den U.S.A. 1974 und 1978

Obwohl der durchschnittliche Steueranteil in jeder Einkommenskategorie von 1974 auf 1978 gesunken ist, hat sich die durchschnittliche Steuerbelastung insgesamt von 14.1 % auf 15.2 % erhöht. Dieser Umstand ist offenbar darauf zurück-

zuführen, dass 1978 viel Geld in einer höheren Einkommenskategorie verdient
wurde und sich somit die Gewichte der Kategorien verändert haben.

Als mathematisches Modell kann in diesem Beispiel B (bzw. B^c) für die Menge
der 1974 (bzw. 1978) als Einkommen erzielten einzelnen Dollar und A für die
Teilmenge der 1974 oder 1978 an den Fiskus gezahlten „Steuer–Dollar" gewählt
werden. Jeder eingenommene Dollar ist dabei einer der 5 Einkommenskatego-
rien $K_1, \ldots, K_5$ zuzurechnen. Wählen wir P als Gleichverteilung auf Ω, so gelten
(16.8) und (16.9), also das Simpson–Paradoxon. An diesem Beispiel wird auch
der durch wissentliches oder unwissentliches Verschweigen gewisser Aspekte er-
zielbare politische Effekt deutlich. Wäre zwischen den Jahren 1974 und 1978 eine
Steuerreform durchgeführt worden, so könnte sich die Regierung die Abnahme
der durchschnittlichen Steuerbelastung in jeder Einkommenskategorie als Erfolg
an ihre Fahnen heften. Die Opposition hingegen könnte und würde nur mit der
unleugbaren Tatsache Politik machen, dass die globale durchschnittliche Steuerbelastung zugenommen hat.

Zum Abschluss dieses nicht ganz einfachen Kapitels über bedingte Wahrscheinlichkeiten beleuchten wir die Problematik der Verwertung beiläufig erhaltener
Information anhand eines klassischen Beispiels.

16.13 Das „2 Jungen–Problem"

Gerade aus dem Urlaub zurückgekommen, erfahre ich, dass in der letzten Woche
eine vierköpfige Familie ins Nachbarhaus eingezogen ist. Beim Verlassen meiner
Wohnung winkt mir vom Nachbarhaus ein Junge zu, wobei ich annehme, dass es
sich um ein Kind der neuen Nachbarn handelt. Mit welcher Wahrscheinlichkeit
ist auch das andere Kind ein Junge?

Offenbar ist hier $\Omega = \{mm, wm, mw, ww\}$ ein angemessener Grundraum für die
Geschlechterverteilung, wobei der erste (bzw. zweite) Buchstabe das Geschlecht
des **älteren (bzw. jüngeren)** Kindes symbolisiert. Machen wir die übliche vereinfachende Annahme eines Laplace–Modells, so ist a priori die Wahrscheinlichkeit für das Ergebnis mm gleich 1/4. Durch das Zuwinken eines Jungen vom Nachbarhaus werden wir offenbar zur Aufgabe unserer Laplace–Annahme gezwungen,
da der Fall zweier Mädchen nicht mehr möglich ist. Wie sollte das erhaltene Wissen ausgenutzt werden, um eine vernünftige Neubewertung der Unsicherheit über
die drei verbliebenen Fälle wm, mw und mm vorzunehmen? Wir werden sehen,
dass eine Antwort hierauf ohne zusätzliche Annahmen nicht möglich ist, weil
unsere Information nicht aus einem kontrollierten Experiment stammt, sondern
„ganz beiläufig" gemacht wurde.

Eine vielfach gegebene Antwort auf das oben gestellte Problem geht von der Gleichverteilung P auf der Menge $\Omega = \{ww, wm, mw, mm\}$ aus: Die Tatsache, dass ein Junge am Fenster winkt, bedeute, dass der Fall ww ausgeschlossen und somit das Ereignis $B = \{wm, mw, mm\}$ eingetreten sei. Es folge

$$P(\{mm\}|B) \;=\; \frac{P(\{mm\} \cap B)}{P(B)} \;=\; \frac{\frac{1}{4}}{\frac{3}{4}} \;=\; \frac{1}{3}\,.$$

Dieser falsche Ansatz spiegelt die gewonnene Information nicht richtig wider, weil er nicht beachtet, **wie** wir zu dieser Information gelangt sind, d.h. **auf welche Weise der Ausschluss des Falles ww erfolgt**. Entscheidend ist, dass wir **zuerst** einen Jungen gesehen haben, und das Ereignis B ist nur eine **Folgerung aus dieser Erfahrung**.

Machen wir hingegen die willkürliche (!!) Annahme, dass sich im Falle der Geschlechterkombinationen wm und mw jedes der beiden Kinder mit gleicher Wahrscheinlichkeit 1/2 **zuerst** am Fenster zeigt (bezüglich einer Verallgemeinerung s. Übungsaufgabe 16.8), so können (und müssen) wir den **Weg der Informationsübermittlung** als zweistufiges Experiment auffassen, bei welchem in der ersten Stufe eine der vier Geschlechterkombinationen (s.o.) mit gleicher Wahrscheinlichkeit 1/4 ausgewählt wird. Im zweiten Teilexperiment wird nun – ausgehend von einer gegebenen Geschlechterkombination – eines der Geschwister rein zufällig zum Winken am Fenster ausgewählt (Ergebnis: m oder w). Diese Situation ist in Bild 16.4 veranschaulicht.

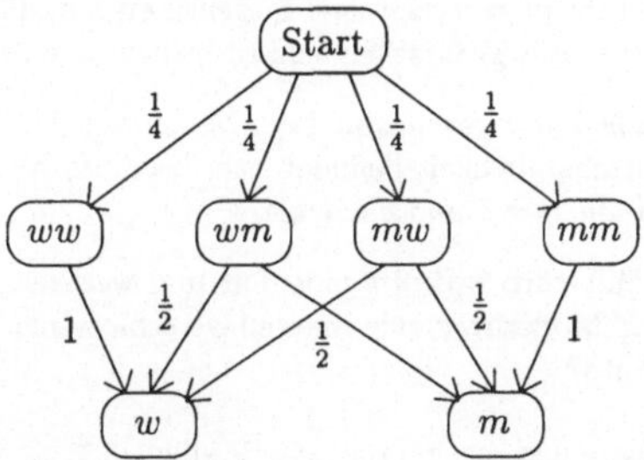

Bild 16.4 Baumdiagramm zum 2 Jungen–Problem

Ein formaler Grundraum für dieses zweistufige Experiment ist

$$\Omega = \{ww, wm, mw, mm\} \times \{w, m\}\,,$$

wobei wir aufgrund der gemachten Annahmen über Start–Verteilung und Übergangswahrscheinlichkeiten (siehe Bild 16.4) die Wahrscheinlichkeiten

$$p(ww, w) \;=\; p(mm, m) \;=\; 1/4\,,$$
$$p(ww, m) \;=\; p(mm, w) \;=\; 0\,,$$
$$p(wm, w) \;=\; p(wm, m) \;=\; p(mw, w) \;=\; p(mw, m) \;=\; 1/8$$

erhalten. Das Ereignis „zuerst wird ein Junge gesehen" stellt sich formal als $C = \{(ww, m), (wm, m), (mw, m), (mm, m)\}$ dar, und es gilt $P(C) = 0 + \frac{1}{8} + \frac{1}{8} + \frac{1}{4} = \frac{1}{2}$; dieses Ergebnis ist auch aus Symmetriegründen offensichtlich. Schreiben wir kurz $A = \{(mm, m), (mm, w)\}$ für das Ereignis „beide Kinder sind Jungen", so folgt für die gesuchte bedingte Wahrscheinlichkeit

$$P(A|C) \;=\; \frac{P(A \cap C)}{P(C)} \;=\; \frac{P(\{(mm, m)\})}{P(C)} \;=\; \frac{1/4}{1/2} = \frac{1}{2}\,.$$

Zwei Varianten der behandelten Fragestellung finden sich in Übungsaufgabe 16.7.

Übungsaufgaben

Ü 16.1 Von drei Spielkarten sei eine beidseitig weiß, die zweite beidseitig rot und die dritte auf einer Seite weiß und auf der anderen rot. Die Karten werden rein zufällig unter ein schwarzes Tuch gelegt und gemischt. Nach Hervorziehen einer Karte sieht man eine weiße Oberseite. Mit welcher Wahrscheinlichkeit ist auch die Unterseite weiß?

Ü 16.2 In der Situation des Ziegenproblems (Beispiel 16.9) möge der Moderator für den Fall, dass er die Auswahl zwischen zwei Ziegentüren hat, die Tür mit der kleineren (bzw. größeren) Nummer mit Wahrscheinlichkeit q (bzw. $1 - q$) öffnen.

a) Der Kandidat habe Tür 1 gewählt und der Moderator Tür 3 geöffnet. Mit welcher (bedingten) Wahrscheinlichkeit befindet sich das Auto hinter Tür 2? Machen Sie sich speziell die Fälle $q = 0$ und $q = 1$ klar.

b) Der Kandidat wählt **rein zufällig** eine Tür und wechselt nach Öffnen einer Ziegentür durch den Moderator zur anderen verschlossenen Tür. Mit welcher W' gewinnt er das Auto?

Ü 16.3 Wir modifizieren das Ziegenproblem (Beispiel 16.9) so, dass es vier Türen (ein Auto und drei Ziegen) gibt. Nach Wahl des Kandidaten öffnet der Moderator rein zufällig eine Ziegentür, wobei die vom Kandidaten gewählte Tür tabu ist. Sollte der Kandidat bei seiner Wahl bleiben oder sich mittels eines Münzwurfs für eine der beiden anderen verschlossenen Türen entscheiden?

Ü 16.4 Eine Urne enthalte zwei rote und drei schwarze Kugeln. Es wird rein zufällig eine Kugel gezogen und diese sowie eine weitere Kugel der gleichen Farbe in die Urne zurückgelegt. Nach gutem Mischen wird abermals eine Kugel gezogen; sie sei rot. Mit welcher Wahrscheinlichkeit war die erste gezogene Kugel rot?

Ü 16.5 Beim *Skatspiel* werden 32 Karten rein zufällig an drei Spieler 1, 2 und 3 verteilt, wobei jeder 10 Karten erhält; zwei Karten werden verdeckt als „Skat" auf den Tisch gelegt. Spieler 1 gewinnt das Reizen, nimmt den Skat auf und will mit Karo Buben und Herz Buben einen „Grand" spielen (nur die Buben „sind Trumpf"). Mit welcher Wahrscheinlichkeit besitzt

a) jeder der Gegenspieler einen Buben?

b) jeder der Gegenspieler einen Buben, wenn Spieler 1 bei Spieler 2 den Kreuz Buben (aber sonst keine weitere Karte) sieht?

c) jeder der Gegenspieler einen Buben, wenn Spieler 1 bei Spieler 2 einen (schwarzen) Buben erspäht (er ist sich jedoch völlig unschlüssig, ob es sich um den Pik Buben oder den Kreuz Buben handelt)?

Ü 16.6 a) Machen Sie sich klar, dass in der folgenden Aufgabenstellung „etwas fehlt": Eine Urne enthalte drei Kugeln, von denen jede entweder rot oder schwarz ist. Es werden nacheinander rein zufällig zwei Kugeln ohne Zurücklegen gezogen; beide seien rot. Wie groß ist die Wahrscheinlichkeit, dass auch die dritte Kugel rot ist?

b) Beantworten Sie obige Frage durch Einführung einer „geeigneten" a priori–Verteilung für die Anzahl der roten Kugeln.

Ü 16.7 Eine Mutter zweier Kinder sagt:

a) „Mindestens eines meiner beiden Kinder ist ein Junge."

b) „Das älteste meiner beiden Kinder ist ein Junge."

Wie schätzen Sie jeweils die Chance ein, dass auch das andere Kind ein Junge ist?

Ü 16.8 Nehmen Sie in der Situation des 2 Jungen–Problems an, dass sich für jede der Geschlechterkombinationen wm und mw mit der Wahrscheinlichkeit q zuerst ein Junge und mit der Wahrscheinlichkeit $1 - q$ zuerst ein Mädchen am Fenster zeigt. Überlegen Sie sich, dass unter diesen Annahmen die bedingte Wahrscheinlichkeit $P(A|C)$ aus 16.13 durch $1/(2q + 1)$ gegeben ist.

Lernziel–Kontrolle

Sie sollten

- die Beispiele dieses Kapitels gut studiert haben und für die Schwierigkeiten einer wahrscheinlichkeitstheoretischen Modellierung des Lernens aus „beiläufig gewonnener Information" sensibilisiert sein;

- erkennen, dass die *Formel von der totalen Wahrscheinlichkeit* und die *Bayes–Formel* **mathematisch** einfach sind.

17 Stochastische Unabhängigkeit

Nach einer ausgiebigen Beschäftigung mit bedingten Wahrscheinlichkeiten steht in diesem Kapitel die *stochastische Unabhängigkeit* als eine weitere zentrale Begriffsbildung der Stochastik im Mittelpunkt.

Zur Einstimmung betrachten wir die vier Zahlenreihen

$$2\,5\,3\,5\,4\,1\,2\,6\,3\,6\,5\,3\,1\,4\,2\,3\,5\,4\,1\,4\,2\,6\,4\,1\,3,$$

$$4\,3\,3\,4\,4\,6\,1\,2\,3\,4\,5\,4\,5\,6\,3\,3\,4\,1\,3\,6\,2\,6\,3\,6\,5,$$

$$3\,6\,4\,5\,1\,2\,3\,6\,4\,5\,3\,2\,3\,4\,6\,4\,2\,3\,5\,6\,2\,1\,4\,6\,5,$$

$$2\,2\,6\,2\,3\,3\,6\,3\,6\,2\,6\,4\,4\,1\,4\,4\,5\,5\,3\,3\,3\,5\,1\,5\,3,$$

welche jeweils die Ergebnisse von 25 *unabhängigen* Würfen mit einem echten Würfel darstellen sollen. Von diesen Reihen ist nur eine wirklich „ausgewürfelt worden". Zwei der vier Reihen sind von zwei Schülern einer neunten Klasse „ausgedachte" Augenzahlen, und eine Reihe besteht aus *Pseudozufallszahlen* (vgl. Kapitel 20), die mit Hilfe eines Computers erzeugt wurden. Ein „stochastisch geschultes Auge" sieht schnell, dass die erste und die dritte Reihe ausgedacht worden sind; nur die zweite Reihe ist Ergebnis eines echten Zufalls. Kennzeichnend für die erste und die dritte Reihe ist nämlich, dass keine direkte Wiederholung einer Augenzahl in einem nächsten Wurf vorkommt. Bei „unabhängig voneinander" durchgeführten Würfen müsste eine solche Wiederholung aber im Durchschnitt bei jedem sechsten Wurf auftreten!

17.1 Motivation der Begriffsbildung

Für eine Diskussion der mathematischen Begriffsbildung *stochastische Unabhängigkeit* betrachten wir zunächst den einfachsten Fall zweier Ereignisse A und B in einem W–Raum (Ω, P), wobei $P(A) > 0$ und $P(B) > 0$ vorausgesetzt seien. In Abschnitt 16.4 haben wir die bedingte Wahrscheinlichkeit $P(A|B)$ von A unter der Bedingung B als den Quotienten $P(A \cap B)/P(B)$ definiert. Im allgemeinen wird die durch das Eintreten des Ereignisses B gegebene Information über den Ausgang ω des durch den W–Raum (Ω, P) modellierten Zufallsexperimentes dazu führen, dass $P(A|B)$ verschieden von der „unbedingten" Wahrscheinlichkeit $P(A)$ ist. Falls jedoch die Gleichung

$$P(A|B) = P(A) \tag{17.1}$$

erfüllt ist, so nimmt das Eintreten des Ereignisses B *wahrscheinlichkeitstheoretisch* keinen Einfluss auf das Eintreten von A, d.h. durch die Bedingung „B geschieht" erfolgt keine Neubewertung der Wahrscheinlichkeit des Eintretens von A. In gleicher Weise bedeutet die Gleichung

$$P(B|A) = P(B), \tag{17.2}$$

dass die Wahrscheinlichkeit des Eintretens von B „unabhängig" von der Information „A geschieht" ist.

Ersetzen wir in (17.1) und (17.2) die bedingten Wahrscheinlichkeiten durch die definierenden Quotienten $P(A \cap B)/P(B)$ bzw. $P(B \cap A)/P(A)$, so ergibt sich, dass jede der Gleichungen (17.1) und (17.2) äquivalent ist zu

$$P(A \cap B) = P(A) \cdot P(B) . \tag{17.3}$$

Falls die Gleichung (17.3) erfüllt ist, so nennt man zwei Ereignisse A und B in einem W–Raum (Ω, P) *(stochastisch) unabhängig (bezüglich)* P. Dabei sind auch die Fälle $P(A) = 0$ oder $P(B) = 0$ zugelassen.

17.2 Diskussion

Die Unabhängigkeit von A und B im Fall $P(A) > 0$, $P(B) > 0$ bedeutet anschaulich, dass A und B *wahrscheinlichkeitstheoretisch* in dem Sinne keinerlei Einfluss aufeinander ausüben, dass jede der beiden Informationen „A geschieht" oder „B geschieht" die Aussicht auf das Eintreten des jeweils anderen Ereignisses unverändert lässt.

Es ist wichtig, den Begriff der stochastischen Unabhängigkeit strikt von *realer Beeinflussung* zu unterscheiden. Zur Illustration betrachten wir das zweimalige rein zufällige Ziehen ohne Zurücklegen aus einer Urne mit zwei roten und einer schwarzen Kugel sowie die Ereignisse A bzw. B, dass die erste bzw. zweite gezogene Kugel rot ist. Hier gelten $P(B|A) = 1/2$ und $P(B) = 2/3$, so dass die Ereignisse A und B nicht unabhängig sind. In diesem Beispiel ist zwar B real von A beeinflusst, aber nicht A von B, da sich B auf den zweiten und A auf den ersten Zug bezieht. Im Gegensatz zu realer Beeinflussung ist der Unabhängigkeitsbegriff symmetrisch in A und B!

Interessanterweise schließen sich reale Beeinflussung und Unabhängigkeit auch nicht gegenseitig aus. Ein Beispiel hierfür sind der zweifache Wurf mit einem echten Würfel und die Ereignisse $A := \{$„die Augensumme ist ungerade"$\}$, $B := \{$„der erste Wurf ergibt eine gerade Augenzahl"$\}$. Hier gelten $P(A) = P(B) = 1/2$ sowie $P(A \cap B) = 1/4$, so dass A und B unabhängig sind, obwohl jedes der beiden

Ereignisse das Eintreten des jeweils anderen Ereignisses real mitbestimmt.

Unabhängigkeit darf auch keinesfalls mit *Disjunktheit* verwechselt werden. Disjunkte Ereignisse sind nach (17.3) genau dann unabhängig, wenn mindestens eines von ihnen die Wahrscheinlichkeit 0 besitzt, also „ausgesprochen uninteressant ist". Ein Kuriosum im Zusammenhang mit dem Unabhängigkeitsbegriff ist schließlich, dass wir in (17.3) auch $B = A$ setzen können und die Gleichung $P(A) = P(A) \cdot P(A)$ als Bedingung der „Unabhängigkeit des Ereignisses A von sich selbst" erhalten. Diese Gleichung ist jedoch nur für den Fall $P(A) \in \{0,1\}$, also insbesondere für $A = \emptyset$ und $A = \Omega$ erfüllt. Kein „normales" Ereignis A mit $0 < P(A) < 1$ kann somit unabhängig von sich selbst sein!

Ein häufig begangener Fehler im Zusammenhang mit dem Unabhängigkeitsbegriff ist die Vorstellung, die Unabhängigkeit von drei Ereignissen A, B und C sei in sinnvoller Weise durch die naive Verallgemeinerung

$$P(A \cap B \cap C) = P(A) \cdot P(B) \cdot P(C) \tag{17.4}$$

von (17.3) beschrieben. Da man anschaulich mit der Unabhängigkeit von A, B und C auch die Vorstellung der Unabhängigkeit von je zweien der drei Ereignisse verbinden würde, wäre (17.4) als Definition für die Unabhängigkeit von A, B und C nur sinnvoll, wenn wir von Gleichung (17.4) ausgehend die Unabhängigkeit von je zweien der drei Ereignisse, also z.B. das Bestehen der Gleichung (17.3), folgern könnten. Das folgende Beispiel zeigt, dass dies allgemein nicht möglich ist.

Es sei $\Omega := \{0,1\}^3$, und für $\omega = (a_1, a_2, a_3)$ sowie $s := a_1 + a_2 + a_3$ definieren wir

$$p(\omega) := P(\{\omega\}) := \begin{cases} 5/16, & \text{falls} \quad s = 0, \\ 0, & \text{falls} \quad s = 1, \\ 3/16, & \text{falls} \quad s = 2, \\ 1/8, & \text{falls} \quad s = 3. \end{cases}$$

Setzen wir $A_j := \{(a_1, a_2, a_3) \in \Omega : a_j = 1\}$ $(j = 1, 2, 3)$, so gilt

$$\begin{aligned} P(A_1) &= p(1,0,0) + p(1,0,1) + p(1,1,0) + p(1,1,1) \\ &= 0 + 3/16 + 3/16 + 1/8 = 1/2 \end{aligned}$$

und analog $P(A_2) = P(A_3) = 1/2$. Weiter gilt $P(A_1 \cap A_2 \cap A_3) = p(1,1,1) = 1/8$, so dass Gleichung (17.4) mit $A := A_1$, $B := A_2$ und $C := A_3$ erfüllt ist. Wegen $P(A_1 \cap A_2) = p(1,1,0) + p(1,1,1) = 5/16 \neq 1/4 = P(A_1) \cdot P(A_2)$ sind jedoch A_1 und A_2 nicht unabhängig.

In Verallgemeinerung zu (17.3) ist die Unabhängigkeit von n ($n \geq 2$) Ereignissen wie folgt definiert:

17.3 Definition

Es seien (Ω, P) ein W–Raum und $A_1, \ldots, A_n$ Ereignisse $(n \geq 2)$. $A_1, \ldots, A_n$ heißen (*stochastisch*) *unabhängig* (*bzgl.* $P(\cdot)$), falls gilt:

$$P\left(\bigcap_{j \in T} A_j\right) = \prod_{j \in T} P(A_j) \tag{17.5}$$

für jede **relevante** (d.h. mindestens zweielementige) Menge $T \subseteq \{1, 2, \ldots, n\}$.

Setzen wir für den Fall $n = 2$ kurz $A = A_1$ und $B = A_2$, so gibt es nur eine relevante Teilmenge T von $\{1, 2\}$, nämlich $T = \{1, 2\}$, und (17.5) geht in (17.3) über. Im Fall $n = 3$ gibt es vier relevante Teilmengen T von $\{1, 2, 3\}$, nämlich $\{1, 2\}$, $\{1, 3\}$, $\{2, 3\}$ und $\{1, 2, 3\}$. Schreiben wir kurz $A = A_1$, $B = A_2$ und $C = A_3$, so ist die Unabhängigkeit der Ereignisse A, B und C gleichbedeutend mit der Gültigkeit der vier Gleichungen

$$\begin{aligned}
P(A \cap B) &= P(A) \cdot P(B), \\
P(A \cap C) &= P(A) \cdot P(C), \\
P(B \cap C) &= P(B) \cdot P(C), \\
P(A \cap B \cap C) &= P(A) \cdot P(B) \cdot P(C).
\end{aligned} \tag{17.6}$$

Da es $2^n - n - 1$ relevante Teilmengen T von $\{1, 2, \ldots, n\}$ gibt (insgesamt gibt es 2^n Stück; nur die leere Menge und die n einelementigen Teilmengen sind nicht relevant und somit ausgeschlossen!), wird die Unabhängigkeit von n Ereignissen durch $2^n - n - 1$ Gleichungen beschrieben.

Man beachte ferner, dass die Definition der Unabhängigkeit von $A_1, \ldots, A_n$ „nach Konstruktion" die Unabhängigkeit jedes Teilsystems $A_{i_1}, \ldots, A_{i_k}$ $(1 \leq i_1 < \ldots < i_k \leq n, 2 \leq k < n)$ von $A_1, \ldots, A_n$ zur Folge hat. Übungsaufgabe 17.1 zeigt, dass umgekehrt im allgemeinen nicht geschlossen werden kann.

Sind A und B unabhängige Ereignisse, so folgt aus

$$\begin{aligned}
P(A \cap \bar{B}) &= P(A) - P(A \cap B) \\
&= P(A) - P(A) \cdot P(B) \\
&= P(A) \cdot (1 - P(B)) \\
&= P(A) \cdot P(\bar{B})
\end{aligned} \tag{17.7}$$

die auch anschaulich klare Aussage, dass die Ereignisse A und $\bar{B}$ ebenfalls unabhängig sind. Allgemeiner gilt der folgende Sachverhalt, für dessen Formulierung die Vereinbarungen

$$\bigcap_{i\in\emptyset} A_i := \bigcap_{j\in\emptyset} \overline{A_j} := \Omega, \qquad \prod_{i\in\emptyset} P(A_i) := \prod_{j\in\emptyset} P(\overline{A_j}) := 1$$

gelten sollen. Dabei sei an die allgemeine Konvention erinnert, ein „leeres Produkt" (Produkt über die leere Menge) gleich 1 und analog eine „leere Summe" gleich 0 zu setzen.

17.4 Satz

Es seien (Ω, P) ein W–Raum und $A_1, \ldots, A_n$ Ereignisse, $n \geq 2$. Dann sind folgende Aussagen äquivalent:

a) $A_1, \ldots, A_n$ sind stochastisch unabhängig.

b) Es gilt $P\left(\bigcap_{i\in I} A_i \cap \bigcap_{j\in J} \overline{A_j}\right) = \prod_{i\in I} P(A_i) \cdot \prod_{j\in J} P(\overline{A_j})$

für jede Wahl **disjunkter** Teilmengen I, J aus $\{1, 2, \ldots, n\}$.

BEWEIS: Die Richtung „b)$\Longrightarrow$a)" folgt unmittelbar, indem $J := \emptyset$ gesetzt wird. Der Nachweis der umgekehrten Richtung geschieht durch Induktion über $k := |J|$, wobei die Behauptung nach Voraussetzung a) für $k = 0$ gilt. Für den Induktionsschluß $k \to k+1$ ($\leq n$) seien I und J disjunkte Teilmengen von $\{1, \ldots, n\}$ mit $|J| = k + 1$. Wegen $|J| \geq 1$ finden wir ein $j_0 \in J$. Mit $J_0 := J \setminus \{j_0\}$ ergibt sich unter Verwendung der Abkürzungen $B := \bigcap_{i\in I} A_i$, $C := \bigcap_{j\in J_0} \overline{A_j}$, $\Pi_B = \prod_{i\in I} P(A_i)$, $\Pi_C = \prod_{j\in J_0} P(\overline{A_j})$ analog zur Herleitung in (17.7)

$$
\begin{aligned}
P\left(\bigcap_{i\in I} A_i \cap \bigcap_{j\in J} \overline{A_j}\right) &= P(B \cap C \cap \overline{A_{j_0}}) \\
&= P(B \cap C) - P(B \cap C \cap A_{j_0}) \\
&= \Pi_B \cdot \Pi_C - \Pi_B \cdot \Pi_C \cdot P(A_{j_0}) \\
&= \Pi_B \cdot \Pi_C \cdot (1 - P(A_{j_0})) \\
&= \prod_{i\in I} P(A_i) \cdot \prod_{j\in J} P(\overline{A_j}).
\end{aligned}
$$

Dabei wurde beim dritten Gleichheitszeichen zweimal die Induktionsvoraussetzung benutzt. ∎

17.5 Stochastische Unabhängigkeit in Produktexperimenten

Eine große Beispielklasse stochastisch unabhängiger Ereignisse ergibt sich in dem in 14.3 eingeführten Modell für ein *Produktexperiment*. Der dort konstruierte W–Raum (Ω, P) mit $\Omega = \Omega_1 \times \ldots \times \Omega_n$ beschreibt die Situation n „getrennt voneinander ablaufender, sich gegenseitig nicht beeinflussender" (Einzel–) Experimente, wobei das j–te Experiment durch den W–Raum (Ω_j, P_j) modelliert wird. Die W–Verteilung P ordnet dem Element $\omega = (a_1, \ldots, a_n)$ aus Ω die Wahrscheinlichkeit

$$p(\omega) \;=\; p_1(a_1) \cdot p_2(a_2) \cdot \ldots \cdot p_n(a_n) \tag{17.8}$$

zu, wobei wie früher kurz $p(\omega) = P(\{\omega\})$ und $p_j(a_j) = P_j(\{a_j\})$, $j = 1, \ldots, n$, geschrieben wurde.

Aufgrund der Produkt–Beziehung (17.8) heißt P das *Produkt–Wahrscheinlichkeitsmaß* (kurz: *Produkt–W–Maß*) von $P_1, \ldots, P_n$, und wir schreiben hierfür

$$P \;=: \; \prod_{j=1}^{n} P_j.$$

Setzen wir ferner

$$\bigtimes_{j=1}^{n} \Omega_j \;:=\; \Omega_1 \times \Omega_2 \times \ldots \times \Omega_n \,,$$

so heißt der W–Raum

$$(\Omega, P) \;=: \; \left(\bigtimes_{j=1}^{n} \Omega_j \,,\; \prod_{j=1}^{n} P_j \right) \tag{17.9}$$

das *Produkt der W–Räume* $(\Omega_1, P_1), \ldots, (\Omega_n, P_n)$.

Aufgrund unserer Vorstellung von „getrennt ablaufenden" Einzelexperimenten ist zu erwarten, dass **Ereignisse, die sich „auf verschiedene Komponenten des Produktexperimentes beziehen", stochastisch unabhängig bezüglich P sind**. Die folgenden Überlegungen zeigen, dass diese Vermutung zutrifft.

Wählen wir für jedes $j = 1, \ldots, n$ eine Teilmenge B_j^* von Ω_j aus, so beschreibt das kartesische Produkt

$$\begin{aligned}
B \;&:=\; B_1^* \times \ldots \times B_n^* \\
&=\; \left\{ \omega = (a_1, \ldots, a_n) \in \Omega : a_j \in B_j^* \;\; (j = 1, \ldots, n) \right\}
\end{aligned}$$

als Teilmenge von Ω das Ereignis, dass für jedes $j = 1, \ldots, n$ im j–ten Einzelexperiment das Ereignis B_j^* eintritt. Aufgrund von (17.8) gilt dann

$$\begin{aligned}
P(B) \;&=\; \sum_{\omega \in B} p(\omega) \;=\; \sum_{a_1 \in B_1^*} \cdots \sum_{a_n \in B_n^*} \prod_{j=1}^{n} p_j(a_j) \\
&=\; \left(\sum_{a_1 \in B_1^*} p_1(a_1) \right) \cdot \ldots \cdot \left(\sum_{a_n \in B_n^*} p_n(a_n) \right)
\end{aligned}$$

$$= \quad P_1(B_1^*) \cdot \ldots \cdot P_n(B_n^*),$$

also

$$P(B_1^* \times \ldots \times B_n^*) \; = \; P_1(B_1^*) \cdot \ldots \cdot P_n(B_n^*). \tag{17.10}$$

Die anschauliche Sprechweise, dass sich ein Ereignis A_j (als Teilmenge von Ω) nur auf das j-te Einzelexperiment bezieht, bedeutet formal, dass A_j die Gestalt

$$\begin{aligned} A_j \; &= \; \{\omega = (a_1, \ldots, a_n) \in \Omega : \; a_j \in A_j^*\} \\ &= \; \Omega_1 \times \ldots \times \Omega_{j-1} \times A_j^* \times \Omega_{j+1} \times \ldots \times \Omega_n \end{aligned} \tag{17.11}$$

mit einer Teilmenge A_j^* von Ω_j besitzt. Ist nun T eine beliebige relevante Teilmenge von $\{1, 2, \ldots, n\}$, so setzen wir speziell

$$B_j^* := \begin{cases} A_j^*, & \text{falls} \quad j \in T, \\ \Omega_j, & \text{falls} \quad j \in \{1, 2, \ldots, n\} \setminus T \end{cases}$$

und erhalten wegen $\cap_{j \in T} A_j \; = \; B_1^* \times \ldots \times B_n^*$ sowie (17.10)

$$P\left(\bigcap_{j \in T} A_j\right) \; = \; \prod_{i=1}^{n} P_i(B_i^*) \; = \; \prod_{j \in T} P_j(B_j^*) \; = \; \prod_{j \in T} P_j(A_j^*) \; = \; \prod_{j \in T} P(A_j).$$

Dabei ist das letzte Gleichheitszeichen eine Konsequenz aus (17.11) und (17.10). Die Ereignisse $A_1, \ldots, A_n$ sind somit in der Tat stochastisch unabhängig.

17.6 Unabhängigkeit und Vergröberung

Die unabhängigen Ereignisse $A_1, \ldots, A_n$ seien in zwei „disjunkte Blöcke", z.B. $A_1, \ldots, A_k$ und $A_{k+1}, \ldots, A_n$, aufgeteilt. Wir konstruieren mittels mengentheoretischer Operationen (Vereinigungs-, Durchschnitts- und Komplement–Bildung) aus dem ersten Block $A_1, \ldots, A_k$ ein neues Ereignis B und aus dem zweiten Block $A_{k+1}, \ldots, A_n$ ein Ereignis C. Intuitiv ist zu erwarten, dass mit $A_1, \ldots, A_n$ auch B und C unabhängige Ereignisse sind.

Der folgende mathematische Beweis benutzt die Tatsache, dass B und C nach Sätzen der Mengenlehre in der Form

$$B \; = \; \sum_{r \in R} A_1^{r_1} \cap \ldots \cap A_k^{r_k}, \quad C \; = \; \sum_{s \in S} A_{k+1}^{s_1} \cap \ldots \cap A_n^{s_{n-k}}, \tag{17.12}$$

als Vereinigungen disjunkter Mengen darstellbar sind. Hierbei laufen die Summen über alle Tupel $r = (r_1, \ldots, r_k)$ und $s = (s_1, \ldots, s_{n-k})$ aus geeigneten Mengen $R \subseteq \{0, 1\}^k$ bzw. $S \subseteq \{0, 1\}^{n-k}$, und allgemein steht D^1 für eine Menge D und D^0 für die komplementäre Menge $\overline{D} = \Omega \setminus D$.

Zur Illustration betrachten wir den Fall $n = 7, k = 3$ und die Mengen $B = (A_2 \cap \overline{A_1}) \cup (A_1 \cap A_3)$ und $C = A_5 \cap A_6$. Hier gelten

$$
\begin{aligned}
B \;&=\; A_1 \cap A_2 \cap A_3 + A_1 \cap \overline{A_2} \cap A_3 + \overline{A_1} \cap A_2 \cap A_3 + \overline{A_1} \cap A_2 \cap \overline{A_3}, \\
C \;&=\; A_4 \cap A_5 \cap A_6 \cap A_7 + \overline{A_4} \cap A_5 \cap A_6 \cap A_7 + A_4 \cap A_5 \cap A_6 \cap \overline{A_7} \\
&\quad + \overline{A_4} \cap A_5 \cap A_6 \cap \overline{A_7}
\end{aligned}
$$

und somit $R = \{(1,1,1),(1,0,1),(0,1,1),(0,1,0)\}$, $S = \{(1,1,1,1),(0,1,1,1),(1,1,1,0),(0,1,1,0)\}$.

Aufgrund des Distributiv–Gesetzes, der Additivität von $P(\cdot)$ und der Unabhängigkeit von $A_1, \ldots, A_n$ gilt für die Mengen B und C aus (17.12)

$$
\begin{aligned}
P(B \cap C) \;&=\; P\!\left(\left(\sum_{r \in R} A_1^{r_1} \cap \ldots \cap A_k^{r_k}\right) \cap \left(\sum_{s \in S} A_{k+1}^{s_1} \cap \ldots \cap A_n^{s_{n-k}}\right)\right) \\[2mm]
&=\; P\!\left(\sum_{r \in R}\sum_{s \in S} A_1^{r_1} \cap \ldots \cap A_k^{r_k} \cap A_{k+1}^{s_1} \cap \ldots \cap A_n^{s_{n-k}}\right) \\[2mm]
&=\; \sum_{r \in R}\sum_{s \in S} P\!\left(A_1^{r_1} \cap \ldots \cap A_k^{r_k} \cap A_{k+1}^{s_1} \cap \ldots \cap A_n^{s_{n-k}}\right) \\[2mm]
&=\; \sum_{r \in R}\sum_{s \in S} \prod_{i=1}^{k} P(A_i^{r_i}) \cdot \prod_{j=1}^{n-k} P(A_{k+j}^{s_j}) \\[2mm]
&=\; \left(\sum_{r \in R} \prod_{i=1}^{k} P(A_i^{r_i})\right) \cdot \left(\sum_{s \in S} \prod_{j=1}^{n-k} P(A_{k+j}^{s_j})\right) \\[2mm]
&=\; \left(\sum_{r \in R} P(A_1^{r_1} \cap \ldots \cap A_k^{r_k})\right) \cdot \left(\sum_{s \in S} P(A_{k+1}^{s_1} \cap \ldots \cap A_n^{s_{n-k}})\right) \\[2mm]
&=\; P(B) \cdot P(C),
\end{aligned}
$$

so dass B und C in der Tat stochastisch unabhängig sind.

Wir fassen zusammen: Sind die Ereignisse B und C gemäß (17.12) aus zwei disjunkten Blöcken unabhängiger Ereignisse $A_1, \ldots, A_n$ gebildet, so sind auch B und C stochastisch unabhängig. Dieser Sachverhalt bleibt analog bei Unterteilungen in mehr als zwei Blöcke gültig.

17.7 Der Traum vom Lotto–Glück

Beim *Zahlenlotto 6 aus 49* kollidieren die Begriffe *Unabhängigkeit* und *Gleichwahrscheinlichkeit* oft mit dem allgemeinen Empfinden von „Zufälligkeit". Hat die Lottotrommel ein „Gedächtnis"? „Merkt sie sich" beispielsweise, wenn irgendeine Zahl schon 40 Wochen nicht mehr auftrat, und „bevorzugt" sie diese

Zahl dann in den folgenden Ziehungen? Dass viele Lottospieler nicht an eine „Gedächtnislosigkeit" der Lottotrommel glauben, wird dadurch deutlich, dass allein in Baden–Württemberg für eine ganz normale Ausspielung des Jahres 1993 stolze 460(!) mal die Kombination 10-16-28-43-45-48 angekreuzt wurde (siehe [BO], S.215)). Das „Geheimnis" dieser Reihe ist schnell gelüftet: Es sind genau diejenigen 6 Zahlen, welche damals die längsten „Rückstände" aufwiesen.

Im Gegensatz zu solch weitverbreiteten Vorstellungen von einem „Gedächtnis mit ausgleichendem Charakter" müssen wir jedoch davon ausgehen, dass die wöchentlichen Ausspielungen beim Lotto als stochastisch unabhängig voneinander anzusehen sind. Alle verfügbaren Informationen sprechen auch für die Annahme, dass jede Sechser–Auswahl der 49 Lottozahlen die gleiche Ziehungswahrscheinlichkeit besitzt. Wer hier vielleicht meint, die Reihe 7-19-20-31-36-45 sei wahrscheinlicher als die Kombination 1-2-3-4-5-6, frage sich, ob er (sie) vielleicht Gleichwahrscheinlichkeit mit *Repräsentativität* verwechselt; die erste Kombination ist natürlich **eine von vielen** „Allerweltsreihen", wie wir sie „typischerweise" beobachten.

Spielen Sie Lotto? Wenn nicht, dürften die folgenden Zeilen eine persönliche Bestärkung sein. Falls Sie jedoch mit ja antworten, sind Sie wohl kaum abgeneigt, irgendwann in nicht allzu ferner Zukunft sechs Richtige zu erzielen.

Wir fragen nach der Wahrscheinlichkeit $p(n, k)$, dass ein Lottospieler, der wöchentlich k verschiedene Tippreihen abgibt, **im Laufe der nächsten n Wochenziehungen mindestens einmal einen Sechser erzielt**. Dabei sei der Einfachheit halber von der Zusatzzahl und von der *Superzahl* abgesehen. Aufgrund der Laplace–Annahme für alle Sechser–Auswahlen ist die Wahrscheinlichkeit, am kommenden Samstag mit k verschiedenen Reihen sechs Richtige zu haben, durch $p(k) = k/\binom{49}{6}$ gegeben. Bei Unterstellung der Unabhängigkeit der Ergebnisse verschiedener Wochenziehungen ist dann $(1 - p(k))^n$ die Wahrscheinlichkeit, in **keiner der nächsten n Ausspielungen** einen Sechser zu erzielen. Die gesuchte Wahrscheinlichkeit (komplementäres Ereignis!) berechnet sich somit zu

$$p(n, k) = 1 - (1 - p(k))^n.$$

Als Beispiel betrachten wir den Fall $k = 10$ und $n = 2000$, was einem komplett ausgefüllten Lottoschein und einem Zeitraum von etwa 38 Jahren entspricht. Hier ergibt sich $p(2000, 10) = 0.00142\ldots$ und somit eine Chance von etwa 14 zu 10000 für mindestens einen Sechser innerhalb der nächsten 38 Jahre. Die Chancen auf einen Hauptgewinn steigen natürlich, wenn Sie mehr Geduld aufbringen oder mehr Reihen tippen. Die Wahrscheinlichkeit, mit 10 Reihen innerhalb der nächsten 20000 Ausspielungen (ca. 383 Jahre inkl. Schaltjahre) mindestens einen Sechser zu haben, liegt schon bei $0.0142\ldots$ oder 14 zu 1000. Spielen Sie weiter!

17.8 Gruppen–Screening

Das folgende Problem tauchte während des Zweiten Weltkrieges auf, als Millionen von Rekruten in den USA ärztlich untersucht werden mussten.

Viele Personen mögen unabhängig voneinander und mit je gleicher Wahrscheinlichkeit p eine Krankheit besitzen, die durch eine Blutuntersuchung entdeckt werden kann. Das Ziel besteht darin, von den Blutproben dieser Personen die Proben mit „positivem Befund" möglichst kostengünstig herauszufinden. Als Alternative zu dem Verfahren, alle Blutproben einzeln zu untersuchen, bietet sich ein *Gruppen–Screening* an, bei dem jeweils das Blut von k Personen vermischt und untersucht wird. Mit dieser Methode muss nur bei einem positiven Befund jede Person der Gruppe einzeln untersucht werden, so dass insgesamt $k+1$ Tests nötig sind. Andernfalls reicht ein Test für k Personen aus.

Man beachte, dass die Anzahl nötiger Blutuntersuchungen bei einer Gruppe von k Personen eine im folgenden mit Y_k bezeichnete Zufallsvariable ist, welche die beiden Werte 1 (in diesem Fall sind alle Personen der Gruppe gesund) und $k+1$ (in diesem Fall liegt ein positiver Befund vor, und es müssen zusätzlich zur Gruppenuntersuchung noch k Einzeluntersuchungen vorgenommen werden) annimmt. Wegen $P(Y_k = 1) = (1-p)^k$ und $P(Y_k = k+1) = 1 - (1-p)^k$ besitzt Y_k den Erwartungswert

$$
\begin{aligned}
E(Y_k) &= (1-p)^k + (k+1)\cdot(1-(1-p)^k) \\
&= k + 1 - k\cdot(1-p)^k.
\end{aligned}
$$

Damit sich im Mittel überhaupt eine Ersparnis durch Gruppenbildung ergibt, muss $E(Y_k) < k$ und somit $1 - p > 1/\sqrt[k]{k}$ sein. Da die Funktion $k \to 1/\sqrt[k]{k}$ ihr Minimum für $k = 3$ annimmt, folgt notwendigerweise $1 - p > 1/\sqrt[3]{3}$ oder $p < 1 - 1/\sqrt[3]{3} = 0.3066\ldots$. Das Gruppen–Screening lohnt sich also nur für hinreichend kleines p, was auch zu erwarten war.

Die optimale Gruppengröße k_0 zur Minimierung der erwarteten Anzahl $E(Y_k)/k$ von Tests pro Person hängt natürlich von p ab und führt auf das Problem, die Funktion $k \to 1 + 1/k - (1-p)^k$ bezüglich k zu minimieren. Tabelle 17.1 zeigt die mit Hilfe eines Computers gewonnenen optimalen Gruppengrößen k_0 für verschiedene Werte von p sowie die erwartete prozentuale Ersparnis $(1 - E(Y_{k_0})/k_0) \times 100\%$ pro Person.

p	0.2	0.1	0.05	0.01	0.005	0.001	0.0001
k_0	3	4	5	11	15	32	101
Ersparnis in %	18	41	57	80	86	94	98

Tabelle 17.1 Optimale Gruppengrößen und prozentuale Ersparnis pro Person beim Gruppen–Screening in Abhängigkeit von p

Für kleine Werte von p ist $k_0 \approx 1/\sqrt{p}$ mit einer erwarteten prozentualen Ersparnis von ungefähr $(1 - 2\sqrt{p}) \times 100\,\%$ eine gute Näherung (vgl. Übung 17.4).

17.9 Ein nur vermeintlich faires Spiel

Jeder, der das Spiel *Stein, Schere, Papier* kennt, weiß, wie wichtig (und schwierig) es ist, sich eine rein zufällige und **unabhängige** Folge dieser drei Begriffe „auszudenken", um einem Gegner nicht die Möglichkeit zu geben, den jeweils nächsten Begriff zu erraten und durch eine passende Antwort in Vorteil zu gelangen (zur Erinnerung: Stein schlägt Schere, Schere schlägt Papier, Papier schlägt Stein). Hier ist zu erwarten, dass keiner der Spieler einen Vorteil besitzt, wenn beide **unabhängig voneinander rein zufällig** ihre Wahl treffen.

Im folgenden betrachten wir ein ähnliches Spiel, das *Zwei–Finger–Morra*[1]. Dabei heben zwei Spieler A und B gleichzeitig jeweils einen oder zwei Finger hoch. Stimmen die Anzahlen der gezeigten Finger überein, so erhält A von B so viele DM, wie insgesamt Finger gezeigt wurden (also 2 oder 4). Stimmen sie nicht überein, so erhält B von A den Betrag von 3 DM.

Wir nehmen an, dass Spieler A (bzw. B) mit der Wahrscheinlichkeit a (bzw. b) einen Finger und mit der Wahrscheinlichkeit $1 - a$ (bzw. $1 - b$) zwei Finger hebt, wobei A und B ihre Wahl **unabhängig voneinander** treffen. Ein mögliches Modell für dieses Spiel ist dann der Grundraum $\Omega = \{(1,1),(1,2),(2,1),(2,2)\}$ mit der Wahrscheinlichkeitsverteilung

$$
\begin{aligned}
p(1,1) &= a \cdot b, & p(1,2) &= a \cdot (1 - b), \\
p(2,1) &= (1 - a) \cdot b, & p(2,2) &= (1 - a) \cdot (1 - b).
\end{aligned}
$$

Beschreibt die Zufallsvariable X den Spielgewinn von Spieler A (ein negativer Wert von X ist als Verlust zu verstehen), so gelten

$$
\begin{aligned}
P(X = 2) &= a \cdot b, \\
P(X = -3) &= a \cdot (1 - b) + (1 - a) \cdot b, \\
P(X = 4) &= (1 - a) \cdot (1 - b)
\end{aligned}
$$

und folglich

$$
\begin{aligned}
E_{a,b}(X) &= 2 \cdot a \cdot b - 3 \cdot [a \cdot (1 - b) + (1 - a) \cdot b] + 4 \cdot (1 - a) \cdot (1 - b) \\
&= 4 + 12 \cdot a \cdot b - 7 \cdot (a + b).
\end{aligned}
$$

---

[1] Das Zwei-Finger-Morra ist vor allem in Italien seit jeher sehr beliebt. Obwohl es dort als Glücksspiel verboten ist, wird es u.a. in Gefängnissen bei teilweise hohen Einsätzen gespielt.

Dabei wurde die Abhängigkeit des Erwartungswertes von den *Spielstrategien* (Wahrscheinlichkeiten) a und b durch die Schreibweise $E_{a,b}$ hervorgehoben.

Das Zwei–Finger–Morra macht auf den ersten Blick einen „fairen Eindruck", denn es gilt $E_{a,b}(X) = 0$ für die „Laplace–Strategien" $a = b = 1/2$. Wählt jedoch Spieler B die Strategie $b_0 := 7/12$, so folgt

$$E_{a,b_0}(X) = 4 + 7 \cdot a - 7 \cdot a - \frac{49}{12} = -\frac{1}{12},$$

unabhängig von der Strategie a für Spieler A! In der Häufigkeitsinterpretation des Erwartungswertes verliert also Spieler A auf die Dauer pro Spiel 1/12 DM, wenn B die Strategie $b = 7/12$ wählt. Kann B vielleicht noch etwas besser agieren? Zur Beantwortung dieser Frage versetzen wir uns in die Lage von Spieler A und versuchen, bei Annahme einer festen Strategie b den Erwartungswert $E_{a,b}(X)$ des Spielgewinns durch geeignete Wahl von a zu maximieren. Wegen

$$E_{a,b}(X) = (12 \cdot b - 7) \cdot a + 4 - 7 \cdot b$$

ist im Fall $b > 7/12$ (bzw. $b < 7/12$) die Wahl $a = 1$ (bzw. $a = 0$) optimal, und es folgt

$$\max_{0 \leq a \leq 1} E_{a,b}(X) = \begin{cases} 5 \cdot b - 3, & \text{falls} \quad b > 7/12, \\ 4 - 7 \cdot b, & \text{falls} \quad b < 7/12, \\ -\frac{1}{12}, & \text{falls} \quad b = 7/12, \end{cases}$$

und somit

$$\min_{0 \leq b \leq 1} \max_{0 \leq a \leq 1} E_{a,b}(X) = \max_{0 \leq a \leq 1} E_{a,b_0}(X) = -\frac{1}{12}.$$

Die Wahl $b_0 = 7/12$ ist also in dem Sinne eine optimale Strategie für Spieler B, als sie den maximalen erwarteten Gewinn für Spieler A minimiert. Da mit ähnlichen Überlegungen die Wahl $a_0 := 7/12$ den minimalen erwarteten Gewinn für Spieler A maximiert (siehe Übungsaufgabe 17.6), sollte A zum Zwecke der Verlustminimierung die Strategie $a_0 = 7/12$ wählen, wenn er gezwungen wäre, das Zwei–Finger–Morra zu spielen.

Übungsaufgaben

Ü 17.1 Von einem regulären Tetraeder („echten vierseitigen Würfel") seien drei der vier Flächen mit jeweils einer der Farben „1", „2" und „3" gefärbt; auf der vierten Fläche sei jede dieser drei Farben sichtbar. Es sei A_j das Ereignis, dass nach einem Wurf des Tetraeders die unten liegende Seite die Farbe „j" enthält ($j = 1, 2, 3$). Zeigen Sie:

a) Je zwei der Ereignisse A_1, A_2 und A_3 sind unabhängig.

b) A_1, A_2, A_3 sind nicht unabhängig.

Ü 17.2 Es sei (Ω, P) ein Laplacescher W–Raum

a) mit $|\Omega| = 6$ (echter Würfel),

b) mit $|\Omega| = 7$.

Wieviele Paare (A, B) unabhängiger Ereignisse mit $0 < P(A) \leq P(B) < 1$ gibt es jeweils?

Ü 17.3 Bestimmen Sie in der Situation von 17.7 die Wahrscheinlichkeit, mit wöchentlich 10 abgegebenen Tippreihen mindestens einmal in 2000 Ausspielungen 5 Richtige (ohne Berücksichtigung der Zusatzzahl) zu erzielen. Dabei setzen wir voraus, dass je zwei der abgegebenen Tippreihen höchstens vier Zahlen gemeinsam haben.

Ü 17.4 Begründen Sie die Näherungsformel $k_0 \approx 1/\sqrt{p}$ bei kleinem p für die optimale Gruppengröße beim Gruppen-Screening (Situation von 17.8).
Hinweis: Es ist $(1 - p)^k \approx 1 - k \cdot p$ bei kleinem p.

Ü 17.5 Zwei Spieler A und B spielen wiederholt das Spiel *Stein, Schere, Papier*, wobei wir annehmen, dass A die Begriffe Stein, Schere und Papier mit den Wahrscheinlichkeiten 1/2, 1/4 und 1/4 wählt. Welche Strategie (in Form von Wahrscheinlichkeiten für die drei Begriffe) sollte Spieler B verfolgen, um seinen erwarteten Gewinn zu maximieren? Dabei nehmen wir an, dass der Verlierer dem Gewinner eine Mark gibt und bei gleicher Wahl der Begriffe nichts zu zahlen ist. Ist die Lösung intuitiv zu „erraten"?

Ü 17.6 Zeigen Sie die Gültigkeit der Beziehung

$$\max_{0 \leq a \leq 1} \min_{0 \leq b \leq 1} E_{a,b}(X) = -\frac{1}{12}$$

in der Situation 17.9 des Zwei–Finger–Morra.

Lernziel–Kontrolle

Sie sollten

- die Definition der stochastischen Unabhängigkeit von Ereignissen sicher beherrschen;

- das Auftreten unabhängiger Ereignisse in Produktexperimenten kennen;

- wissen, dass aus disjunkten Blöcken unabhängiger Ereignisse gebildete Ereignisse ebenfalls unabhängig sind;

- das Resultat von Satz 17.4 kennen.

18 Gemeinsame Verteilung von Zufallsvariablen

Ist $X : \Omega \to \mathbb{R}$ eine Zufallsvariable, welche die Werte $x_1, \ldots, x_r$ annimmt, so heißt nach 6.3 das System der Wahrscheinlichkeiten $P(X = x_j)$, $j = 1, \ldots, r$, die *Verteilung* von X. Im folgenden wird es häufig vorkommen, dass wir mehrere Zufallsvariablen über demselben W–Raum (Ω, P) betrachten.

18.1 Gemeinsame Verteilung, Marginalverteilung

Sind X und Y Zufallsvariablen auf Ω, welche die Werte $x_1, \ldots, x_r$ bzw. $y_1, \ldots, y_s$ annehmen, so heißt das System der Wahrscheinlichkeiten

$$P(X = x_i, Y = y_j) \quad := \quad P(\{\omega \in \Omega : X(\omega) = x_i \text{ und } Y(\omega) = y_j\}) \quad (18.1)$$
$$= \quad P(\{X = x_i\} \cap \{Y = y_j\})$$

$(i = 1, \ldots, r;\ j = 1, \ldots, s)$ die *gemeinsame Verteilung* von X und Y.

Fassen wir das Paar (X, Y) als eine durch $(X, Y)(\omega) := (X(\omega), Y(\omega))$, $\omega \in \Omega$, definierte Abbildung $(X, Y) : \Omega \to \mathbb{R}^2$ auf, so nennt man (X, Y) einen *zweidimensionalen Zufallsvektor* und das System (18.1) dessen *zweidimensionale Verteilung*.

18.2 Beispiel

Als Beispiel betrachten wir das Laplace–Modell des zweifachen Würfelwurfes (siehe z.B. 6.3 oder 7.2) mit den Zufallsvariablen $X := X_1$ und $Y := \max(X_1, X_2)$, wobei X_j die Augenzahl des j–ten Wurfes angibt, $j = 1, 2$. Hier gilt beispielsweise $P(X = 2, Y = 2) = P(\{(2, 1), (2, 2)\}) = 2/36$. Die gemeinsame Verteilung von X und Y ist in Tabelle 18.1 veranschaulicht.

Da $\{X = i\}$ die Vereinigung der disjunkten Ereignisse $\{X = i, Y = j\}$ $(j = 1, \ldots, 6)$ ist, ergibt sich die Verteilung von X am rechten Rand von Tabelle 18.1 gewissermaßen „als Abfallprodukt" aus der gemeinsamen Verteilung durch Bildung der Zeilensummen $P(X = x_i) = \sum_{j=1}^{6} P(X = i, Y = j)$, $i = 1, \ldots, 6$. In gleicher Weise entsteht am unteren Rand von Tabelle 18.1 die Verteilung von Y durch Bildung der Spaltensummen $P(Y = j) = \sum_{i=1}^{6} P(X = i, Y = j)$, $j = 1, \ldots, 6$. Da die Verteilungen von X und Y an den *Rändern* von Tabelle 18.1 sichtbar werden, hat sich allgemein für die Verteilungen der Komponenten eines zweidimensionalen Zufallsvektors der Begriff *Marginalverteilungen* (von lat. *margo* = Rand) bzw. *Randverteilungen* eingebürgert.

	1	2	3	4	5	6	Σ
1	1/36	1/36	1/36	1/36	1/36	1/36	1/6
2	0	2/36	1/36	1/36	1/36	1/36	1/6
3	0	0	3/36	1/36	1/36	1/36	1/6
4	0	0	0	4/36	1/36	1/36	1/6
5	0	0	0	0	5/36	1/36	1/6
6	0	0	0	0	0	6/36	1/6
Σ	1/36	3/36	5/36	7/36	9/36	11/36	1

Die Spalten sind mit j indiziert, die Zeilen mit i; die letzte Spalte enthält $P(X = i)$, die letzte Zeile $P(Y = j)$.

Tabelle 18.1 Gemeinsame Verteilung und Marginalverteilungen der ersten und der größten Augenzahl beim zweifachen Würfelwurf

Analog zu Bild 6.3 kann die gemeinsame Verteilung von zwei Zufallsvariablen als Stabdiagramm über den Werte–Paaren (x_i, y_j) veranschaulicht werden. Bild 18.1 zeigt das Stabdiagramm zu Tabelle 18.1.

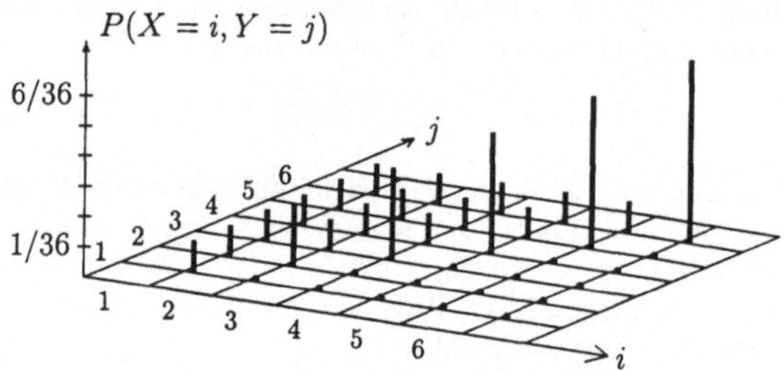

Bild 18.1 Stabdiagramm der gemeinsamen Verteilung von erster und größter Augenzahl beim zweifachen Würfelwurf

In der allgemeinen Situation von Abschnitt 18.1 geschieht die Bildung der Marginalverteilung von X durch Summation der Wahrscheinlichkeiten der gemeinsamen Verteilung über die möglichen Werte von Y, also

$$P(X = x_i) \; = \; \sum_{j=1}^{s} P(X = x_i, Y = y_j) \qquad (i = 1, \dots, r). \tag{18.2}$$

Analog gilt

$$P(Y = y_j) = \sum_{i=1}^{r} P(X = x_i, Y = y_j) \qquad (j = 1, \ldots, s). \tag{18.3}$$

18.3 Beispiel
Das nachfolgende Beispiel zeigt, dass die gemeinsame Verteilung zweier Zufallsvariablen nicht notwendig durch die beiden Marginalverteilungen festgelegt ist.

Hierzu betrachten wir den W–Raum (Ω, P) mit $\Omega := \{\omega = (a_1, a_2) : a_1, a_2 \in \{1, 2\}\}$ und $p(1,1) := p(2,2) := c$, $p(1,2) := p(2,1) := 1/2 - c$ mit $0 \leq c \leq 1/2$ und der Abkürzung $p(i,j) := P(\{(i,j)\})$. Die durch die „KoordinatenAbbildungen" $X(a_1, a_2) := a_1$ und $Y(a_1, a_2) := a_2$ definierten Zufallsvariablen besitzen die in Tabelle 18.2 angegebene gemeinsame Verteilung, wobei an den Rändern die Marginalverteilungen von X und Y stehen. Bei festen gegebenen Marginalverteilungen enthält die gemeinsame Verteilung von X und Y einen „freien Parameter" c, welcher jeden Wert im Intervall $[0, 1/2]$ annehmen kann!

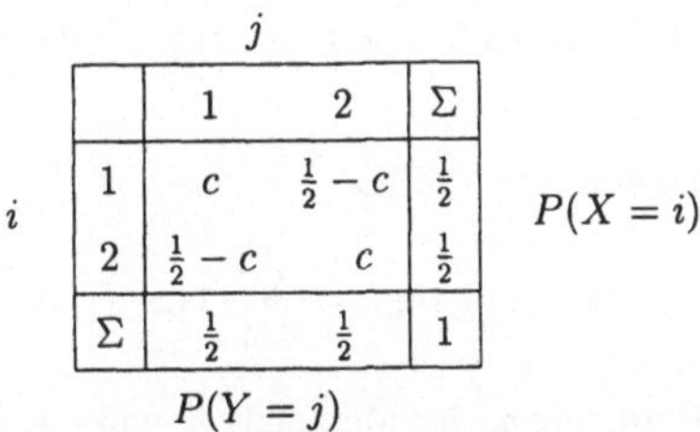

Tabelle 18.2 Verschiedene gemeinsame Verteilungen mit gleichen Marginalverteilungen

18.4 Kontingenztafeln
Der Darstellung der gemeinsamen Verteilung zweier Zufallsvariablen X und Y in der tabellarischen Form eines rechteckigen Schemas wie in den Tabellen 18.1 und 18.2 entspricht in der Datenanalyse die Veranschaulichung der *gemeinsamen empirischen Häufigkeitsverteilung* zweier Merkmale in Form einer *Kontingenztafel* [1].

Werden dabei die Ausprägungen zweier Merkmale X und Y beobachtet, so ergeben sich Daten in Form von Paaren (x_l, y_l), wobei x_l die Ausprägung von Merkmal X und y_l die Ausprägung von Merkmal Y an der l-ten Untersuchungseinheit bezeichnet $(l = 1, \ldots, n)$. Besitzen X und Y die möglichen Ausprägungen $a_1, \ldots, a_r$ bzw. $b_1, \ldots, b_s$, so ist es üblich, die absoluten Häufigkeiten

---

[1] Das Wort Kontingenztafel ist als Kunstwort aus dem Lateinischen abgeleitet und bezeichnet den statistischen Zusammenhang zweier qualitativer Merkmale.

$$h_{i,j} \; := \; \sum_{l=1}^{n} \mathbf{1}\,\{x_l = a_i, y_l = b_j\}$$

der Merkmalsausprägungs–Kombination (a_i, b_j) in einem rechteckigen Schema, der sogenannten $r \times s$–*Kontingenztafel*, anzuordnen (vgl. Tabelle 18.3).

X \\ Y	b_1	b_2	$\ldots$	b_s	Zeilensumme
a_1	$h_{1,1}$	$h_{1,2}$	$\ldots$	$h_{1,s}$	h_{1+}
a_2	$h_{2,1}$	$h_{2,2}$	$\cdots$	$h_{2,s}$	h_{2+}
$\vdots$	$\vdots$	$\vdots$	$\vdots$	$\vdots$	$\vdots$
a_r	$h_{r,1}$	$h_{r,2}$	$\cdots$	$h_{r,s}$	h_{r+}
Spaltensumme	h_{+1}	h_{+2}	$\cdots$	h_{+s}	$h_{++} := n$

Tabelle 18.3 $r \times s$–Kontingenztafel

Hier geben die i–te Zeilensumme

$$h_{i+} \; := \; h_{i,1} + h_{i,2} + \ldots + h_{i,s} = \sum_{l=1}^{n} \mathbf{1}\{x_l = a_i\}$$

die Häufigkeit der Ausprägung a_i des Merkmals X und die j–te Spaltensumme

$$h_{+j} \; := \; h_{1,j} + h_{2,j} + \ldots + h_{r,j} = \sum_{l=1}^{n} \mathbf{1}\{y_l = b_j\}$$

die Häufigkeit der Ausprägung b_j des Merkmals Y an.

Tabelle 18.4 zeigt eine *Vierfeldertafel* (2×2–Kontingenztafel) zu $n = 427$ Kreuzungsversuchen zweier Bohnensorten für die Merkmale Pollenform (lang bzw. rund) und Blütenfarbe (rot bzw. lila) (Quelle: [LIE], S. 577).

		Blütenfarbe		
		lila	rot	Zeilensumme
Pollenform	lang	296	27	323
	rund	19	85	104
Spaltensumme		315	112	427

Tabelle 18.4 Vierfeldertafel zu Kreuzungsversuchen zweier Bohnensorten

Hier stellt sich etwa die Frage, ob die beiden Merkmale Pollenform und Blütenfarbe „statistisch voneinander abhängen". Man beachte, dass die *beobachteten* Quotienten $323/104 = 3.10\ldots$ und $315/112 = 2.81\ldots$ der Ausprägungs–Anzahlen „lang zu rund" und „lila zu rot" recht nahe bei den aufgrund der Vererbungsgesetze (vgl. Kapitel 19) zu erwartenden *theoretischen* Verhältnisse von 3 zu 1 liegen.

18.5 Funktionen von Zufallsvariablen

Eine wichtige Erkenntnis ist, dass die gemeinsame Verteilung von Zufallsvariablen X und Y die Verteilung jeder Funktion von X und Y festlegt.

Ist etwa $g : \mathbb{R}^2 \to \mathbb{R}$ eine reellwertige Funktion, so wird durch

$$g(X,Y)(\omega) \ := \ g(X(\omega), Y(\omega)) \,, \qquad \omega \in \Omega,$$

eine Zufallsvariable $g(X,Y)$ auf Ω definiert. Nehmen X und Y die Werte $x_1, \ldots, x_r$ bzw. $y_1, \ldots, y_s$ an, so besitzt $g(X,Y)$ den Wertebereich $W := \{g(x_i, y_j) : i \in \{1, \ldots, r\}, \ j \in \{1, \ldots, s\}\}$. Für jedes $u \in W$ gilt dann

$$
\begin{aligned}
P(g(X,Y) = u) \ &= \ P(\{\omega \in \Omega : \ g(X(\omega), Y(\omega)) = u\}) \\[2mm]
&= \ \sum_{\substack{i=1 \ j=1 \\ g(x_i, y_j) = u}}^{r} \sum^{s} P(\{\omega \in \Omega : \ X(\omega) = x_i, \ Y(\omega) = y_j\}) \\[2mm]
&= \ \sum_{\substack{i=1 \ j=1 \\ g(x_i, y_j) = u}}^{r} \sum^{s} P(X = x_i, \ Y = y_j) \,.
\end{aligned}
\tag{18.4}
$$

Dabei erstrecken sich die Doppelsummen über i und j nur über diejenigen Paare (i,j) mit $g(x_i, y_j) = u$. Man beachte, dass wir für das zweite Gleichheitszeichen die Additivität von P benutzt sowie von der Tatsache Gebrauch gemacht haben, dass die disjunkten Ereignisse

$$A_{i,j} \ := \ \{\omega \in \Omega : X(\omega) = x_i, \ Y(\omega) = y_j\} \tag{18.5}$$

$(i = 1, \ldots, r; \ j = 1, \ldots, s)$ eine Zerlegung des Grundraumes Ω bilden.

Für den Erwartungswert von $g(X,Y)$ gilt die *Darstellungsformel*

$$E\left(g(X,Y)\right) \ = \ \sum_{i=1}^{r} \sum_{j=1}^{s} g(x_i, y_j) \cdot P(X = x_i, Y = y_j), \tag{18.6}$$

welche zeigt, dass zur Berechnung von $E(g(X,Y))$ nicht erst die Verteilung von $g(X,Y)$ bestimmt werden muss.

Zur Herleitung von (18.6) verwenden wir die in (18.5) eingeführten Ereignisse $A_{i,j}$ und beachten, dass für $\omega \in A_{i,j}$ der Funktionswert $g(X(\omega), Y(\omega))$ gleich $g(x_i, y_j)$ ist, also innerhalb der Menge $A_{i,j}$ nicht von ω abhängt. Hiermit folgt

$$
\begin{aligned}
E\left(g(X,Y)\right) &= \sum_{\omega \in \Omega} g(X,Y)(\omega) \cdot P(\{\omega\}) \\
&= \sum_{\omega \in \Omega} g(X(\omega), Y(\omega)) \cdot P(\{\omega\}) \\
&= \sum_{i=1}^{r} \sum_{j=1}^{s} \sum_{\omega \in A_{i,j}} g(X(\omega).Y(\omega)) \cdot P(\{\omega\}) \\
&= \sum_{i=1}^{r} \sum_{j=1}^{s} g(x_i, y_j) \cdot \sum_{\omega \in A_{i,j}} P(\{\omega\}) \\
&= \sum_{i=1}^{r} \sum_{j=1}^{s} g(x_i, y_j) \cdot P(X = x_i, Y = y_j).
\end{aligned}
$$

18.6 Beispiel

Wir stellen uns die Frage nach der Verteilung und nach dem Erwartungswert des Produktes $X \cdot Y$, wobei die Zufallsvariablen X und Y wie in Beispiel 18.2 die Augenzahl des ersten Wurfes bzw. die größte Augenzahl beim zweifachen Würfelwurf bezeichnen. Der Wertebereich von $X \cdot Y$ besteht aus allen verschiedenen Produkten $i \cdot j$ der Zahlen 1 bis 6, also den 18 Werten 1, 2, 3, 4, 5, 6, 8, 9, 10, 12, 15, 16, 18, 20, 24, 25, 30 und 36. Aus·der in Tabelle 18:1 angegebenen gemeinsamen Verteilung von X und Y erhalten wir dann z.B.

$$
\begin{aligned}
P(X \cdot Y = 4) &= P(X = 2, Y = 2) + P(X = 1, Y = 4) = \frac{3}{36}, \\
P(X \cdot Y = 12) &= P(X = 2, Y = 6) + P(X = 3, Y = 4) = \frac{2}{36}.
\end{aligned}
$$

Der Erwartungswert von $X \cdot Y$ ergibt sich nach der Darstellungsformel (18.6) und der gemeinsamen Verteilung von X und Y (vgl. Tabelle 18.1) zu

$$
\begin{aligned}
E(X \cdot Y) &= \sum_{i=1}^{6} \sum_{j=1}^{6} i \cdot j \cdot P(X = i, Y = j) \\
&= \sum_{i=1}^{6} i^2 \cdot \frac{i}{36} + \sum_{1 \leq i < j \leq 6} i \cdot j \cdot \frac{1}{36} = \frac{154}{9}.
\end{aligned}
$$

18.7 Unabhängigkeit von Zufallsvariablen

Da in Kapitel 3 der Begriff einer *Zufallsvariablen* als zweckmäßiges Darstellungsmittel für Ereignisse eingeführt wurde, liegt es nahe, den Begriff der Unabhängigkeit von Zufallsvariablen mit Hilfe der Unabhängigkeit von Ereignissen zu definieren:

Wir nennen zwei Zufallsvariablen X und Y auf einem W–Raum (Ω, P) *(stochastisch) unabhängig (bezüglich P)* , falls die Produkt–Beziehung

$$P(X = x, Y = y) = P(X = x) \cdot P(Y = y) \tag{18.7}$$

für alle reellen Zahlen x und y erfüllt ist.

Nimmt X die möglichen Werte $x_1, \ldots, x_r$ und Y die möglichen Werte $y_1, \ldots, y_s$ an, so brauchen wir zum Nachweis der Unabhängigkeit von X und Y in (18.7) offenbar nur die Paare $(x, y) = (x_i, y_j)$ $(i = 1, \ldots, r;\ j = 1, \ldots, s)$ einzusetzen, da andernfalls beide Seiten dieser Gleichung automatisch gleich 0 sind.

Die Unabhängigkeit von X und Y ist also gleichbedeutend mit der Unabhängigkeit aller Ereignisse der Gestalt $\{X = x_i\}$, $\{Y = y_j\}$ (vgl. (17.3)). Da die durch X und Y beschreibbaren Ereignisse die Form

$$\{X \in B\} := \{\omega \in \Omega : X(\omega) \in B\} = \sum_{\{i : x_i \in B\}} \{X = x_i\},$$

$$\{Y \in C\} := \{\omega \in \Omega : Y(\omega) \in C\} = \sum_{\{j : y_j \in C\}} \{Y = y_j\}$$

mit Mengen $B, C \subseteq \mathbb{R}$ besitzen, folgt mit den gleichen Überlegungen wie in Abschnitt 17.6, dass die Unabhängigkeit von X und Y zum Bestehen der Gleichungen

$$P(X \in B, Y \in C) = P(X \in B) \cdot P(Y \in C)$$

für alle Mengen $B, C \subseteq \mathbb{R}$ und somit zur Unabhängigkeit aller durch X und Y beschreibbaren Ereignisse äquivalent ist.

18.8 Summen unabhängiger Zufallsvariablen (Faltungen)

Die Verteilung der Summe $X + Y$ zweier **unabhängiger** Zufallsvariablen auf einem W–Raum (Ω, P) ergibt sich nach (18.4) und (18.7) zu

$$P(X + Y = u) = \sum_{\substack{i=1 \\ x_i + y_j = u}}^{r} \sum_{j=1}^{s} P(X = x_i) \cdot P(Y = y_j), \qquad u \in \mathbb{R}. \tag{18.8}$$

Als Beispiel betrachten wir den Fall zweier Gleichverteilungen auf den Werten $1, 2, \ldots, n$, also $P(X = i) = P(Y = i) = 1/n$, $i = 1, \ldots, n$. Hier gilt

$$
\begin{aligned}
P(X + Y = k) &= \sum_{\substack{i=1 \\ i+j=k}}^{n} \sum_{j=1}^{n} P(X = i) \cdot P(Y = j) \\
&= \frac{1}{n^2} \cdot |\{(i,j) \in \{1, \ldots, n\}^2 : i + j = k\}| \\
&= \frac{n - |k - n - 1|}{n^2} \quad (k = 2, 3, \ldots, 2n).
\end{aligned}
\tag{18.9}
$$

Für den Spezialfall $n = 6$ ist die Verteilung von $X + Y$ die schon in Beispiel 7.2 hergeleitete Verteilung der Augensumme beim zweifachen Würfelwurf.

Die Verteilung der Summe zweier unabhängiger Zufallsvariablen wird häufig als *Faltung* der Verteilungen von X und Y bezeichnet. Diese Namensgebung rührt von der Dreiecksgestalt des Stabdiagrammes der in (18.9) gegebenen Verteilung her. In diesem Zusammenhang heißt Formel (18.8) auch *Faltungsformel*.

18.9 Die Multiplikationsregel für Erwartungswerte
Sind X und Y **unabhängige** Zufallsvariablen auf einem W–Raum (Ω, P), so gilt

$$
E(X \cdot Y) = E(X) \cdot E(Y).
\tag{18.10}
$$

BEWEIS: Nehmen X und Y die Werte $x_1, \ldots, x_r$ bzw. $y_1, \ldots, y_s$ an, so folgt mit (18.6), (18.7) und (12.7)

$$
\begin{aligned}
E(X \cdot Y) &= \sum_{i=1}^{r} \sum_{j=1}^{s} x_i \cdot y_j \cdot P(X = x_i, Y = y_j) \\
&= \left(\sum_{i=1}^{r} x_i \cdot P(X = x_i) \right) \cdot \left(\sum_{j=1}^{s} y_j \cdot P(Y = y_j) \right) \\
&= E(X) \cdot E(Y). \quad \blacksquare
\end{aligned}
$$

18.10 Verallgemeinerung auf mehr als zwei Zufallsvariablen
Die vorgestellten Begriffsbildungen lassen sich wie folgt auf den Fall von mehr als zwei Zufallsvariablen verallgemeinern:

Sind $X, Y, \ldots, Z$ Zufallsvariablen auf Ω, welche die Werte $x_1, \ldots, x_r$ bzw. $y_1, \ldots, y_s$ bzw. $\ldots$ bzw. $z_1, \ldots, z_t$ annehmen, so heißt das System der Wahrscheinlichkeiten

$$P(X = x_i, Y = y_j, \ldots, Z = z_k)$$
$$:= \quad P(\{\omega \in \Omega : X(\omega) = x_i, Y(\omega) = y_j, \ldots, Z(\omega) = z_k\}) \qquad (18.11)$$
$$= \quad P(\{X = x_i\} \cap \{Y = y_j\} \cap \ldots \cap \{Z = z_k\})$$

$(i = 1, \ldots, r; j = 1, \ldots, s; \ldots; k = 1, \ldots, t)$ die *gemeinsame Verteilung* von $X, Y, \ldots, Z$. Werden insgesamt n Zufallsvariablen $X, Y, \ldots, Z$ betrachtet, so nennt man die durch

$$(X, Y, \ldots, Z)(\omega) := (X(\omega), Y(\omega), \ldots, Z(\omega)), \qquad \omega \in \Omega,$$

definierte Abbildung $(X, Y, \ldots, Z) : \Omega \to \mathbb{R}^n$ einen *n–dimensionalen Zufallsvektor* und das System (18.11) dessen *(n–dimensionale) Verteilung*.

Dabei wurde die ungewohnte Bezeichnungsweise $X, Y, \ldots, Z$ anstelle der „normalen" Notation $X_1, X_2, \ldots, X_n$ gewählt, um Doppelindizes für die Realisierungen der Zufallsvariablen zu vermeiden. Sollte jemand Schwierigkeiten haben, die „Lücke zwischen Y und Z zu füllen", so lasse er seiner Phantasie freien Lauf.

Die Bildung der Marginalverteilung einer Komponente erfolgt analog zu (18.2) und (18.3) durch Summation der Wahrscheinlichkeiten der gemeinsamen Verteilung über alle anderen Zufallsvariablen, also z.B.

$$P(X = x_i) = \sum_{j=1}^{s} \cdots \sum_{k=1}^{t} P(X = x_i, Y = y_j, \ldots, Z = z_k) \qquad (18.12)$$

$(i = 1, \ldots, r)$.

Die Verteilung einer Funktion $g(X, Y, \ldots, Z)$ erhält man völlig analog zu (18.4) gemäß

$$P(g(X, Y, \ldots, Z) = u) =$$
$$\sum_{\substack{i=1 \\ g(x_i, y_j, \ldots, z_k) = u}}^{r} \sum_{j=1}^{s} \cdots \sum_{k=1}^{t} P(X = x_i, Y = y_j, \ldots, Z = z_k), \qquad (18.13)$$

wobei sich die Mehrfachsumme in (18.13) über alle Tupel $(i, j, \ldots, k)$ mit der Eigenschaft $g(x_i, y_j, \ldots, z_k) = u$ erstreckt.

Für den Erwartungswert einer reellwertigen Funktion g von $(X, Y, \ldots, Z)$ gilt in Verallgemeinerung zu (18.6) die Darstellungsformel

$$E(g(X, Y, \ldots, Z)) =$$
$$\sum_{i=1}^{r} \sum_{j=1}^{s} \cdots \sum_{k=1}^{t} g(x_i, y_j, \ldots, z_k) \cdot P(X = x_i, Y = y_j, \ldots, Z = z_k). \qquad (18.14)$$

Allgemein heißen Zufallsvariablen $X, Y, \ldots, Z$ auf (Ω, P) *(stochastisch) unabhängig* *(bezüglich P)*, falls die Produkt–Beziehung

$$P(X = x, Y = y, \ldots, Z = z) \ = \ P(X = x) \cdot P(Y = y) \cdot \ldots \cdot P(Z = z)$$

für alle reellen Zahlen $x, y, \ldots, z$ erfüllt ist.

Auch hier sind zum Nachweis der Unabhängigkeit nur die endlich vielen $x, y, \ldots, z$ aus den jeweiligen Wertebereichen der Zufallsvariablen einzusetzen. Wie im Falle zweier Zufallsvariablen ist die Unabhängigkeit von $X, Y, \ldots, Z$ gleichbedeutend mit der Produkt–Beziehung

$$P(X \in B, Y \in C, \ldots, Z \in D) =$$
$$P(X \in B) \cdot P(Y \in C) \cdot \ldots \cdot P(Z \in D) \qquad (18.15)$$

für alle Mengen $B, C, \ldots, D \subseteq \mathbb{R}$. Da hier Einträge mit $B = \mathbb{R}$, $C = \mathbb{R}$ usw. weggelassen werden können, ist die **Unabhängigkeit von $X, Y, \ldots, Z$ zur Unabhängigkeit aller durch $X, Y, \ldots, Z$ beschreibbaren Ereignisse äquivalent.**

18.11 Das Standardmodell für unabhängige Zufallsvariablen

Eine Standard–Konstruktion für unabhängige Zufallsvariablen erhält man im Modell

$$(\Omega, P) \ := \ \left(\bigtimes_{j=1}^{n} \Omega_j \, , \ \prod_{j=1}^{n} P_j \right)$$

für ein Produktexperiment aus n unabhängigen Teilexperimenten, wobei das j-te Teilexperiment durch den W–Raum (Ω_j, P_j) beschrieben wird (vgl. 17.5):

Es seien $X_1, X_2, \ldots, X_n$ Zufallsvariablen auf Ω, d.h. Funktionen der Tupel $\omega = (a_1, a_2, \ldots, a_n)$, mit der Eigenschaft, dass für jedes $j = 1, \ldots, n$ die Zufallsvariable X_j nur von der j-ten Komponente a_j von ω Gebrauch macht. Anschaulich bedeutet dies, dass sich X_j nur auf den Ausgang des j-ten Teilexperimentes bezieht. Aus der Definition der stochastischen Unabhängigkeit sowie aus den in 17.5 angestellten Überlegungen folgt dann, dass $X_1, \ldots, X_n$ stochastisch unabhängig bezüglich des Produkt–W–Maßes P sind.

Beispiele für Zufallsvariablen, welche nur von einzelnen Komponenten des Tupels $\omega = (a_1, a_2, \ldots, a_n)$ Gebrauch machen, sind im Fall $\Omega_j \subseteq \mathbb{R}$ $(j = 1, \ldots, n)$ durch $X_1(\omega) := a_1^2$, $X_2(\omega) := \sin(a_2) + 17$, $X_3(\omega) := 4 \cdot a_3$ usw. gegeben.

Übungsaufgaben

Ü 18.1 Welche Gestalt besitzt die gemeinsame Verteilung von kleinster und größter Augenzahl beim zweifachen Würfelwurf (Laplace–Modell)?

Ü 18.2 Zeigen Sie: In der Situation von Beispiel 18.3 sind X und Y genau dann unabhängig, wenn $c = 1/4$ gilt.

Ü 18.3 Gegeben seien drei echte Würfel mit den Beschriftungen (1,1,5,5,9,9), (2,2,6,6, 7,7) und (3,3,4,4,8,8). Anja und Peter suchen sich je einen Würfel aus und würfeln, wobei die höhere Augenzahl gewinnt. Zeigen Sie, daß Anja im Vorteil ist, wenn sich Peter seinen Würfel als erster aussucht.

Ü 18.4 Drei Reisende besteigen unabhängig voneinander einen leeren Zug mit drei nummerierten Wagen, wobei sich jeder Reisende rein zufällig für einen der drei Wagen entscheide. Die Zufallsvariable X_j beschreibe die Anzahl der Reisenden in Wagen Nr. j ($j = 1, 2, 3$). Modellieren Sie diese Situation durch einen geeigneten W–Raum und bestimmen Sie

a) die gemeinsame Verteilung von X_1, X_2 und X_3,

b) die Verteilung von X_1,

c) die Verteilung der Anzahl der leeren Wagen.

Lernziel–Kontrolle

- Was ist die *gemeinsame Verteilung* von Zufallsvariablen?

- Wie bestimmt man die *Marginalverteilungen* aus der gemeinsamen Verteilung?

- Was ist eine *Kontingenztafel*?

- Wann heißen Zufallsvariablen *stochastisch unabhängig*?

19 Die Binomialverteilung und die Multinomialverteilung

In diesem Kapitel lernen wir mit der *Binomialverteilung* und der *Multinomialverteilung* zwei grundlegende Verteilungsgesetze der Stochastik kennen. Beide Verteilungen treten in natürlicher Weise bei Zählvorgängen in unabhängigen und gleichartigen Experimenten auf.

19.1 Unabhängige und gleichartige Experimente?

Vielen statistischen Verfahren liegt die anschauliche Vorstellung zugrunde, ein Zufallsexperiment n mal unter „gleichen, sich gegenseitig nicht beeinflussenden Bedingungen" durchführen zu können. Dabei betrachten wir zunächst den einfachsten Fall eines Experimentes mit nur zwei möglichen Ausgängen 1 und 0, welche wir als *Treffer* bzw. *Niete* bezeichnen wollen.

Obwohl obige Vorstellung in Fällen wie dem wiederholten Werfen einer Münze (Zahl/Adler) oder eines Würfels (Sechs/keine Sechs) unstrittig sein dürfte, zeigen die nachfolgenden Betrachtungen, dass die Frage, ob in einer gegebenen Situation unabhängige und gleichartige Versuchsbedingungen vorliegen, zu interessanten Diskussionen führen kann.

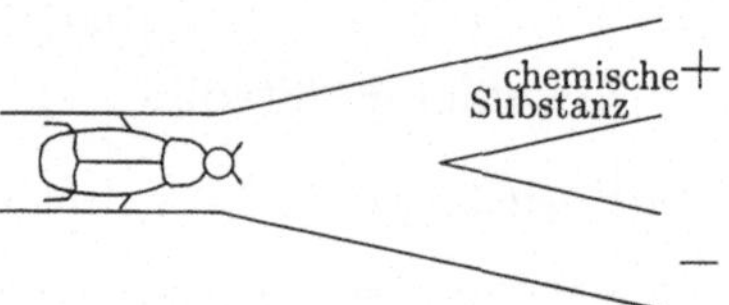

Bild 19.1 Zweifach–Wahlapparat

Mit Hilfe eines wie in Bild 19.1 dargestellten *Zweifach–Wahlapparates* soll festgestellt werden, ob ein Käfer in der Lage ist, eine an dem mit „+" bezeichneten Ausgang angebrachte chemische Substanz zu orten. Da wir nicht wissen, für welchen der beiden Ausgänge sich der Käfer entscheiden wird, liegt ein Treffer/Niete-Experiment im obigen Sinne vor.

Die Frage, inwieweit eine konkrete Versuchsanordnung die Vorstellung eines wiederholten **unabhängigen** Durchlaufens des Wahlapparates **unter gleichen Bedingungen** rechtfertigt, ist nicht einfach zu beantworten. Wenn derselbe Käfer mehrfach denselben Apparat durchläuft, kann es sein, dass dieser Käfer „ein

Gedächtnis entwickelt" und allein deshalb immer denselben Ausgang nimmt, weil er den ersten Durchlauf überlebt hat! In diesem Fall würde man wohl kaum von unabhängigen und gleichartigen Versuchsbedingungen sprechen. Zur Herstellung der Unabhängigkeit der Versuche bietet es sich an, den Wahlapparat von n verschiedenen Käfern durchlaufen zu lassen. Auch hier ist Vorsicht angebracht! Es kann z.B. sein, dass der erste Käfer bei seinem Durchlauf gewisse „biologische Marken setzt", welche auf nachfolgende Käfer eine anziehende Wirkung ausüben. Den unabhängigen Charakter der n Durchläufe würde man sicherlich als gegeben ansehen, wenn n Kopien des Wahlapparates vorhanden sind und jeder Käfer einen eigenen Apparat erhält. Sollte dies nicht möglich sein, könnte die Unabhängigkeit der Versuchsbedingungen z.B. durch gründliche Reinigung des Apparates vor dem ersten sowie nach jedem Durchlauf sichergestellt werden. Für die Gleichartigkeit der Versuchsbedingungen ist es wichtig, dass alle n Käfer aus biologischer Sicht möglichst ähnlich sind. Sollte jeder Käfer seinen eigenen Wahlapparat erhalten, müssten außerdem alle Apparate identisch gefertigt sein.

Ob bei einer praktischen Problemstellung vereinfachende Annahmen wie Unabhängigkeit und Gleichartigkeit der Versuchsbedingungen mit der Wirklichkeit verträglich sind, muss in erster Linie von der jeweiligen Fachwissenschaft, also in obigem Beispiel von der Biologie, beantwortet werden.

19.2 Das Standard–Modell einer Bernoulli–Kette

Der Vorstellung von n unabhängigen gleichartigen Treffer/Niete–Experimenten (Versuchen) entspricht das stochastische Modell eines Produkt–W–Raumes (vgl. Abschnitt 17.5) mit dem Grundraum

$$\Omega \; := \; \{0,1\}^n \; = \; \{\omega = (a_1,\ldots,a_n) : a_j \in \{0,1\} \text{ für } j = 1,\ldots,n\}, \qquad (19.1)$$

wobei wie üblich a_j als das Ergebnis des j–ten Versuches interpretiert wird.

Da die Gleichartigkeit der Versuche zu der Annahme einer für jedes Experiment gleichen Trefferwahrscheinlichkeit p führt und da sich p in der Terminologie von Abschnitt 17.5 als $p = p_j(1) = 1 - p_j(0)$ darstellt, ist nach (17.8) das adäquate W–Maß P auf Ω durch

$$p(\omega) \; = \; P(\{\omega\}) \; = \; \prod_{j=1}^{n} p_j(a_j) \; = \; p^{\sum_{j=1}^{n} a_j} \cdot (1-p)^{n - \sum_{j=1}^{n} a_j} \qquad (19.2)$$

$(\omega = (a_1,\ldots,a_n))$ gegeben.

Die durch den W–Raum (Ω, P) beschriebene Situation n „unabhängiger, gleichartiger Treffer/Niete–Experimente" wird oft als *Bernoulli–Kette der Länge n* und das einzelne Experiment als *Bernoulli–Experiment* bezeichnet. Eine Standard–Einkleidung ist dabei das n-malige rein zufällige Ziehen mit Zurücklegen aus einer Urne mit r roten und s schwarzen Kugeln. Man beachte, dass sich das Wort „Gleichartigkeit" aus stochastischer Sicht ausschließlich auf die *Trefferwahrscheinlichkeit p* bezieht; nur diese muss in allen n Versuchen (Einzelexperimenten) gleich bleiben! So könnten wir etwa zuerst eine echte Münze werfen und das Ergebnis Zahl als Treffer erklären, dann einen echten Würfel werfen und eine gerade Augenzahl als Treffer deklarieren usw.

Interpretieren wir das Ereignis

$$A_j \; := \; \{\omega = (a_1, \ldots, a_n) \in \Omega : a_j = 1\} \tag{19.3}$$

als einen Treffer im j-ten Versuch ($j = 1, \ldots, n$), so gibt die Zählvariable

$$X \; := \; \sum_{j=1}^{n} 1\{A_j\} \tag{19.4}$$

anschaulich die Anzahl der in den n Versuchen insgesamt erzielten Treffer an. Die Ereignisse $A_1, \ldots, A_n$ sind nach den in 17.5 angestellten Überlegungen stochastisch unabhängig bezüglich P, und es gilt $P(A_1) = \ldots = P(A_n) = p$.

Zur Bestimmung der Verteilung von X beachten wir, dass das Ereignis $\{X = k\}$ aus allen Tupeln $\omega = (a_1, \ldots, a_n)$ mit der Eigenschaft $a_1 + \ldots + a_n = k$ besteht. Jedes solche Tupel besitzt nach (19.2) die gleiche Wahrscheinlichkeit $p^k (1-p)^{n-k}$. Da die Anzahl dieser Tupel durch den Binomialkoeffizienten $\binom{n}{k}$ gegeben ist (es müssen von den n Stellen des Tupels k für die Einsen ausgewählt werden!), folgt, dass X eine *Binomialverteilung* im Sinne der folgenden Definition besitzt.

19.3 Definition und Satz (Binomialverteilung)

Eine Zufallsvariable Y besitzt eine *Binomialverteilung mit Parametern n und p* (kurz: $Y \sim Bin(n,p)$), falls gilt:

$$P(Y = k) \; = \; \binom{n}{k} \cdot p^k \cdot (1-p)^{n-k} \qquad (k = 0, 1, \ldots, n). \tag{19.5}$$

In diesem Fall ist

$$E(Y) \; = \; n \cdot p \,. \tag{19.6}$$

BEWEIS: Die Darstellung (19.6) des Erwartungswertes einer binomialverteilten Zufallsvariablen Y kann direkt aus (19.5) und (12.7) hergeleitet werden (Übungsaufgabe 19.1). Ein eleganterer Nachweis „ohne Rechnung" benutzt, dass Y und die in (19.4) eingeführte Indikatorsumme X die gleiche Verteilung und somit auch den gleichen Erwartungswert besitzen. Da die in (19.3) eingeführten Ereignisse die gleiche Wahrscheinlichkeit p besitzen, folgt mit (12.5) $E(Y) = E(X) = n \cdot p$. ∎

In Bild 19.2 sind für den Fall $n = 10$ die Stabdiagramme der Binomialverteilungen mit $p = 0.1$, $p = 0.3$, $p = 0.5$, $p = 0.7$ und $p = 0.9$ skizziert. Es ist deutlich zu erkennen, dass die Wahrscheinlichkeitsmassen umso stärker „streuen", je näher p bei 1/2 liegt. Wir werden diesen Aspekt in Kapitel 21 näher beleuchten.

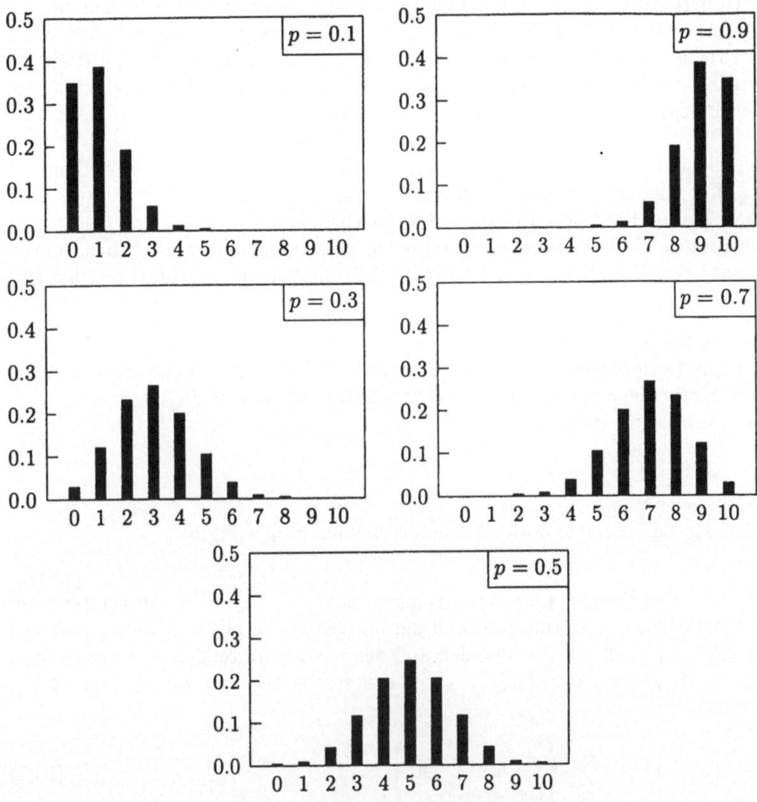

Bild 19.2 Stabdiagramme von Binomialverteilungen ($n = 10$)

Außerdem ist ersichtlich, dass die Stabdiagramme für $p = 0.1$ und $p = 0.9$ (ebenso für $p = 0.3$ und $p = 0.7$) durch Spiegelung an der Achse $x = 5$ ($= n/2$) auseinander hervorgehen (siehe Übungsaufgabe 19.2).

19.4 Diskussion

Es fällt vielleicht auf, dass in Definition 19.3 der Definitionsbereich der Zufallsvariablen Y, d.h. der zugrundeliegende W–Raum (Ω, P), „verschwiegen wurde". Dies liegt daran, dass es für die Verteilungsaussage (19.5) ausschließlich auf den Wertebereich $0, 1, \ldots, n$ von Y und auf die Wahrscheinlichkeiten ankommt, mit denen Y diese Werte annimmt (vgl. auch die Bemerkungen am Ende von Kapitel 13). In diesem Zusammenhang stellt die in (19.4) als **Abbildung auf einem konkreten W–Raum angegebene** Zählvariable X nur eines unter vielen möglichen Beispielen zur Konkretisierung von Y dar.

Die folgende Aussage verdeutlicht, dass wir für die Herleitung der Verteilung der in (19.4) eingeführten Zufallsvariablen nur die Darstellung als Summe von n Indikatoren unabhängiger Ereignisse mit gleicher Wahrscheinlichkeit p, nicht aber die spezielle Gestalt des zugrundeliegenden W–Raumes verwendet haben. Im Gegensatz zum Standardmodell 19.2 sind (Ω, P) und A_j im folgenden beliebig.

19.5 Satz

In einem **beliebigen** W–Raum (Ω, P) seien $A_1, \ldots, A_n$ **stochastisch unabhängige Ereignisse mit gleicher Wahrscheinlichkeit** $p = P(A_j)$, $j = 1, \ldots, n$. Dann besitzt die durch

$$Z := \sum_{j=1}^{n} \mathbf{1}\{A_j\}$$

definierte Zählvariable Z die Binomialverteilung $Bin(n, p)$.

BEWEIS: Das Ereignis $\{Z = k\}$ tritt genau dann ein, wenn **irgendwelche** k der Ereignisse $A_1, \ldots, A_n$ eintreten und die übrigen $n - k$ nicht eintreten. Zerlegen wir $\{Z = k\}$ nach den eintretenden und den nicht eintretenden A_j (erstere seien $A_{i_1}, \ldots, A_{i_k}$, wobei $T := \{i_1, \ldots, i_k\}$ gesetzt sei; letztere sind alle A_j mit $j \notin T$), so folgt

$$\{Z = k\} = \sum_{T} \left(\bigcap_{i \in T} A_i \cap \bigcap_{j \notin T} \overline{A_j} \right). \tag{19.7}$$

Hierbei läuft die Summe (Vereinigung disjunkter Mengen) über alle k–elementigen Teilmengen T von $\{1, \ldots, n\}$, also über $\binom{n}{k}$ Summanden (vgl. 8.5). Wegen

$$P\left(\bigcap_{i \in T} A_i \cap \bigcap_{j \notin T} \overline{A_j} \right) = \prod_{i \in T} P(A_i) \cdot \prod_{j \notin T} P(\overline{A_j}) = p^k \cdot (1 - p)^{n-k}$$

(vgl. Satz 17.4) liefern dann (19.7) und die Additivität von P die Behauptung. ∎

19.6 Das Additionsgesetz für die Binomialverteilung

Sind X und Y **unabhängige** Zufallsvariablen auf einem W–Raum (Ω, P) mit den Binomialverteilungen $X \sim Bin(m,p)$ und $Y \sim Bin(n,p)$, so gilt

$$X + Y \sim Bin(m+n, p).$$

BEWEIS: Ein rein formaler Beweis kann mit Hilfe von (18.8) erfolgen. Da nach (18.8) die Verteilung der Summe von X und Y durch die Verteilungen von X und Y festgelegt ist (hier geht die Unabhängigkeit von X und Y ein!), können wir jedoch den Beweis rein begrifflich für einen Spezialfall, d.h. für das Modell eines speziellen W–Raums und spezieller Zufallsvariablen X und Y, führen. Hierzu betrachten wir das Standard–Modell für eine Bernoulli–Kette **der Länge $m+n$** aus Abschnitt 19.2, indem wir dort bis vor (19.4) stets n durch $m+n$ ersetzen. Definieren wir dann

$$X := \sum_{j=1}^{m} 1\{A_j\}, \qquad Y := \sum_{j=m+1}^{m+n} 1\{A_j\}, \tag{19.8}$$

so gelten nach Konstruktion $X \sim Bin(m,p)$ und $Y \sim Bin(n,p)$. Da sich Ereignisse der Gestalt $\{X = i\}$ und $\{Y = j\}$ als mengentheoretische Funktionen der disjunkten Blöcke $A_1, \ldots, A_m$ bzw. $A_{m+1}, \ldots, A_{m+n}$ darstellen lassen und da die Ereignisse $A_1, \ldots, A_{m+n}$ unabhängig sind, sind auch X und Y unabhängig (vgl. 17.6). Wegen $X + Y = \sum_{j=1}^{m+n} 1\{A_j\}$ besitzt die Summe $X + Y$ nach Definition die Binomialverteilung $Bin(m+n, p)$. ∎

19.7 Verallgemeinerung auf Experimente mit mehr als 2 Ausgängen

In Verallgemeinerung der bisherigen Überlegungen betrachten wir jetzt ein Experiment mit s $(s \geq 2)$ möglichen Ausgängen, welche wir aus Gründen der Zweckmäßigkeit mit $1, 2, \ldots, s$ bezeichnen. Der Ausgang k wird im folgenden als *Treffer k-ter Art* bezeichnet; er trete mit der Wahrscheinlichkeit p_k auf. Dabei sind $p_1, \ldots, p_s$ nichtnegative Zahlen mit $p_1 + \cdots + p_s = 1$. Führen wir dieses Experiment insgesamt n mal getrennt durch, so ergibt sich ein Produktexperiment, welches durch den W–Raum

$$(\Omega, P) := \left(\bigtimes_{j=1}^{n} \Omega_j \, , \, \prod_{j=1}^{n} P_j \right) \tag{19.9}$$

mit

$$\Omega_j := \{1, 2, \ldots, s\}, \qquad P_j(\{k\}) := p_k \tag{19.10}$$

$(j = 1, \ldots, n; \ k = 1, \ldots, s)$ modelliert wird.

Beispiele für solche Produktexperimente sind das n-malige Werfen eines mögli-cherweise gefälschten Würfels ($s = 6$) oder das n-malige Ziehen mit Zurücklegen aus einer Urne, welche verschiedenfarbige Kugeln (insgesamt s Farben) enthält.

Bezeichnet im Modell (19.9)

$$A_j^{(k)} := \{\omega = (a_1, \ldots, a_n) \in \Omega : a_j = k\} \tag{19.11}$$

das Ereignis, im j-ten Einzelexperiment einen Treffer k-ter Art zu erhalten ($j = 1, \ldots, n;\ k = 1, \ldots, s$), so gibt in Verallgemeinerung zu (19.4) die Zufallsvariable

$$X_k := \sum_{j=1}^{n} \mathbf{1}\left\{A_j^{(k)}\right\} \tag{19.12}$$

die Anzahl der insgesamt erzielten Treffer k-ter Art an. Da die Bildung (19.12) für jedes $k = 1, 2, \ldots, s$ vorgenommen werden kann, haben wir es jetzt nicht nur mit einer, sondern mit s Zufallsvariablen $X_1, X_2, \ldots, X_s$, also einem *Zufallsvektor* $(X_1, X_2, \ldots, X_s)$ *mit s Komponenten*, zu tun.

Zur Bestimmung der gemeinsamen Verteilung der in (19.12) eingeführten Treffer-Anzahlen $X_1, \ldots, X_s$ beachten wir, dass wegen $\Omega = \sum_{k=1}^{s} A_j^{(k)}$ ($j = 1, \ldots, n$) die Identität

$$\sum_{k=1}^{s} X_k = \sum_{j=1}^{n} \sum_{k=1}^{s} \mathbf{1}\{A_j^{(k)}\} = \sum_{j=1}^{n} 1 = n \tag{19.13}$$

gilt und dass somit nur diejenigen Ereignisse $\{X_1 = i_1, \ldots, X_s = i_s\}$ mit $i_1 + \ldots + i_s = n$ eine positive Wahrscheinlichkeit besitzen und weiter betrachtet wer-den müssen. Dabei besagt Gleichung (19.13) anschaulich, dass sich die Treffer-Anzahlen zur Anzahl n aller Versuche aufaddieren. Im Spezialfall $s = 2$ ist n die Summe aus Treffern (erster Art) und Nieten (Treffern zweiter Art).

Offenbar besteht das Ereignis $\{X_1 = i_1, \ldots, X_s = i_s\}$ im Modell (19.9), (19.10) aus allen n-Tupeln $\omega = (a_1, \ldots, a_n)$ mit der Eigenschaft „an i_k Stellen steht k ($k = 1, 2, \ldots, s$)“. Die Anzahl dieser Tupel lässt sich leicht abzählen, indem zunächst i_1 aller n Stellen für die „1“, danach i_2 der restlichen $n - i_1$ Stellen für die „2“ usw. ausgewählt werden. Nach 8.4 d) und der Multiplikationsregel 8.1 folgt

$$|\{X_1 = i_1, \ldots, X_s = i_s\}| = \binom{n}{i_1} \cdot \binom{n - i_1}{i_2} \cdot \ldots \cdot \binom{n - i_1 - \cdots - i_{s-1}}{i_s}$$

$$= \frac{n!}{i_1! \cdot i_2! \cdot \ldots \cdot i_s!} . \tag{19.14}$$

Dabei ergibt sich das letzte Gleichheitszeichen nach Definition der Binomialkoeffizienten und Kürzen der auftretenden Fakultäten $(n - i_1)!$, $(n - i_1 - i_2)!$ usw.

In Verallgemeinerung des Binomialkoeffizienten heißt der in (19.14) stehende Ausdruck

$$\binom{n}{i_1, i_2, \dots, i_s} := \frac{n!}{i_1! \cdot i_2! \cdot \dots \cdot i_s!} \qquad (i_1, \dots, i_s \in \mathbb{N}_0, \ i_1 + \dots + i_s = n)$$

Multinomialkoeffizient.

Zur Bestimmung von $P(X_1 = i_1, \dots, X_s = i_s)$ betrachten wir ein spezielles ω aus $\{X_1 = i_1, \dots, X_s = i_s\}$, nämlich

$$\omega_0 := (\underbrace{1, \dots, 1}_{i_1}; \underbrace{2, \dots\dots, 2}_{i_2}; \dots; \underbrace{s, \dots, s}_{i_s}),$$

und erhalten mit (17.10) und (19.10) die Identität $p(\omega_0) = p_1^{i_1} \cdot p_2^{i_2} \cdot \dots \cdot p_s^{i_s}$. Da jedes andere ω aus $\{X_1 = i_1, \dots, X_s = i_s\}$ wie ω_0 aus i_1 „Einsen", i_2 „Zweien", $\dots$, i_s „s-en" besteht und da die Multiplikation kommutativ ist, folgt $p(\omega) = p(\omega_0)$ und deshalb

$$P(X_1 = i_1, \dots, X_s = i_s) = |\{X_1 = i_1, \dots, X_s = i_s\}| \cdot p(\omega_0).$$

Somit besitzt der Vektor $(X_1, \dots, X_s)$ der Treffer–Anzahlen in n Versuchen eine *Multinomialverteilung* im Sinne der folgenden Definition.

19.8 Definition (Multinomialverteilung)

Der Zufallsvektor $(X_1, \dots, X_s)$ besitzt eine *Multinomialverteilung* mit Parametern n und $p_1, \dots, p_s$ ($s \geq 2$, $n \geq 1$, $p_1 \geq 0, \dots, p_s \geq 0$, $p_1 + \dots + p_s = 1$), falls für $i_1, \dots, i_s \in \mathbb{N}_0$ mit $i_1 + \dots + i_s = n$ die Identität

$$P(X_1 = i_1, \dots, X_s = i_s) = \frac{n!}{i_1! \cdot i_2! \cdot \dots \cdot i_s!} \cdot p_1^{i_1} \cdot p_2^{i_2} \cdot \dots \cdot p_s^{i_s} \qquad (19.15)$$

gilt; andernfalls setzen wir $P(X_1 = i_1, \dots, X_s = i_s) := 0$.

Für einen multinomialverteilten Zufallsvektor schreiben wir kurz $(X_1, \dots, X_s) \sim Mult(n; p_1, \dots, p_s)$.

Es ist nicht sinnvoll, diese Definition nur auswendig zu lernen. Entscheidend ist die **Herleitung** der Multinomialverteilung als gemeinsame Verteilung von Treffer–Anzahlen aus n unabhängigen gleichartigen Experimenten mit jeweils s Ausgängen. Aufgrund dieser Erzeugungsweise sollten auch die beiden folgenden Aussagen ohne Rechnung einsichtig sein.

19.9 Folgerungen

Falls $(X_1, \ldots, X_s) \sim Mult(n; p_1, \ldots, p_s)$, so gelten:

a) $X_k \sim Bin(n, p_k), \quad k = 1, \ldots, s$.

b) Es sei $T_1 + \cdots + T_l$ eine Zerlegung der Menge $\{1, \ldots, s\}$ in nichtleere Mengen $T_1, \ldots, T_l$, $l \geq 2$. Für

$$Y_r := \sum_{k \in T_r} X_k, \qquad q_r := \sum_{k \in T_r} p_k \qquad (r = 1, \ldots, l). \tag{19.16}$$

gilt dann: $(Y_1, \ldots, Y_l) \sim Mult(n; q_1, \ldots, q_l)$.

BEWEIS: a) folgt aus der Darstellung (19.12) von X_k als Indikatorsumme unabhängiger Ereignisse mit gleicher Wahrscheinlichkeit $P(A_j^{(k)}) = p_k$ $(k = 1, \ldots, s)$. Zu Demonstrationszwecken zeigen wir, wie dieses Resultat auch umständlicher aus Definition 19.8 hergeleitet werden kann.

Hierzu benötigen wir den *multinomialen Lehrsatz*

$$(x_1 + \cdots + x_m)^n = \sum_{j_1 + \ldots + j_m = n} \binom{n}{j_1, \ldots, j_m} \cdot x_1^{j_1} \cdot \ldots \cdot x_m^{j_m} \tag{19.17}$$

$(n \geq 0, \; m \geq 2, \; x_1, \ldots, x_m \in \mathbb{R})$ als Verallgemeinerung der binomischen Formel (8.6). Die Summe in (19.17) erstreckt sich dabei über alle m–Tupel $(j_1, \ldots, j_m) \in \mathbb{N}_0^m$ mit $j_1 + \cdots + j_m = n$. Wie (8.6) folgt (19.17) leicht, indem man sich die linke Seite als Produkt n gleicher Faktoren („Klammern") $(x_1 + \cdots + x_m)$ ausgeschrieben denkt. Beim Ausmultiplizieren entsteht das Produkt $x_1^{j_1} \cdot \ldots \cdot x_m^{j_m}$ immer dann, wenn aus j_r der Klammern x_r ausgewählt wird $(r = 1, \ldots, m)$, und die Anzahl dieser Auswahlmöglichkeiten ist durch den auf der rechten Seite von (19.17) stehenden Multinomialkoeffizienten gegeben (Herleitung wie vor (19.14), siehe auch Übungsaufgabe 19.5).

Mit (19.17) ergibt sich jetzt a) (ohne Einschränkung sei $k = 1$) durch Marginalverteilungsbildung gemäß (18.2) aus

$$\begin{aligned}
P(X_1 = i_1) &= \sum_{i_2 + \ldots + i_s = n - i_1} P(X_1 = i_1, \ldots, X_s = i_s) \\[2mm]
&= \frac{n!}{i_1! \cdot (n - i_1)!} \cdot p_1^{i_1} \cdot \sum_{i_2 + \ldots + i_s = n - i_1} \frac{(n - i_1)!}{i_2! \cdot \ldots \cdot i_s!} \cdot p_2^{i_2} \cdot \ldots \cdot p_s^{i_s} \\[2mm]
&= \binom{n}{i_1} \cdot p_1^{i_1} \cdot (p_2 + \cdots + p_s)^{n - i_1} \\[2mm]
&= \binom{n}{i_1} \cdot p_1^{i_1} \cdot (1 - p_1)^{n - i_1}
\end{aligned}$$

$(i_1 = 0, 1, \ldots, n)$. Dabei läuft die Summe in der zweiten Zeile über alle Tupel $(i_2, \ldots, i_s) \in \mathbb{N}_0^{s-1}$ mit $i_2 + \cdots + i_s = n - i_1$.

b) folgt leicht aus der Erzeugungsweise (19.12) der Multinomialverteilung, wenn T_r als r–te *Gruppe von Treffern* gedeutet wird. Durch die Bildung von Y_r in (19.16) addieren sich die zu T_r gehörenden Treffer–Anzahlen X_k, $k \in T_r$. Schreiben wir

$$B_j^{(r)} := \sum_{k \in T_r} A_j^{(k)} \qquad (j = 1, \ldots, n,\ r = 1, \ldots, l)$$

für das Ereignis, im Modell (19.9), (19.10) im j–ten Versuch einen Treffer aus der r–ten Gruppe zu erzielen, so sind $B_1^{(r)}, \ldots, B_n^{(r)}$ unabhängige Ereignisse mit gleicher Wahrscheinlichkeit q_r, und es gilt mit (19.12)

$$\begin{aligned}
Y_r &= \sum_{k \in T_r} \sum_{j=1}^{n} 1\left\{A_j^{(k)}\right\} = \sum_{j=1}^{n} \sum_{k \in T_r} 1\{A_j^{(k)}\} \\
&= \sum_{j=1}^{n} 1\left\{\sum_{k \in T_r} A_j^{(k)}\right\} = \sum_{j=1}^{n} 1\{B_j^{(r)}\},
\end{aligned}$$

so dass die Behauptung folgt. ■

19.10 Genetische Modelle

Die Binomialverteilung und die Multinomialverteilung treten in exemplarischer Weise bei Untersuchungen zur Vererbung auf. Die Arbeiten von Gregor Mendel[1] zwischen 1857 und 1868 bedeuteten dabei einen wichtigen Schritt im Hinblick auf das Verständnis der Vererbung genetischen Materials.

Bei seinen Kreuzungsversuchen der Erbse *Pisum sativum* untersuchte Mendel insgesamt 7 Merkmale mit je zwei als *Erscheinungsformen* oder *Phänotypen* bezeichneten Ausprägungen, darunter die Stengellänge (lang oder kurz) und die Samenform (glatt oder runzelig). Kreuzte er in der mit P abgekürzten *Parental–Generation* eine Sorte, die glatte Samen hatte, mit einer runzeligen, so erhielt er in der ersten *Filialgeneration* F_1 nur Pflanzen mit glatten Samen. In gleicher Weise ergaben sich bei der Kreuzung einer Pflanze mit gelben Samen mit einer

---

[1]Gregor Johann Mendel (1822–1884), Sohn einer armen Bauernfamilie in Heinzendorf auf dem heutigen Gebiet der Tschechischen Republik, nach Eintritt in das Augustinerkloster zu Brünn 1847 Priesterweihe und danach Studium der Mathematik, Physik und Naturwissenschaften an der Universität Wien. 1854 Lehrer an der Oberrealschule in Brünn. 1857 begann Mendel seine berühmten Experimente mit Erbsen im Klostergarten. Nach der Übernahme der Klosterleitung im Jahre 1868 lieferte er keine weiteren Veröffentlichungen zur Vererbung mehr. Umfangreiche Informationen über Mendel findet man unter der Internet–Adresse *http://www.netspace.org/MendelWeb*

Sorte, die grüne Samen hatte, nur gelbe. Allgemein gingen aus Mendels Kreuzungen zwischen verschiedenen Sorten für jedes der 7 Merkmale ausschließlich nur F_1-Nachkommen von einem Typ hervor. Wenn jedoch diese F_1-Pflanzen durch Selbstbestäubung vermehrt wurden, traten in der nächsten Generation F_2 Vertreter beider Originalsorten auf. So bildeten etwa die aus der Kreuzung glatt $\times$ runzelig entstandenen glatten F_1-Samen nach Selbstbestäubung eine F_2-Generation von 5474 glatten und 1850 runzeligen Samen. Da die F_2-Verhältnisse auch für andere Merkmale sehr nahe bei 3 zu 1 (5474 : 1850 $\approx$ 2.96) lagen, schloss Mendel auf die Existenz von *dominanten* und *rezessiven* „Faktoren", welche für den *Phänotyp* eines bestimmten Merkmals verantwortlich zeichnen.

In moderner Ausdrucksweise sind diese Faktoren Abschnitte auf *DNA-Strängen*. Sie werden als *Gene* bezeichnet und treten bei *diploiden Organismen* wie Erbsen und Menschen paarweise auf. Die beiden individuellen Gene eines bestimmten Gen-Paares heißen *Allele*. Gibt es für ein Gen die beiden mit S und s bezeichneten Allele, so sind die *Genotyp-Kombinationen* SS, Ss, sS und ss möglich. Dabei lässt sich sS nicht von Ss unterscheiden. Ist das Gen S *dominant* über das *rezessive* Gen s, so tritt die Wirkung von s in der Kombination mit dem dominanten Gen S nicht auf. Dies bedeutet, dass die Genotypen SS und Ss den gleichen Phänotyp „S" bestimmen. Im Beispiel der Erbse Pisum sativum ist für den Phänotyp Samenform S das Allel für „glatt" und s das Allel für „runzelig". In gleicher Weise ist für den Phänotyp Samenfarbe das Allel für die Farbe Gelb dominant gegenüber dem Gen für die Farbe Grün.

Kreuzt man zwei Individuen einer Art, die sich in einem Merkmal unterscheiden, welches beide Individuen *reinerbig* (d.h. mit jeweils gleichen Allelen) aufweisen, so besitzen **alle** Individuen der F_1-Generation bezüglich des betrachteten Merkmals den gleichen Phänotyp, nämlich den dominanten. Diese *Uniformitätsregel* (*erstes Mendelsches Gesetz*) ist deterministischer Natur und somit aus stochastischer Sicht uninteressant.

Stochastische Aspekte ergeben sich beim *zweiten Mendelschen Gesetz*, der sogenannten *Spaltungsregel*, welche in gängiger Formulierung besagt, dass bei der Kreuzung zweier F_1-Mischlinge (jeweils Genotyp Ss) und dominant-rezessiver Vererbung in der F_2-Generation die Phänotypen S und s im Verhältnis 3 zu 1 „aufspalten".

Hinter dieser *Aufspaltungs-* oder *Segregationsregel* steht die Vorstellung, dass die beiden hybriden Ss-Eltern unabhängig voneinander und je mit gleicher Wahrscheinlichkeit 1/2 die Keimzellen S bzw. s hervorbringen und dass die Verschmelzung beider Keimzellen rein zufällig erfolgt, so dass jede der Möglichkeiten SS, Ss, sS und ss die gleiche Wahrscheinlichkeit 1/4 besitzt. Da hier die 3 Fälle

SS, *Ss* und *sS* aufgrund der Dominanz des Allels *S* zum gleichen Phänotyp *S* führen, besitzt das Auftreten des dominanten (bzw.) rezessiven Phänotyps die *Wahrscheinlichkeit* 3/4 (bzw. 1/4).

Wir machen die Annahme, dass bei mehrfacher Paarung zweier hybrider *Ss*–Eltern die zufälligen Phänotypen der entstehenden Nachkommen als stochastisch unabhängig voneinander angesehen werden können. Dann besitzt bei gegebener Anzahl n von Nachkommen die zufällige Anzahl aller Nachkommen mit dem dominanten Phänotyp *S* als Indikatorsumme unabhängiger Ereignisse mit gleicher Wahrscheinlichkeit 3/4 die Binomialverteilung $Bin(n, 3/4)$.

Bezeichnen wir bei gegebener Gesamtanzahl n von Nachkommen die zufällige Anzahl der Nachkommen, welche den Genotyp *SS* (bzw. *Ss*, *ss*) besitzen, mit X (bzw. Y, Z), so besitzt mit den gleichen Überlegungen der Zufallsvektor (X, Y, Z) die Multinomialverteilung $Mult(n; 1/4, 1/2, 1/4)$, d.h. es gilt

$$P(X = i, Y = j, Z = k) \;=\; \frac{n!}{i! \cdot j! \cdot k!} \cdot \left(\frac{1}{4}\right)^{i} \cdot \left(\frac{1}{2}\right)^{j} \cdot \left(\frac{1}{4}\right)^{k}$$

für jede Wahl von $i, j, k \in \mathbb{N}_0$ mit $i + j + k = n$.

Übungsaufgaben

Ü 19.1 Leiten Sie den Erwartungswert der Binomialverteilung mit Hilfe der Formel (12.7) her.

Ü 19.2 Zeigen Sie (wenn möglich, ohne Verwendung von (19.5)), dass die Stabdiagramme der Binomialverteilungen $Bin(n, p)$ und $Bin(n, 1-p)$ durch Spiegelung an der Achse $x = n/2$ auseinander hervorgehen. Hinweis: Starten Sie mit (19.4).

Ü 19.3 Ein echter Würfel wird in unabhängiger Folge geworfen. Wie groß ist die Wahrscheinlichkeit,

a) mindestens eine Sechs in sechs Würfen,

b) mindestens zwei Sechsen in 12 Würfen,

c) mindestens drei Sechsen in 18 Würfen

zu erhalten?

Ü 19.4 Peter würfelt 10 mal in unabhängiger Folge mit einem echten Würfel. Jedes Mal, wenn Peter eine Sechs würfelt, wirft Claudia eine echte Münze („Zahl/Adler"). Welche Verteilung besitzt die Anzahl der dabei erzielten „Adler"? (Bitte nicht rechnen!)

Ü 19.5 Welche Möglichkeiten gibt es, k unterscheidbare Teilchen so auf m verschiedene Fächer zu verteilen, dass im j–ten Fach k_j Teilchen liegen ($j = 1, \ldots, m$, $k_1, \ldots, k_m \in \mathbb{N}_0$, $k_1 + \cdots + k_m = k$)?

Ü 19.6 Ein echter Würfel wird 8 mal in unabhängiger Folge geworfen. Wie groß ist die Wahrscheinlichkeit, dass jede Augenzahl mindestens einmal auftritt?

Ü 19:7 In einer Urne befinden sich 10 rote, 20 blaue, 30 weiße und 40 schwarze (ansonsten gleichartige) Kugeln. Nach jeweils gutem Mischen werden rein zufällig 25 Kugeln mit Zurücklegen gezogen. Es sei R (bzw. B, W, S) die Anzahl gezogener roter (bzw. blauer, weißer, schwarzer) Kugeln. Welche Verteilungen besitzen
a) (R, B, W, S)?   b) $(R + B, W, S)$?   c) $R + B + W$?

Lernziel–Kontrolle

Sie sollten

- das Auftreten der *Binomialverteilung* und der *Multinomialverteilung* als (gemeinsame) Verteilungen von Indikatorsummen unabhängiger Ereignisse mit gleicher Wahrscheinlichkeit kennen und die Verteilungsgesetze (19.5) und (19.15) herleiten können;

- die kombinatorische Bedeutung des *Multinomialkoeffizienten* kennen;

- das *Additionsgesetz für die Binomialverteilung* kennen.

20 Pseudozufallszahlen und Simulation

Die *Simulation* (von lateinisch *simulare*: ähnlich machen, nachahmen) stochastischer Vorgänge im Computer ist ein wichtiges Werkzeug zur Analyse von Zufallsphänomenen, welche sich aufgrund ihrer Komplexität einer analytischen Behandlung entziehen. Beispiele hierfür sind Lagerhaltungsprobleme mit komplizierter zufallsabhängiger Nachfrage, die möglichst „naturgetreue" Nachbildung von Niederschlagsmengen an einem Ort im Jahresverlauf oder das „Durchspielen" von Verkehrsabläufen mit zufällig ankommenden Autos an einer Ampelkreuzung.

Eine Nachbildung des Zufalls im Computer geschieht stets nach einem vorgegebenen stochastischen Modell, wobei das Ziel die Gewinnung von Erkenntnissen über einen realen Zufallsvorgang unter Einsparung von Zeit und Kosten ist. So könnte der Simulation des Verkehrsablaufes an einer Kreuzung der Wunsch zugrundeliegen, die Ampelschaltung so einzurichten, dass die mittlere Wartezeit der ankommenden Fahrzeuge möglichst kurz wird.

Bausteine für die stochastische Simulation sind sogenannte *gleichverteilte Pseudozufallszahlen*, die von *Pseudozufallszahlengeneratoren* erzeugt werden. Das im folgenden nur der Kürze halber weggelassene Präfix *Pseudo* soll betonen, dass die durch Aufrufen von Befehlen oder Drücken von Tasten wie *Random*, *RAN* oder *Rd* bereitgestellten Zufallszahlen nur zufällig erzeugt **scheinen**.

20.1 Prinzipien der Erzeugung von Pseudozufallszahlen

Tatsächlich verbirgt sich hinter jedem in einem Taschenrechner oder einem Computer implementierten Zufallsgenerator ein *Algorithmus* (Rechenvorschrift), welcher eine **deterministische und jederzeit reproduzierbare Folge** $x_0, x_1, x_2, \ldots$ von Zahlen im Einheitsintervall $[0, 1]$ erzeugt. Die Idealvorstellung ist dabei, dass $x_0, x_1, x_2, \ldots$ „unabhängig voneinander und gleichverteilt im Intervall $[0, 1]$" wirken sollen.

Zufallsgeneratoren versuchen, dieser Idealvorstellung durch Simulation der **diskreten Gleichverteilung** P_m auf dem Grundraum $\Omega_m := \{\frac{0}{m}, \frac{1}{m}, \frac{2}{m}, \ldots, \frac{m-1}{m}\}$ mit einer großen natürlichen Zahl m (z.B. $m = 10^6$) möglichst gut zu entsprechen. Das durch den W–Raum (Ω_m, P_m) modellierte Experiment besteht darin, rein zufällig einen der m im Intervall $[0, 1]$ liegenden Punkte $\frac{0}{m}, \frac{1}{m}, \ldots, \frac{m-1}{m}$ auszuwählen.

Ist $[u, v]$, $0 \leq u < v \leq 1$, ein beliebiges Teilintervall von $[0, 1]$, so gilt (vgl. Übungsaufgabe 20.1)

$$|P_m(\{a \in \Omega_m : u \leq a \leq v\}) - (v - u)| \leq \frac{1}{m} \,. \tag{20.1}$$

Folglich approximiert das W–Maß P_m für großes m das ideale Modell einer *kontinuierlichen Gleichverteilung* auf dem Einheitsintervall (siehe [KR1], Paragraph 9). Diese kontinuierliche Gleichverteilung ordnet Intervallen deren Länge als Wahrscheinlichkeit zu.

Die n–malige unabhängige rein zufällige Auswahl einer Zahl aus Ω_m wird nach 14.3 und 17.5 beschrieben durch den Grundraum

$$\Omega_m^n := \{\omega = (a_1, \ldots, a_n) : a_j \in \Omega_m \text{ für } j = 1, \ldots, n\}$$

mit der Gleichverteilung

$$P_m^n(\{\omega\}) := \prod_{j=1}^{n} P_m(\{a_j\}) = \left(\frac{1}{m}\right)^n, \qquad \omega = (a_1, \ldots, a_n).$$

Sind allgemein $r_1, \ldots, r_n, s_1, \ldots, s_n$ Zahlen im Einheitsintervall mit $|r_j - s_j| \leq \varepsilon$, $j = 1, \ldots, n$, so folgt (vgl. Übungsaufgabe 20.2)

$$\left| \prod_{j=1}^{n} r_j - \prod_{j=1}^{n} s_j \right| \leq n \cdot \varepsilon.$$

Wenden wir diese Ungleichung auf $r_j := P_m(\{a_j \in \Omega_m : u_j \leq a_j \leq v_j\})$ und $s_j := v_j - u_j$ an, wobei $0 \leq u_j < v_j \leq 1$, $j = 1, \ldots, n$, so ergibt sich unter Beachtung von (17.10) und (20.1) die Ungleichung

$$\left| P_m^n(\{\omega \in \Omega_m^n : u_j \leq a_j \leq v_j \text{ für } j = 1, \ldots, n\}) - \prod_{j=1}^{n} (v_j - u_j) \right| \leq \frac{n}{m} \,.$$

Folglich nähert sich das W–Maß P_m^n bei festem n und wachsendem m dem Modell einer *kontinuierlichen Gleichverteilung auf dem n–dimensionalen Einheitswürfel* $[0, 1]^n$ an. Diese Gleichverteilung ordnet jedem achsenparallelen Rechteck $[u_1, v_1] \times \cdots \times [u_n, v_n]$ dessen n–dimensionales Volumen $\prod_{j=1}^{n} (v_j - u_j)$ als Wahrscheinlichkeit zu (siehe [KR1], Paragraph 9).

Es ist klar, dass die von einem Zufallsgenerator erzeugten Zahlenreihen nur eine mehr oder weniger gute Approximation der Vorstellungen von kontinuierlicher Gleichverteilung und Unabhängigkeit realisieren können, wobei „gute Generatoren" verschiedene Tests hinsichtlich der *statistischen Qualität* der produzierten Zufallszahlen bestehen müssen. Einen Überblick auch über historische Kuriositäten gibt [DI].

20.2 Der lineare Kongruenzgenerator

Ein häufig verwendeter Zufallsgenerator ist der *lineare Kongruenzgenerator*. Zu seiner Definition benötigen wir nichtnegative ganze Zahlen m (sog. *Modul*), a (sog. *Faktor*), b (sog. *Inkrement*) und z_0 (sog. *Anfangsglied*) mit $z_0 \leq m - 1$. Das *iterative lineare Kongruenzschema* ist dann durch

$$z_{j+1} \equiv a \cdot z_j + b \qquad (\text{mod } m) \tag{20.2}$$

($j = 0, 1, 2, \ldots$) gegeben. Dabei bedeutet das „Rechnen $(\text{mod } m)$" (sprich: *modulo* m), dass der beim Teilen durch m übrigbleibende kleinste nichtnegative Rest der Zahl $a \cdot z_j + b$ gebildet wird. Hierdurch gilt stets $0 \leq z_j \leq m - 1 \quad (j = 0, 1, 2, \ldots)$. Durch die zusätzliche Normierungsvorschrift

$$x_j := \frac{z_j}{m} \qquad (j = 0, 1, 2, \ldots)$$

liefert das Schema (20.2) eine Folge $x_0, x_1, \ldots$ im Einheitsintervall.

Als Zahlenbeispiel betrachten wir den Fall $m = 100$, $a = 18$, $b = 11$, $z_0 = 40$. Hier gelten $x_0 = 40/100 = 0.4$ und

$$
\begin{aligned}
z_1 &\equiv 18 \cdot 40 + 11 &\equiv 731 &\equiv 31 \ (\text{mod } 100), \\
z_2 &\equiv 18 \cdot 31 + 11 &\equiv 569 &\equiv 69 \ (\text{mod } 100), \\
z_3 &\equiv 18 \cdot 69 + 11 &\equiv 1253 &\equiv 53 \ (\text{mod } 100),
\end{aligned}
$$

also $x_1 = 0.31$, $x_2 = 0.69$, $x_3 = 0.53$ usw.

Wegen $z_j \in \{0, 1, \ldots, m-1\}$ $(j = 0, 1, \ldots)$ kann jeder lineare Kongruenzgenerator mit Modul m höchstens m verschiedene Zufallszahlen erzeugen; allein aus diesem Grunde wird m sehr groß gewählt. Im obigen Zahlenbeispiel ist $z_4 = 65$, $z_5 = 81$ und $z_6 = 69 = z_2$ (bitte nachrechnen!), so dass nur 6 verschiedene Zahlen auftreten und der Generator schon nach 2 Schritten in die *Periode* 69, 53, 65, 81 der Länge 4 läuft. Zur Sicherstellung der maximal möglichen Periodenlänge m gibt es notwendige und hinreichende Bedingungen. Im Fall $b \geq 1$ wird diese Länge genau dann erreicht, wenn folgendes erfüllt ist (s. z.B. [KN], S. 16):

- b ist teilerfremd zu m.

- Jede Primzahl, die m teilt, teilt auch $a - 1$.

- Ist m durch 4 teilbar, so muss auch $a - 1$ durch 4 teilbar sein.

Natürlich dürfen auch bei maximaler Periodenlänge nicht alle m möglichen Pseudozufallszahlen für eine Simulation „verbraucht" werden; insbesondere wäre dann die letzte Zahl mit Sicherheit vorhersagbar.

Eine prinzipielle Schwäche linearer Kongruenzgeneratoren ist ihre *Gitterstruktur* (siehe z.B. [DI]). Dies bedeutet unter anderem, dass die Paare $(x_0, x_1), (x_2, x_3), \ldots$ auf im Vergleich zum Modul m relativ wenigen durch das Einheitsquadrat verlaufenden parallelen Geraden liegen. Als Beispiel betrachten wir den linearen Kongruenzgenerator mit $m = 500$, $a = 41$, $b = 343$ und $z_0 = 251$. Bild 20.1 verdeutlicht, dass die 250 Pseudozufalls–Paare $(x_0, x_1), (x_2, x_3), \ldots, (x_{498}, x_{499})$ auf insgesamt 10 Geraden liegen.

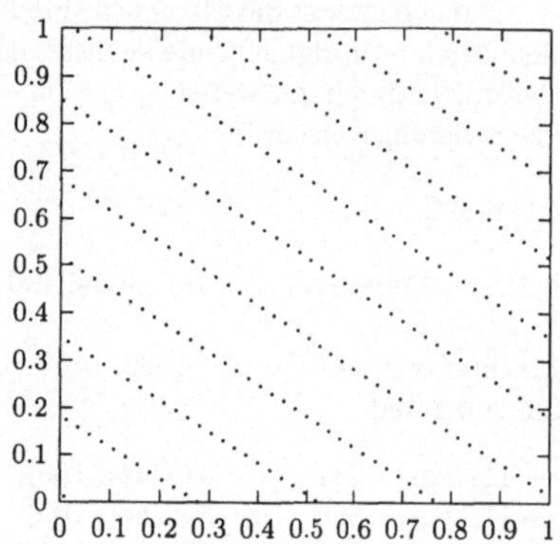

Bild 20.1 Zur Gitterstruktur linearer Kongruenzgeneratoren

Dieser *Gittereffekt* wird kaum sichtbar, wenn bei großem Modul relativ wenige Punktepaare (x_j, x_{j+1}) geplottet werden. So entsteht z.B. für die ersten 250 Pseudozufalls–Paare $(x_0, x_1), (x_2, x_3), \ldots, (x_{498}, x_{499})$ des Generators mit

$$m = 1\,000\,000, \ a = 411\,111, \ b = 823\,543, \ z_0 = 499\,777 \tag{20.3}$$

der Eindruck von „unabhängigen und im Einheitsquadrat gleichverteilten Zufallspunkten" (Bild 20.2). Über neuere Entwicklungen zur Konstruktion „gittervermeidender" Zufallsgeneratoren informiert [DI].

20.3 Simulation von Zufallsexperimenten

Zur Simulation eines Experimentes, welches mit Wahrscheinlichkeit p_j den Ausgang „j" ergibt ($j = 1, \ldots, s$, $p_1 + \ldots + p_s = 1$), erzeugen wir eine Pseudozufallszahl x und stellen fest, in welchem der disjunkten Intervalle

$$[0, p_1), \ [p_1, p_1 + p_2), \ \ldots, \ [p_1 + p_2 + \ldots + p_{s-1}, 1)$$

sie liegt. Fällt x in das Intervall mit dem rechten Endpunkt $p_1 + \ldots + p_j$, so sagen wir, das Experiment besitze den Ausgang j. Für ein Laplace–Experiment mit den möglichen Ausgängen $1, \ldots, s$ (Drehen eines Glücksrades mit s gleichen Sektoren) gilt speziell $p_1 = \ldots = p_s = 1/s$. Anhand einer Pseudozufallszahl x wird der Ausgang eines solchen Experimentes durch $[x \cdot s] + 1$ simuliert, denn die Bedingung $(j-1)/s \le x < j/s$ ist äquivalent zu $j = [x \cdot s] + 1$.

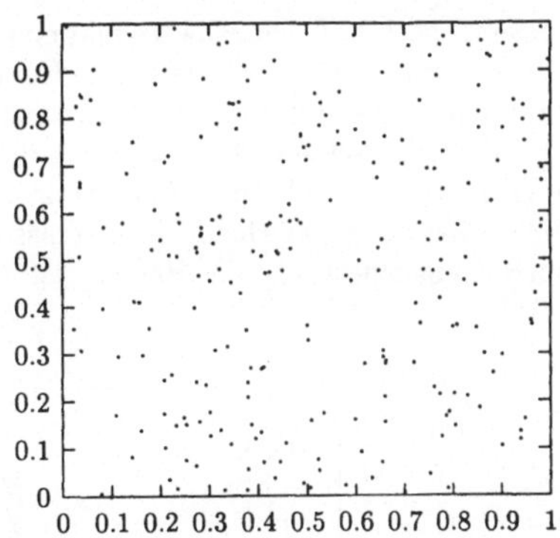

Bild 20.2 250 Punktepaare des durch (20.3) definierten Generators

Die Ausführungen dieses Kapitels sollten zu einem vorsichtigen Umgang mit Zufallsgeneratoren mahnen. Es ist empfehlenswert, Simulationen grundsätzlich mit verschiedenen Generatoren und/oder verschiedenen Startwerten durchzuführen und die Ergebnisse auf ihre Plausibilität hin zu vergleichen. Auf keinen Fall sollte „blind drauflos simuliert werden".

Übungsaufgaben

Ü 20.1 Beweisen Sie Ungleichung (20.1).

Ü 20.2 Es seien $r_1, \ldots, r_n, s_1, \ldots, s_n \in [0,1]$ mit $|r_j - s_j| \le \varepsilon$, $j = 1, \ldots, n$. Zeigen Sie durch Induktion über n:

$$\left| \prod_{j=1}^{n} r_j - \prod_{j=1}^{n} s_j \right| \le n \cdot \varepsilon.$$

Lernziel–Kontrolle

Sie sollten wissen, welche Idealvorstellung einer Folge gleichverteilter Pseudozufallszahlen zugrundeliegt und das Grundprinzip des linearen Kongruenzgenerators verstanden haben.

21 Die Varianz

Während der Erwartungswert nach 12.6 den Schwerpunkt einer Verteilung und somit deren „grobe Lage" beschreibt, fehlt uns bislang eine Kenngröße zur Messung der Stärke der „Streuung einer Verteilung um ihren Erwartungswert". Als Beispiel betrachten wir die Binomialverteilung $Bin(8, 0.5)$ und die hypergeometrische Verteilung $Hyp(8, 9, 9)$ (Bild 21.1). Bei gleichem Erwartungswert 4 unterscheiden sie sich offenbar dadurch, dass die Wahrscheinlichkeitsmassen der Binomialverteilung im Vergleich zur hypergeometrischen Verteilung „stärker um den Wert 4 streuen" .

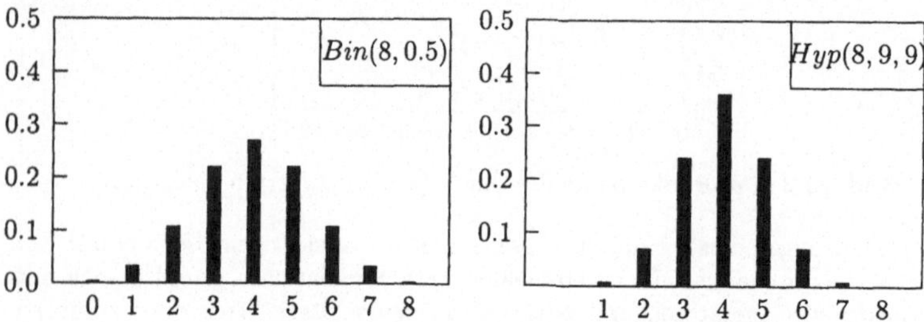

Bild 21.1 Stabdiagramme der Binomialverteilung $Bin(8,0.5)$ und der hypergeometrischen Verteilung $Hyp(8,9,9)$

Unter verschiedenen Möglichkeiten, die Stärke der Streuung einer Verteilung um den Erwartungswert zu beschreiben, ist das klassische Streuungsmaß die *Varianz*.

21.1 Definition und Bemerkung
Für eine Zufallsvariable $X : \Omega \to \mathbb{R}$ auf einem endlichen W–Raum (Ω, P) heißt

$$V(X) \; := \; E(X - EX)^2 \tag{21.1}$$

die *Varianz* von X. Anstelle von $V(X)$ sind auch die Bezeichnungen $\sigma^2(X)$ oder σ_X^2 üblich. Die Wurzel aus $V(X)$ heißt *Standardabweichung* von X und wird mit

$$\sigma(X) \; := \; \sqrt{V(X)}$$

bezeichnet.

Man beachte, dass in (21.1) die Klammer bei der Erwartungswertbildung weggelassen wurde, um die Notation nicht zu überladen (eigentlich hätten wir $E((X - E(X))^2)$ schreiben müssen). Sofern keine Verwechslungen zu befürchten sind, werden wir dies auch im folgenden häufig tun.

Als Erwartungswert der Zufallsvariablen $g(X)$ mit

$$g(x) := (x - EX)^2, \qquad x \in \mathbb{R}, \tag{21.2}$$

lässt sich $V(X)$ als durchschnittliche Auszahlung pro Spiel auf lange Sicht interpretieren, wenn der Spielgewinn im Falle eines Ausgangs ω nicht wie in Kapitel 12 durch $X(\omega)$, sondern durch $(X(\omega) - EX)^2$ gegeben ist.

Nimmt X die verschiedenen Werte $x_1, \ldots, x_n$ an, so folgt unter Anwendung der Transformationsformel (12.6) auf (21.2) das Resultat

$$V(X) = \sum_{j=1}^{n} (x_j - EX)^2 \cdot P(X = x_j). \tag{21.3}$$

Wie der Erwartungswert **hängt** also auch **die Varianz von X nicht von der speziellen Gestalt des zugrundeliegenden W–Raumes (Ω, P), sondern nur von der Verteilung von X ab**. Aus diesem Grunde spricht man auch oft von der *Varianz einer Verteilung* (der Verteilung von X).

Der Zusammenhang mit der in (5.7) eingeführten Stichprobenvarianz s^2 ergibt sich, wenn X die Werte $x_1, \ldots, x_n$ mit gleicher Wahrscheinlichkeit $1/n$ annimmt. Denn wegen $E(X) = \sum_{j=1}^{n} x_j \cdot 1/n = \overline{x}$ folgt mit (21.3)

$$V(X) = \frac{1}{n} \cdot \sum_{j=1}^{n} (x_j - \overline{x})^2 = \frac{n-1}{n} \cdot s^2.$$

21.2 Beispiele

a) Die Varianz der Indikatorfunktion $\mathbf{1}_A$ eines Ereignisses $A \subseteq \Omega$ ist wegen $E\mathbf{1}_A = P(A)$ durch

$$\begin{aligned} V(\mathbf{1}_A) &= (1 - P(A))^2 \cdot P(A) + (0 - P(A))^2 \cdot (1 - P(A)) \\ &= P(A) \cdot (1 - P(A)) \end{aligned}$$

gegeben. Die Varianz einer Zählvariablen (Indikatorsumme) wird im nächsten Kapitel behandelt.

b) Für die größte Augenzahl X beim zweifachen Würfelwurf gilt nach 6.3 und 12.5

$$V(X) = \sum_{j=1}^{6} \left(j - \frac{161}{36}\right)^2 \cdot \frac{2j-1}{36} = \frac{91980}{46656} = \frac{2555}{1296} \approx 1.97.$$

21.3 Varianz als physikalisches Trägheitsmoment

Drehen wir in der Situation von 12.6 die als gewichtslos angenommene reelle Zahlengerade mit konstanter *Winkelgeschwindigkeit* ω (nicht zu verwechseln mit Elementen eines Grundraums Ω!) um den Schwerpunkt EX, so sind $\omega_j = |x_j - EX| \cdot \omega$ die *Rotationsgeschwindigkeit* und $E_j = \frac{1}{2} \cdot P(X = x_j) \cdot \omega_j^2$ die *Rotationsenergie* des j–ten Massepunktes x_j. Die gesamte Rotationsenergie ist dann durch

$$E = \sum_{j=1}^{k} E_j = \frac{1}{2} \cdot \omega^2 \cdot \sum_{j=1}^{k} (x_j - EX)^2 \cdot P(X = x_j)$$

gegeben. Folglich stellt die Varianz $V(X)$ das *Trägheitsmoment* des Systems von Massepunkten bezüglich der Rotationsachse um den Schwerpunkt dar.

21.4 Elementare Eigenschaften der Varianz

Für die Varianz einer Zufallsvariablen $X : \Omega \to \mathbb{R}$ auf einem endlichen W–Raum (Ω, P) gilt:

a) $V(X) = E(X - a)^2 - (EX - a)^2, \qquad a \in \mathbb{R} \qquad$ (*Steiner[1]-Formel*)

b) $V(X) = E(X^2) - (EX)^2,$

c) $V(X) = \min_{a \in \mathbb{R}} E(X - a)^2,$

d) $V(a \cdot X + b) = a^2 \cdot V(X), \qquad a, b \in \mathbb{R},$

e) $V(X) \geq 0,$
   $V(X) = 0 \iff P(X = a) = 1 \quad$ für ein $\quad a \in \mathbb{R}.$

BEWEIS: a) folgt wegen

$$\begin{aligned} V(X) &= E(X - a + a - EX)^2 \\ &= E(X - a)^2 + 2 \cdot (a - EX) \cdot (EX - a) + (a - EX)^2 \end{aligned}$$

aus den Eigenschaften 12.2 des Erwartungswertes; b) sowie c) sind unmittelbare Folgerungen aus a). Wegen $E(a \cdot X + b) = a \cdot EX + b$ ergibt sich d) mit 12.2 b) aus

$$\begin{aligned} V(a \cdot X + b) &= E(a \cdot X + b - a \cdot EX - b)^2 \\ &= E(a^2 \cdot (X - EX)^2) = a^2 \cdot V(X) \, . \end{aligned}$$

---

[1] Jakob Steiner (1796–1863), der Sohn eines Kleinbauern aus dem Berner Oberland wurde im Alter von 18 Jahren Schüler von Johann Heinrich Pestalozzi (1746–1827). Nach einem Studienaufenthalt in Heidelberg kam er 1821 nach Berlin, wo er zunächst als Lehrer arbeitete. 1834 wurde Steiner Mitglied der Berliner Akademie und Extraordinarius an der Berliner Universität. Hauptarbeitsgebiet: Geometrie. Bezüglich weiterer Informationen zur Steiner–Formel siehe [BS].

Die Nichtnegativität der Varianz in e) folgt wegen $0 \leq (X - EX)^2$ aus 12.2 d). Nimmt X die verschiedenen Werte $x_1, \ldots, x_n$ mit positiven Wahrscheinlichkeiten an, so gilt nach (21.3)

$$V(X) = 0 \iff \sum_{j=1}^{n} (x_j - EX)^2 \cdot P(X = x_j) = 0.$$

Dies kann nur im Fall $n = 1$ und $x_1 = EX$, also $P(X = EX) = 1$ gelten (setze $a = x_1 = EX$). ∎

21.5 Standardisierung einer Zufallsvariablen

Die Varianz einer Zufallsvariablen X ist nach 21.4 e) genau dann gleich Null, wenn eine ganz in einem Punkt a $(= EX)$ konzentrierte sogenannte *ausgeartete Verteilung* vorliegt. Da derartige Verteilungen in der Regel uninteressant sind, wird dieser Fall häufig ausgeschlossen.

Ist X eine Zufallsvariable mit nichtausgearteter Verteilung, so heißt die lineare Transformation

$$X \longmapsto X^* := \frac{X - EX}{\sigma(X)}$$

die *Standardisierung* von X. Der Name Standardisierung ergibt sich aus der Gültigkeit der Beziehungen $E(X^*) = 0$ und $V(X^*) = 1$. Gelten für eine Zufallsvariable X bereits $E(X) = 0$ und $V(X) = 1$, so heißt diese Zufallsvariable *standardisiert*. In diesem Sinn ist also X^* eine standardisierte Zufallsvariable.

21.6 Die Tschebyschev[2]–Ungleichung

Für jedes $\varepsilon > 0$ gilt:

$$P(|X - EX| \geq \varepsilon) \leq \frac{1}{\varepsilon^2} \cdot V(X) . \tag{21.4}$$

BEWEIS: Wir betrachten die Funktionen

$$g(x) := \begin{cases} 1, & \text{falls} \quad |x - EX| \geq \varepsilon, \\ 0, & \text{sonst,} \end{cases}$$

$$h(x) := \frac{1}{\varepsilon^2} \cdot (x - EX)^2, \qquad x \in \mathbb{R} .$$

Wegen $g(x) \leq h(x)$, $x \in \mathbb{R}$ (siehe Bild 21.2), gilt $g(X(\omega)) \leq h(X(\omega))$ für jedes $\omega \in \Omega$ und somit $Eg(X) \leq Eh(X)$ nach 12.2 d), was zu zeigen war. ∎

---

[2]Pafnuti Lwowitsch Tschebyschev (1821–1894), ab 1850 Professor in St. Petersburg. Tschebyschev steht am Anfang der berühmten Schule der Petersburger Mathematik. Hauptarbeitsgebiete: Zahlentheorie, konstruktive Funktionentheorie, Integrationstheorie, Wahrscheinlichkeitstheorie.

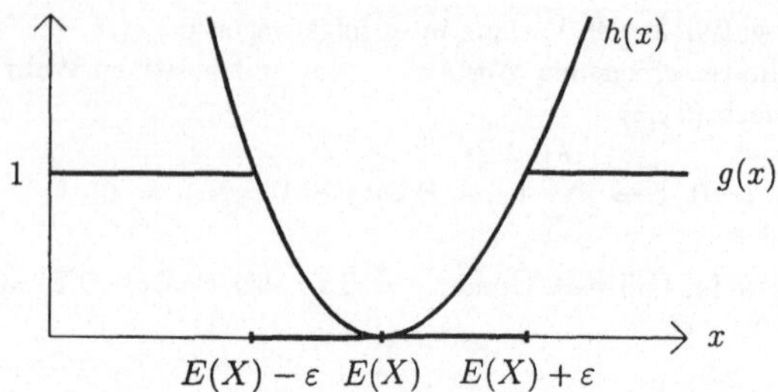

Bild 21.2 Zum Beweis der Tschebyschev–Ungleichung

Offenbar liefert die Tschebyschev–Ungleichung (21.4) nur dann eine nichttriviale Information, wenn die rechte Seite von (21.4) kleiner als 1 und somit ε hinreichend groß ist. Setzen wir ε als k–faches der Standardabweichung $\sigma(X)$ an, also $\varepsilon = k \cdot \sigma(X)$, so folgt aus (21.4)

$$P(|X - EX| \geq k \cdot \sigma(X)) \leq \frac{1}{k^2}, \qquad k \in \mathbb{N}.$$

Insbesondere gilt: Die Wahrscheinlichkeit, dass eine Zufallsvariable einen Wert annimmt, der sich vom Erwartungswert dem Betrage nach um mindestens das Doppelte (bzw. das Dreifache) der Standardabweichung $\sigma(X)$ unterscheidet, ist höchstens 1/4 (bzw. 1/9).

Da für spezielle Verteilungen die Wahrscheinlichkeit $P(|X - EX| \geq \varepsilon)$ wesentlich besser als durch (21.4) abgeschätzt werden kann, liegt die Bedeutung der Tschebyschev–Ungleichung vor allem in ihrer Allgemeinheit. In der Literatur findet man (21.4) bisweilen auch unter dem Namen *Bienaymé*[3] *–Tschebyschev–Ungleichung*, da Bienaymé die Aussage 1853 im Zusammenhang mit der *Methode der kleinsten Quadrate* entdeckte. Tschebyschev fand wohl unabhängig von Bienaymé 1867 einen anderen Zugang.

---

[3]Irénée–Jules Bienaymé (1796–1878), 1818 Dozent für Mathematik an der Kriegsakademie von St. Cyr, 1820 Wechsel in den Finanzdienst (1834 Inspecteur général des finances), lehrte nach der Revolution von 1848 vertretungsweise an der Sorbonne Wahrscheinlichkeitsrechnung. Als Fachmann für Statistik hatte Bienaymé erheblichen Einfluss auf die Regierung Napoleons III. Seine Arbeiten zur Statistik weisen weit in die Zukunft der Mathematischen Statistik des 20. Jahrhunderts. Hauptarbeitsgebiete: Finanzmathematik,Statistik.

Übungsaufgaben

Ü 21.1 a) Wie groß sind Varianz und Standardabweichung der Augenzahl X beim Wurf mit einem echten Würfel?
b) Welche Verteilung besitzt die aus X durch Standardisierung hervorgehende Zufallsvariable X^*?

Ü 21.2 a) Es seien X, Y Zufallsvariablen auf dem gleichen W-Raum, wobei X und $c - Y$ für ein geeignetes $c \in \mathbb{R}$ die gleiche Verteilung besitzen. Zeigen Sie: $V(X) = V(Y)$.
b) Benutzen Sie Teil a) und 21.2 b) zur Bestimmung der Varianz der kleinsten Augenzahl beim zweifachen Würfelwurf.
Hinweis: Bezeichnet X_j die Augenzahl des j-ten Wurfs, so besitzen (X_1, X_2) und $(7 - X_1, 7 - X_2)$ die gleiche gemeinsame Verteilung. Folglich besitzen auch $X := \min(X_1, X_2)$ und $\min(7 - X_1, 7 - X_2)$ $(= ?)$ die gleiche Verteilung.

Ü 21.3 Wie groß sind Erwartungswert und Varianz der Gleichverteilung auf den Werten $1, 2, \ldots, n$?

Ü 21.4 Es sei Y_n die größte Augenzahl beim n-maligen unabhängigen Werfen mit einem echten Würfel. Zeigen Sie: $\lim_{n \to \infty} V(Y_n) = 0$.

Ü 21.5 Es sei X eine Zufallsvariable, welche nur Werte im Intervall $[b, c]$ annimmt. Zeigen Sie:

a) $\qquad V(X) \leq \dfrac{1}{4} \cdot (c - b)^2 \ .$

b) $\qquad V(X) = \dfrac{1}{4} \cdot (c - b)^2 \iff P(X = b) = P(X = c) = \dfrac{1}{2} \ .$

Hinweis: Verwenden Sie die Steiner-Formel mit $a = (b + c)/2$.

Ü 21.6 Gibt es eine nichtnegative Zufallsvariable X (d.h. $P(X \geq 0) = 1$) mit den Eigenschaften $E(X) \leq 1/1000$ und $V(X) \geq 1000$?

Lernziel–Kontrolle

Sie sollten

- den Begriff der it Varianz einer Zufallsvariablen kennen und interpretieren können;

- die elementaren Eigenschaften 21.4 kennen;

- wissen, was die *Standardisierung einer Zufallsvariablen* ist;

- den Beweis der *Tschebyschev–Ungleichung* verstanden haben.

22 Kovarianz und Korrelation

In diesem Kapitel lernen wir mit der *Kovarianz* und der *Korrelation* zwei weitere Grundbegriffe der Stochastik kennen. Dabei sei im folgenden ein fester W–Raum (Ω, P) für alle auftretenden Zufallsvariablen zugrundegelegt.

22.1 Kovarianz

Die Namensgebung *Kovarianz* (*„mit der Varianz“*) wird verständlich, wenn wir die Varianz einer Summe zweier Zufallsvariablen X und Y berechnen wollen. Nach Definition der Varianz und der Linearität der Erwartungswertbildung ergibt sich

$$
\begin{aligned}
V(X+Y) &= E(X+Y - E(X+Y))^2 \\
&= E(X - EX + Y - EY)^2 \\
&= E(X - EX)^2 + E(Y - EY)^2 + 2E((X - EX)(Y - EY)) \\
&= V(X) + V(Y) + 2 \cdot E((X - EX)(Y - EY)).
\end{aligned}
$$

Folglich ist die Varianzbildung im Gegensatz zur Erwartungswertbildung nicht additiv: Die Varianz der Summe zweier Zufallsvariablen stellt sich nicht einfach als Summe der einzelnen Varianzen dar, sondern enthält einen zusätzlichen Term, welcher von der **gemeinsamen Verteilung** von X und Y abhängt.

Der Ausdruck

$$
C(X,Y) := E((X - EX) \cdot (Y - EY))
$$

heißt *Kovarianz* zwischen X und Y.

22.2 Eigenschaften der Kovarianz

Sind $X, Y, X_1, \ldots, X_m, Y_1, \ldots, Y_n$ Zufallsvariablen und $a, b, a_1, \ldots, a_m, b_1, \ldots, b_n$ reelle Zahlen, so gilt:

a) $C(X,Y) = E(X \cdot Y) - E(X) \cdot E(Y)$,

b) $C(X,Y) = C(Y,X)$, $\quad C(X,X) = V(X)$,

c) $C(X + a, Y + b) = C(X,Y)$.

d) Sind X und Y stochastisch unabhängig, so folgt $C(X,Y) = 0$.

$$\text{e)} \quad C\left(\sum_{i=1}^{m} a_i \cdot X_i \,,\ \sum_{j=1}^{n} b_j \cdot Y_j\right) = \sum_{i=1}^{m} \sum_{j=1}^{n} a_i \cdot b_j \cdot C(X_i, Y_j),$$

$$\text{f)} \quad V(X_1 + \ldots + X_n) = \sum_{j=1}^{n} V(X_j) + 2 \cdot \sum_{1 \le i < j \le n} C(X_i, X_j).$$

BEWEIS: Die ersten drei Eigenschaften folgen unmittelbar aus der Definition der Kovarianz und den Eigenschaften 12.2 des Erwartungswertes. d) ergibt sich mit a) und der Multiplikationsregel $E(X \cdot Y) = EX \cdot EY$ für unabhängige Zufallsvariablen (vgl. 18.9). Aus a) und der Linearität des $E(\cdot)$-Operators erhalten wir weiter

$$\begin{aligned}
C\left(\sum_{i=1}^{m} a_i X_i, \sum_{j=1}^{n} b_j Y_j\right) &= E\left(\sum_{i=1}^{m}\sum_{j=1}^{n} a_i b_j X_i Y_j\right) - E\left(\sum_{i=1}^{m} a_i X_i\right) E\left(\sum_{j=1}^{n} b_j Y_j\right) \\
&= \sum_{i=1}^{m}\sum_{j=1}^{n} a_i b_j E(X_i Y_j) - \sum_{i=1}^{m}\sum_{j=1}^{n} a_i b_j E(X_i) E(Y_j) \\
&= \sum_{i=1}^{m}\sum_{j=1}^{n} a_i b_j C(X_i, Y_j)
\end{aligned}$$

und somit e). Behauptung f) folgt aus b) und e). ∎

Fasst man die Kovarianz–Bildung $C(\cdot\,,\cdot)$ als einen „Operator für Paare von Zufallsvariablen" auf, so besagt Eigenschaft 22.2 e), dass dieser Operator *bilinear* ist. Aus 22.2 d) und f) erhalten wir außerdem das folgende wichtige Resultat.

22.3 Folgerung und Definition
Sind die Zufallsvariablen $X_1, \ldots, X_n$ **stochastisch unabhängig**, so gilt

$$V\left(\sum_{j=1}^{n} X_j\right) = \sum_{j=1}^{n} V(X_j). \tag{22.1}$$

Diese Additionsformel bleibt auch unter der aufgrund von 22.2 d) schwächeren Voraussetzung $C(X_i, X_j) = 0$ für $1 \le i \ne j \le n$ der *paarweisen Unkorreliertheit* von $X_1, \ldots, X_n$ gültig. Dabei heißen zwei Zufallsvariablen X und Y *unkorreliert*, falls $C(X, Y) = 0$ gilt.

22.4 Unkorreliertheit und Unabhängigkeit
Das nachfolgende Beispiel zeigt, dass aus der Unkorreliertheit von Zufallsvariablen im Allgemeinen nicht auf deren Unabhängigkeit geschlossen werden kann.

Seien hierzu X und Y unabhängige Zufallsvariablen mit identischer Verteilung. Aufgrund der Bilinearität der Kovarianzbildung und 22.2 b) folgt dann

$$
\begin{aligned}
C(X + Y, X - Y) &= C(X, X) + C(Y, X) - C(X, Y) - C(Y, Y) \\
&= V(X) - V(Y) = 0,
\end{aligned}
$$

so dass $X + Y$ und $X - Y$ unkorreliert sind. Besitzen X und Y jeweils eine Gleichverteilung auf den Werten $1, 2, \ldots, 6$ (Würfelwurf), so erhalten wir

$$
\frac{1}{36} = P(X + Y = 12, X - Y = 0) \neq P(X + Y = 12) \cdot P(X - Y = 0) = \frac{1}{36} \cdot \frac{1}{6}.
$$

Summe und Differenz der Augenzahlen beim zweifachen Würfelwurf bilden somit ein einfaches Beispiel für unkorrelierte, aber nicht unabhängige Zufallsvariablen.

22.5 Die Varianz einer Indikatorsumme

Aus $\mathbf{1}\{A \cap B\} = \mathbf{1}\{A\} \cdot \mathbf{1}\{B\}$, 22.2 a) und 12.2 c) folgt, dass die Kovarianz zweier Indikatoren $\mathbf{1}\{A\}$ und $\mathbf{1}\{B\}$ $(A, B \subseteq \Omega)$ durch

$$
C(\mathbf{1}_A, \mathbf{1}_B) = P(A \cap B) - P(A) \cdot P(B)
$$

gegeben ist. Unter Beachtung von 22.2 f) und Beispiel 21.2 a) ergibt sich damit die Varianz einer Indikatorsumme $X = \sum_{j=1}^n \mathbf{1}\{A_j\}$ $(A_j \subseteq \Omega$ für $j = 1, \ldots, n)$ zu

$$
V(X) = \sum_{j=1}^n P(A_j)(1 - P(A_j)) + 2 \sum_{1 \le i < j \le n} (P(A_i \cap A_j) - P(A_i)P(A_j)). \tag{22.2}
$$

Wie der Erwartungswert $EX = \sum_{j=1}^n P(A_j)$ lässt sich somit auch die Varianz einer Indikatorsumme in einfacher Weise ohne Zuhilfenahme der Verteilung bestimmen.

Eine weitere Vereinfachung ergibt sich im Fall gleichwahrscheinlicher Ereignisse $A_1, \ldots, A_n$, wenn zusätzlich auch noch alle Schnitte $A_i \cap A_j$, $1 \le i < j \le n$, gleichwahrscheinlich sind. In dieser u.a. bei austauschbaren Ereignissen (vgl. 11.2 und Kapitel 15) vorliegenden Situation gilt

$$
V(X) = nP(A_1)(1 - P(A_1)) + n(n - 1)(P(A_1 \cap A_2) - P(A_1)^2). \tag{22.3}
$$

22.6 Beispiele

a) Ist X eine Indikatorsumme aus **stochastisch unabhängigen** Ereignissen gleicher Wahrscheinlichkeit p, so folgt

$$
V(X) = n \cdot p \cdot (1 - p). \tag{22.4}
$$

Somit ist die Varianz der *Binomialverteilung* $Bin(n, p)$ durch (22.4) gegeben.

b) Eine Zufallsvariable X mit *hypergeometrischer Verteilung* $Hyp(n, r, s)$ (vgl. 13.1) lässt sich als Indikatorsumme von Ereignissen $A_1, \ldots, A_n$ mit

$$P(A_j) = \frac{r}{r + s}, \quad P(A_i \cap A_j) = \frac{r \cdot (r - 1)}{(r + s) \cdot (r + s - 1)} \quad (1 \leq i \neq j \leq n)$$

erzeugen (vgl. (13.2) bis (13.4) und Aufgabe 13.3). Mit (22.3) folgt

$$\begin{aligned}
V(X) &= n \cdot \frac{r \cdot s}{(r + s)^2} + n \cdot (n - 1) \cdot \frac{r}{r + s} \cdot \left(\frac{r - 1}{r + s - 1} - \frac{r}{r + s} \right) \\
&= n \cdot \frac{r}{r + s} \cdot \left(1 - \frac{r}{r + s} \right) \cdot \left(1 - \frac{n - 1}{r + s - 1} \right).
\end{aligned}$$

Der Vergleich mit (22.4) für $p = r/(r + s)$ zeigt, dass beim n-fachen Ziehen aus einer Urne mit r roten und s schwarzen Kugeln die Anzahl der gezogenen roten Kugeln beim Ziehen ohne Zurücklegen (hypergeometrische Verteilung) im Vergleich zum Ziehen mit Zurücklegen (Binomialverteilung) eine kleinere Varianz besitzt (vgl. Bild 21.1).

c) Die *Anzahl X der Fixpunkte einer rein zufälligen Permutation* der Zahlen von 1 bis n ist eine Indikatorsumme von Ereignissen $A_1, \ldots, A_n$ mit $P(A_j) = 1/n$ und $P(A_i \cap A_j) = 1/(n(n - 1))$, $1 \leq i \neq j \leq n$ (vgl. 11.3). Mit (22.3) folgt

$$V(X) = n \cdot \frac{1}{n} \cdot \left(1 - \frac{1}{n} \right) + n \cdot (n - 1) \cdot \left(\frac{1}{n \cdot (n - 1)} - \frac{1}{n^2} \right) = 1.$$

Wie der Erwartungswert ($= 1$, vgl. 12.3) ist also überraschenderweise auch die Varianz von X unabhängig von der Anzahl n der zu permutierenden Zahlen.

22.7 Korrelationskoeffizienten

Wir haben gesehen, dass Kovarianzen im Zusammenhang mit der Varianz von Summen von Zufallsvariablen auftreten können. Der *Korrelationskoeffizient* entsteht durch eine geeignete Normierung der Kovarianz. Dabei setzen wir für den Rest dieses Kapitels stillschweigend voraus, dass alle auftretenden Zufallsvariablen nicht ausgeartet sind (vgl. 21.5) und somit eine positive Varianz besitzen.

Der Ausdruck

$$r(X, Y) := \frac{C(X, Y)}{\sqrt{V(X) \cdot V(Y)}}$$

heißt (*Pearsonscher*[1]) *Korrelationskoeffizient* von X und Y oder die *Korrelation* zwischen X und Y.

---

[1]Karl Pearson (1857–1936), Mathematiker, Jurist und Philosoph, 1880–1884 Anwalt in London, ab 1884 Professor für Mathematik am University College London, ab 1911 Professor für Eugenik (Rassenlehre) und Direktor des Galton Laboratory for National Eugenics in London. Pearson gilt als Mitbegründer der modernen Statistik. Er schrieb außerdem wichtige Beiträge u.a. zu Frauenfragen, zum Christusbild und zum Marxismus.

Die Bedeutung des Korrelationskoeffizienten ergibt sich aus der Gestalt der Lösung eines speziellen Optimierungsproblems. Hierzu stellen wir uns die Aufgabe, Realisierungen der Zufallsvariablen Y aufgrund der Kenntnis der Realisierungen von X in einem noch zu präzisierenden Sinn „möglichst gut vorherzusagen". Ein Beispiel hierfür wäre die Vorhersage der größten Augenzahl beim zweifachen Würfelwurf aufgrund der Augenzahl des ersten Wurfes. Fassen wir eine Vorhersage allgemein als eine Vorschrift auf, welche bei Anwendung auf eine Realisierung $X(\omega)$ einen von $X(\omega)$ abhängenden „Prognosewert" für $Y(\omega)$ liefert, so lässt sich jede solche Vorschrift als Funktion $g : \mathbb{R} \to \mathbb{R}$ mit der Deutung von $g(X(\omega))$ als Prognosewert für $Y(\omega)$ bei Kenntnis der Realisierung $X(\omega)$ ansehen. Da die einfachste Funktion einer reellen Variablen von der Gestalt $y = g(x) = a + b \cdot x$ ist, also eine lineare Beziehung zwischen x und y beschreibt, liegt der Versuch nahe, $Y(\omega)$ nach „geeigneter Wahl" von a und b durch $a + b \cdot X(\omega)$ vorherzusagen. Dabei orientiert sich eine Präzisierung dieser „geeigneten Wahl" am *zufälligen Vorhersagefehler* $Y - a - b \cdot X$. Ein mathematisch einfach zu handhabendes Gütekriterium besteht darin, die *mittlere quadratische Abweichung* $E(Y - a - b \cdot X)^2$ des Prognosefehlers durch geeignete Wahl von a und b zu minimieren.

22.8 Satz
Das Optimierungsproblem

$$\text{„minimiere den Ausdruck} \quad E(Y - a - b \cdot X)^2 \quad \text{bezüglich } a \text{ und } b\text{"} \qquad (22.5)$$

besitzt die Lösung

$$b^* = \frac{C(X,Y)}{V(X)}, \quad a^* = E(Y) - b^* \cdot E(X), \qquad (22.6)$$

und der Minimalwert M^* in (22.5) ergibt sich zu

$$M^* = V(Y) \cdot (1 - r^2(X,Y)).$$

BEWEIS: Mit $Z := Y - b \cdot X$ gilt nach der Steiner–Formel 21.4 a)

$$E(Y - a - b \cdot X)^2 = E(Z - a)^2 = V(Z) + (EZ - a)^2 \geq V(Z). \qquad (22.7)$$

Somit kann $a = EZ = EY - b \cdot EX$ gesetzt werden. Mit den Abkürzungen $\tilde{Y} := Y - EY$, $\tilde{X} := X - EX$ bleibt die Aufgabe, die durch $h(b) := E(\tilde{Y} - b \cdot \tilde{X})^2$, $b \in \mathbb{R}$, definierte Funktion h bezüglich b zu minimieren. Wegen

$$\begin{aligned} 0 \leq h(b) &= E(\tilde{Y}^2) - 2 \cdot b \cdot E(\tilde{X} \cdot \tilde{Y}) + b^2 \cdot E(\tilde{X}^2) \\ &= V(Y) - 2 \cdot b \cdot C(X,Y) + b^2 \cdot V(X) \end{aligned}$$

beschreibt h als Funktion von b eine Parabel, welche für $b^* = C(X,Y)/V(X)$ ihren nichtnegativen Minimalwert M^* annimmt. Einsetzen von b^* liefert dann wie behauptet

$$
\begin{aligned}
M^* &= V(Y) - 2 \cdot \frac{C(X,Y)^2}{V(X)} + \frac{C(X,Y)^2}{V(X)} \\
&= V(Y) \cdot \left(1 - \frac{C(X,Y)^2}{V(X) \cdot V(Y)}\right) \\
&= V(Y) \cdot (1 - r^2(X,Y)). \quad \blacksquare
\end{aligned}
$$

22.9 Folgerungen

Für Zufallsvariablen X und Y gilt:

a) $C(X,Y)^2 \leq V(X) \cdot V(Y)$.   ($Cauchy^2$-$Schwarz^3$-$Ungleichung$)

b) $|r(X,Y)| \leq 1$.

c) Der Fall $|r(X,Y)| = 1$ tritt genau dann ein, wenn es reelle Zahlen a, b mit $P(Y = a + b \cdot X) = 1$ gibt. Insbesondere gilt:

Aus $r(X,Y) = +1$ folgt $b > 0$, d.h. „Y wächst mit wachsendem X".
Aus $r(X,Y) = -1$ folgt $b < 0$, d.h. „Y fällt mit wachsendem X".

BEWEIS: a) und b) folgen aus der Nichtnegativität von M^* in Satz 22.8. Im Fall $|r(X,Y)| = 1$ gilt $M^* = 0$ und somit $0 = E(Y-a-bX)^2$, also $P(Y = a+bX) = 1$ für geeignete reelle Zahlen a, b. Für die Zusatzbehauptungen in c) beachte man, dass mit den Bezeichnungen von Satz 22.8 die Größen b^* und $r(X,Y)$ das gleiche Vorzeichen besitzen. $\blacksquare$

Da die Aufgabe (22.5) darin besteht, die Zufallsvariable Y durch eine **lineare** Funktion von X in einem gewissen Sinne bestmöglich zu approximieren, ist $r(X,Y)$ ein Maß für die Güte der **linearen Vorhersagbarkeit** von Y durch X. Im extremen Fall $r(X,Y) = 0$ der Unkorreliertheit von X und Y gilt $M^* = V(Y) = E[(Y - EY)^2] = \min_{a,b} E[(Y - a - bX)^2]$, so dass in diesem Fall die beste lineare Funktion von X zur Vorhersage von Y gar nicht von X abhängt.

---

[2] Augustin Louis Cauchy (1789–1857), 1815/16 Professor an der École Polytechnique in Paris; seit 1816 Mitglied der Französischen Akademie. Wegen seiner Königstreue verließ Cauchy im Jahr der Juli–Revolution 1830 Frankreich und lebte bis 1838 vorwiegend in Turin und Prag. 1838 kehrte er nach Paris zurück und übernahm seine alte Position in der Akademie. Hauptarbeitsgebiete: Reelle Analysis und Differentialgleichungen, Funktionentheorie, mathematische Anwendungen in der Physik und Mechanik.

[3] Hermann Amandus Schwarz (1843–1921), Professor in Halle (1867–1869), ETH Zürich (1869–1875) und Göttingen (ab 1875). 1892 Berufung nach Berlin als Nachfolger von K. Weierstraß (1815–1897). Hauptarbeitsgebiete: Reelle und komplexe Analysis, Differentialgleichungen.

22.10 Die Methode der kleinsten Quadrate

Die Untersuchung eines „statistischen Zusammenhanges" zwischen zwei quantitativen Merkmalen X und Y bildet eine Standardsituation der Datenanalyse. Zur Veranschaulichung werden dabei die mit x_j (bzw. y_j) bezeichneten Ausprägungen von Merkmal X (bzw. Y) an der j-ten Untersuchungseinheit ($j = 1, \ldots, n$) einer Stichprobe als „Punktwolke" $\{(x_j, y_j) : j = 1, \ldots, n\}$ in der (x, y)-Ebene dargestellt. Als Zahlenbeispiel betrachten wir einen auf K. Pearson und Alice Lee[4] (1902) zurückgehenden klassischen Datensatz, nämlich die an 11 Geschwisterpaaren (Bruder/Schwester) gemessenen Merkmale Größe des Bruders (X) und Größe der Schwester (Y) (siehe [SDS], S.309). Die zugehörige Punktwolke ist im linken Bild 22.1 veranschaulicht. Dabei deutet der fett eingezeichnete Punkt an, dass an dieser Stelle zwei Messwertpaare vorliegen.

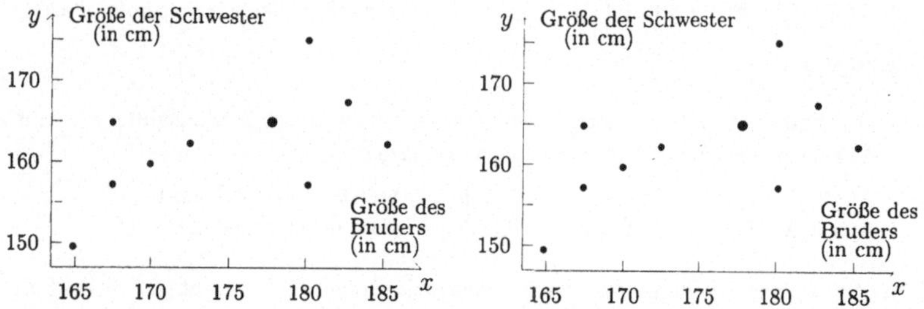

Bild 22.1 Größen von 11 Geschwisterpaaren ohne bzw. mit Regressionsgerade

Bei der Betrachtung dieser Punktwolke fällt auf, dass größere Brüder zumindest „tendenziell" auch größere Schwestern besitzen. Zur Quantifizierung dieses statistischen Zusammenhanges liegt es nahe, eine *Trendgerade* zu bestimmen, welche in einem gewissen Sinne „möglichst gut durch die Punktwolke verläuft". Eine mathematisch bequeme Möglichkeit zur Präzisierung dieser Aufgabe ist die auf Gauß[5] und Legendre[6] zurückgehende *Methode der kleinsten Quadrate* (Bild 22.2).

---

[4]Alice Lee (1859–1939), Mathematikerin, eine der ersten Frauen, die an der Universität London promoviert haben. Hauptarbeitsgebiet: Angewandte Statistik.

[5]Carl Friedrich Gauß (1777–1855), Mathematiker, Astronom, Geodät, Physiker, ab 1807 Professor für Astronomie und Direktor der Sternwarte an der Universität Göttingen, grundlegende Arbeiten zur Zahlentheorie, reellen und komplexen Analysis, Geometrie, Physik und Himmelsmechanik (u.a. Wiederentdeckung verschiedener Planetoiden mittels der Methode der kleinsten Quadrate). 1818 erhielt Gauß den Auftrag, das damalige Königreich Hannover zu vermessen. Auf dem Zehnmarkschein sieht man ein (seitenverkehrtes) Portrait von Gauß zusammen mit der nach ihm benannten „Glockenkurve" (siehe Kapitel 27) und einer Triangulierung eines Teiles des damaligen Reiches. Die Rückseite zeigt ein *Heliotrop*, ein von Gauß entwickeltes Instrument zur Landvermessung. Für weitere Informationen über Leben und Wirken von Gauß siehe [BUE].

[6]Adrien–Marie Legendre (1752–1833), lehrte 1775–1780 Mathematik an der École Militaire, wurde später Professor an der École Normale. Hauptarbeitsgebiete: Himmelsmechanik, Variationsrechnung, Ausgleichsrechnung, Zahlentheorie, Grundlagen der Geometrie.

Ihr Ziel ist die Bestimmung einer Geraden $y = a^* + b^* \cdot x$ mit der Eigenschaft

$$\sum_{j=1}^{n} (y_j - a^* - b^* \cdot x_j)^2 = \min_{a,b} \left(\sum_{j=1}^{n} (y_j - a - b \cdot x_j)^2 \right). \qquad (22.8)$$

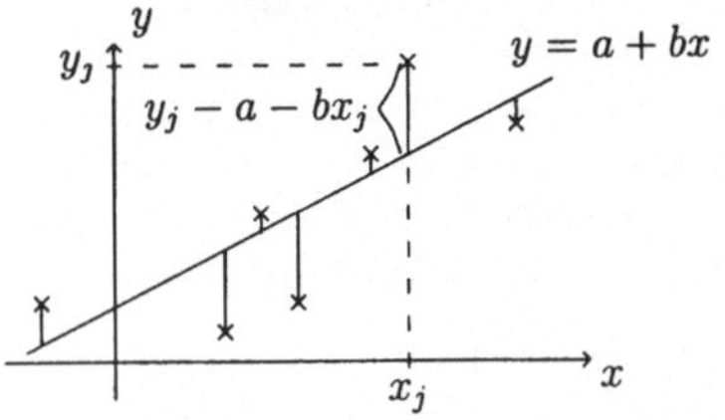

Bild 22.2 Zur Methode der kleinsten Quadrate

Fassen wir das Merkmalspaar (X, Y) als zweidimensionalen Zufallsvektor auf, welcher die Wertepaare (x_j, y_j) $(j = 1, \ldots, n)$ mit gleicher Wahrscheinlichkeit $1/n$ annimmt (ein mehrfach auftretendes Paar wird dabei auch mehrfach gezählt; seine Wahrscheinlichkeit ist dann ein entsprechendes Vielfaches von $1/n$), so gilt

$$E(Y - a - b \cdot X)^2 = \frac{1}{n} \cdot \sum_{j=1}^{n} (y_j - a - b \cdot x_j)^2.$$

Dies bedeutet, dass die Bestimmung des Minimums in (22.8) ein Spezialfall der Aufgabe (22.5) ist. Setzen wir $\bar{x} := n^{-1} \sum_{j=1}^{n} x_j$, $\bar{y} := n^{-1} \sum_{j=1}^{n} y_j$, $\sigma_{xy} := n^{-1} \sum_{j=1}^{n} (x_j - \bar{x})(y_j - \bar{y})$, $\sigma_x^2 := n^{-1} \sum_{j=1}^{n} (x_j - \bar{x})^2$, $\sigma_y^2 := n^{-1} \sum_{j=1}^{n} (y_j - \bar{y})^2$, so gelten $E(X) = \bar{x}$, $E(Y) = \bar{y}$, $C(X, Y) = \sigma_{xy}$, $V(X) = \sigma_x^2$ und $V(Y) = \sigma_y^2$. Folglich besitzt die Lösung (a^*, b^*) der Aufgabe (22.8) nach (22.6) die Gestalt

$$b^* = \frac{\sigma_{xy}}{\sigma_x^2} \quad , \quad a^* = \bar{y} - b^* \cdot \bar{x}. \qquad (22.9)$$

Die nach der Methode der kleinsten Quadrate gewonnene optimale Gerade $y = a^* + b^* x$ heißt die (*empirische*) *Regressionsgerade*[7] *von* Y *auf* X. Aufgrund der zweiten Gleichung in (22.9) geht sie durch den *Schwerpunkt* $(\bar{x}, \bar{y})$ der Daten. Die Regressionsgerade zur Punktwolke der Größen der 11 Geschwisterpaare ist im rechten Bild 22.1 veranschaulicht. Weiter gilt im Fall $\sigma_x^2 > 0$, $\sigma_y^2 > 0$:

---

[7]Das Wort *Regression* geht auf Sir (seit 1909) Francis Galton (1822–1911) zurück, der bei der Vererbung von Erbsen einen „Rückgang" des durchschnittlichen Durchmessers feststellte. Galton, ein Cousin von Charles Robert Darwin (1809 – 1882), war ein Pionier in der Erforschung der menschlichen Intelligenz und ein Wegbereiter der Mathematischen Statistik. Nach dem Studium der Medizin in Cambridge unternahm er ausgedehnte Forschungsreisen in den Orient und nach Afrika. Seine späteren Arbeiten beschäftigten sich u.a. mit Meteorologie, Psychologie, der Analyse von Fingerabdrücken, Eugenik und Vererbungslehre. Das heute noch bestehende Galton Laboratory am University College London ist aus seinem Forschungsinstitut hervorgegangen.

$$r(X,Y) \;=\; \frac{\sigma_{xy}}{\sqrt{\sigma_x^2 \cdot \sigma_y^2}} \;=\; \frac{\sum_{j=1}^n (x_j - \bar{x}) \cdot (y_j - \bar{y})}{\sqrt{\sum_{j=1}^n (x_j - \bar{x})^2 \cdot \sum_{j=1}^n (y_j - \bar{y})^2}} \;. \tag{22.10}$$

22.11 Empirischer Korrelationskoeffizient

Die rechte Seite von (22.10) heißt *empirischer Korrelationskoeffizient* (*im Sinne von Pearson*) der Daten(–Paare) $(x_1, y_1), \ldots, (x_n, y_n)$. Teilt man in (22.10) Zähler und Nenner des rechts stehenden Bruches durch $n-1$, so lässt sich der empirische Korrelationskoeffizient mittels der empirischen Standardabweichungen s_x und s_y von $x_1, \ldots, x_n$ bzw. $y_1, \ldots, y_n$ (siehe (5.8)) folgendermaßen ausdrücken:

$$r \;:=\; \frac{\frac{1}{n-1} \cdot \sum_{j=1}^n (x_j - \bar{x}) \cdot (y_j - \bar{y})}{s_x \cdot s_y} \;.$$

Um ein Gefühl für die Stärke der Korrelation von Punktwolken zu erhalten, sind in Bild 22.3 für den Fall $n = 50$ vier Punkthaufen mit den zugehörigen Regressionsgeraden und empirischen Korrelationskoeffizienten r skizziert. Eine Achsenbeschriftung wurde nicht vorgenommen, weil r invariant gegenüber Transformationen der Form $x \to ax + b$, $y \to cy + d$ mit $a \cdot c > 0$ ist (Aufgabe 22.1). Das linke untere Bild verdeutlicht, dass der empirische Korrelationskoeffizient nur eine Aussage über die Stärke eines **linearen** Zusammenhangs zwischen Zufallsvariablen (Merkmalen) macht. Obwohl hier ein ausgeprägter „quadratischer Zusammenhang" vorliegt, ist die empirische „lineare" Korrelation ungefähr 0.

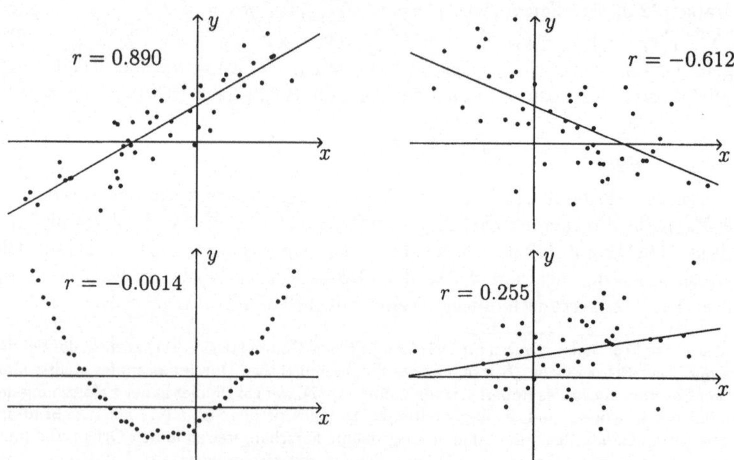

Bild 22.3 Punktwolken und Korrelationskoeffizienten

22.12 Robuste lineare Regression

Durch die Verwendung der nicht robusten arithmetischen Mittel und empirischen Varianzen (vgl. 5.6 und 5.7) sind sowohl die Parameter a^*, b^* der nach der Methode der kleinsten Quadrate gewonnenen Regressionsgeraden als auch der empirische Pearson–Korrelationskoeffizient r nicht robust gegenüber dem Auftreten eventueller Ausreißer. Robuste Verfahren zur linearen Regression minimieren anstelle der in (22.8) auftretenden Quadratsumme die Summe

$$\sum_{j=1}^{n} |y_j - a - b \cdot x_j|$$

der *absoluten Abweichungen* (sog. *least absolute deviations, LAD*) oder allgemeiner die Summe

$$\sum_{j=1}^{n} g(y_j - a - b \cdot x_j)$$

bezüglich a und b (sog. *M–Schätzer*, M steht für *Minimum*). Dabei ist g eine geeignet gewählte Funktion, wie z.B.

$$g(z) := \begin{cases} z^2, & \text{falls } -k \le z \le k, \\ 2 \cdot k \cdot |z| - k^2, & \text{falls } z < -k \text{ oder } k < z. \end{cases}$$

Der hier auftretende Parameter k besitzt in gewisser Weise eine „Vermittlerfunktion" zwischen der Methode der kleinsten Quadrate ($g(z) = z^2$) und der LAD–Methode ($g(z) = |z|$). Eine Empfehlung zur Wahl von k ist das 1.483–fache des empirischen Medians der absoluten Abweichungen $|y_j - a^* - b^* \cdot x_j|$, $j = 1, \ldots, n$. Der Faktor 1.483 besitzt dabei eine an dieser Stelle nicht begründbare Optimalitätseigenschaft. Die Lösung der entstehenden Minimierungsaufgabe erfolgt mit Hilfe numerischer Iterationsverfahren. Einen Überblick über Alternativen zur klassischen Methode der kleinsten Quadrate gibt [BID].

22.13 Rangkorrelation nach Spearman[8]

Eine weitere Möglichkeit, die Stärke eines statistischen Zusammenhanges zwischen zwei quantitativen Merkmalen X und Y zu messen, ist der *Spearmansche Rangkorrelationskoeffizient*. Zu seiner Einführung benötigen wir den Begriff des *Ranges* eines Stichprobenwertes. Ausgangspunkt ist hier wie in 22.10 eine Stichprobe $(x_1, y_1), \ldots, (x_n, y_n)$ des Merkmal–Paares (X, Y). Dabei sei im folgenden der Einfachheit halber vorausgesetzt, dass alle Werte $x_1, \ldots, x_n$ und alle Werte $y_1, \ldots, y_n$ verschieden sind, was

---

[8]Charles Edward Spearman (1863–1945), nach dem Studium der Psychologie bei Wilhelm Wundt (1832–1920) in Leipzig und Georg Elias Müller (1850–1934) in Göttingen Professor für Psychologie am Univ. College in London. Spearman war Mitbegründer der Intelligenztests.

$$x_{(1)} < x_{(2)} < \ldots < x_{(n)}, \qquad y_{(1)} < y_{(2)} < \ldots < y_{(n)}$$

für die geordnete x– bzw. y–Stichprobe (vgl. (5.5)) zur Folge hat.

Ist x_j unter den Werten $x_1, \ldots, x_n$ der q_j-*kleinste*, d.h. gilt $x_j = x_{(q_j)}$, so besitzt x_j nach Definition den *Rang* q_j unter $x_1, \ldots, x_n$. In gleicher Weise hat y_j im Falle $y_j = y_{(r_j)}$ den Rang r_j in der y–Stichprobe. Eine Darstellung dieser Ränge mit Hilfe von Indikatoren ist gegeben durch

$$q_j = \sum_{i=1}^{n} \mathbf{1}\{x_i \leq x_j\}, \qquad r_j = \sum_{i=1}^{n} \mathbf{1}\{y_i \leq y_j\}.$$

Zur Illustration dieser neuen Begriffsbildung betrachten wir in Tabelle 22.1 die 100m–Laufzeiten (x_j) und Weitsprungergebnisse (y_j) der 8 besten Siebenkämpferinnen bei den Olympischen Spielen 1988 (vgl. [SDS], S. 302).

j	1	2	3	4	5	6	7	8
x_j	12.69	12.85	13.20	13.61	13.51	13.75	13.38	13.55
$x_{(j)}$	12.69	12.85	13.20	13.38	13.51	13.55	13.61	13:75
q_j	1	2	3	7	5	8	4	6
y_j	7.27	6.71	6.68	6.25	6.32	6.33	6.37	6.47
$y_{(j)}$	6.25	6.32	6.33	6.37	6.47	6.68	6.71	7.27
r_j	8	7	6	1	2	3	4	5

Tabelle 22.1 100m–Laufzeiten und Weitsprungergebnisse der 8 besten Siebenkämpferinnen bei den Olympischen Spielen 1988

In Tabelle 22.1 fällt auf, dass die beste (= Rang 1–) 100m–Läuferin zugleich die beste (= Rang 8–) Weitspringerin war. Um einen statistischen Zusammenhang zwischen den Datenpaaren $(x_1, y_1), \ldots, (x_n, y_n)$ zu messen, stellt der durch

$$\rho := \frac{\sum_{j=1}^{n} (q_j - \bar{q}) \cdot (r_j - \bar{r})}{\sqrt{\sum_{j=1}^{n} (q_j - \bar{q})^2 \cdot \sum_{j=1}^{n} (r_j - \bar{r})^2}} \tag{22.11}$$

definierte *(Spearmansche) Rangkorrelationskoeffizient* eine Beziehung zwischen den Rängen q_j und r_j her. Dabei ist $\bar{q} := n^{-1} \cdot \sum_{j=1}^{n} q_j$ und $\bar{r} := n^{-1} \cdot \sum_{j=1}^{n} r_j$. Da $q_1, \ldots, q_n$ und $r_1, \ldots, r_n$ jeweils eine Permutation der Zahlen $1, \ldots, n$ darstellen, gelten $\bar{q} = n^{-1} \cdot \sum_{j=1}^{n} j = (n+1)/2 = \bar{r}$ sowie $\sum_{j=1}^{n} q_j^2 = \sum_{j=1}^{n} j^2 = n(n+1)(2n+1)/6 = \sum_{j=1}^{n} r_j^2$. Hiermit ergeben sich durch direkte Rechnung die alternativen Darstellungen

$$\rho \;=\; 1 - \frac{6}{n \cdot (n^2 - 1)} \cdot \sum_{j=1}^{n} (q_j - r_j)^2 \qquad\qquad (22.12)$$

$$ \;=\; -1 + \frac{6}{n \cdot (n^2 - 1)} \cdot \sum_{j=1}^{n} (r_j + q_j - n - 1)^2. \qquad\qquad (22.13)$$

(22.11) zeigt, dass der Rangkorrelationskoeffizient von $(x_1, y_1), \ldots, (x_n, y_n)$ gleich dem Pearsonschen Korrelationskoeffizienten der Rang–Paare $(q_1, r_1), \ldots, (q_n, r_n)$ ist. Insbesondere gilt damit $-1 \le \rho \le 1$.

Nach (22.12) wird der Extremfall $\rho = 1$ genau dann erreicht, wenn für jedes $j = 1, \ldots, n$ die Ranggleichheit $q_j = r_j$ eintritt, also für jedes j der j–kleinste x–Wert zum j–kleinsten y–Wert gehört. Der andere Extremfall $\rho = -1$ liegt nach (22.13) genau dann vor, wenn sich für jedes $j = 1, \ldots, n$ die Ränge q_j und r_j zu $n + 1$ aufaddieren, also der kleinste x–Wert zum größten y–Wert korrespondiert, der zweitkleinste x–Wert zum zweitgrößten y–Wert usw. Diese extremen Fälle stellen sich also genau dann ein, wenn durch die Punktwolke $\{(x_j, y_j) : j = 1, \ldots, n\}$ **irgendeine streng monoton wachsende (bzw. streng monoton fallende) Kurve** gezeichnet werden kann. Dies kann eine Gerade sein (dann ist auch der Pearson–Korrelationskoeffizient r gleich 1 bzw. gleich -1), muss es aber nicht.

Für die Daten aus Tabelle 22.1 nimmt der (am einfachsten nach Formel (22.12) berechnete) Rangkorrelationskoeffizient den Wert $-5/6 = -0.833\ldots$ an. Somit sind 100m–Laufzeit und die erreichte Weite beim Weitsprung der Siebenkämpferinnen stark negativ rangkorreliert.

22.14 Korrelation und Kausalität

Einer der häufigsten Trugschlüsse im Zusammenhang mit dem Korrelationsbegriff ist der irrige Schluss von Korrelation auf Kausalität. So stellte etwa die Deutsche Gesellschaft für Personalführung nach einer Befragung über die Einstiegsgehälter von Berufsanfänger(innen) fest, dass Studiendauer und Einstiegsgehalt **positiv** korreliert sind, also ein langes Studium in der Tendenz zu höheren Anfangsgehältern führt. Unterscheidet man jedoch die Absolvent(inn)en nach ihrem Studienfach, so stellt sich in jedem einzelnen Fach eine **negative** Korrelation zwischen Studiendauer und Einstiegsgehalt ein (vgl. [KRA]). Der Grund für dieses in Bild 22.4 mit drei verschiedenen Studienfächern dargestellte „Simpson–Paradoxon für Korrelationen" (vgl. 16.12) ist einfach: Die Absolvent(inn)en des mit dem Symbol $\diamond$ gekennzeichneten Faches erzielen im Schnitt ein höheres Startgehalt als ihre Kommiliton(inn)en im Fach „$\circ$", weil das Studium im Fach „$\diamond$" verglichen mit dem Fach „$\circ$" wesentlich aufwendiger ist. Das Fach „$\square$" nimmt hier eine Mittelstellung ein. Natürlich führt innerhalb jedes einzelnen Faches ein schnellerer Studienabschluss in der Tendenz zu einem höheren Anfangsgehalt.

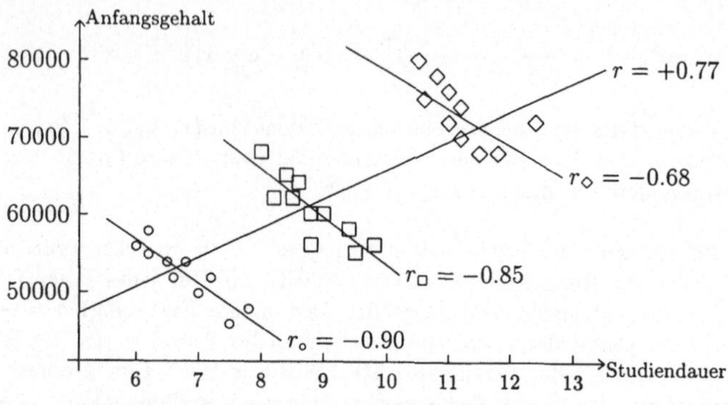

Bild 22.4 Simpson–Paradoxon für Korrelationen

An diesem Beispiel wird deutlich, dass bei Vernachlässigung eines dritten Merkmals in Form einer sogenannten *Hintergrundvariablen* (hier des Studienfaches) zwei Merkmale positiv korreliert sein können, obwohl sie in jeder Teilpopulation mit gleichem Wert der Hintergrundvariablen eine negative Korrelation aufweisen (bei Festhalten einer Teilpopulation spricht man dann von *partieller Korrelation*).

Übungsaufgaben

Ü 22.1 Es seien X und Y Zufallsvariablen und $a, b, c, d \in \mathbb{R}$ mit $a \cdot c > 0$. Zeigen Sie: $r(a \cdot X + b, c \cdot Y + d) = r(X, Y)$.

Ü 22.2 Ein echter Würfel wird zweimal in unabhängiger Folge geworfen; die Augenzahl des j–ten Wurfes sei mit X_j bezeichnet ($j = 1, 2$). Bestimmen Sie:
a) $C(X_1, X_1 + X_2)$ b) $r(X_1, X_1 + X_2)$ c) $C(X_1, max(X_1, X_2))$ d) $r(X_1, max(X_1, X_2))$.

Ü 22.3 Zeigen Sie unter Benutzung von (15.6): Die Varianz einer nach (15.5) Pólya-verteilten Zufallsvariablen X ist

$$V(X) = n \cdot \frac{r}{r + s} \cdot \left(1 - \frac{r}{r + s}\right) \cdot \left(1 + \frac{(n - 1) \cdot c}{r + s + c}\right).$$

Ü 22.4 Ein echter Würfel wird n mal ($n \geq 3$) in unabhängiger Folge geworfen; X_j bezeichne die im j–ten Wurf erzielte Augenzahl. Die Zufallsvariable X sei durch $X := \sum_{j=1}^{n-1} \mathbf{1}\{X_j < X_{j+1}\}$ definiert. Bestimmen Sie: a) $E(X)$ b) $V(X)$.

Ü 22.5 Der Zufallsvektor $(X_1, \ldots, X_s)$ besitze die Verteilung $Mult(n; p_1, \ldots, p_s)$, wobei $p_1 > 0, \ldots, p_s > 0)$. Zeigen Sie:

a) $C(X_i, X_j) = -n \cdot p_i \cdot p_j \quad (i \neq j)$,

b) $r(X_i, X_j) = -\sqrt{\dfrac{p_i \cdot p_j}{(1 - p_i) \cdot (1 - p_j)}} \quad (i \neq j)$.

Hinweis: $X_i + X_j$ besitzt die Binomialverteilung $Bin(n, p_i + p_j)$.

Ü 22.6 Lösen Sie die Approximationsaufgabe (22.5) für den Fall $Y = max(X_1, X_2)$ und $X = X_1$ im Beispiel des zweifachen Würfelwurfes (vgl. Aufgabe 22.2).

Ü 22.7 a) Welche Lösung (c^*, d^*) besitzt die Aufgabe, die mittlere quadratische Abweichung $E(X - c - dY)^2$ bezüglich c und d zu minimieren?

b) Zeigen Sie die Gültigkeit der Ungleichung $b^* \cdot d^* \leq 1$ mit b^* aus Satz 22.8.

Ü 22.8 Bestimmen Sie zu den Daten von Tabelle 22.1 die empirische Regressionsgerade $y = a^* + b^* x$ von y auf x sowie den empirischen Korrelationskoeffizienten r.

Ü 22.9 Der Spearmansche Rangkorrelationskoeffizient ρ von $(x_1, y_1), \ldots, (x_n, y_n)$ sei $+1$. Dabei sei o.B.d.A. $y_n = \max(y_1, y_2, \ldots, y_n)$. Wie verändert sich ρ, wenn (x_n, y_n) durch das Paar (x_n, y_0) mit $y_0 := \min(y_1, y_2, \ldots, y_n) - 1$ ersetzt wird und alle anderen Paare (x_j, y_j) unverändert bleiben?

Lernziel–Kontrolle

Sie sollten

- die Eigenschaften 22.2 der *Kovarianz* kennen und die Varianz einer Indikatorsumme angeben können;

- *Unkorreliertheit und Unabhängigkeit* unterscheiden können;

- die Bedeutung des *Korrelationskoeffizienten nach Pearson* als Maß für die Güte der linearen Vorhersagbarkeit einer Zufallsvariablen durch eine andere Zufallsvariable verstanden haben;

- die *Cauchy–Schwarz–Ungleichung* und die *Methode der kleinsten Quadrate* kennen;

- wissen, dass der *Spearmansche Rangkorrelationskoeffizient* die Stärke eines monotonen Zusammenhangs zwischen zwei Merkmalen beschreibt;

- für eine sachlogische Interpretation empirischer Korrelationskoeffizienten sensibilisiert sein.

23 Diskrete Wahrscheinlichkeitsräume

Die Grenzen der bislang betrachteten endlichen W–Räume als Modelle für Zufallsvorgänge werden schon bei einfachen Wartezeitproblemen deutlich (siehe Kapitel 24). Um die mathematischen Hilfsmittel so einfach wie möglich zu halten, beschränken wir uns bei einer Erweiterung der Theorie auf den Fall *diskreter Wahrscheinlichkeitsräume*, d.h. auf die Situation einer abzählbar–unendlichen Grundmenge $\Omega = \{\omega_1, \omega_2, \ldots\}$.

In Analogie zu den in Kapitel 6 angestellten Überlegungen liegt es hier nahe, jedem Elementarereignis $\{\omega_j\}$ eine Wahrscheinlichkeit

$$p(\omega_j) \geq 0, \quad j \geq 1, \tag{23.1}$$

zuzuordnen, wobei die Summen–Beziehung

$$\sum_{j=1}^{\infty} p(\omega_j) = 1 \tag{23.2}$$

erfüllt sein muss. Definieren wir dann

$$P(A) := \sum_{j \in \mathbb{N}:\omega_j \in A} p(\omega_j) \quad \text{für } A \subseteq \Omega, \tag{23.3}$$

so ist $P(A)$ als endliche Summe oder Grenzwert einer wegen (23.1) und (23.2) absolut konvergenten Reihe eine wohldefinierte Zahl im Intervall $[0,1]$, und das Paar (Ω, P) ist aufgrund des *Großen Umordnungssatzes für Reihen* (siehe z.B. [WAL]) ein diskreter Wahrscheinlichkeitsraum im Sinne der folgenden Definition.

23.1 Definition

Ein *diskreter Wahrscheinlichkeitsraum* (*W–Raum*) ist ein Paar (Ω, P), wobei Ω eine nichtleere endliche oder abzählbar–unendliche Menge und P eine auf den Teilmengen von Ω definierte reellwertige Funktion mit folgenden Eigenschaften ist:

a) $P(A) \geq 0$ für alle $A \subseteq \Omega$,   *(Nichtnegativität)*

b) $P(\Omega) = 1$,   *(Normiertheit)*

c) $P\left(\displaystyle\sum_{j=1}^{\infty} A_j\right) = \displaystyle\sum_{j=1}^{\infty} P(A_j),$ $(\sigma\text{--}Additivität\,)$

falls $A_1, A_2, \ldots$ paarweise **disjunkt** sind.

Wie bisher heißt P eine *Wahrscheinlichkeitsverteilung* (*W–Verteilung*) auf (den Teilmengen von) Ω und $P(A)$ die *Wahrscheinlichkeit* eines Ereignisses A.

Sind A und B disjunkte Ereignisse, so liefert die Wahl $A_1 = A, A_2 = B, A_j = \emptyset$ ($j \geq 3$) zusammen mit 23.1 c) die Additivitätseigenschaft 6.1 c). Folglich ist jeder endliche W–Raum gemäß Definition 6.1 auch ein diskreter W–Raum.

Man beachte, dass in einem diskreten W–Raum mit unendlicher Grundmenge Ω alle aus den Axiomen 6.1 a) – c) abgeleiteten Eigenschaften eines W–Maßes gültig bleiben, da für ihre Herleitung im Vergleich zur σ–Additivität 23.1 c) nur die schwächere Eigenschaft 6.1 c) der endlichen Additivität benutzt wurde. Dies gilt für die Folgerungen 6.2 a)–g), die Siebformel 11.1, die Formel von der totalen Wahrscheinlichkeit 16.7 a) und die Bayes–Formel 16.7 b). Dabei ist die bedingte Wahrscheinlichkeit wie im Fall eines endlichen W–Raumes definiert (vgl. 16.4).

Wie bisher nennen wir jede Abbildung $X : \Omega \to \mathbb{R}$ eine *Zufallsvariable* und n Zufallsvariablen auf Ω einen *n–dimensionalen Zufallsvektor* (vgl. 18.10). Ist der Grundraum Ω abzählbar–unendlich, so kann eine auf Ω definierte Zufallsvariable X abzählbar–unendlich viele Werte $x_1, x_2, \ldots$ annehmen. Dies bedeutet, dass bei der Untersuchung der Verteilung einer Zufallsvariablen unendliche Reihen auftreten können. In gleicher Weise treten bei der Untersuchung der gemeinsamen Verteilung $P(X = x_i, Y = y_j)$ ($i, j \geq 1$) zweier Zufallsvariablen mit unendlichen Wertebereichen Doppelreihen auf. Beispielsweise gilt

$$P(X \leq x, Y \leq y) = \sum_{i:x_i \leq x} \sum_{j:y_j \leq y} P(X = x_i, Y = y_j), \quad x, y \in \mathbb{R},$$

wobei die Summationsreihenfolge nach dem Großen Umordnungssatz beliebig ist.

Um die Vorteile des „bedenkenlosen Rechnens" auch bei (Mehrfach)–Reihen mit nicht notwendig positiven Gliedern nutzen zu können, fordern wir von jetzt ab stets die **absolute Konvergenz jeder auftretenden Reihe**. So existiert **vereinbarungsgemäß** der Erwartungswert einer Zufallsvariablen X nur dann, wenn die Bedingung

$$\sum_{\omega \in \Omega} |X(\omega)| \cdot P(\{\omega\}) < \infty \tag{23.4}$$

erfüllt ist. Unter dieser Voraussetzung ist die in Kapitel 12 angegebene Definition

$$E(X) := \sum_{\omega \in \Omega} X(\omega) \cdot P(\{\omega\})$$

weiterhin sinnvoll, und alle Regeln wie 12.2 oder

$$E(X) = \sum_{j=1}^{\infty} x_j \cdot P(X = x_j), \tag{23.5}$$

$$E(g(X)) = \sum_{j=1}^{\infty} g(x_j) \cdot P(X = x_j) \tag{23.6}$$

(vgl. (12.7) und (12.6)) bleiben erhalten. Gleiches gilt für die in den Kapiteln 21 und 22 angestellten Überlegungen im Zusammenhang mit der Varianz, der Kovarianz und der Korrelation von Zufallsvariablen.

23.2 Das St. Petersburger Paradoxon[1]

Stellen Sie sich vor, Ihnen würde folgendes Spiel angeboten: Gegen einen noch festzulegenden Einsatz von a DM wird eine echte Münze mit den Seiten Kopf und Zahl in unabhängiger Folge geworfen. Liegt dabei im k–ten Wurf zum ersten Mal Zahl oben, so erhalten Sie 2^{k-1} DM als Gewinn ausbezahlt. Da die Wahrscheinlichkeit hierfür durch 2^{-k} gegeben ist (es muss $k - 1$ mal hintereinander Kopf und dann Zahl auftreten, vgl. Kapitel 24), nimmt der zufällige Spielgewinn ohne Abzug des zu diskutierenden Einsatzes den Wert 2^{k-1} mit der Wahrscheinlichkeit 2^{-k} an. Ein formaler W–Raum für dieses Spiel ist der Grundraum $\Omega = \mathbb{N}$ mit $P(\{k\}) := 2^{-k}$, $k \in \mathbb{N}$. Definieren wir den Spielgewinn X als Zufallsvariable auf Ω durch $X(k) := 2^{k-1}$, $k \in \mathbb{N}$, so gilt für jede natürliche Zahl n

$$\sum_{\omega \in \Omega} |X(\omega)| \cdot P(\{\omega\}) \geq \sum_{k=1}^{n} X(k) \cdot P(\{k\}) = \sum_{k=1}^{n} 2^{k-1} \cdot 2^{-k} = \frac{n}{2}.$$

Dies bedeutet, dass die Forderung (23.4) nicht erfüllt ist und dass somit der zufällige Gewinn beim „St. Petersburger Spiel" keinen Erwartungswert besitzt.

Das Paradoxe am St. Petersburger Spiel besteht darin, dass wir das Spiel vom Standpunkt des Erwartungswertes her dadurch unvorteilhafter machen können, dass im Falle einer Serie von n Köpfen das Spiel ohne Gewinn endet. Da der Erwartungswert dieses modifizierten Spieles durch $n/2$ gegeben ist (siehe obige Ungleichung), wäre beim St. Petersburger Spiel ein beliebig hoher Einsatz gerechtfertigt. Andererseits dürfte kaum jemand bereit sein, mehr als 16 DM als

---

[1]Die Namensgebung *St. Petersburger Paradoxon* geht auf einen in der Zeitschrift der St. Petersburger Akademie publizierten Artikel von Daniel Bernoulli (1700–1782), einem Neffen von Jakob Bernoulli, aus dem Jahre 1738 zurück. In diesem Artikel beschreibt D. Bernoulli obiges Spiel und stellt die Frage nach einem „gerechten" Einsatz.

Einsatz zu bezahlen, da die Wahrscheinlichkeit, mehr als 16 DM zu gewinnen, nur 1/32 wäre. Die Untersuchungen zum St. Petersburger Paradoxon dauern bis in die heutige Zeit an (siehe z. B. [SHA]).

23.3 Bemerkungen zur σ–Additivität

Das Präfix $\sigma-$ in der σ–Additivität von 23.1 c) steht für die Möglichkeit, **abzählbar–unendliche** Vereinigungen von Ereignissen zu bilden. Diese Forderung ist im Falle einer unendlichen Grundmenge Ω stärker als die endliche Additivität.

So existiert etwa eine auf allen Teilmengen von $\mathbb{N}$ definierte Funktion m, welche nur die Werte 0 und 1 annimmt und *endlich–additiv* ist, d.h. es gilt $m(A+B) = m(A) + m(B)$ für disjunkte Mengen $A, B \subseteq \mathbb{N}$. Weiter gilt $m(A) = 0$ für jede endliche Menge A und $m(A) = 1$ für jede Teilmenge von $\mathbb{N}$ mit endlichem Komplement. Wegen $m(\mathbb{N}) = 1$ und $m(\{n\}) = 0$ für jedes $n \geq 1$ ergibt sich unmittelbar, dass die Funktion m nicht σ–additiv ist. Bitte versuchen Sie nicht, eine derartige Funktion „elementar" zu konstruieren. Der Nachweis ihrer Existenz erfolgt mit Hilfe eines „schwereren Geschützes", des *Auswahlaxioms* der Mengenlehre.

Obwohl die Forderung der σ–Additivität nicht aus den Eigenschaften (4.2) – (4.4) relativer Häufigkeiten heraus motiviert werden kann, wird sie generell für eine axiomatische Grundlegung der Wahrscheinlichkeitstheorie akzeptiert. In diesem Zusammenhang sei neben der bahnbrechenden Arbeit von Kolmogorov (vgl. [KOL]) auf Felix Hausdorffs[2] grundlegende Beiträge verwiesen (siehe [GIR]).

23.4 Einige wichtige Reihen

In den nächsten Kapiteln benötigen wir neben der *Exponentialreihe*

$$e^x = \sum_{k=0}^{\infty} \frac{x^k}{k!}, \qquad x \in \mathbb{R}, \tag{23.7}$$

die *geometrische Reihe*

$$\sum_{k=0}^{\infty} x^k = \frac{1}{1-x}, \quad |x| < 1, \tag{23.8}$$

---

[2]Felix Hausdorff (1868–1942), Mathematiker und Schriftsteller, nach Professuren in Leipzig, Bonn und Greifswald ab 1921 Professor an der Universität Bonn. Hausdorff lieferte grundlegende Beiträge sowohl zur Reinen als auch zur Angewandten Mathematik, insbesondere zur Mengenlehre, zur Topologie und zur Maßtheorie. Neben seiner Beschäftigung mit der Mathematik war Hausdorff unter dem Pseudonym *Paul Mongré* als Schriftsteller tätig. Eine ausführliche Würdigung seines literarischen Werkes findet sich in [EIC]. 1942 wählte er angesichts der seiner Familie und ihm drohenden Deportation in ein Konzentrationslager zusammen mit seiner Frau und seiner Schwägerin den Freitod, vgl. [NEU].

mit ihrer ersten und zweiten Ableitung

$$\sum_{k=1}^{\infty} k \cdot x^{k-1} \;=\; \frac{d}{dx}\left(\sum_{k=0}^{\infty} x^k\right) = \frac{d}{dx}\left(\frac{1}{1-x}\right)$$

$$= \;\frac{1}{(1-x)^2}, \quad |x| < 1, \tag{23.9}$$

$$\sum_{k=2}^{\infty} k \cdot (k-1) \cdot x^{k-2} \;=\; \frac{d^2}{dx^2}\left(\sum_{k=0}^{\infty} x^k\right) = \frac{d^2}{dx^2}\left(\frac{1}{1-x}\right)$$

$$= \;\frac{2}{(1-x)^3}, \quad |x| < 1, \tag{23.10}$$

sowie die *Binomialreihe* (vgl. [HEU] oder [WAL])

$$(1+x)^\alpha \;=\; \sum_{k=0}^{\infty} \binom{\alpha}{k} \cdot x^k, \quad |x| < 1,\ \alpha \in \mathbb{R}\,. \tag{23.11}$$

Dabei ist der allgemeine Binomialkoeffizient durch

$$\binom{z}{k} \;:=\; \frac{z \cdot (z-1) \cdot \ldots \cdot (z-k+1)}{k!} \;=\; \frac{z^{\underline{k}}}{k!}, \quad z \in \mathbb{R}, \quad k \in \mathbb{N}_0$$

definiert. Eine einfache Überlegung (Übungsaufgabe 23.1) liefert das *Gesetz der oberen Negation*

$$\binom{z}{k} \;=\; (-1)^k \cdot \binom{k-z-1}{k}. \tag{23.12}$$

Übungsaufgaben

Ü 23.1 Beweisen Sie das Gesetz der oberen Negation (23.12).

Ü 23.2 Die Zufallsvariable X besitze die Verteilung $P(X = j) = 1/(j(j-1))$, $j = 2, 3, \ldots$

a) Zeigen Sie die Gültigkeit von $\sum_{j=2}^{\infty} P(X = j) = 1$.

b) Existiert der Erwartungswert von X?

Lernziel–Kontrolle

Sie sollten

- die Definition eines *diskreten Wahrscheinlichkeitsraumes* beherrschen;

- erkennen, dass der sichere Umgang mit Reihen ein unerlässliches Hilfsmittel für die Berechnung von Wahrscheinlichkeiten in diskreten W–Räumen ist.

24 Wartezeitprobleme

In diesem Kapitel werden verschiedene Wartezeitprobleme wie das Warten auf
Treffer in einer Bernoulli-Kette oder das Sammlerproblem (vgl. Kapitel 9) behandelt.

24.1 Warten auf den ersten Treffer: die geometrische Verteilung

Die bisweilen frustrierende Situation des „Wartens auf Erfolg" bei Glücksspielen
wie *Mensch–ärgere–Dich–nicht!* (Warten auf die erste Sechs), *Monopoly* (Warten
auf einen „Pasch" im „Gefängnis") oder *Lotto* (Warten auf einen Fünfer oder
einen Sechser) wird vielen von uns gut bekannt sein. Der gemeinsame Nenner
ist hier das „Warten auf den ersten Treffer" in unbeeinflusst voneinander ablaufenden Treffer/Niete–Versuchen. Mit welcher Wahrscheinlichkeit tritt dabei der
erste Treffer im j–ten Versuch auf?

Zur Beantwortung dieser Frage bezeichnen wir wie früher einen Treffer mit 1 und
eine Niete mit 0. Die Trefferwahrscheinlichkeit sei p, wobei $0 < p < 1$ vorausgesetzt ist. Da der erste Treffer genau dann im j–ten Versuch auftritt, wenn wir
der Reihe nach $j - 1$ Nullen und dann eine Eins beobachten, sollte aufgrund der
Unabhängigkeit der einzelnen Versuche (Produktexperiment!) die Wahrscheinlichkeit hierfür gleich $(1 - p)^{j-1} \cdot p$ sein. Ein formaler W–Raum für dieses Wartezeitexperiment ist der Grundraum

$$\Omega_1 \; := \; \{1, 01, 001, 0001, 00001, \ldots\} \tag{24.1}$$

mit

$$p_1(\omega_j) \; := \; P_1(\{\omega_j\}) \; := \; (1 - p)^{j-1} \cdot p, \quad j \in \mathbb{N}. \tag{24.2}$$

Hier steht ω_j für ein „Wort" aus $j - 1$ Nullen und einer terminalen Eins, also
$\omega_1 = 1$, $\omega_2 = 01$, $\omega_3 = 001$, $\omega_4 = 0001$ usw. Nach (23.8) gilt

$$\sum_{j=1}^{\infty} p_1(\omega_j) \; = \; p \cdot \sum_{k=0}^{\infty} (1 - p)^k \; = \; p \cdot \frac{1}{1 - (1 - p)} \; = \; 1,$$

so dass die über (24.2) und (23.3) (mit P_1 und p_1 anstelle von P bzw. p) erklärte
Funktion P_1 in der Tat eine W–Verteilung auf Ω_1 ist. Dabei soll die Indizierung
mit 1 betonen, dass das Warten auf den **ersten** Treffer modelliert wird.

Setzen wir $X(\omega_j) := j - 1$, $j \in \mathbb{N}$, so gibt die Zufallsvariable X die Anzahl der Nieten vor dem ersten Treffer an. Wegen $\{X = k\} = \{\omega_{k+1}\}$ hat X eine *geometrische Verteilung* im Sinne der folgenden Definition.

24.2 Definition und Satz

Die Zufallsvariable X besitzt eine *geometrische Verteilung mit Parameter p* $(0 < p < 1)$, kurz: $X \sim G(p)$, falls ihre Verteilung durch

$$P(X = k) = (1 - p)^k \cdot p, \qquad k \in \mathbb{N}_0,$$

gegeben ist. In diesem Fall gilt:

a) $E(X) = \dfrac{1 - p}{p} = \dfrac{1}{p} - 1$.

b) $V(X) = \dfrac{1 - p}{p^2}$.

BEWEIS: a) folgt unter Beachtung von (23.5) und (23.9) aus

$$
\begin{aligned}
E(X) &= \sum_{k=0}^{\infty} k \cdot (1 - p)^k \cdot p = p \cdot (1 - p) \cdot \sum_{k=1}^{\infty} k \cdot (1 - p)^{k-1} \\
&= p \cdot (1 - p) \cdot \frac{1}{(1 - (1 - p))^2} = \frac{1 - p}{p} \, .
\end{aligned}
$$

Zum Nachweis von b) verwenden wir die nützliche Darstellung

$$V(X) = E(X \cdot (X - 1)) + EX - (EX)^2. \tag{24.3}$$

Mit (23.6) für $g(x) := x(x - 1)$ und (23.10) ergibt sich

$$
\begin{aligned}
E(X \cdot (X - 1)) &= \sum_{k=0}^{\infty} k \cdot (k - 1) \cdot (1 - p)^k \cdot p \\
&= p \cdot (1 - p)^2 \cdot \sum_{k=2}^{\infty} k \cdot (k - 1) \cdot (1 - p)^{k-2} \\
&= p \cdot (1 - p)^2 \cdot \frac{2}{(1 - (1 - p))^3} = \frac{2 \cdot (1 - p)^2}{p^2} \, ,
\end{aligned}
$$

so dass b) aufgrund des schon bewiesenen Teils a) und (24.3) folgt. ∎

Da X die Anzahl der Nieten vor dem ersten Treffer zählt, besitzt die um eins größere Anzahl der Versuche bis zum ersten Treffer den Erwartungswert $1/p$. In der Interpretation des Erwartungswertes als durchschnittlicher Wert auf lange Sicht sind also z.B. „im Schnitt" 6 Versuche nötig, um mit einem echten Würfel eine Sechs zu werfen. Dass (plausiblerweise) sowohl der Erwartungswert als auch die Varianz der Wartezeit bis zum ersten Treffer bei Verkleinerung der Trefferwahrscheinlichkeit p zunehmen, verdeutlichen die Stabdiagramme der geometrischen Verteilung für $p = 1/2$ und $p = 1/4$ in Bild 24.1.

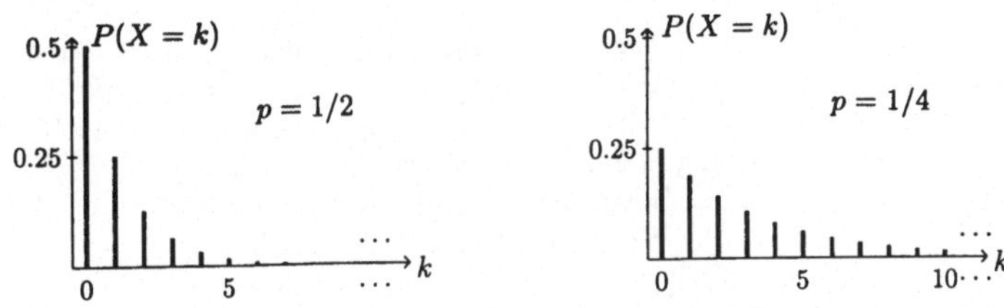

Bild 24.1 Stabdiagramme geometrischer Verteilungen

24.3 Warten auf den r–ten Treffer: die negative Binomialverteilung

In Verallgemeinerung zu 24.1 fragen wir jetzt nach der Wahrscheinlichkeit, dass in einer Bernoulli–Kette mit Trefferwahrscheinlichkeit p der r-te Treffer ($r = 1, 2, 3, \ldots$) im j-ten Versuch ($j \geq r$) auftritt. Hierzu müssen unter den ersten $j - 1$ Versuchen $r - 1$ Treffer und $j - r$ Nieten sein, und der j-te Versuch muss einen Treffer liefern. Da jedes aus r Einsen und $j - r$ Nullen bestehende „Wort" die Wahrscheinlichkeit $(1 - p)^{j-r} \cdot p^r$ besitzt und da es $\binom{j-1}{r-1}$ Möglichkeiten gibt, aus den ersten $j - 1$ Versuchen $r - 1$ Plätze für Treffer auszuwählen und die übrigen mit Nieten zu belegen, ist die gesuchte Wahrscheinlichkeit durch

$$p_{r,j} := \binom{j-1}{r-1} \cdot (1 - p)^{j-r} \cdot p^r, \quad j = r, r+1, r+2, \ldots \tag{24.4}$$

gegeben. Führen wir die Substitution $k := j - r$ durch, so folgt unter Beachtung der Symmetriebeziehung $\binom{n}{m} = \binom{n}{n-m}$ sowie (23.12) und (23.11)

$$
\begin{aligned}
\sum_{j=r}^{\infty} p_{r,j} &= p^r \cdot \sum_{k=0}^{\infty} \binom{k+r-1}{r-1} \cdot (1-p)^k \\
&= p^r \cdot \sum_{k=0}^{\infty} \binom{k+r-1}{k} \cdot (-1)^k \cdot (-(1-p))^k \\
&= p^r \cdot \sum_{k=0}^{\infty} \binom{-r}{k} \cdot (-(1-p))^k = p^r \cdot (1 - (1-p))^{-r} \\
&= 1.
\end{aligned}
$$

Dies bedeutet, dass die Werte $p_{r,r}, p_{r,r+1}, \ldots$ eine Wahrscheinlichkeitsverteilung auf dem Grundraum $\{r, r+1, \ldots\}$ definieren.

Tiefere Einsichten in die Struktur dieser Verteilung erhält man durch Aufspaltung der „Wartezeit bis zum r-ten Treffer" in die „Anzahl der Versuche bis zum ersten Treffer" und die „Wartezeiten zwischen dem $(j-1)$-ten und dem j-ten Treffer", $j = 2, \ldots, r$. Ein Grundraum hierfür ist das r-fache kartesische Produkt

$$\Omega_r := \{\omega = (a_1, \ldots, a_r) : a_j \in \Omega_1 \text{ für } j = 1, \ldots, r\}$$

mit der in (24.1) definierten Menge Ω_1. Da $a_1, \ldots, a_r$ „voneinander unbeeinflusste" Wartezeiten darstellen, modellieren wir das Warten auf den r-ten Treffer als **Produktexperiment** mit dem Grundraum Ω_r, wobei analog zu (14.13) die Wahrscheinlichkeitsverteilung P_r auf Ω_r durch $P_r(\{\omega\}) := P_1(\{a_1\}) \cdot \ldots \cdot P_1(\{a_r\})$, $\omega = (a_1, \ldots, a_r)$, gegeben ist. Bezeichnet $n(a_j)$ die Anzahl der Nullen im „Wort" a_j, so gilt $P_1(\{a_j\}) = (1-p)^{n(a_j)} \cdot p$ $(j = 1, \ldots, r)$ und folglich

$$P_r(\{\omega\}) = (1-p)^{\sum_{j=1}^{r} n(a_j)} \cdot p^r. \tag{24.5}$$

Definieren wir die Zufallsvariablen $X_1, X_2, \ldots, X_r$ auf Ω_r durch

$$X_j(\omega) := n(a_j), \quad \text{falls } \omega = (a_1, \ldots, a_r),$$

so sind $X_1, \ldots, X_r$ nach den in Abschnitt 18.11 angestellten Überlegungen unabhängig bzgl. P_r und besitzen aus Symmetriegründen die gleiche geometrische Verteilung $G(p)$. Setzen wir weiter

$$X := X_1 + X_2 + \ldots + X_r, \tag{24.6}$$

so beschreibt die **Zufallsvariable X die Anzahl der Nieten vor dem r-ten Treffer**. Wegen $\{X = k\} = \{(a_1, \ldots, a_r) \in \Omega_r : \sum_{j=1}^{r} n(a_j) = k\}$ und

$$\left| \left\{ (a_1, \ldots, a_r) \in \Omega_r : \sum_{j=1}^{r} n(a_j) = k \right\} \right| = \binom{k+r-1}{k}$$

(von den $k+r-1$ Versuchen vor dem r-ten Treffer müssen genau k Nieten sein!) sowie (24.5) hat X die nachstehend definierte *negative Binomialverteilung*.

24.4 Definition und Satz

Die Zufallsvariable X besitzt eine *negative Binomialverteilung mit Parametern r und p* $(r \in \mathbb{N}, 0 < p < 1)$, kurz: $X \sim Nb(r, p)$, falls ihre Verteilung durch

$$P(X = k) = \binom{k+r-1}{k} \cdot p^r \cdot (1-p)^k, \qquad k \in \mathbb{N}_0, \tag{24.7}$$

gegeben ist. In diesem Fall gilt:

a) $E(X) = r \cdot \dfrac{1-p}{p}$,

b) $V(X) = r \cdot \dfrac{1-p}{p^2}$.

BEWEIS: Die Behauptungen a) und b) ergeben sich unmittelbar aus der Erzeugungsweise (24.6) zusammen mit 24.2 a), b) und 22.3. ∎

Man beachte, dass die Verteilung $Nb(r,p)$ für $r=1$ mit der geometrischen Verteilung $G(p)$ übereinstimmt. Ihre Namensgebung verdankt die *negative* Binomialverteilung der Darstellung

$$P(X = k) = \binom{-r}{k} \cdot p^r \cdot (-(1-p))^k$$

(vgl. (23.12)). Da eine $Nb(r,p)$-verteilte Zufallsvariable X die Anzahl der Nieten vor dem r-ten Treffer in einer Bernoulli–Kette zählt, **beschreibt $Y := X + r$ die Anzahl der Versuche bis zum r-ten Treffer**. Wegen $P(Y = j) = P(X = j - r)$ folgt mit (24.7)

$$P(Y = j) = \binom{j-1}{j-r} \cdot p^r \cdot (1-p)^{j-r}, \qquad j \geq r,$$

was (beruhigenderweise) mit (24.4) übereinstimmt.

Aus der Erzeugungsweise (24.6) einer Zufallsvariablen X mit der negativen Binomialverteilung $Nb(r,p)$ ergibt sich analog zum Additionsgesetz 19.6 für die Binomialverteilung die folgende Aussage.

24.5 Additionsgesetz für die negative Binomialverteilung
Sind X und Y **unabhängige** Zufallsvariablen auf dem W–Raum (Ω, P) mit den negativen Binomialverteilungen $X \sim Nb(r,p)$ und $Y \sim Nb(s,p)$ $(r,\ s \in \mathbb{N}; 0 < p < 1)$, so gilt

$$X + Y \sim Nb(r+s,p).$$

24.6 Das Sammlerproblem
Würden Sie darauf wetten, dass nach 20 Würfen mit einem echten Würfel jede Augenzahl mindestens einmal aufgetreten ist? Wie groß schätzen Sie die Chance ein, dass beim Lotto im Laufe eines Jahres (52 Ausspielungen) jede Zahl mindestens einmal Gewinnzahl gewesen ist?

Diese und ähnliche Fragen sind klassische Probleme der Wahrscheinlichkeitstheorie, welche schon von de Moivre[1], Euler und Laplace behandelt wurden und in der Literatur als *Sammlerproblem, Coupon–Collector–Problem* oder *Problem*

---

[1] Abraham de Moivre (1667–1754), musste nach dem Studium in Paris als Protestant Frankreich verlassen. Er emigrierte 1688 nach London, wo er sich bis ins hohe Alter seinen Lebensunterhalt durch Privatunterricht in Mathematik verdiente. 1697 Aufnahme in die Royal Society und 1735 in die Berliner Akademie. De Moivre gilt als bedeutendster Wahrscheinlichkeitstheoretiker vor P.S. Laplace.

der vollständigen Serie bekannt sind. In der Einkleidung eines Teilchen/Fächer-Modells (vgl. Kapitel 9) gibt es beim Sammlerproblem n nummerierte Fächer, wobei ein *Versuch* darin besteht, s ($s \leq n$) der n Fächer rein zufällig aus-zuwählen und mit je einem Teilchen zu besetzen. Dieser „Besetzungsvorgang mit s–Auswahl" werde in unabhängiger Folge wiederholt. Wie viele Versuche sind nötig, bis jedes Fach mindestens ein Teilchen enthält?

Interpretieren wir die 6 Augenzahlen des Würfels bzw. die 49 Lottozahlen als Fächer, so führen die eingangs gestellten Fragen auf Sammlerprobleme mit $n = 6$, $s = 1$ (wie lange muss gewürfelt werden, bis jede Augenzahl mindestens ein-mal aufgetreten ist?) bzw. $n = 49$, $s = 6$ (wie viele Lotto-Ausspielungen müssen erfolgen, bis jede der 49 Zahlen mindestens einmal Gewinnzahl gewesen ist?).

Schreiben wir W_j für die Anzahl der Versuche, bis Fach Nr. j mindestens ein Teilchen enthält, so lässt sich die zufällige Anzahl X_n der zur Besetzung aller n Fächer erforderlichen Versuche als **maximale Wartezeit** in der Form

$$X_n := \max(W_1, W_2, \ldots, W_n)$$

ausdrücken. Offenbar besitzt die Zufallsvariable X_n den Wertebereich $\{a, a+1, a+2, \ldots\}$ mit

$$a := \min\left\{m \in \mathbb{N} : \frac{n}{s} \leq m\right\} = \left[\frac{n}{s}\right] + 1. \tag{24.8}$$

Um die folgenden Überlegungen nicht mit Formalismen zu überladen, verzichten wir auf die Angabe eines formalen Grundraumes für dieses Wartezeitexperiment. Den Schlüssel zur Bestimmung der Verteilung von X_n bildet die Gleichung

$$\{X_n > k\} = \bigcup_{j=1}^{n} \{W_j > k\}, \quad k \geq a - 1. \tag{24.9}$$

Schreiben wir kurz $A_j := \{W_j > k\}$, so liegt wegen $P(X > k) = P(\cup_{j=1}^{n} A_j)$ die Anwendung der Formel des Ein– und Ausschließens 11.1 nahe. Hierzu benötigen wir jedoch für jedes $r = 1, \ldots, n$ und jede Wahl von $i_1, \ldots, i_r$ mit $1 \leq i_1 < \ldots < i_r \leq n$ die Wahrscheinlichkeit $P(A_{i_1} \cap \ldots \cap A_{i_r})$.

Offenbar tritt das Ereignis $A_{i_1} \cap \ldots \cap A_{i_r}$ genau dann ein, wenn in den ersten k Versuchen keines der Fächer mit den Nummern $i_1, \ldots, i_r$ besetzt wird, d.h. wenn bei jedem der ersten k Versuche jeweils s Fächer aus der $(n - r)$–elementigen Nummern-Menge $\{1, 2, \ldots, n\} \setminus \{i_1, \ldots, i_r\}$ ausgewählt werden. Die Wahrschein-lichkeit dafür, dass dies bei einem Versuch geschieht, ist durch

$$q_r := \frac{\binom{n - r}{s}}{\binom{n}{s}}, \quad n - r \geq s, \tag{24.10}$$

gegeben (Laplace–Modell). Aufgrund der Unabhängigkeit von Ereignissen, welche sich auf verschiedene Versuche beziehen, gilt dann

$$P(A_{i_1} \cap \ldots \cap A_{i_r}) = \begin{cases} q_r^k, & \text{falls} \quad r \leq n - s, \\ 0, & \text{falls} \quad r > n - s, \end{cases}$$

so dass die Ereignisse $A_1, \ldots, A_n$ austauschbar im Sinne von 11.2 sind. Nach (11.6) und (24.9) folgt

$$P(X_n > k) = \sum_{r=1}^{n-s} (-1)^{r-1} \cdot \binom{n}{r} \cdot q_r^k, \quad k \geq a - 1, \tag{24.11}$$

mit a wie in (24.8). Wegen $P(X_n > k - 1) = P(X_n > k) + P(X_n = k)$ ergibt sich nun die Verteilung von X_n durch Differenzbildung in (24.11), und wir erhalten das folgende Resultat.

24.7 Satz

Die Anzahl X_n der zur Besetzung aller Fächer nötigen Versuche im Sammlerproblem mit n Fächern und s–Auswahl besitzt die Verteilung

$$P(X_n = k) = \sum_{r=1}^{n-s} (-1)^{r-1} \cdot \binom{n}{r} \cdot q_r^{k-1} \cdot (1 - q_r), \quad k \geq a,$$

und den Erwartungswert

$$E(X_n) = \sum_{r=1}^{n-s} (-1)^{r-1} \cdot \binom{n}{r} \cdot \frac{q_r^{a-1} \cdot (q_r - a \cdot (q_r - 1))}{1 - q_r}. \tag{24.12}$$

Dabei ergibt sich (24.12) durch direkte Rechnung aus der Darstellungsformel $E(X_n) = \sum_{k=a}^{\infty} k \cdot P(X_n = k)$ unter Beachtung von (23.9) und

$$\sum_{k=1}^{a-1} k \cdot x^{k-1} = \frac{d}{dx}\left(\frac{x^a - 1}{x - 1}\right) = \frac{a \cdot x^{a-1} \cdot (x - 1) - (x^a - 1)}{(x - 1)^2}, \quad |x| < 1.$$

Die Verteilung von X_n ist für den Fall $n = 6, s = 1$ (Wartezeit, bis beim Würfeln alle Augenzahlen aufgetreten sind) in Bild 24.2 veranschaulicht. Deutlich erkennbar ist dort eine für stochastische Extremwertprobleme typische Asymmetrie (X_n ist ein **Maximum** von Zufallsvariablen!).

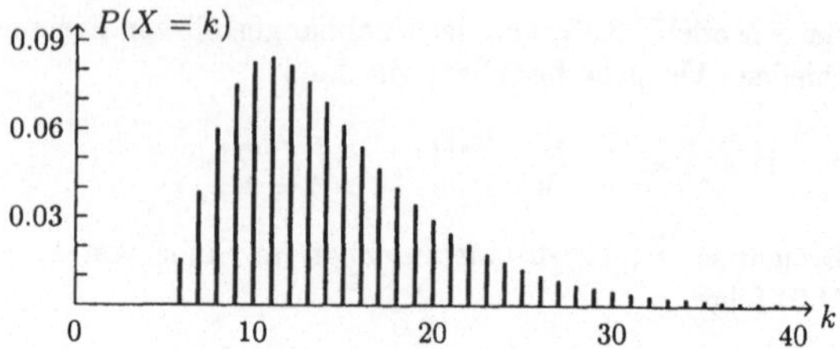

Bild 24.2 Verteilung der Wartezeit beim Sammlerproblem mit $n = 6, s = 1$

In den Fällen $n = 6$, $s = 1$ und $n = 49$, $s = 6$ liefert Komplementbildung in (24.11) die Werte $P(X_6 \leq 20) = 0.847\ldots$ bzw. $P(X_{49} \leq 52) = 0.946\ldots$, was die eingangs gestellten Fragen beantwortet. Insbesondere kann getrost darauf gewettet werden, dass im Laufe eines Jahres jede Lottozahl mindestens einmal Gewinnzahl ist. Nebenbei sei bemerkt, dass dieser Fall in genau 38 von allen 40 Jahren ($= 95\%$!) der bisherigen deutschen Lottogeschichte eintrat.

Im Spezialfall $s = 1$ ist eine Modellierung der Wartezeit X_n als **Summe stochastisch unabhängiger Wartezeiten** möglich. Hierzu bezeichnen wir einen Versuch als „Treffer", wenn er zur Besetzung eines noch freien Faches führt. Damit ist der erste Versuch immer ein Treffer. Da nach dem Erzielen des j–ten Treffers jeder der weiteren Versuche mit Wahrscheinlichkeit $(n-j)/n$ den nächsten Treffer ergibt ($j = 1, \ldots, n-1$) und da alle Versuche unbeeinflusst voneinander ablaufen, besitzen X_n und die Zufallsvariable

$$\widetilde{X_n} := 1 + Y_1 + Y_2 + \ldots + Y_{n-2} + Y_{n-1} \tag{24.13}$$

die gleiche Verteilung (ein formaler Beweis soll hier nicht geführt werden). Hierbei sind $Y_1, \ldots, Y_{n-1}$ auf einem gemeinsamen W–Raum definierte unabhängige Zufallsvariablen, wobei $Y_j - 1$ die geometrische Verteilung $G((n - j)/n)$ besitzt und anschaulich für die Anzahl der Fehlversuche zwischen dem j-ten und dem $(j+1)$-ten Treffer steht ($j = 1, \ldots, n-1$). Anwendungen der Darstellung (24.13) finden sich in den Übungsaufgaben 24.6 und 24.7.

Übungsaufgaben

Ü 24.1 Ein echter Würfel wird in unabhängiger Folge geworfen.

a) Wie groß ist die W', dass nach 6 Würfen mindestens eine Sechs aufgetreten ist?

b) Wie oft muss man mindestens werfen, um mit einer Mindestwahrscheinlichkeit von 0.9 mindestens eine Sechs zu erhalten?

Ü 24.2 Ein Lottospieler gibt wöchentlich 20 verschiedene Tippreihen ab. Wie groß ist der Erwartungswert seiner Wartezeit (in Jahren) auf den ersten „Sechser"?

Ü 24.3 In einer Bernoulli–Kette seien vor dem zweiten Treffer genau k Nieten aufgetreten. Zeigen Sie, dass unter dieser Bedingung die Anzahl der Nieten vor dem ersten Treffer eine Gleichverteilung auf den Werten $0, 1, 2, \ldots, k$ besitzt.

Ü 24.4 Anja (A) und Bettina (B) drehen in unabhängiger Folge abwechselnd ein Glücksrad mit den Sektoren A und B. Das Glücksrad bleibe mit der W' p (bzw. $1-p$) im Sektor A (bzw. B) stehen. Gewonnen hat diejenige Spielerin, welche als erste erreicht, dass das Glücksrad in ihrem Sektor stehen bleibt. Anja beginnt. Zeigen Sie:

a) Die Gewinnwahrscheinlichkeit für Anja ist $p/(1 - (1 - p) \cdot p)$.

b) Im Fall $p = (3 - \sqrt{5})/2 \approx 0.382$ besitzen beide Spielerinnen die gleiche Gewinnwahrscheinlichkeit.

Ü 24.5 Ein echter Würfel wird solange geworfen, bis die erste Sechs auftritt. Wie groß ist die Wahrscheinlichkeit, vorher genau zwei Vieren zu werfen?
Anm.: Die Lösung ($= 1/8$) ist in einem einfachen Modell ohne Rechnung einzusehen.

Ü 24.6 a) Zeigen Sie unter Verwendung von (24.13): Die Wartezeit X_n beim Sammlerproblem besitzt im Fall $s = 1$ den Erwartungswert

$$E(X_n) \;=\; n \cdot \left(1 + \frac{1}{2} + \frac{1}{3} + \ldots + \frac{1}{n}\right).$$

b) Welchen Erwartungswert besitzt die Anzahl der Würfe mit einem echten Würfel, bis jede Augenzahl mindestens einmal aufgetreten ist?

Ü 24.7 Zeigen Sie unter Verwendung von (24.13): Die Wartezeit X_n beim Sammlerproblem besitzt im Fall $s = 1$ die Varianz

$$V(X_n) \;=\; n^2 \cdot \left(\sum_{j=1}^{n-1} \frac{1}{j^2} - \frac{1}{n} \cdot \sum_{j=1}^{n-1} \frac{1}{j}\right).$$

Lernziel–Kontrolle

Sie sollten

- die *geometrische Verteilung* und die *negative Binomialverteilung* sowie deren Erzeugungsweise als Anzahl von Nieten vor dem ersten bzw. r–ten Treffer in einer Bernoulli–Kette kennen;

- wissen, dass die durchschnittliche Wartezeit auf einen Treffer in einer Bernoulli-Kette mit Trefferwahrscheinlichkeit p gleich dem reziproken Wert $1/p$ ist;

- die Bedeutung der Formel des Ein– und Ausschließens für die Herleitung der Verteilung der Wartezeit beim Sammlerproblem eingesehen haben.

25 Die Poisson–Verteilung

In diesem Kapitel lernen wir mit der *Poisson*[1]*-Verteilung* ein weiteres wichtiges Verteilungsgesetz der Stochastik kennen. Die Poisson–Verteilung entsteht als Approximation der Binomialverteilung $Bin(n,p)$ (vgl. Kapitel 19) bei großem n und klein'em p. Genauer gesagt betrachten wir eine Folge von Verteilungen $Bin(n,p_n)$, $n \geq 1$, **mit konstantem Erwartungswert**

$$\lambda := n \cdot p_n, \qquad 0 < \lambda < \infty, \tag{25.1}$$

setzen also $p_n := \lambda/n$. Da $Bin(n,p_n)$ die Verteilung der Trefferanzahl in einer Bernoulli–Kette der Länge n mit Trefferwahrscheinlichkeit p_n angibt, befinden wir uns in einer Situation, in der eine wachsende Anzahl von Versuchen eine immer kleiner werdende Trefferwahrscheinlichkeit dahingehend kompensiert, dass die erwartete Trefferanzahl konstant bleibt. Wegen

$$\binom{n}{k} \cdot p_n^k \cdot (1-p_n)^{n-k} \;=\; \frac{(n \cdot p_n)^k}{k!} \cdot \frac{n^{\underline{k}}}{n^k} \cdot (1-p_n)^{-k} \cdot \left(1 - \frac{n \cdot p_n}{n}\right)^n$$

$$\;=\; \frac{\lambda^k}{k!} \cdot \frac{n^{\underline{k}}}{n^k} \cdot \left(1 - \frac{\lambda}{n}\right)^{-k} \cdot \left(1 - \frac{\lambda}{n}\right)^n$$

für jedes $n \geq k$ und den Beziehungen

$$\lim_{n\to\infty} \frac{n^{\underline{k}}}{n^k} = \lim_{n\to\infty} \left(1 - \frac{\lambda}{n}\right)^{-k} = 1, \qquad \lim_{n\to\infty} \left(1 - \frac{\lambda}{n}\right)^n = e^{-\lambda},$$

folgt dann

$$\lim_{n\to\infty} \binom{n}{k} \cdot p_n^k \cdot (1-p_n)^{n-k} = e^{-\lambda} \cdot \frac{\lambda^k}{k!}, \qquad k \in \mathbb{N}_0, \tag{25.2}$$

d.h. die Wahrscheinlichkeit für das Auftreten von k Treffern in obiger Bernoulli–Kette konvergiert gegen den Ausdruck $e^{-\lambda}\lambda^k/k!$. Wegen $\sum_{k=0}^{\infty} e^{-\lambda} \cdot \lambda^k/k! = e^{-\lambda} \cdot e^{\lambda} = 1$ (vgl. (23.7)) liefert dabei die rechte Seite von (25.2) eine W–Verteilung auf $\mathbb{N}_0$, und wir erhalten die folgende Definition.

---

[1]Siméon Denis Poisson (1781–1840); studierte Mathematik an der École Polytechnique, wo er 1806 selbst Professor wurde. Poisson leistete wichtige Beiträge insbesondere zur Mathematischen Physik und zur Analysis. 1827 erfolgte seine Ernennung zum Geometer des Längenbureaus an Stelle des verstorbenen P.S. Laplace. Die ungerechtfertigterweise nach Poisson benannte Verteilung war schon de Moivre bekannt.

25.1 Definition

Die Zufallsvariable X besitzt eine *Poisson–Verteilung mit Parameter* λ $(\lambda > 0)$, kurz: $X \sim Po(\lambda)$, falls gilt:

$$P(X = k) = e^{-\lambda} \cdot \frac{\lambda^k}{k!}, \qquad k \in \mathbb{N}_0.$$

Die *Poisson–Approximation* (25.2) *der Binomialverteilung* wird manchmal auch *Gesetz seltener Ereignisse* genannt. Diese Namensgebung wird durch die Erzeugungsweise der oben beschriebenen Binomialverteilung $Bin(n, p_n)$ als Summe von n Indikatoren unabhängiger Ereignisse gleicher Wahrscheinlichkeit p_n verständlich: Obwohl jedes einzelne Ereignis eine kleine Wahrscheinlichkeit $p_n = \lambda/n$ besitzt und somit „selten eintritt", konvergiert die Wahrscheinlichkeit des Eintretens von k dieser Ereignisse gegen einen festen, nur von λ und k abhängenden Wert. Dabei gilt die Grenzwertaussage (25.2) auch unter der schwächeren Annahme einer beliebigen Folge $(p_n)_{n \geq 1}$ von Wahrscheinlichkeiten mit $\lim_{n \to \infty} n \cdot p_n = \lambda$ anstelle von (25.1) (siehe Übungsaufgabe 25.1).

Dass ein solches Gesetz seltener Ereignisse auch für Indikatorsummen nicht notwendig unabhängiger Ereignisse gelten kann, zeigt die in Übungsaufgabe 11.3 behandelte Verteilung der Anzahl X_n der Fixpunkte einer rein zufälligen Permutation der Zahlen $1, 2, \ldots, n$. In diesem Fall wird im j–ten Versuch ein Treffer gezählt, falls j Fixpunkt der zufälligen Permutation ist $(j = 1, \ldots, n)$, also das Ereignis $A_j = \{(a_1, \ldots, a_n) \in Per_n^n(oW) : a_j = j\}$ eintritt. Wegen

$$\lim_{n \to \infty} P(X_n = k) = \lim_{n \to \infty} \left(\frac{1}{k!} \cdot \sum_{r=0}^{n-k} \frac{(-1)^r}{r!} \right) = \frac{1}{k!} \cdot e^{-1}$$

nähert sich die Verteilung von X_n bei $n \to \infty$ der Poisson–Verteilung $Po(1)$ an.

Bild 25.1 zeigt, dass die Wahrscheinlichkeitsmassen der Poisson–Verteilung für kleine Werte von λ stark in der Nähe des Nullpunktes konzentriert sind, wohingegen sich bei wachsendem λ zum einen der Schwerpunkt vergrößert, zum anderen eine stärkere „Verschmierung der Verteilung" stattfindet. Das theoretische Gegenstück dieses Phänomens ist die nachstehende Eigenschaft 25.2 a).

25.2 Eigenschaften der Poisson–Verteilung

a) Falls $X \sim Po(\lambda)$, so gilt $E(X) = V(X) = \lambda$.

b) Sind X, Y **unabhängige** Zufallsvariablen mit den Poisson–Verteilungen $X \sim Po(\lambda)$, $Y \sim Po(\mu)$, so gilt das *Additionsgesetz*

$$X + Y \sim Po(\lambda + \mu).$$

BEWEIS: a) folgt aus

$$E(X) = \sum_{k=0}^{\infty} k \cdot e^{-\lambda} \cdot \frac{\lambda^k}{k!} = \lambda \cdot e^{-\lambda} \cdot \sum_{k=1}^{\infty} \frac{\lambda^{k-1}}{(k-1)!} = \lambda \cdot e^{-\lambda} \cdot e^{\lambda} = \lambda$$

und

$$E(X \cdot (X-1)) = \sum_{k=0}^{\infty} k \cdot (k-1) \cdot e^{-\lambda} \cdot \frac{\lambda^k}{k!}$$

$$= \lambda^2 \cdot e^{-\lambda} \cdot \sum_{k=2}^{\infty} \frac{\lambda^{k-2}}{(k-2)!} = \lambda^2 \cdot e^{-\lambda} \cdot e^{\lambda} = \lambda^2$$

sowie aus (24.3). Der Nachweis von b) ist Gegenstand von Aufgabe 25.2. ■

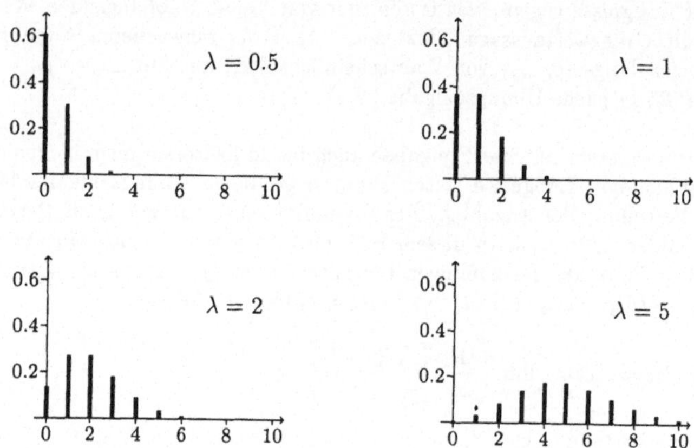

Bild 25.1   Stabdiagramme von Poisson–Verteilungen

25.3 Das Rutherford–Geiger–Experiment

Im Jahre 1910 untersuchten Rutherford[2] und Geiger[3] ein radioaktives Präparat über 2608 Zeitintervalle von je 7.5 Sekunden Länge. Dabei zählten sie insgesamt 10097 Zerfälle, also im Durchschnitt 3.87 Zerfälle innerhalb von 7.5 Sekunden. Die Ergebnisse dieses Experimentes sind in Tabelle 25.1 aufgeführt (vgl. [TOP], S.36).

---

[2]Ernest Rutherford (1871–1937), 1898 Professor für Physik an der McGill-Universität in Montreal. 1907 ging er nach Manchester und 1919 nach Cambridge; 1908 Nobelpreis für Chemie; er legte die Grundlage für die Entwicklung der Kernphysik (u.a. Entdeckung der α–Teilchen).

[3]Hans Wilhelm Geiger (1882–1945), nach Professuren in Kiel (1925) und Tübingen (1929) ab 1936 Direktor des Physikalischen Instituts der TU Berlin. Geiger entwickelte 1908 zusammen mit Rutherford einen Vorläufer des nach ihm benannten Zählers.

k	0	1	2	3	4	5	6	7	8	9	10	11	12	13	14
n_k	57	203	383	525	532	408	273	139	45	27	10	4	0	1	1

Tabelle 25.1 Werte zum Rutherford–Geiger–Versuch

Dabei bezeichnet n_k die Anzahl der Zeitintervalle, in denen k Zerfälle beobachtet wurden. Bild 25.2 zeigt die zugehörige empirische **relative** Häufigkeitsverteilung sowie ein Stabdiagramm der durch Gleichsetzen von arithmetischem Mittel und Erwartungswert „angepassten" Poisson–Verteilung mit Parameter $\lambda = 3.87$.

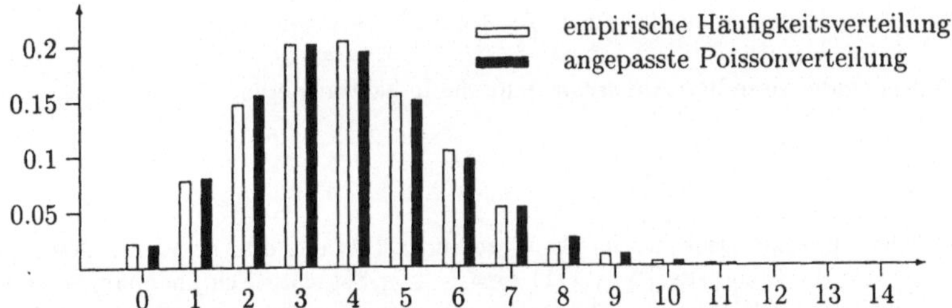

Bild 25.2 Zerfallshäufigkeiten beim Rutherford–Geiger–Versuch mit angepasster Poisson–Verteilung

Für einen Erklärungsversuch dieser nahezu perfekten Übereinstimmung machen wir die idealisierende Annahme, dass während eines Untersuchungszeitraumes nur ein verschwindend geringer Anteil der Atome des Präparates zerfällt. Ferner soll jedes Atom nur von einem Zustand hoher Energie in einen Grundzustand niedriger Energie „zerfallen" können, was (wenn überhaupt) unabhängig von den anderen Atomen „ohne Alterungserscheinung völlig spontan" geschehe. Für eine ausführliche Diskussion des physikalischen Hintergrundes der getroffenen Annahmen sei auf das Buch von Topsøe ([TOP]) verwiesen.

Als Untersuchungszeitraum wählen wir ohne Einschränkung das Intervall $I :=$ $(0, 1]$ und schreiben X für die zufällige Anzahl der Zerfälle in I. Die mögliche Konstruktion eines formalen W–Raumes erfolgt dabei nicht. Der Erwartungswert EX von X (die sog. *Intensität des radioaktiven Prozesses*) sei λ. Wir behaupten, dass X **unter gewissen mathematischen Annahmen** $Po(\lambda)$–verteilt ist.

Hierzu zerlegen wir I in die Intervalle $I_j := ((j-1)/n, j/n]$ $(j = 1, \ldots, n)$ und schreiben $X_{n,j}$ für die Anzahl der Zerfälle in I_j. Es gilt dann

$$X = X_{n,1} + X_{n,2} + \ldots + X_{n,n}, \tag{25.3}$$

wobei wir, motiviert durch obige Annahmen, die Unabhängigkeit und identische Verteilung von $X_{n,1}, \ldots, X_{n,n}$ unterstellen. Insbesondere folgt $E(X_{n,j}) = \lambda/n$. Ferner fordern wir die von Physikern fast unbesehen akzeptierte Regularitätsbedingung

$$\lim_{n \to \infty} P\left(\bigcup_{j=1}^{n} \{X_{n,j} \geq 2\} \right) = 0 \,, \tag{25.4}$$

d.h. dass bei feiner werdender Intervalleinteilung das Auftreten von mehr als einem Zerfall in irgendeinem Teilintervall immer unwahrscheinlicher wird. Damit liegt es nahe, $X_{n,j}$ durch die **Indikatorvariable** $\mathbf{1}\{X_{n,j} \geq 1\}$ anzunähern, welche in den Fällen $X_{n,j} = 0$ und $X_{n,j} = 1$ mit $X_{n,j}$ übereinstimmt.

Konsequenterweise betrachten wir dann die Indikatorsumme

$$S_n := \sum_{j=1}^{n} \mathbf{1}\{X_{n,j} \geq 1\}$$

als eine Approximation der in (25.3) stehenden Summe, d.h. als eine Näherung für X. Da die Ereignisse $\{X_{n,j} \geq 1\}$ $(j = 1, \ldots, n)$ stochastisch unabhängig sind und die gleiche Wahrscheinlichkeit $p_n := P(X_{n,1} \geq 1)$ besitzen, ist S_n eine $Bin(n, p_n)$–verteilte Zufallsvariable. Wegen

$$\mathbf{1}\{X_{n,1} \geq 1\} \leq X_{n,1}$$

folgt mit 12.2 d) die Ungleichung

$$p_n = E\left(\mathbf{1}\{X_{n,1} \geq 1\}\right) \leq E(X_{n,1}) = \frac{\lambda}{n} \,.$$

Fordern wir noch $\lim_{n \to \infty} np_n = \lambda$, so ergibt die auf Seite 193 erwähnte leichte Verallgemeinerung von (25.2) (vgl. Übungsaufgabe 25.1) die Grenzwertaussage

$$\lim_{n \to \infty} P(S_n = k) = e^{-\lambda} \cdot \lambda^k / k! \,.$$

Eine Zerlegung des Ereignisses $\{X = k\}$ nach den Fällen $\{X = S_n\}$ und $\{X \neq S_n\}$ liefert

$$\begin{aligned}
P(X = k) &= P(X = k, X = S_n) + P(X = k, X \neq S_n) \\
&= P(S_n = k, X = S_n) + P(X = k, X \neq S_n) \\
&= P(S_n = k) - P(S_n = k, X \neq S_n) + P(X = k, X \neq S_n) \,.
\end{aligned}$$

Da das Ereignis $\{X \neq S_n\}$ das Eintreten des Ereignisses $\cup_{j=1}^{n}\{X_{n,j} \geq 2\}$ nach sich zieht, folgt aus (25.4) die Beziehung $\lim_{n \to \infty} P(X \neq S_n) = 0$ und somit

$$\lim_{n \to \infty} P(S_n = k, X \neq S_n) = 0 = \lim_{n \to \infty} P(X = k, X \neq S_n) \,.$$

Insgesamt erhalten wir dann wie behauptet $P(X = k) = \lim_{n \to \infty} P(S_n = k) = e^{-\lambda} \cdot \lambda^k/k!$.

Übungsaufgaben

Ü 25.1 Zeigen Sie:

a) Für eine Folge $(x_n)_{n \geq 1}$ mit der Eigenschaft $\lim_{n \to \infty} x_n = x$ gilt:

$$\lim_{n \to \infty} (1 + x_n/n)^n = e^x.$$

Hinweis: Es gilt $\log t \leq t - 1$ und $\log t \geq 1 - 1/t$, $t > 0$.

b) Folgern Sie, dass Aussage (25.2) unter der schwächeren Voraussetzung

$$\lim_{n \to \infty} n \cdot p_n = \lambda, \qquad 0 < \lambda < \infty,$$

gültig bleibt.

Ü 25.2 Beweisen Sie das Additionsgesetz 25.2 b) mit Hilfe von (18.8).

Ü 25.3 Es sei $X \sim Po(\lambda)$. Für welche Werte von k wird $P(X = k)$ maximal? Hinweis: Betrachten Sie die Quotienten $P(X = k + 1)/P(X = k)$.

Ü 25.4 Wir nehmen (rein hypothetisch) an, für die kommende Ausspielung des Lottos 6 aus 49 wären 100 Millionen **unabhängig voneinander und rein zufällig erzeugte** Tippreihen abgegeben worden.

a) Wie wäre dann die Anzahl der Reihen mit 6 Richtigen (approximativ) verteilt?

b) Wie groß wäre dann (approximativ) die W', daß höchstens 3 Sechser auftreten?

Ü 25.5 Die Zufallsvariablen X und Y seien unabhängig, wobei $X \sim Po(\lambda)$, $Y \sim Po(\mu)$. Zeigen Sie: Unter der Bedingung $X + Y = n$ besitzt X die Binomialverteilung $Bin(n, p)$ mit $p = \lambda/(\lambda + \mu)$, d.h. es gilt

$$P(X = k | X + Y = n) = \binom{n}{k} \cdot \left(\frac{\lambda}{\lambda + \mu}\right)^k \cdot \left(1 - \frac{\lambda}{\lambda + \mu}\right)^{n-k}, \qquad k = 0, 1, \ldots, n.$$

Lernziel–Kontrolle

Sie sollten die *Poisson–Verteilung* und die *Poisson–Approximation der Binomialverteilung* kennen.

26 Gesetz großer Zahlen

In Kapitel 6 haben wir die **Erfahrungstatsache** des empirischen Gesetzes über die Stabilisierung relativer Häufigkeiten zur Motivation der axiomatischen Eigenschaften von Wahrscheinlichkeiten als **mathematischen Objekten** benutzt (vgl. die Diskussion nach Definition 6.1). In gleicher Weise wurde die Definition des Erwartungswertes einer Zufallsvariablen über die „auf lange Sicht erwartete Auszahlung pro Spiel" motiviert (vgl. Kapitel 12). Im Gegensatz dazu geht das nachfolgende *schwache Gesetz großer Zahlen* vom axiomatischen Wahrscheinlichkeitsbegriff aus und stellt innerhalb eines stochastischen Modells einen Zusammenhang zwischen arithmetischen Mitteln und Erwartungswerten her. Im Spezialfall von Indikatorfunktionen ergibt sich hieraus ein Zusammenhang zwischen relativen Häufigkeiten und Wahrscheinlichkeiten (siehe 26.3).

26.1 Schwaches Gesetz großer Zahlen

Es seien $X_1, X_2, \ldots, X_n$ stochastisch **unabhängige** Zufallsvariablen auf einem diskreten W–Raum (Ω, P) mit gleichem Erwartungswert μ $(= EX_1)$ und gleicher Varianz σ^2 $(= V(X_1))$. Dann gilt für jedes $\varepsilon > 0$:

$$\lim_{n \to \infty} P\left(\left| \frac{1}{n} \cdot \sum_{j=1}^{n} X_j - \mu \right| \geq \varepsilon \right) = 0 . \tag{26.1}$$

BEWEIS: Nach 12.2 b) und (12.3) gilt $E\left(n^{-1} \sum_{j=1}^{n} X_j \right) = \mu$, und 21.4 d) sowie (22.1) liefern $V\left(n^{-1} \cdot \sum_{j=1}^{n} X_j \right) = n^{-1}\sigma^2$. Mit Hilfe der Tschebyschev–Ungleichung (21.4) folgt dann

$$0 \leq P\left(\left| \frac{1}{n} \cdot \sum_{j=1}^{n} X_j - \mu \right| \geq \varepsilon \right) \leq \frac{\sigma^2}{n \cdot \varepsilon^2} \tag{26.2}$$

und somit die Behauptung. ∎

An dieser Stelle sei angemerkt, dass wir im Rahmen diskreter W–Räume nur Modelle für endlich viele stochastisch unabhängige Zufallsvariablen mit gleicher Verteilung konstruieren können. Aus diesem Grunde müssten wir in (26.1) genau genommen $P^{(n)}$ bzw. $X_j^{(n)}$ anstelle von P bzw. X_j schreiben, um die Abhängigkeit von einem konkreten Modell für n unabhängige Zufallsvariablen auszudrücken.

Zur Vereinfachung der Notation wurde – wie schon früher stillschweigend geschehen (vgl. 10.1, Ü 12.2 und Ü 21.4) – auf diese schwerfällige Schreibweise verzichtet.

26.2 Bemerkung und Definition

Sind allgemein $Y_1, Y_2, \ldots$ auf einem gemeinsamen W–Raum definierte Zufallsvariablen und a eine reelle Zahl mit der Eigenschaft

$$\lim_{n \to \infty} P\left(|Y_n - a| \geq \varepsilon\right) = 0 \qquad \text{für jedes } \varepsilon > 0,$$

so sagt man, dass die Folge (Y_n) *stochastisch gegen a konvergiert* und schreibt hierfür

$$Y_n \xrightarrow{\text{P}} a \qquad (\text{bei } n \to \infty).$$

Das schwache Gesetz großer Zahlen besagt also, dass die Folge der arithmetischen Mittel von unabhängigen Zufallsvariablen mit gleichem Erwartungswert μ und gleicher Varianz stochastisch gegen μ konvergiert. In diesem Sinne präzisiert es unsere intuitive Vorstellung des Erwartungswertes als eines „auf die Dauer erhaltenen durchschnittlichen Wertes" wie in Kapitel 12. Dabei gilt die Aussage (26.1) auch unter schwächeren Voraussetzungen (siehe z.B. Übungsaufgabe 26.2).

Ein wichtiger Spezialfall des Schwachen Gesetzes großer Zahlen ergibt sich bei der Betrachtung von Indikatorfunktionen. Aus 26.1 folgt unmittelbar:

26.3 Schwaches Gesetz großer Zahlen von Jakob Bernoulli

Sind $A_1, \ldots, A_n$ stochastisch unabhängige Ereignisse mit gleicher Wahrscheinlichkeit p, so gilt:

$$\lim_{n \to \infty} P\left(\left|\frac{1}{n} \cdot \sum_{j=1}^{n} \mathbf{1}\{A_j\} - p\right| \geq \varepsilon\right) = 0 \qquad \text{für jedes } \varepsilon > 0 . \tag{26.3}$$

Diese Aussage ist das Hauptergebnis der *Ars Conjectandi* von Jakob Bernoulli. Scheiben wir kurz $R_n := n^{-1} \cdot \sum_{j=1}^{n} \mathbf{1}\{A_j\}$, so kann die „komplementäre Version" von (26.3), also

$$\lim_{n \to \infty} P\left(|R_n - p| < \varepsilon\right) = 1 \qquad \text{für jedes } \varepsilon > 0, \tag{26.4}$$

wie folgt interpretiert werden: Die Wahrscheinlichkeit, dass sich die relative Trefferhäufigkeit R_n in einer Bernoulli-Kette vom Umfang n von der Trefferwahrscheinlichkeit p um weniger als einen beliebig kleinen, vorgegebenen Wert ε unterscheidet, konvergiert beim Grenzübergang $n \to \infty$ gegen eins.

Übersetzen wir (26.4) in die Sprache der Analysis, so existiert zu jedem $\varepsilon > 0$ und zu jedem η mit $0 < \eta < 1$ eine von ε und η abhängende natürliche Zahl n_0 mit der Eigenschaft

$$P\left(|R_n - p| < \varepsilon\right) \geq 1 - \eta$$

für jedes feste $n \geq n_0$.

Das Gesetz großer Zahlen zeigt uns also, dass sich die Wahrscheinlichkeit von Ereignissen, deren Eintreten oder Nichteintreten unter unabhängigen und gleichen Bedingungen beliebig oft wiederholt beobachtbar ist, wie eine physikalische Konstante messen lässt. Es verdeutlicht auch, dass die axiomatische Definition der Wahrscheinlichkeit zusammen mit den zur Herleitung von (26.1) benutzten Begriffen *stochastische Unabhängigkeit, Erwartungswert* und *Varianz* genau das empirische Gesetz über die Stabilisierung relativer Häufigkeiten   als intuitiven Hintergrund der Stochastik erfasst.

Zur Würdigung der Leistung von Jakob Bernoulli muss man sich vor Augen führen, dass damals (um 1685) Begriffe wie Erwartungswert und Varianz sowie die Tschebyschev–Ungleichung noch nicht verfügbar waren und die Aussage (26.3) mittels direkter Rechnung erhalten wurde. Wie stolz Bernoulli auf sein Resultat war, zeigen die folgenden Worte aus seinen Tagebüchern:

Hoc inventum pluris facio quam si ipsam circuli quadraturam dedissem, quod si maxime reperiretur, exigui usus esset.

Diese Entdeckung gilt mir mehr, als wenn ich gar die Quadratur des Kreises geliefert hätte; denn wenn diese auch gänzlich gefunden würde, so wäre sie doch sehr wenig nütz.

Dem ist nichts hinzuzufügen!

Ein weit verbreitetes Missverständis des Gesetzes großer Zahlen zeigt sich allwöchentlich darin, dass viele Lottospieler(innen) bevorzugt diejenigen Zahlen tippen, welche bei den bis dahin erfolgten Ausspielungen am seltensten gezogen wurden (vgl. 17.7). Vielleicht glauben sie, das Gesetz großer Zahlen arbeite wie ein Buchhalter, welcher auf einen Ausgleich der **absoluten** Häufigkeiten der einzelnen Gewinnzahlen achtet, d.h. sie meinen, die Wahrscheinlichkeit

$$P\left(\left|\sum_{j=1}^{n} \mathbf{1}\{A_j\} - n \cdot p\right| \geq K\right) \tag{26.5}$$

sei bei fest vorgegebener positiver Zahl K klein und konvergiere eventuell sogar gegen Null. Wir werden jedoch im nächsten Kapitel sehen, dass die in (26.5) stehende Wahrscheinlichkeit für jedes (noch so große) K beim Grenzübergang $n \to \infty$ gegen eins strebt (siehe Übungsaufgabe 27.5).

Übungsaufgaben

Ü 26.1 Es seien $Y_1, Y_2, \ldots$ Zufallsvariablen mit $Y_n \sim Bin(n, p_n)$ und $\lim_{n\to\infty} np_n = 0$. Zeigen Sie: $Y_n \xrightarrow{P} 0$.
Hinweis: Es gilt $|Y_n| \leq |Y_n - np_n| + np_n$ und somit zu vorgegebenem $\varepsilon > 0$ die Inklusion $\{|Y_n| \geq \varepsilon\} \subseteq \{|Y_n - np_n| \geq \varepsilon/2\}$ für jedes genügend große n.

Ü 26.2 $X_1, \ldots, X_n$ seien Zufallsvariablen mit $E(X_j) =: \mu$ und $V(X_j) =: \sigma^2$ für $j = 1, \ldots, n$. Weiter existiere eine natürliche Zahl k, so dass für $|i - j| \geq k$ die Zufallsvariablen X_i und X_j unkorreliert sind. Zeigen Sie:

$$\lim_{n\to\infty} P\left(|\overline{X_n} - \mu| \geq \varepsilon\right) = 0 \qquad \text{für jedes } \varepsilon > 0.$$

Hinweis: Tschebyschev–Ungleichung und 22.2 f).

Ü 26.3 Ein echter Würfel werde in unabhängiger Folge geworfen. Y_j bezeichne die beim j-ten Wurf erzielte Augenzahl, $A_j := \{Y_j < Y_{j+1}\}$ $(j \geq 1)$. Zeigen Sie mit Hilfe von Ü 26.2:

$$\lim_{n\to\infty} P\left(\left|\frac{1}{n}\sum_{j=1}^{n} 1\{A_j\} - \frac{5}{12}\right| \geq \varepsilon\right) = 0 \qquad \text{für jedes } \varepsilon > 0.$$

Ü 26.4 In der gynäkologischen Abteilung eines Krankenhauses entbinden in einer bestimmten Woche n Frauen. Es werde angenommen, dass keine Mehrlingsgeburten auftreten und dass die Wahrscheinlichkeit bei jeder Geburt für einen Jungen bzw. ein Mädchen gleich sei. Außerdem werde angenommen, dass das Geschlecht der Neugeborenen für alle Geburten stochastisch unabhängig sei. Sei a_n die Wahrscheinlichkeit, dass mindestens 60 % der Neugeborenen Mädchen sind.

a) Bestimmen Sie a_{10}.

b) Beweisen oder widerlegen Sie: $a_{100} < a_{10}$.

c) Zeigen Sie: $\lim_{n\to\infty} a_n = 0$.

Lernziel–Kontrolle

Sie sollten die Bedeutung des *schwachen Gesetzes großer Zahlen* verstanden haben.

27 Zentraler Grenzwertsatz

Zentrale Grenzwertsätze gehören zu den schönsten und im Hinblick auf statistische Fragestellungen (vgl. Kapitel 28 und 29) wichtigsten Resultaten der Wahrscheinlichkeitstheorie.

Zur Einstimmung betrachten wir eine Bernoulli–Kette der Länge n, also unabhängige Ereignisse $A_1, \ldots, A_n$ mit gleicher Wahrscheinlichkeit p ($0 < p < 1$) auf einem Wahrscheinlichkeitsraum (Ω, P). Deuten wir A_j als „Treffer im j-ten Versuch" und setzen $X_j := \mathbf{1}\{A_j\}$ ($j = 1, \ldots, n$), so besitzt die Summe $S_n := X_1 + \ldots + X_n$ nach 19.2 und 19.3 die Binomialverteilung $Bin(n, p)$. Wegen $E(S_n) = n \cdot p$ (vgl. (19.6)) wandert der Schwerpunkt der Verteilung von S_n bei wachsendem n „nach Unendlich ab". Da S_n die Varianz $V(S_n) = n \cdot p \cdot (1 - p)$ besitzt (vgl. (22.4)), findet zugleich eine immer stärkere „Verschmierung der Wahrscheinlichkeitsmassen" statt. Beide Effekte werden durch die Standardisierung

$$S_n^* := \frac{S_n - E(S_n)}{\sqrt{V(S_n)}} = \frac{S_n - n \cdot p}{\sqrt{n \cdot p \cdot q}} \tag{27.1}$$

von S_n (vgl. 21.5) aufgehoben, denn es gilt $E(S_n^*) = 0$ und $V(S_n^*) = 1$. Dabei haben wir in (27.1) der Kürze halber $q := 1 - p$ geschrieben und werden dies auch im folgenden tun.

Man beachte, dass S_n die Werte $0, 1, \ldots, n$ und somit S_n^* die Werte

$$x_{n,j} := \frac{j - np}{\sqrt{npq}}, \qquad j = 0, 1, \ldots, n,$$

annimmt. Die Werte $x_{n,j}$ bilden die Klassen–Mittelpunkte der für den Fall $p = 0.3$ und verschiedene Werte von n in Bild 27.1 dargestellten Histogramme standardisierter Binomialverteilungen. Dabei ist die Breite der Klassen die von j unabhängige Differenz $x_{n,j+1} - x_{n,j} = 1/\sqrt{npq}$. Die Höhe $h_{n,j}$ des Histogramms über $x_{n,j}$ ist so gewählt, dass der Flächeninhalt des entstehenden Rechtecks gleich der Wahrscheinlichkeit

$$P(S_n^* = x_{n,j}) = P(S_n = j) = \binom{n}{j} \cdot p^j \cdot q^{n-j}$$

ist. Es gilt also

$$h_{n,j} = \sqrt{npq} \cdot \binom{n}{j} \cdot p^j \cdot q^{n-j}.$$

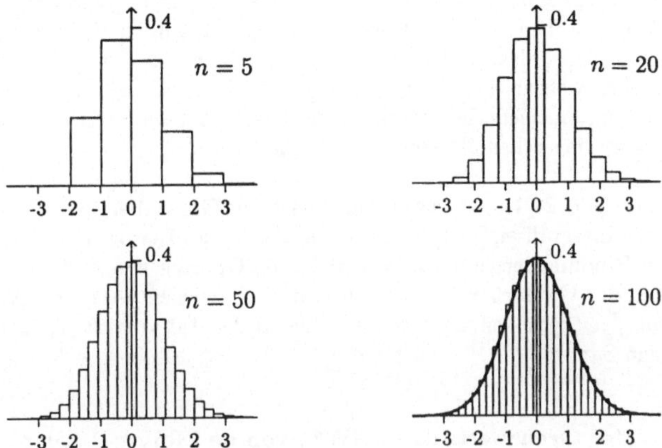

Bild 27.1 Histogramme standardisierter Binomialverteilungen für $p = 0.3$

Während in den Fällen $n = 5$ und $n = 20$ die Unsymmetrie des Histogrammes in Bezug auf die vertikale Achse noch deutlich zu sehen ist, erscheint es schon für den Fall $n = 50$ wesentlich symmetrischer. Im Fall $n = 100$ ist zusätzlich der Graph einer glockenförmig aussehenden Funktion eingezeichnet, wobei die Ähnlichkeit zwischen Histogramm und Funktions–Schaubild frappierend wirkt.

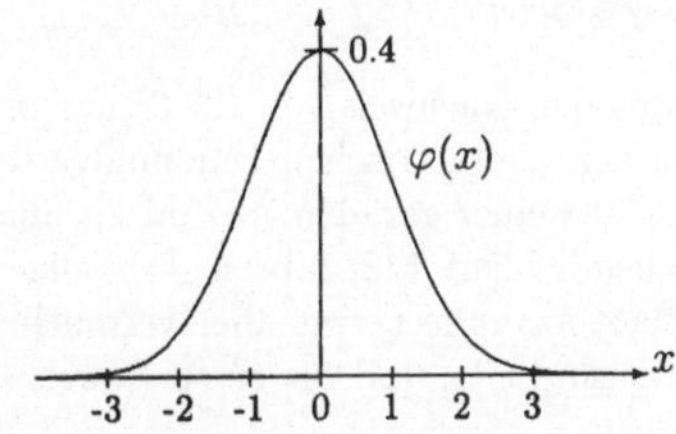

Bild 27.2 Gaußsche Glockenkurve

Diese „Glockenfunktion" ist durch

$$\varphi(x) \; := \; \frac{1}{\sqrt{2\pi}} \cdot \exp\left(-\frac{x^2}{2}\right), \qquad x \in \mathbb{R}, \tag{27.2}$$

definiert und heißt *Gaußsche Glockenkurve* oder *Dichte der standardisierten Normalverteilung* (siehe Bild 27.2). Sie spielt in der Stochastik eine zentrale Rolle und ist in einer etwas allgemeineren Form auf jedem Zehnmarkschein zu sehen.

Aufgrund der Beziehung $\int_{-\infty}^{\infty} \varphi(x)\,dx \;=\; 1$ (siehe z.B. [KR1], S.82) ist die Fläche zwischen dem Graphen von φ und der x-Achse gleich eins, und somit kann das Schaubild von φ als „idealisiertes Histogramm bei unendlich feiner Klasseneinteilung" angesehen werden. Die glockenförmige Gestalt in Bild 27.2 wird allerdings erst durch die unterschiedliche Einteilung der beiden Achsen erreicht; bei gleicher Einteilung wäre das Schaubild von φ viel flacher.

Ein Blick auf Bild 27.1 lässt vermuten, dass beim Grenzübergang $n \to \infty$ für ein gegebenes Intervall $[a, b]$ der x-Achse die Fläche des Histogrammes der standardisierten Binomialverteilung $Bin(n, p)$ in den Grenzen von a bis b gegen die Fläche unter der Gaußschen Glockenkurve in den gleichen Grenzen, also gegen das Integral $\int_a^b \varphi(x)dx$ konvergiert. Dass dies in der Tat zutrifft, ist der Inhalt des folgenden Satzes.

27.1 Zentraler Grenzwertsatz (ZGWS) von de Moivre–Laplace

Die Zufallsvariable S_n besitze eine Binomialverteilung mit Parametern n und p, wobei $0 < p < 1$ vorausgesetzt ist. Dann gilt für jede Wahl reeller Zahlen a, b mit $a < b$:

$$\text{a)} \qquad \lim_{n \to \infty} P\left(a \;\leq\; \frac{S_n - n \cdot p}{\sqrt{n \cdot p \cdot q}} \;\leq\; b \right) \;=\; \int_a^b \varphi(x)\,dx. \qquad (27.3)$$

$$\text{b)} \qquad \lim_{n \to \infty} P\left(\frac{S_n - n \cdot p}{\sqrt{n \cdot p \cdot q}} \;\leq\; b \right) \;=\; \int_{-\infty}^b \varphi(x)\,dx. \qquad (27.4)$$

BEWEIS: a): Wir werden den Nachweis von (27.3) nur in der 1733 von de Moivre behandelten Situation der symmetrischen Binomialverteilung $Bin(2n, 1/2)$, also einer Trefferanzahl S_{2n} aus einer geraden Anzahl $2n$ unabhängiger Versuche mit gleicher Trefferwahrscheinlichkeit $1/2$, führen. Der allgemeine Fall wurde ca. 80 Jahre später von Laplace formuliert, war aber vermutlich auch schon de Moivre bekannt (siehe hierzu auch [SCH] und für einen Beweis [KR1], S.78 ff.).

Wegen $E(S_{2n}) = n$ und $V(S_{2n}) = n/2$ ist $S_{2n}^* = (S_{2n} - n)/\sqrt{n/2}$, und es gilt

$$\begin{aligned} P(a \leq S_{2n}^* \leq b) \;&=\; P\left(n + a\sqrt{n/2} \;\leq\; S_{2n} \;\leq\; n + b\sqrt{n/2} \right) \\[1mm] &=\; \sum_{k \in I_n} P(S_{2n} = n + k) \qquad\qquad (27.5) \\[1mm] &=\; \sum_{k \in I_n} \binom{2n}{n+k} \cdot \left(\frac{1}{2} \right)^{2n} \qquad (27.6) \end{aligned}$$

mit der Bezeichnung

$$I_n := \left\{ k \in \mathbb{Z} : a\sqrt{n/2} \leq k \leq b\sqrt{n/2} \right\}.$$

Zum Nachweis der Konvergenz der in (27.6) auftretenden Summe gegen das Integral $\int_a^b \varphi(x)dx$ untersuchen wir in einem ersten Schritt den größten Wert der Wahrscheinlichkeiten $P(S_{2n} = j) = \binom{2n}{j} \cdot 2^{-2n}$ für $j = 0, 1, \ldots, n$. Da die Binomialkoeffizienten $\binom{2n}{j}$ für $j = n$ maximal werden, gilt

$$M_n := \max_{j=0,\ldots,n} P(S_{2n} = j) = \binom{2n}{n} \cdot \left(\frac{1}{2}\right)^{2n} = \frac{(2n)!}{n!^2} \cdot \left(\frac{1}{2}\right)^{2n}. \tag{27.7}$$

Um diesen Term auszuwerten, muss man die auftretenden Fakultäten „in den Griff bekommen". Jeder, der schon einmal auf seinem Taschenrechner die Taste „$n!$" betätigt hat, kennt das Problem des schnellen Anwachsens der Fakultäten (so gilt z.B. $12! = 479\,001\,600$). Insofern war es für de Moivre ein Glücksfall, dass James Stirling[1] kurz zuvor die nach ihm benannte Formel

$$n! \sim n^n \cdot e^{-n} \cdot \sqrt{2\pi n} \tag{27.8}$$

hergeleitet hatte (für einen Beweis siehe z.B. [KR1], S.92). Dabei bedeutet das Zeichen „$\sim$" (lies: *asymptotisch gleich*), daß der **Quotient aus linker und rechter Seite** in (27.8) bei $n \to \infty$ gegen 1 konvergiert. In dieser Terminologie gilt also z.B. $n + \sqrt{n} \sim n$.

Setzen wir die mittels der Stirling–Formel (27.8) gewonnenen asymptotischen Ausdrücke für $(2n)!$ und $n!$ in (27.7) ein, so folgt bei $n \to \infty$

$$M_n \sim \frac{(2n)^{2n} \cdot e^{-2n} \cdot \sqrt{2\pi \cdot 2n}}{(n^n \cdot e^{-n} \cdot \sqrt{2\pi n})^2} \cdot \left(\frac{1}{2}\right)^{2n} = \frac{1}{\sqrt{\pi n}}. \tag{27.9}$$

Wir sehen also, dass die maximale Binomialwahrscheinlichkeit **von der Größenordnung $1/\sqrt{n}$ ist**.

Der zweite Beweisschritt besteht darin, die in (27.6) auftretenden Wahrscheinlichkeiten $P(S_{2n} = n + k)$ mit M_n zu vergleichen. Dies geschieht anhand des Quotienten

$$Q_{n,k} := \frac{\binom{2n}{n+k} \cdot \left(\frac{1}{2}\right)^{2n}}{\binom{2n}{n} \cdot \left(\frac{1}{2}\right)^{2n}} = \frac{\prod_{j=0}^{k-1}(n-j)}{\prod_{j=1}^{k}(n+j)} = \frac{\prod_{j=0}^{k-1}\left(1 - \frac{j}{n}\right)}{\prod_{j=1}^{k}\left(1 + \frac{j}{n}\right)}$$

---

[1]James Stirling (1692–1770) wurde 1726 Mitglied der Londoner Royal Society und war ab 1735 Geschäftsführer bei der schottischen Bergbaugesellschaft in Leadhills. Hauptarbeitsgebiete: Algebraische Kurven, Differenzenrechnung, asymptotische Entwicklungen. Bzgl. des Wettstreites zwischen de Moivre und Stirling zur Entwicklung einer Näherungsformel für große Fakultäten siehe [SCH]).

für $k \geq 0$ (der Fall $k < 0$ liefert wegen $Q_{n,k} = Q_{n,-k}$ nichts Neues).

Die Ungleichungen $1 - 1/x \leq \ln x \leq x - 1$ $(x > 0)$ ergeben dann völlig analog zur Beweisführung von Satz 10.1 auf Seite 69 die Abschätzungen

$$-\frac{(k-1)\cdot k}{2(n-k+1)} \quad \leq \quad \ln\left(\prod_{j=0}^{k-1}\left(1 - \frac{j}{n}\right)\right) \quad \leq \quad -\frac{(k-1)\cdot k}{2n},$$

$$\frac{k\cdot(k+1)}{2(n+k)} \quad \leq \quad \ln\left(\prod_{j=1}^{k}\left(1 + \frac{j}{n}\right)\right) \quad \leq \quad \frac{k\cdot(k+1)}{2n}$$

und somit nach direkter Rechnung die Ungleichungen

$$\exp\left(-\frac{(k-1)^2 k}{2n(n-k+1)}\right) \quad \leq \quad \frac{Q_{n,k}}{\exp\left(-\frac{k^2}{n}\right)} \quad \leq \quad \exp\left(\frac{k^2(k+1)}{2n(n+k)}\right). \qquad (27.10)$$

Da aufgrund der Gestalt der Mengen I_n eine nicht von n abhängende Konstante C mit $\max_{k \in I_n} |k| \leq C\sqrt{n}$ existiert, folgt für jedes n mit $\sqrt{n} > C$

$$\max_{k \in I_n}\left|\frac{k^2(k+1)}{2n(n+k)}\right| \quad \leq \quad \frac{C^2 n(k+1)}{2n(n+k)} \quad \leq \quad \frac{C^2(1 + C\sqrt{n})}{2(n - C\sqrt{n})} \quad =: u_n$$

und analog

$$\max_{k \in I_n}\left|\frac{(k-1)^2 k}{2n(n-k+1)}\right| \quad \leq \quad \frac{C^3 \sqrt{n}}{2(n+1 - C\sqrt{n})} \quad =: v_n.$$

Da u_n und v_n beim Grenzübergang $n \to \infty$ gegen 0 konvergieren, erhalten wir unter Beachtung von (27.10), dass zu einer vorgegeben Zahl $\varepsilon > 0$ ein n_0 mit

$$\max_{k \in I_n}\left|\frac{Q_{n,k}}{exp\left(-\frac{k^2}{n}\right)} - 1\right| \leq \varepsilon \qquad \text{für jedes } n \geq n_0 \qquad (27.11)$$

existiert. Eine Anwendung der Dreiecksungleichung liefert nun

$$\left|P(a \leq S_{2n}^* \leq b) - \int_a^b \varphi(x)dx\right| \quad = \quad \left|\sum_{k \in I_n} Q_{n,k} M_n - \int_a^b \varphi(x)dx\right|$$

$$\leq \quad A_n \;+\; B_n \;+\; C_n$$

mit

$$A_n \;:=\; \left|\sum_{k \in I_n} Q_{n,k}\left(M_n - \frac{1}{\sqrt{\pi n}}\right)\right|, \quad B_n \;:=\; \frac{1}{\sqrt{\pi n}}\left|\sum_{k \in I_n}\left(Q_{n,k} - e^{-k^2/n}\right)\right|,$$

$$C_n \;:=\; \left|\sum_{k \in I_n} e^{-k^2/n}\frac{1}{\sqrt{\pi n}} - \int_a^b \varphi(x)dx\right|.$$

Nach Definition von $Q_{n,k}$ und M_n gilt

$$A_n = \left| \sum_{k \in I_n} P(S_{2n} = n + k) \left(1 - \frac{1}{M_n \cdot \sqrt{\pi n}} \right) \right| \leq 1 \cdot \left| 1 - \frac{1}{M_n \cdot \sqrt{\pi n}} \right|,$$

so dass (27.9) die Konvergenz $\lim_{n \to \infty} A_n = 0$ liefert. Mittels (27.11) erhalten wir für $n \geq n_0$

$$B_n \leq \frac{1}{\sqrt{\pi n}} \sum_{k \in I_n} \left| \frac{Q_{n,k}}{e^{-k^2/n}} - 1 \right| e^{-k^2/n} \leq \frac{\varepsilon \cdot |I_n| \cdot 1}{\sqrt{\pi n}} \leq \frac{(b-a)\sqrt{n/2} + 1}{\sqrt{\pi n}} \cdot \varepsilon$$

und somit $\limsup_{n \to \infty} B_n \leq (b-a) \cdot \varepsilon / \sqrt{2\pi}$. Setzen wir weiter $y_{n,k} := k/\sqrt{n/2}$, $k \in \mathbb{Z}$, so ist

$$\sum_{k \in I_n} e^{-k^2/n} \cdot \frac{1}{\sqrt{\pi n}} = \sum_{y_{n,k} \in [a,b]} \varphi(y_{n,k}) \cdot (y_{n,k+1} - y_{n,k})$$

eine Näherungssumme für das Integral $\int_a^b \varphi(x)dx$, weshalb auch C_n bei $n \to \infty$ gegen 0 konvergiert. Insgesamt ergibt sich

$$\limsup_{n \to \infty} \left| P(a \leq S_{2n}^* \leq b) - \int_a^b \varphi(x)dx \right| \leq \frac{b-a}{\sqrt{2\pi}} \cdot \varepsilon$$

und somit die Behauptung von Teil a), da ε beliebig klein gewählt werden kann.

b): Zum Nachweis von (27.4) wählen wir für festes b und vorgegebenes $\varepsilon > 0$ einen **negativen** Wert a mit den Eigenschaften $a < b$ und $1/a^2 \leq \varepsilon$. Mit der Tschebyschev–Ungleichung (21.4) folgt dann $P(S_n^* < a) \leq P(|S_n^*| \geq |a|) \leq 1/a^2 \leq \varepsilon$. Unter Beachtung von

$$\begin{aligned} P(a \leq S_n^* \leq b) &\leq P(S_n^* < a) + P(a \leq S_n^* \leq b) = P(S_n^* \leq b) \\ &\leq \varepsilon + P(a \leq S_n^* \leq b) \end{aligned}$$

erhalten wir mit Teil a) beim Grenzübergang $n \to \infty$

$$\int_a^b \varphi(x)dx \leq \liminf_{n \to \infty} P(S_n^* \leq b) \leq \limsup_{n \to \infty} P(S_n^* \leq b) \leq \varepsilon + \int_a^b \varphi(x)dx.$$

Lassen wir in dieser Ungleichungskette zunächst a gegen $-\infty$ und danach ε gegen 0 streben, so folgt die Behauptung. ∎

27.2 Zur Berechnung des Integrals $\int_a^b \varphi(x)dx$

Die numerische Auswertung des Integrals $\int_a^b \varphi(x)dx$ kann mit Hilfe der durch

$$\Phi(t) \ := \ \int_{-\infty}^{t} \varphi(x) \, dx \quad , \quad t \in \mathbb{R}, \tag{27.12}$$

definierten *Verteilungsfunktion der standardisierten Normalverteilung* (siehe Bild 27.3 links) erfolgen, denn es gilt

$$\int_{a}^{b} \varphi(x) \, dx \ = \ \Phi(b) \ - \ \Phi(a), \qquad a < b. \tag{27.13}$$

Der Funktionswert $\Phi(t)$ gibt anschaulich die unter der Gaußschen Glockenkurve im Intervall $(-\infty, t]$ „aufgelaufene Fläche" an (siehe Bild 27.3 rechts).

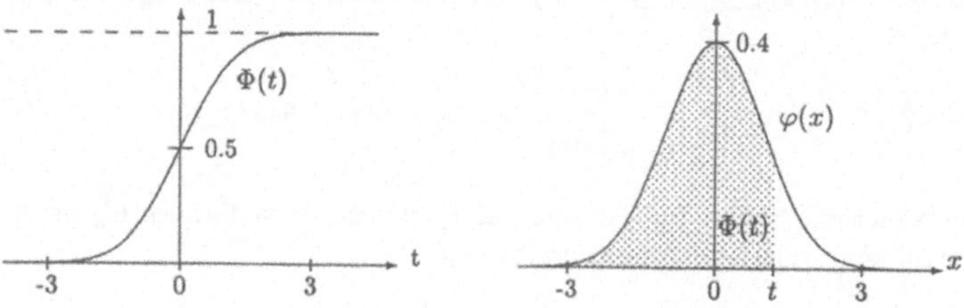

Bild 27.3 Schaubild von Φ und Fläche unter der Gaußschen Glockenkurve

Werte der Funktion Φ sind in Anhang A1 tabelliert. So ist z.B. $\Phi(1.28) = 0.9$ und $\Phi(0.31) = 0.622$. Aufgrund der Symmetriebeziehung $\varphi(x) = \varphi(-x)$, $x \in \mathbb{R}$, und $\int_{-\infty}^{\infty} \varphi(x)dx = 1$ gilt

$$\Phi(-t) \ = \ 1 \ - \ \Phi(t), \qquad t \in \mathbb{R}. \tag{27.14}$$

Dies bedeutet, dass Funktionswerte von Φ für negative Argumente mittels (27.14) und Tabelle A1 erhältlich sind, also z.B. $\Phi(-1) = 1 - \Phi(1) = 1 - 0.841 = 0.159$.

Für diejenigen, welche an einer Routine zur Berechnung von Funktionswerten von Φ interessiert sind, sei die folgende Approximation für $\Phi(t)$ im Bereich $t \geq 0$ angegeben (siehe [AS], S.932):

$$\Phi(t) \approx 1 - \frac{1}{\sqrt{2\pi}} \exp\left(-\frac{t^2}{2}\right) \cdot (a_1 s + a_2 s^2 + a_3 s^3) \quad \text{mit} \quad s = \frac{1}{1 + bt},$$

$$b = 0.33267, \ a_1 = 0.4361836, \ a_2 = -0.1201676, \ a_3 = 0.937298.$$

Der maximale Fehler dieser Approximation ist kleiner als 10^{-5}.

27.3 Zur praktischen Anwendung des ZGWS von de Moivre–Laplace

Ist S_n eine Zufallsvariable mit der Verteilung $Bin(n,p)$, so ist es im Hinblick auf praktische Anwendungen des ZGWS von de Moivre–Laplace wichtig zu wissen, ob für die vorgegebenen Werte von n und p die Approximationen

$$P\left(np + a\sqrt{npq} \leq S_n \leq np + b\sqrt{npq}\right) \approx \Phi(b) - \Phi(a), \qquad (27.15)$$

$$P\left(S_n \leq np + b\sqrt{npq}\right) \approx \Phi(b) \qquad (27.16)$$

brauchbar sind.

Hier findet man oft folgende Faustregel: **Gilt $n \cdot p \cdot q \geq 9$, d.h. ist die Standardabweichung einer Binomialverteilung mindestens 3, so sind die Approximationen (27.15) und (27.16) „für praktische Zwecke ausreichend".**

In Bezug auf die in Bild 27.1 dargestellten Histogramme standardisierter Binomialverteilungen bedeutet diese Faustregel, dass zur Anwendung von (27.15) die Klassenbreite $1/\sqrt{npq}$ höchstens gleich 1/3 sein darf. Im Fall $p = 0.3$ ist diese Forderung für $n \geq 43$ erfüllt. Für sehr kleine oder sehr große Werte von p ist das Stabdiagramm der Binomialverteilung $Bin(n,p)$ für kleine Werte von n sehr asymmetrisch (siehe z.B. Bild 19.2 für den Fall $n = 10$ und $p = 0.1$). Dies hat zur Folge, dass die Anwendung der Faustregel einen größeren Wert von n erfordert, z.B. $n \geq 100$ im Fall $p = 0.1$.

Praktisch wird der ZGWS von de Moivre–Laplace wie folgt angewandt: Wollen wir für eine binomialverteilte Zufallsvariable S_n die Wahrscheinlichkeit

$$P(k \leq S_n \leq l) = \sum_{j=k}^{l} \binom{n}{j} \cdot p^j \cdot q^{n-j} \qquad (27.17)$$

bestimmen, so liefert die Faustregel (27.15) im Fall $n \cdot p \cdot q \geq 9$ die Approximation (mit $x_{n,j}$ wie auf S. 202)

$$P(k \leq S_n \leq l) = P\left(\frac{k - np}{\sqrt{npq}} \leq \frac{S_n - np}{\sqrt{npq}} \leq \frac{l - np}{\sqrt{npq}}\right)$$

$$\approx \Phi\left(\frac{l - np}{\sqrt{npq}}\right) - \Phi\left(\frac{k - np}{\sqrt{npq}}\right) \qquad (27.18)$$

$$= \Phi(x_{n,l}) - \Phi(x_{n,k}) .$$

Eine vielfach bessere Näherung als (27.18) ist

$$P(k \le S_n \le l) \quad \approx \quad \Phi\left(\frac{l - np + \frac{1}{2}}{\sqrt{npq}}\right) - \Phi\left(\frac{k - np - \frac{1}{2}}{\sqrt{npq}}\right) \tag{27.19}$$

$$= \quad \Phi\left(x_{n,l} + \frac{1}{2} \cdot \frac{1}{\sqrt{npq}}\right) - \Phi\left(x_{n,k} - \frac{1}{2} \cdot \frac{1}{\sqrt{npq}}\right).$$

Die hier auftretenden und häufig als *Stetigkeitskorrektur* bezeichneten Terme $\pm 1/(2 \cdot \sqrt{npq})$ können folgendermaßen motiviert werden: Der Bestandteil $P(S_n = l)$ $(= P(S_n^* = x_{n,l}))$ der Summe (27.17) tritt im Histogramm der standardisierten Binomialverteilung als Fläche eines Rechteckes mit Mittelpunkt $x_{n,l}$ und der Grundseite $1/\sqrt{npq}$ auf. Um diese Fläche bei der Approximation des Histogrammes durch ein Integral über die Funktion φ besser zu erfassen, sollte die obere Integrationsgrenze nicht $x_{n,l}$, sondern $x_{n,l} + \sqrt{npq}/2$ sein. In gleicher Weise ist die untere Integrationsgrenze $x_{n,k} - \sqrt{npq}/2$ begründet (siehe Bild 27.4).

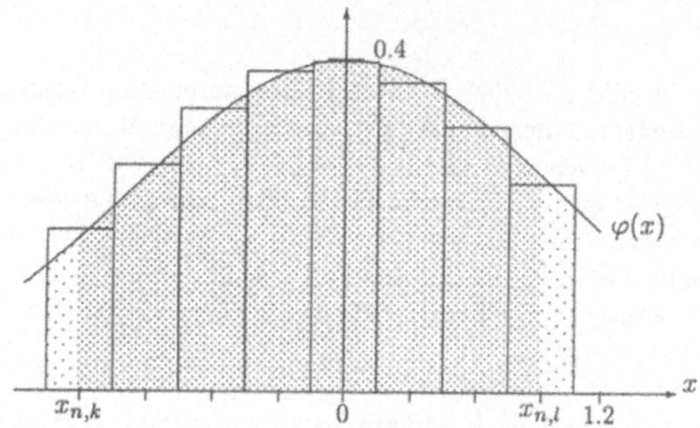

Bild 27.4 Stetigkeitskorrektur im Fall $S_n \sim Bin(50, 0.3)$, $k = 11$, $l = 18$

27.4 Beispiel

Ein echter Würfel wird 600 mal in unabhängiger Folge geworfen. Wie groß ist die Wahrscheinlichkeit, dass hierbei

- genau 100 Sechsen

- mindestens 90 und höchstens 110 Sechsen

- mehr als 120 Sechsen

auftreten?

Zur Beantwortung dieser Fragen modellieren wir die zufällige Anzahl der Sechsen als Zufallsvariable S_n mit der Binomialverteilung $Bin(n,p)$, wobei $n = 600$ und $p = 1/6$ gesetzt ist. Mit Hilfe der Stirling–Formel (27.8) ergibt sich

$$P(S_n = 100) \;=\; \binom{600}{100} \cdot \left(\frac{1}{6}\right)^{100} \cdot \left(\frac{5}{6}\right)^{500}$$

$$\approx \;\; \frac{600^{600} e^{-600} \sqrt{2\pi \cdot 600}}{500^{500} e^{-500} \sqrt{2\pi \cdot 500} \cdot 100^{100} e^{-100} \sqrt{2\pi \cdot 100}} \cdot \frac{5^{500}}{6^{100} \cdot 6^{500}}$$

$$=\;\; \frac{1}{\sqrt{2\pi \cdot 600 \cdot \frac{1}{6} \cdot \frac{5}{6}}} = 0.0437\ldots$$

Der exakte, mit Hilfe des Computeralgebra–Systems MAPLE berechnete Wert
ist 0.04366...

Mit $\sigma_n := \sqrt{npq} \approx 9.13$ liefern (27.18) und Tabelle A1

$$P(90 \le S_n \le 110) \;=\; P\left(\frac{90-100}{\sigma_n} \le \frac{S_n - 100}{\sigma_n} \le \frac{110-100}{\sigma_n}\right)$$

$$\approx \;\; \Phi\left(\frac{10}{9.13}\right) - \Phi\left(-\frac{10}{9.13}\right) \;\approx\; 2 \cdot \Phi(1.10) - 1$$

$$\approx \;\; 2 \cdot 0.864 - 1 \;=\; 0.728.$$

Die Approximation mit Stetigkeitskorrektur nach (27.19) ergibt analog

$$P(90 \le S_n \le 110) \;\approx\; \Phi\left(\frac{10.5}{9.13}\right) - \Phi\left(-\frac{10.5}{9.13}\right)$$

$$\approx \;\; 2 \cdot \Phi(1.15) - 1 \;\approx\; 0.75,$$

also eine verglichen mit dem mittels MAPLE berechneten exakten Wert 0.7501...
wesentlich bessere Näherung.

Schließlich gilt nach (27.16)

$$P(X_n > 120) \;=\; 1 - P(X_n \le 120) = 1 - P\left(\frac{X_n - 100}{\sigma_n} \le \frac{120-100}{\sigma_n}\right)$$

$$\approx \;\; 1 - \Phi\left(\frac{20}{9.13}\right) \;\approx\; 1 - \Phi(2.19) \;\approx\; 1 - 0.986$$

$$=\;\; 0.014.$$

Beispiel 27.4 verdeutlicht, dass angesichts der heutzutage verfügbaren leistungs-
fähigen Computeralgebra–Systeme der numerische Aspekt des ZGWS von de
Moivre–Laplace, nämlich die Approximation von Summen von Wahrscheinlichkeiten der Binomialverteilung, zunehmend an Bedeutung verliert. Für die Entwicklung der Wahrscheinlichkeitstheorie waren diese Ergebnisse nur der Anfang zahlreicher Untersuchungen über das Verteilungsverhalten von Summen unabhängiger Zufallsvariablen. Die folgende Verallgemeinerung des ZGWS von de Moivre–
Laplace stellt aus historischer Perspektive einen gewissen Abschluss dieser Untersuchungen dar.

27.5 Zentraler Grenzwertsatz von Lindeberg[2]–Lévy [3]

Es seien $X_1, \dots, X_n$ **stochastisch unabhängige und identisch verteilte** Zufallsvariablen mit positiver Varianz $\sigma^2 := V(X_1)$. Setzen wir $\mu := E(X_1)$ und $S_n := X_1 + \dots + X_n$, so gilt:

$$\text{a) } \lim_{n \to \infty} P\left(a \leq \frac{S_n - n \cdot \mu}{\sigma \cdot \sqrt{n}} \leq b \right) = \int_a^b \varphi(x)\, dx, \qquad \text{für } a < b. \qquad (27.20)$$

$$\text{b) } \lim_{n \to \infty} P\left(\frac{S_n - n \cdot \mu}{\sigma \cdot \sqrt{n}} \leq b \right) = \int_{-\infty}^b \varphi(x)\, dx, \qquad b \in \mathbb{R}. \qquad (27.21)$$

Der Beweis dieses Satzes erfordert mathematische Hilfsmittel, die den hier gesteckten Rahmen sprengen würden, und wird aus diesem Grunde nicht geführt (siehe z.B. [KR1], Abschnitt 11.3).

Man beachte, dass der ZGWS von Lindeberg–Lévy für den Spezialfall von Indikatorfunktionen in den Satz von de Moivre–Laplace übergeht. Das Überraschende an den Aussagen (27.20) und (27.21) ist die Tatsache, dass das wahrscheinlichkeitstheoretische Verhalten einer Summe $\sum_{j=1}^{n} X_j$ von unabhängigen und identisch verteilten Zufallsvariablen asymptotisch für $n \to \infty$ nur vom Erwartungswert und von der Varianz, nicht jedoch von der speziellen Gestalt der Verteilung von X_1 bestimmt wird.

Wählen wir in (27.20) speziell b gleich einer natürlichen Zahl k und setzen $a := -k$, so nimmt (27.20) wegen $n \cdot \mu = ES_n$ und $\sigma \cdot \sqrt{n} = \sqrt{V(S_n)}$ die Gestalt

$$\lim_{n \to \infty} P\left(ES_n - k\sqrt{V(S_n)} \leq S_n \leq ES_n + k\sqrt{V(S_n)} \right) = \int_{-k}^{k} \varphi(x)\, dx$$
$$= 2 \cdot \Phi(k) - 1$$

an. Für die Fälle $k = 1$, $k = 2$ und $k = 3$ gelten mit Tabelle A1 die Beziehungen

$$2\Phi(1) - 1 \approx 0.682, \quad 2\Phi(2) - 1 \approx 0.954, \quad 2\Phi(3) - 1 \approx 0.997,$$

so dass obige Grenzwertaussage die folgenden Faustregeln liefert:

---

[2]Jarl Waldemar Lindeberg (1876–1932), Dozent für Mathematik in Helsinki. Hauptarbeitsgebiete: Differentialgleichungen, Wahrscheinlichkeitstheorie.

[3]Paul Lévy (1886–1971), seit 1913 Professor an der École Polytechnique in Paris, neben A.N. Kolmogorov einer der Hauptbegründer der modernen Wahrscheinlichkeitstheorie. Hauptarbeitsgebiete: Funktionalanalysis, Wahrscheinlichkeitstheorie.

Die Summe S_n von n unabhängigen und identisch verteilten Zufallsvariablen liegt für großes n mit der approximativen Wahrscheinlichkeit

- 0.682 in den Grenzen $E(S_n) \pm 1 \cdot \sqrt{V(S_n)}$,

- 0.954 in den Grenzen $E(S_n) \pm 2 \cdot \sqrt{V(S_n)}$,

- 0.997 in den Grenzen $E(S_n) \pm 3 \cdot \sqrt{V(S_n)}$.

27.6 Beispiel

Ein echter Würfel wird n mal in unabhängiger Folge geworfen, wobei das Ergebnis des j-ten Wurfes durch die Zufallsvariable X_j modelliert werde. Da die Würfe unbeeinflusst voneinander und unter gleichen Bedingungen ausgeführt werden, nehmen wir in einem stochastischen Modell an, dass die Zufallsvariablen unabhängig und identisch verteilt sind. Wegen $E(X_1) = 3.5$ und $V(X_1) = 35/12$ (vgl. (12.2) und Ü 21.1) gelten dann für die mit $S_n := X_1 + \ldots + X_n$ bezeichnete Augensumme aufgrund der Rechenregeln für Erwartungswert und Varianz die Identitäten $E(S_n) = 3.5 \cdot n$ und $V(S_n) = 35/12 \cdot n \approx 2.917 \cdot n$. Die obigen Faustregeln besagen dann für den Fall $n = 100$:

Die Augensumme aus 100 Würfelwürfen liegt mit der approximativen Wahrscheinlichkeit

- 0.682 in den Grenzen $350 \pm \sqrt{291.7}$, also zwischen 333 und 367,

- 0.954 in den Grenzen $350 \pm 2 \cdot \sqrt{291.7}$, also zwischen 316 und 384,

- 0.997 in den Grenzen $350 \pm 3 \cdot \sqrt{291.7}$, also zwischen 299 und 401.

Übungsaufgaben

Ü 27.1 Eine echte Münze (Zahl/Adler) wird 10000 mal in unabhängiger Folge geworfen. Die Zufallsvariable Y bezeichne die dabei erzielten Adler. Geben Sie Approximationen für   a) $P(Y = 5000)$ b) $P(4900 \leq Y \leq 5100)$ c) $P(Y \leq 5080)$ an.

Ü 27.2 Es seien S_1, S_2, $S_3 \ldots$ Zufallsvariablen, wobei S_n eine Poisson-Verteilung mit Parameter n besitzt. Zeigen Sie mit Hilfe des ZGWS von Lindeberg-Lévy:

$$\lim_{n \to \infty} P(S_n \leq n) = \lim_{n \to \infty} e^{-n} \cdot \sum_{j=0}^{n} \frac{n^j}{j!} = \frac{1}{2}.$$

Hinweis: Nach dem Additionsgesetz für die Poisson-Verteilung kann die Verteilung von S_n als Verteilung einer Summe von n unabhängigen und identisch verteilten Zufallsvariablen betrachtet werden.

Ü 27.3 Zeigen Sie: In der Situation des Zentralen Grenzwertsatzes von Lindeberg–Lévy gilt $\lim_{n\to\infty} P((S_n - n\mu)/(\sigma\sqrt{n}) = t) = 0$ für jedes $t \in \mathbb{R}$.

Anmerkung: Diese Aussage bedeutet, dass in (27.20) jedes der Ungleichheitszeichen „$\leq$" durch das Kleiner–Zeichen „$<$" ersetzt werden kann, ohne den Grenzwert zu beeinflussen. Gleiches gilt für das Zeichen „$\leq$" in (27.21).

Ü 27.4 2 Spieler A und B werfen n mal in unabhängiger Folge eine echte Münze. Bei jedem Wurf mit dem Ergebnis „Kopf" zahlt B an A eine Mark; im Falle von „Zahl" ist es umgekehrt. Die Zufallsvariable S_n bezeichne den „Kontostand" von Spieler A nach n Spielen. Zeigen Sie:

a) $\lim_{n\to\infty} P(-100 \leq S_n \leq 100) = 0$.

b) $\lim_{n\to\infty} P(-\sqrt{n} \leq S_n \leq \sqrt{n}) = 2\Phi(1) - 1 \approx 0.682$.

Ü 27.5 Es seien $A_1, \ldots, A_n$ unabhängige Ereignisse mit gleicher Wahrscheinlichkeit p. Zeigen Sie: Für jedes K mit $0 < K < \infty$ gilt

$$\lim_{n\to\infty} P\left(\left| \sum_{j=1}^{n} \mathbf{1}\{A_j\} - n \cdot p \right| \geq K \right) = 1.$$

Lernziel–Kontrolle

Sie sollten

- die Approximation der standardisierten Binomialverteilung durch die Gaußsche Glockenkurve anhand von Bild 27.1 verinnerlicht haben;

- die *Zentralen Grenzwertsätze von de Moivre–Laplace und Lindeberg–Lévy* anwenden können;

- die Faustregeln auf Seite 213 kennen.

28 Schätzprobleme

Unser Denken und Handeln stützt sich häufig auf Stichproben. In der Marktforschung geben Stichprobenverfahren wichtige Entscheidungshilfen zur Einschätzung der Absatzchancen für neue Produkte. Einschaltquoten von Fernsehsendungen werden täglich auf Stichprobenbasis festgestellt. Qualitätskontrollen erfolgen mit Hilfe von Stichproben, und Steuererklärungen werden mangels Personal in den Finanzämtern nur stichprobenartig genauer unter die Lupe genommen.

Jedem Stichprobenverfahren liegt der Wunsch zugrunde, mit geringem Zeit- und Kostenaufwand eine möglichst genaue Information über eine interessierende *Population* (*Grundgesamtheit*, vgl. Abschnitt 5.2) zu erhalten. Beispiele für solche Populationen bilden alle zu einem bestimmten Stichtag volljährigen Personen in Deutschland, alle Vier–Personen–Haushalte der Stadt Rinteln (an der Weser), alle landwirtschaftlichen Betriebe in Niedersachsen oder alle 10 000 elektronischen Schalter der Tagesproduktion eines Unternehmens.

Die gewünschte Information bezieht sich im einfachsten Fall auf ein quantitatives oder qualitatives Merkmal (vgl. Abschnitt 5.1). So könnten etwa bei Vier–Personen–Haushalten der durchschnittliche jährliche Stromverbrauch oder das monatliche Haushaltsnettoeinkommen und für die Grundgesamtheit der landwirtschaftlichen Betriebe die durchschnittliche Zahl von Milchkühen pro Betrieb von Interesse sein. Für die Grundgesamtheit aller 10 000 elektronischen Schalter ist eine Information über den Prozentsatz der defekten Schalter erwünscht.

Eine *Erhebung* ist die Feststellung der Ausprägungen des interessierenden Merkmals innerhalb der zur Diskussion stehenden Grundgesamtheit. Im Gegensatz zu einer *Total–* oder *Voll–Erhebung*, bei der jedes Element der Grundgesamtheit befragt oder untersucht wird, wählt man bei einer *Teil–* oder *Stichproben–Erhebung* nur eine im allgemeinen relativ kleine Teilmenge der Population aus und ermittelt die Ausprägung des interessierenden Merkmals an jedem Element dieser Teilmenge. Hier stellt sich schon eines der vielen Probleme im Zusammenhang mit Stichprobenverfahren: Oft wird die Stichprobe aus Gründen der Praktikabilität gar nicht aus der interessierenden Grundgesamtheit, sondern von vorneherein aus einer kleineren *Teilpopulation*, der sogenannten *Erhebungsgesamtheit*, gezogen.

Ein Beispiel hierfür liefert die bekannte Sendung „ZDF–Politbarometer". Die in dieser Sendung jeweils vorgestellten Zahlen, etwa zur berühmten Sonntagsfrage:

„Wenn am nächsten Sonntag Bundestagswahl wäre...", basieren auf einer *zufällig ausgewählten* Stichprobe von ca. 1250 Wahlberechtigten. Da die Befragungen für das „Politbarometer" telefonisch stattfinden, besteht hier die Erhebungsgesamtheit aus allen Personen, die über einen Telefonanschluss zu den Befragungszeiten prinzipiell erreichbar sind. Dies bedeutet unter anderem, dass weder Personen mit Geheimnummern noch Personen, die aus finanziellen Gründen keinen Telefonanschluss besitzen, befragt werden können. Für einen Einblick in grundlegende Probleme bei der Planung, der Durchführung und der Anwendung von Stichprobenverfahren sei auf [COC] verwiesen.

Im Vergleich zu einer Vollerhebung, wie sie etwa bei Volkszählungen erfolgt, liegen die Vorteile einer Stichprobenerhebung vor allem in einer Kostenminderung, einer schnelleren Beschaffung der Daten und in einer beschleunigten Veröffentlichung der Ergebnisse. Hier stellt sich allerdings die Frage nach der *Repräsentativität* der gewonnenen Stichprobe. Schon in Abschnitt 5.2 wurde darauf hingewiesen, dass dieser häufig verwendete Begriff meist in keinem Verhältnis zu seiner inhaltlichen Leere steht. So sieht etwa das ZDF die Stichproben des „Politbarometers" als *repräsentativ für die Bevölkerung in ganz Deutschland* an, obwohl ausschließlich Personen mit Telefonanschluss befragt werden.

Anschaulich würde man von einer repräsentativen Stichprobe erwarten, dass die in ihr enthaltene Information auf die Grundgesamtheit „hochgerechnet" werden kann. Haben wir etwa in einer repräsentativen Stichprobe von 200 der eingangs erwähnten 10 000 elektronischen Schalter 3 defekte gefunden, so würden wir die Zahl 3/200 (= 0.015) als „vernünftigen" *Schätzwert* für den Anteil aller defekten Schalter in der Grundgesamtheit ansehen, also die Anzahl 3 mit dem Faktor 50 (= 10 000/200) auf eine geschätzte Anzahl von 150 defekten unter allen 10 000 Schaltern „hochrechnen". Diese Vorgehensweise ist jedoch mit einer gewissen Unsicherheit verbunden, da wir die mit r bezeichnete Anzahl aller defekten Schalter nicht kennen. Man beachte, dass aufgrund der durch die Stichprobe erhaltenen Information selbst die extremen Fälle $r = 3$ und $r = 9803$ logisch nicht ausgeschlossen sind! Im ersten Fall befinden sich „durch Zufall" die einzigen drei defekten Schalter in der Stichprobe, im zweiten Fall haben wir eine Stichprobe erhalten, die alle 197 überhaupt vorhandenen intakten Schalter enthält.

Eine *Wahrscheinlichkeitsstichprobe* ist eine Stichprobe, die nach einem festgelegten stochastischen Modell gezogen wird. Im Gegensatz dazu gibt es viele andere Möglichkeiten der Stichprobenentnahme. So kann sich z.B. eine Stichprobe aus Freiwilligen zusammensetzen, was insbesondere dann vorkommt, wenn subjektiv unangenehme Fragen gestellt werden. In anderen Fällen mögen nur „leicht zugängliche" Elemente ausgewählt werden wie etwa diejenigen 10 Ratten in einem Käfig mit 100 Ratten, die man leicht mit der Hand fangen kann. Obwohl solche ohne festgelegte Zufallsauswahl gewonnenen Stichproben im Einzelfall brauchbar sein können, ist über die Güte ihrer Ergebnisse keine begründete Aussage möglich.

Wie im folgenden anhand der einfachsten Situation eines Merkmals mit zwei Ausprägungen (sogenanntes *Ja/Nein–Merkmal*) dargelegt werden soll, ermöglicht gerade die Zuhilfenahme des Zufalls in Form eines stochastischen Modells für die Art der Stichprobenentnahme einen „vernünftigen" Schluss von der Stichprobe auf die Grundgesamtheit.

28.1 Hypergeometrisches und Binomial–Modell

Ein häufig auftretendes Problem der Stichprobentheorie besteht darin, die Größe eines Anteils einer Grundgesamtheit zu schätzen. In diesem Fall zerfällt die Grundgesamtheit in zwei Teile, einen „Ja"–Teil von Elementen, die eine bestimmte Eigenschaft E besitzen, und in einen „Nein"–Teil derjenigen Elemente, welche E nicht aufweisen. Gefragt ist nach dem Quotienten

$$p := \frac{\text{Anzahl der Elemente, die } E \text{ besitzen}}{\text{Anzahl aller Elemente der Grundgesamtheit}} . \tag{28.1}$$

Interessierende Eigenschaften bei Personen sind z.B. der Besitz der Blutgruppe 0, der regelmäßige Kinogang (mindestens einmal pro Woche) oder die Mitgliedschaft in einem Sportverein. Bei einem PKW kann die interessierende Eigenschaft darin bestehen, vor mehr als 10 Jahren zugelassen worden zu sein.

Im folgenden bezeichnen wir den Zähler in (28.1) mit r sowie den Nenner mit N und stellen uns alle Elemente der Grundgesamtheit als gleichartige, von 1 bis N nummerierte Kugeln vor, wobei denjenigen r Elementen, welche die Eigenschaft E besitzen, rote und den übrigen $N - r$ Elementen schwarze Kugeln zugeordnet werden. Modellieren wir die Gewinnung einer Zufallsstichprobe vom Umfang n als n–maliges rein zufälliges Ziehen **ohne Zurücklegen** aus einer mit allen N Kugeln gefüllten Urne, so ist nach (13.5) und (13.6)

$$\frac{\binom{r}{k} \cdot \binom{N-r}{n-k}}{\binom{N}{n}} = \binom{n}{k} \cdot \frac{r^{\underline{k}} \cdot (N-r)^{\underline{n-k}}}{N^{\underline{n}}} \tag{28.2}$$

die Wahrscheinlichkeit, dass die gezogene Stichprobe genau k rote Kugeln enthält (hypergeometrische Verteilung, vgl. 13.1).

Da es bei Fragestellungen der Praxis im allgemeinen nicht möglich ist, jeder Teilmenge vom Umfang n die gleiche Ziehungswahrscheinlichkeit zu garantieren, kann obiges Modell einer *rein zufälligen Stichprobe* (sog. *einfache Stichprobe*) nur eine mehr oder weniger gute Annäherung an die Wirklichkeit sein. Werden z.B. für eine Befragung per Telefon zunächst die Telefonnummer und nach Zustandekommen einer Telefonverbindung eines der anwesenden Haushaltsmitglieder zufällig ausgewählt, so haben Singles mit Telefonanschluss im Vergleich zu anderen Personen eine größere Wahrscheinlichkeit, in die Stichprobe zu gelangen.

Eine weitere in der Praxis auftretende Schwierigkeit mit obigem Modell besteht darin, dass nur in seltenen Fällen, wie z.B. bei einer Tagesproduktion von 10 000 elektronischen Schaltern, der Populationsumfang N bekannt ist. Bei Marketing– und Demoskopie–Studien hingegen weiß man oft nur, dass N im Vergleich zum Stichprobenumfang n „sehr groß" ist.

Um dieses Problem eines unbekannten, aber „großen" Populationsumfanges N in den Griff zu bekommen, bietet sich die folgende Modifikation des bisherigen Modells an: Wir deuten den in (28.1) auftretenden Anteil p als Wahrscheinlichkeit für das Auftreten der Eigenschaft E bei einem zufällig gewählten Element der Grundgesamtheit. Ziehen wir nun n mal rein zufällig **mit Zurücklegen** aus obiger Urne, so ist die Wahrscheinlichkeit, k mal eine rote Kugel zu erhalten, durch den von N unabhängigen Ausdruck

$$\binom{n}{k} \cdot p^k \cdot (1-p)^{n-k} \quad , \quad 0 \leq k \leq n \, , \tag{28.3}$$

gegeben (Binomialverteilung, vgl. 19.3).

Dass dieses einfachere „Binomial–Modell" eine gute Approximation für das ursprüngliche „hypergeometrische Modell" darstellt, wenn r und $N - r$ (und damit auch der Populationsumfang N) groß im Vergleich zum Stichprobenumfang n sind, ergibt sich aus der äquivalenten Darstellung

$$\frac{r}{N} \cdot \frac{r-1}{N-1} \cdot \ldots \cdot \frac{r-k+1}{N-k+1} \cdot \frac{N-r}{N-k} \cdot \frac{N-r-1}{N-k-1} \cdot \ldots \cdot \frac{N-r-(n-k)+1}{N-n+1}$$

des auf der rechten Seite von (28.2) auftretenden Bruches. Ist n sehr klein im Vergleich zu r und $N - r$, so ist in diesem Produkt jeder der ersten k Faktoren ungefähr gleich p und jeder der übrigen $n - k$ Faktoren ungefähr gleich $1 - p$, also das Produkt eine Approximation für $p^k (1 - p)^{n-k}$.

Formaler kann man hier r und N zwei gegen Unendlich konvergierende Folgen durchlaufen lassen, wobei der Quotient r/N gegen p konvergiere. Dann geht bei diesem Grenzübergang die hypergeometrische Wahrscheinlichkeit (28.2) in die Binomialwahrscheinlichkeit (28.3) über.

Wir sehen also, dass das Binomial–Modell bei Problemen der Anteils–Schätzung in „unendlichen Populationen" bzw. in großen Populationen von unbekanntem Umfang Verwendung findet. Die folgenden Überlegungen zeigen, dass die Anteils–Schätzung in einer unendlichen Population und die Schätzung der Trefferwahrscheinlichkeit in einer Bernoulli–Kette gleichwertige Probleme darstellen.

In einem Versuch soll der Einfluss von Klärschlamm auf die Lebensfähigkeit von Pflanzensamen untersucht werden. Zu diesem Zweck wird unter Zugrundelegung konstanter Versuchsbedingungen (u.a. Art des Klärschlammes, Temperatur, Dauer des Keimungsversuches) und eines homogenen Saatgutes (gleiche Samenart mit gleicher Ausgangslebensfähigkeit) für jeden Samen ein „Treffer" markiert, wenn sich dieser zu einem normalen Keimling entwickelt hat. Offenbar besteht hier die interessierende Grundgesamtheit aus der unendlichen Menge aller **denkbaren** Samen dieser Art; sie ist somit fiktiv (vgl. Abschnitt 5.2). Wir können jedoch einen Keimungsversuch mit n Samen als Bernoulli–Kette vom Umfang n modellieren, wobei die unbekannte Trefferwahrscheinlichkeit p als Anteil aller sich zu einem normalen Keimling entwickelnden Samen in der unendlichen Grundgesamtheit aller heute und zukünftig vorhandenen Samen betrachtet werden kann.

Aus diesen Gründen beschäftigen wir uns zunächst mit der Frage der Schätzung einer z.B. als Anteil in einer unendlich großen Population gedeuteten Wahrscheinlichkeit. Die bei Vorliegen einer endlichen Grundgesamtheit bekannten Umfanges N notwendige Modifikation der Schätzung (sog. *Endlichkeitskorrektur*) wird in Abschnitt 28.9 behandelt.

28.2 Schätzung einer Wahrscheinlichkeit: Erste Überlegungen

Ein Treffer/Niete-Experiment sei unter gleichen, sich gegenseitig nicht beeinflussenden Bedingungen n mal wiederholt worden und habe insgesamt k Treffer ergeben. Was können wir aufgrund dieser Information über die unbekannte Trefferwahrscheinlichkeit p aussagen?

Modellieren wir die **vor** Durchführung der Experimente **zufällige** Trefferanzahl als Zufallsvariable S_n, so besitzt S_n aufgrund der Rahmenbedingungen die Binomialverteilung $Bin(n, p)$. Bislang wurden **bei gegebenen Werten von n und p** Verteilungseigenschaften von S_n studiert. So wissen wir etwa, dass $P(S_n = k)$ gleich dem in (28.3) stehenden Ausdruck ist und dass die Verteilung von S_n nach dem Zentralen Grenzwertsatz von de Moivre–Laplace bei großem n gut durch die Gaußsche Glockenkurve approximiert wird.

An dieser Stelle müssen wir uns jedoch auf eine völlig neue Situation einstellen! Im Gegensatz zu oben haben wir nun **eine Realisierung k von S_n** beobachtet und möchten hieraus eine begründete Aussage über die unbekannte zugrundeliegende Wahrscheinlichkeit p treffen. Was kann man etwa im Reißzwecken–Beispiel in Kapitel 4 aus einer Trefferanzahl von 124 in 300 Versuchen über p schließen?

Da die in (28.3) stehende Wahrscheinlichkeit $P(S_n = k)$ für jedes p mit $0 < p < 1$ und jedes $k \in \{0, 1, \ldots, n\}$ echt größer als 0 ist und da jedes Ereignis, dessen Wahrscheinlichkeit positiv ist, eintreten **kann**, folgt zunächst eine banale, aber wichtige Erkenntnis: Sind in n Versuchen k Treffer erzielt worden, ist nur die Aussage „es gilt $0 < p < 1$" mit Sicherheit richtig. Jede genauere Aussage über die unbekannte Trefferwahrscheinlichkeit, wie etwa „es gilt $0.22 \le p \le 0.38$", kann u.U. falsch sein; sie ist prinzipiell „umso falscher", je „genauer" sie ist! Hier kollidiert offenbar der Wunsch nach einer „möglichst präzisen" Aussage über p mit der „Stärke der Überzeugung von der Richtigkeit dieser Aussage". Eine Lösung dieses Problems führt auf den Begriff eines *Vertrauensbereiches* (vgl. 28.5).

Da jedem Parameter $p \in (0, 1)$ ein wahrscheinlichkeitstheoretisches Modell, nämlich das der Binomialverteilung $Bin(n, p)$ entspricht, haben wir auf der Suche nach dem unbekannten p anhand einer beobachteten Realisierung von S_n die Qual der Wahl zwischen den verschiedenen Modellen $Bin(n, p)$ mit $0 < p < 1$. Um die Abhängigkeit dieser zur Auswahl stehenden Modelle von p zu verdeutlichen und um zu betonen, dass Wahrscheinlichkeiten erst nach Festlegung von p, d.h nach vollständiger Angabe eines Modells konkret berechnet werden können, indizieren wir die Verteilung von S_n durch den „Parameter" p und schreiben

$$P_p(S_n = k) \;=\; \binom{n}{k} \cdot p^k \cdot (1 - p)^{n-k}. \tag{28.4}$$

Sind in n Versuchen k Treffer erzielt worden, so liegt es nahe, die Trefferwahrscheinlichkeit p durch die *relative Trefferhäufigkeit*

$$\hat{p} \;:=\; \frac{k}{n} \tag{28.5}$$

zu schätzen.

Zur Beurteilung der „Genauigkeit" dieses anhand vorliegender Daten (k Treffer in n Versuchen) gewonnenen Schätzwertes für das unbekannte p müssen wir uns vor Augen halten, dass k eine Realisierung der binomialverteilten Zufallsvariablen S_n und somit $\hat{p}$ eine **Realisierung der Zufallsvariablen**

$$R_n \;:=\; \frac{S_n}{n} \tag{28.6}$$

ist. Nach den Rechenregeln für Erwartungswert und Varianz sowie nach (19.6) und (22.4) gelten für die zufällige relative Trefferhäufigkeit R_n die Beziehungen

$$E_p(R_n) \;=\; \frac{1}{n} \cdot E_p(S_n) \;=\; \frac{1}{n} \cdot n \cdot p \;=\; p, \tag{28.7}$$

$$V_p(R_n) \;=\; \frac{1}{n^2} \cdot V_p(S_n) \;=\; \frac{1}{n^2} \cdot n \cdot p \cdot (1-p) \;=\; \frac{p \cdot (1-p)}{n}. \tag{28.8}$$

Dabei haben wir auch hier durch Indizierung mit p betont, dass Erwartungswert und Varianz unter der Modellannahme $S_n \sim Bin(n,p)$ berechnet werden.

Gleichung (28.7) drückt aus, dass die zufällige relative Trefferhäufigkeit R_n als Schätzung für eine unbekannte Wahrscheinlichkeit *erwartungstreu* und damit in einem **ganz bestimmten Sinne repräsentativ** ist: Unabhängig vom zugrundeliegenden Wert von p ist der Erwartungswert der Verteilung des zufälligen Schätzwertes R_n gleich p. Aus Gleichung (28.8) entnehmen wir, dass die Varianz der Verteilung des zufälligen Schätzwertes R_n — ganz gleich, welches p tatsächlich zugrundeliegt — mit wachsendem Stichprobenumfang n abnimmt und dass somit ein konkreter Schätzwert $\hat{p}$ umso genauer sein wird, je größer n ist.

28.3 Maximum–Likelihood–Schätzmethode

Die Schätzung einer unbekannten Wahrscheinlichkeit durch die relative Trefferhäufigkeit ist einer wichtigen allgemeinen *Schätz-Methode* untergeordnet. Diese Methode kann wie folgt beschrieben werden:

Stehen in einer bestimmten Situation verschiedene wahrscheinlichkeitstheoretische Modelle zur Konkurrenz, so halte bei vorliegenden Daten dasjenige Modell für das „glaubwürdigste", unter welchem die beobachteten Daten die größte Wahrscheinlichkeit des Auftretens besitzen.

In unserer Situation einer Bernoulli–Kette vom Umfang n mit unbekannter Trefferwahrscheinlichkeit p entsprechen den Daten die beobachtete Trefferanzahl k aus den n Versuchen und den konkurrierenden Modellen die Binomialverteilungen $Bin(n,p)$ mit $0 \le p \le 1$. Da bei gegebenen Daten die durch den Parameter p gekennzeichneten Modelle als variabel betrachtet werden, schreibt man

$$L_k(p) \;:=\; P_p(S_n = k) \;=\; \binom{n}{k} \cdot p^k \cdot (1-p)^{n-k} \tag{28.9}$$

und nennt die durch (28.9) definierte Funktion $L_k : [0,1] \to \mathbb{R}$ die *Likelihood-Funktion zur Beobachtung k*.

Es wirkt auf den ersten Blick gekünstelt, die Wahrscheinlichkeit $P_p(S_n = k)$ nur anders hinzuschreiben und mit dem Etikett *Likelihood* (von engl.: Wahrscheinlichkeit) zu versehen. Die Schreibweise $L_k(p)$ offenbart jedoch eine für die Schließende Statistik typische Sichtweise: Im Gegensatz zu wahrscheinlichkeitstheoretischen Untersuchungen, bei denen eine feste W–Verteilung betrachtet und dann Wahrscheinlichkeiten für verschiedene Ereignisse berechnet werden, **halten wir jetzt ein Ergebnis k fest und untersuchen die Wahrscheinlichkeit des Auftretens von k unter verschiedenen, durch einen Parameter p gekennzeichneten Modellen!** Dabei besagt die oben beschriebene, zuerst von R.A. Fisher[1] mathematisch genauer untersuchte allgemeine Schätz–Methode, dass bei gegebenem k derjenige Wert p die größte Glaubwürdigkeit erhalten soll, für den die Funktion L_k maximal wird.

Ein solcher Wert, d.h. ein Wert $p^* \in [0,1]$ mit der Eigenschaft

$$L_k(p^*) \;=\; \max_{0 \leq p \leq 1} \; L_k(p) \tag{28.10}$$

heißt ein *Maximum–Likelihood–Schätzwert* (kurz: *ML–Schätzwert*) für p zur Beobachtung k.

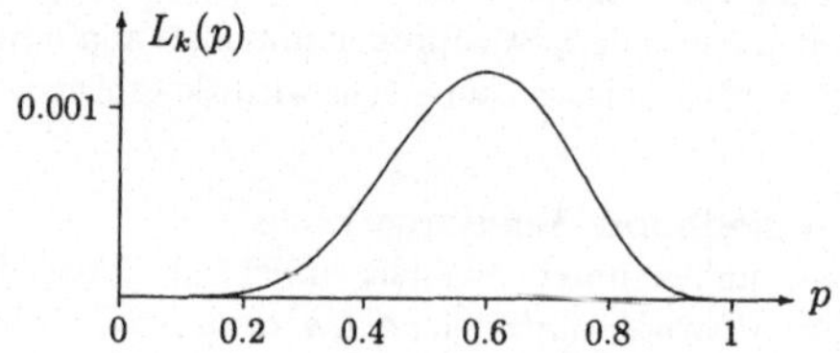

Bild 28.1 Likelihood–Funktion $L_6(p)$ im Fall $n = 10$

Bild 28.1 zeigt die Likelihood–Funktion für die Situation von 6 Treffern in 10 Versuchen, d.h. das Schaubild von $L_6(p)$ im Fall $n = 10$. Es ist kein Zufall, dass diese Funktion an der Stelle 0.6 ihren Maximalwert annimmt und dass diese Stelle gerade mit der relativen Trefferhäufigkeit $\hat{p} = k/n = 6/10$ übereinstimmt. Wir behaupten nämlich, dass für jedes $k = 0, 1, \ldots, n$ die relative Trefferhäufigkeit $\hat{p} = k/n$ der eindeutig bestimmte ML–Schätzwert für p ist.

Hierzu betrachten wir zunächst die beiden Spezialfälle $k = n$ (nur Treffer) und $k = 0$ (nur Nieten). Wegen $L_n(p) = p^n$ bzw. $L_0(p) = (1 - p)^n$ ergeben sich unmittelbar die ML–Schätzwerte $p^* = 1$ $(= n/n = \hat{p})$ bzw. $p^* = 0$ $(= 0/n = \hat{p})$. Um für festes $k \in \{1, \ldots, n - 1\}$ die Funktion L_k bezüglich p zu maximieren, leiten wir L_k nach p ab. Mit Hilfe der Produktregel ergibt sich für $0 < p < 1$

$$\frac{d}{dp} \, L_k(p) \;=\; \binom{n}{k} p^{k-1}(1 - p)^{n-k-1} \cdot (k\,(1 - p) - (n - k)\,p),$$

[1]Sir Ronald Aylmer Fisher (1890–1962), 1919 Berufung an die Rothamsted Experimental Station, 1933 Nachfolger von Karl Pearson auf dessen Lehrstuhl für Eugenik in London, 1943–1957 Lehrstuhl für Genetik in Cambridge. Fisher gilt als Begründer der modernen mathematisch orientierten Statistik (1912 erste Arbeit zur ML–Methode). Die Idee der ML–Methode war allerdings schon früher bekannt, z.B. bei Daniel Bernoulli und Carl Friedrich Gauß.

so dass die aus der Analysis bekannte Forderung $\frac{d}{dp}L_k(p) = 0$ als notwendige Bedingung für ein lokales Maximum oder Minimum von L_k auf den Wert $p^* = k/n$ $= \hat{p}$ führt. Da die Ableitung von L_k für $p < \hat{p}$ positiv und für $p > \hat{p}$ negativ ist, folgt in der Tat die Beziehung

$$L_k(\hat{p}) = \max_{0 \le p \le 1} L_k(p), \tag{28.11}$$

wobei das Maximum von L_k nur an der Stelle $\hat{p}$ angenommen wird.

Wir fassen zusammen: In einer Bernoulli–Kette vom Umfang n liefert die relative Trefferhäufigkeit $\hat{p}$ eine erwartungstreue Schätzung für die unbekannte Erfolgswahrscheinlichkeit p. Werden in n Versuchen k Treffer beobachtet, so besitzt dieses Ergebnis in Abhängigkeit von $p \in [0, 1]$ die größte Wahrscheinlichkeit des Eintretens für den Wert $\hat{p} = k/n$. Die relative Trefferhäufigkeit $\hat{p}$ ist somit die Maximum–Likelihood–Schätzung für p.

Im folgenden behandeln wir das Problem der Genauigkeit dieser Schätzung.

28.4 Eine ominöse Behauptung und ihre Grundlage

Was sagen Sie zu einem Statistiker, der in obiger Situation einer Bernoulli–Kette vom Umfang n die relative Trefferhäufigkeit $\hat{p}$ beobachtet hat und daraufhin „mit einem Gewissheitsgrad von 19 zu 1" behauptet, für das unbekannte p sei die Aussage

$$\hat{p} - \frac{2.24}{\sqrt{n}} \le p \le \hat{p} + \frac{2.24}{\sqrt{n}} \tag{28.12}$$

richtig? Dieser Statistiker setzt mit seiner aufgestellten Behauptung z.B. bei einer beobachteten Anzahl von 43 Treffern in 100 Versuchen großes Vertrauen in die Aussage „p liegt zwischen 0.206 und 0.654". Wäre die gleiche relative Trefferhäufigkeit von 0.43 aus einer viel größeren Serie, nämlich aus $n = 10\,000$ Versuchen erzielt worden, hätte er dasselbe große Vertrauen sogar in die Aussage „es gilt $0.4076 \le p \le 0.4524$" gesetzt. Da aber jeder Wert p mit $0 < p < 1$ über die Verteilung $Bin(n, p)$ jede Trefferanzahl k mit $k \in \{0, 1, \ldots, n\}$ „erzeugen kann", ist selbst ein sehr erfahrener Statistiker mit einer Behauptung der Art (28.12) gegen einen Irrtum nicht gefeit.

Bevor wir der Frage nachgehen, wodurch obiges Vertrauen gerechtfertigt sein mag, müssen wir uns verdeutlichen, dass es niemanden gibt, der die Behauptung des Statistikers überprüfen könnte. Da nur „Meister Zufall" die unbekannte Wahrscheinlichkeit p kennt, kann grundsätzlich nicht festgestellt werden, ob (28.12) eine richtige oder falsche Aussage ist!

Die Angabe eines „Gewissheitsgrades von 19 zu 1" mag uns zu der irrigen Annahme verleiten, der Statistiker billige der Aussage (28.12) eine „Wahrscheinlichkeit von 0.95" zu. Solange wir diese Wahrscheinlichkeit als einen rein subjektiven Grad der Überzeugung von der Richtigkeit der Aussage (28.12) ansehen, könnte dies zutreffen. Wenn wir jedoch die Bestandteile $\hat{p}$, n und p in (28.12) betrachten, suchen wir dort zunächst bei **gegebenen** Daten, d.h. bei einer **beobachteten** relativen Trefferhäufigkeit, vergeblich nach einer Zufallskomponente (p ist zwar unbekannt, aber **nicht zufällig**)!

Der Schlüssel zum Verständnis von (28.12) liegt darin, die beobachtete relative Trefferhäufigkeit $\hat{p}$ als Realisierung der **zufälligen** relativen Trefferhäufigkeit R_n aus (28.6) aufzufassen und die Wahrscheinlichkeit

$$P_p \left(R_n - \frac{2.24}{\sqrt{n}} \leq p \leq R_n + \frac{2.24}{\sqrt{n}} \right) \tag{28.13}$$

zu studieren. Man beachte, dass die **Zufallsvariablen** $R_n - 2.24/\sqrt{n}$ und $R_n + 2.24/\sqrt{n}$ die zufälligen Endpunkte eines **zufälligen Intervalles**

$$I_n := \left[R_n - \frac{2.24}{\sqrt{n}} , R_n + \frac{2.24}{\sqrt{n}} \right] \tag{28.14}$$

bilden. Damit stellt der Ausdruck in (28.13) die unter dem Modellparameter p berechnete Wahrscheinlichkeit dafür dar, dass das zufällige Intervall I_n dieses unbekannte p enthält.

Setzen wir kurz $\varepsilon := 2.24/\sqrt{n}$ und beachten die Gleichheit $\{R_n - \varepsilon \leq p \leq R_n + \varepsilon\}$ $= \{|R_n - p| \leq \varepsilon\}$, so liefern (28.7), (28.8), eine Anwendung der Tschebyschev-Ungleichung (21.4) auf $X := R_n$ sowie die Abschätzung

$$p \cdot (1 - p) \leq \frac{1}{4} \tag{28.15}$$

die Ungleichungskette

$$\begin{aligned}
P_p \left(R_n - \frac{2.24}{\sqrt{n}} \leq p \leq R_n + \frac{2.24}{\sqrt{n}} \right) &= 1 - P_p \left(|R_n - p| > \frac{2.24}{\sqrt{n}} \right) \\
&\geq 1 - \frac{n \cdot p \cdot (1 - p)}{n \cdot 2.24^2} \tag{28.16} \\
&\geq 1 - \frac{1}{4 \cdot 2.24^2} \\
&= 0.9501 \ldots
\end{aligned}$$

Für jeden Wert des Modellparameters p enthält also das in (28.14) definierte zufällige Intervall I_n das unbekannte p mit einer Mindestwahrscheinlichkeit von 0.95. Diese Aussage ist wie folgt zu interpretieren:

Nehmen wir einmal an, wir könnten das Experiment „beobachte die relative Trefferhäufigkeit in einer Bernoulli–Kette vom Umfang n" unter gleichen, sich gegenseitig nicht beeinflussenden Bedingungen l mal wiederholen. Bezeichnen wir die sich bei der j–ten Wiederholung ergebende zufällige relative Trefferhäufigkeit mit $R_{n,j}$ und das gemäß (28.14) mit $R_{n,j}$ anstelle von R_n gebildete **zufällige Intervall** mit $I_{n,j}$ $(j = 1, \ldots, l)$, so sind die Ereignisse $A_{n,j} := \{p \in I_{n,j}\}$ $(j = 1, \ldots, l)$ aufgrund der sich nicht beeinflussenden Bedingungen stochastisch unabhängig. Ferner besitzen sie wegen der Gleichheit der Bedingungen unter dem Modell–Parameter p dieselbe Wahrscheinlichkeit $P_p(A_{n,1})$. Nach dem Schwachen Gesetz großer Zahlen von Jakob Bernoulli (vgl. 26.3) konvergiert der zufällige relative Anteil $l^{-1} \cdot \sum_{j=1}^{l} \mathbf{1}\{A_{n,j}\}$ aller Experimente, bei denen das Intervall $I_{n,j}$ die unbekannte Erfolgswahrscheinlichkeit p enthält, beim Grenzübergang $l \to \infty$ stochastisch gegen die Wahrscheinlichkeit $P_p(A_{n,1})$. Nach (28.16) gilt dabei $P_p(A_{n,1}) \geq 0.95$.

Würden wir also in den l Experimenten die relativen Trefferhäufigkeiten $\hat{p}_1, \ldots, \hat{p}_l$ beobachten, so enthielten die gemäß (28.12) gebildeten Intervalle $[\hat{p}_j - 2.24/\sqrt{n},$ $\hat{p}_j + 2.24/\sqrt{n}]$ $(j = 1, 2, \ldots, l)$ auf die Dauer, d.h. bei wachsendem l, in mindestens 95% aller Fälle die unbekannte Erfolgswahrscheinlichkeit p. Aus diesem Grunde setzen wir großes Vertrauen in die Aussage (28.12), obwohl wir tatsächlich nur **eines** dieser l Experimente durchgeführt und somit nur **eine** aus n Versuchen bestimmte relative Trefferhäufigkeit $\hat{p}$ vorliegen haben.

Ersetzt man in der Ungleichungskette (28.16) den ominös erscheinenden Wert 2.24 (dieser ist eine Näherung für $\sqrt{5}$) durch eine beliebige Zahl $u > 0$, so folgt

$$P_p \left(R_n - \frac{u}{\sqrt{n}} \leq p \leq R_n + \frac{u}{\sqrt{n}} \right) \geq 1 - \frac{1}{4 \cdot u^2} \,. \tag{28.17}$$

Für $u := 5$ ergibt sich hieraus die untere Schranke 0.99, d.h. ein Gewissheitsgrad von 99 zu 1 für die im Vergleich zu (28.12) weniger präzise Aussage

$$\hat{p} - \frac{5}{\sqrt{n}} \leq p \leq \hat{p} + \frac{5}{\sqrt{n}} \tag{28.18}$$

über das unbekannte p. Dieser im Vergleich zu (28.12) größeren Ungenauigkeit der Antwort steht aber die höhere „Garantiewahrscheinlichkeit" von 0.99 im Vergleich zu 0.95 gegenüber.

Häufig benötigt man für Aussagen der Gestalt „$R_n - u/\sqrt{n} \leq p \leq R_n + u/\sqrt{n}$" eine Mindest–Garantiewahrscheinlichkeit von $1 - \alpha$. Da wir nur Vertrauen in das Eintreten hochwahrscheinlicher Ereignisse besitzen, sollte diese nahe bei 1 liegen, d.h. α sollte „klein" sein. Übliche Werte für Garantiewahrscheinlichkeiten sind 0.9, 0.95 oder 0.99; sie entsprechen den Werten $\alpha = 0.1$, $\alpha = 0.05$ bzw. $\alpha = 0.01$.

Ist also die rechte Seite von (28.17) in der Form $1 - \alpha$ vorgegeben, erhalten wir $u = 1/(2\sqrt{\alpha})$ und die Ungleichung

$$P_p\left(R_n - \frac{1}{2\sqrt{\alpha n}} \leq p \leq R_n + \frac{1}{2\sqrt{\alpha n}}\right) \geq 1 - \alpha\,. \tag{28.19}$$

Unter Beachtung der natürlichen Rahmenbedingung $0 \leq p \leq 1$ bedeutet dies, dass das zufällige Intervall

$$\tilde{I}_n := \left[\max\left(R_n - \frac{1}{2\sqrt{\alpha n}}, 0\right),\ \min\left(R_n + \frac{1}{2\sqrt{\alpha n}}, 1\right)\right] \tag{28.20}$$

den unbekannten Modellparameter p mit einer Mindestwahrscheinlichkeit von $1 - \alpha$ enthält — ganz gleich, welches p tatsächlich zugrundeliegt.

Von diesem Intervall sollte jedoch in der Praxis kein Gebrauch gemacht werden, da es wesentlich kleinere Intervalle gibt, die das unbekannte p ebenfalls mit der Mindest–Wahrscheinlichkeit $1 - \alpha$ einschließen. Denn bislang haben wir nicht die spezielle Struktur der Binomialverteilung berücksichtigt, sondern nur die „verteilungs–unspezifische" Tschebyschev–Ungleichung angewandt. Bevor in Abschnitt 28.6 bessere „Garantie–Intervalle" für den Parameter p der Binomialverteilung konstruiert werden, benötigen wir einige Begriffsbildungen, welche an die Aussage (28.19) anschließen.

28.5 Der Begriff des Vertrauensbereiches

Die Grenzen des zufälligen Intervalles aus (28.20), welches das unbekannte p mit der Garantiewahrscheinlichkeit $1 - \alpha$ enthält, sind mit Hilfe der zufälligen relativen Trefferhäufigkeit R_n gebildete Zufallsvariablen. Anstelle von R_n hätten wir auch die gleichwertige Trefferanzahl S_n ($= n \cdot R_n$) verwenden können. Dies ist im folgenden der Fall, da wir mit der Binomialverteilung von S_n arbeiten werden.

In Verallgemeinerung der Aussage (28.19) geben wir uns eine „kleine" Wahrscheinlichkeit $\alpha \in (0, 1)$ vor und betrachten ein zufälliges Intervall

$$J_n = [p_u(S_n)\,,\ p_o(S_n)] \qquad \subseteq [0, 1] \tag{28.21}$$

mit den zufälligen, von S_n abhängenden Endpunkten $p_u(S_n) < p_o(S_n)$. J_n heißt *Vertrauensintervall für p zur Vertrauenswahrscheinlichkeit $1 - \alpha$* oder kurz *$(1 - \alpha)$-Vertrauensbereich für p*, falls für jedes $p \in (0, 1)$ gilt:

$$P_p(p \in J_n) = P_p\left(p_u(S_n) \leq p \leq p_o(S_n)\right) \geq 1 - \alpha\,, \tag{28.22}$$

d.h. falls das zufällige Intervall J_n den Modellparameter p mit einer Mindest-Wahrscheinlichkeit von $1 - \alpha$ enthält.

Synonym für Vertrauensintervall werden im folgenden auch die Begriffe *Konfidenzintervall* und *Konfidenzbereich* gebraucht. Anstelle von Vertrauenswahrscheinlichkeit schreiben wir häufig auch *Konfidenzwahrscheinlichkeit* oder den bereits verwendeten Begriff *Garantiewahrscheinlichkeit*.

Die in (28.21) definierten Zufallsvariablen $p_u(S_n)$, $p_o(S_n)$ hängen von der gewählten Konfidenzwahrscheinlichkeit $1 - \alpha$ ab, was man bereits an der Gestalt der Intervallgrenzen in (28.20) erkennt. Ferner sind in der Definition des Intervalles J_n in (28.21) ausdrücklich die Fälle $p_u(S_n) := 0$ oder $p_o(S_n) := 1$ zugelassen, d.h. einer der beiden Endpunkte des Intervalles kann die jeweils natürliche Grenze für p sein. Der Fall $p_u(S_n) = 0$ tritt typischerweise dann auf, wenn ein Treffer ein schädigendes Ereignis wie z.B. den Ausfall eines technischen Gerätes oder die Infektion mit einem lebensbedrohenden Virus darstellt (siehe z.B. Übungsaufgabe 28.3). Hier ist man nur an einer „verlässlichen" oberen Schranke $p_o(S_n)$ für die unbekannte Ausfall- oder Infektionswahrscheinlichkeit interessiert.

Dementsprechend nennen wir eine beliebige Funktion $p_o(S_n)$ von S_n eine *obere Konfidenzgrenze für p zur Konfidenzwahrscheinlichkeit $1 - \beta$* $(0 < \beta < 1)$, falls für jedes $p \in (0, 1)$ die Ungleichung

$$P_p(p \le p_o(S_n)) \ge 1 - \beta \tag{28.23}$$

erfüllt ist. Analog heißt die Zufallsvariable $p_u(S_n)$ eine *untere Konfidenzgrenze für p zur Konfidenzwahrscheinlichkeit $1 - \beta$*, falls für jedes $p \in (0, 1)$ gilt:

$$P_p(p_u(S_n) \le p) \ge 1 - \beta. \tag{28.24}$$

Man beachte, dass sich (28.23) und (28.24) mit der Wahl $\beta := \alpha$ als Spezialfälle von (28.22) ergeben, wenn wir dort $p_u(S_n) := 0$ bzw. $p_o(S_n) := 1$ setzen.

Eine wichtige Überlegung ist, dass wir aus zwei „einseitigen" Konfidenzaussagen der Form (28.23) und (28.24) zur Konfidenzwahrscheinlichkeit $\mathbf{1 - \alpha/2}$ eine „zweiseitige" Konfidenzaussage vom Typ (28.22) konstruieren können: Gelten für Zufallsvariablen $p_o(S_n)$ und $p_u(S_n)$ die Beziehungen $P_p(p \le p_o(S_n)) \ge 1 - \alpha/2$ und $P_p(p_u(S_n) \le p) \ge 1 - \alpha/2$, d.h. sind (28.23) und (28.24) jeweils mit $\beta = \alpha/2$ erfüllt, so folgt wegen

$$\{p_u(S_n) \le p \le p_o(S_n)\} = \{p_u(S_n) \le p\} \cap \{p \le p_o(S_n)\} \tag{28.25}$$

mit Übungsaufgabe 6.1 die „zweiseitige" Konfidenzaussage $P_p(p_u(S_n) \le p \le p_o(S_n)) \ge 1 - \alpha$. Insbesondere lässt sich aus zwei 97.5%–Konfidenzgrenzen eine zweiseitige Konfidenzaussage zur Vertrauenswahrscheinlichkeit 0.95 konstruieren.

Die mit Hilfe einer Realisierung k der Zufallsvariablen S_n bestimmten Realisierungen $p_u(k)$ und $p_o(k)$ der Zufallsvariablen $p_u(S_n)$ bzw. $p_o(S_n)$ in (28.23) bzw. (28.24) heißen eine *konkrete untere bzw. obere Konfidenzschranke für p zur Konfidenzwahrscheinlichkeit* $1 - \beta$. In gleicher Weise wird eine Realisierung des zufälligen Intervalles J_n in (28.21) ein *konkretes Konfidenzintervall für p zur Konfidenzwahrscheinlichkeit* $1 - \alpha$ genannt. Wir werden im folgenden das Attribut *konkret* weglassen und schlechthin von Konfidenzschranken und Konfidenzintervallen sprechen, d.h. **terminologisch** nicht mehr zwischen Zufallsvariablen und deren Realisierungen unterscheiden. Die Interpretation der durch einen konkreten Vertrauensbereich gegebenen „praktisch sicheren Aussage" über p hat dabei stets wie in Abschnitt 28.4 zu erfolgen.

28.6 Vertrauensgrenzen für eine Wahrscheinlichkeit

In einer Bernoulli–Kette vom Umfang n seien k Treffer aufgetreten. Wir stellen uns das Problem, untere und obere Vertrauensgrenzen $p_u(k)$ bzw. $p_o(k)$ ($k = 0, 1 \ldots, n$) für das unbekannte p zu konstruieren, so dass für die zufälligen Größen $p_o(S_n)$ bzw. $p_u(S_n)$ die Ungleichungen (28.23) bzw. (28.24) erfüllt sind. Die grundlegende Idee zur Konstruktion von $p_o(k)$ bzw. $p_u(k)$ besteht darin, Modellparameter p auszuschließen, unter denen **die Wahrscheinlichkeit für höchstens k bzw. mindestens k Treffer in n Versuchen hinreichend klein wird.**

Hierzu betrachten wir zunächst **den Fall $k = 0$** (kein Treffer in n Versuchen). Es ist unmittelbar einsichtig, hier $p_u(0) := 0$ zu setzen. Untersuchen wir die Wahrscheinlichkeit

$$(1 - p)^n \; = \; \binom{n}{0} \cdot p^0 \cdot (1 - p)^{n-0} \tag{28.26}$$

in Abhängigkeit vom unbekannten Modellparameter p, so ist ersichtlich, dass es bei wachsendem p immer unwahrscheinlicher wird, in n Versuchen keinen Treffer zu erzielen. Es liegt somit nahe, die obere Vertrauensgrenze $p_o(0)$ für p so festzulegen, dass die in (28.26) stehende Wahrscheinlichkeit für $p = p_o(0)$ hinreichend klein ist. Im Hinblick auf die in (28.23) auftretende kleine „Ausnahmewahrscheinlichkeit" β bestimmen wir $p_o(0)$ als Lösung p der Gleichung

$$(1 - p)^n \; = \; \beta \tag{28.27}$$

und setzen folglich

$$p_o(0) \; := \; 1 - \beta^{1/n}. \tag{28.28}$$

Da die Funktion $(1 - p)^n$ mit wachsendem p **monoton fällt**, ergibt sich

$$(1 - p)^n \; \leq \; \beta \quad \text{für jedes} \quad p \geq p_o(0). \tag{28.29}$$

Diese Beziehung veranlasst uns zu behaupten, p sei höchstens $1 - \beta^{1/n}$, und alle größeren Modellparameter „praktisch auszuschließen."

Analog setzen wir **im Fall $k = n$** die obere Vertrauensgrenze $p_o(n)$ zu 1 und bestimmen $p_u(n)$ als Lösung p der Gleichung

$$p^n = \binom{n}{n} \cdot p^n \cdot (1-p)^{n-n} = \beta,$$

definieren also

$$p_u(n) := \beta^{1/n}. \tag{28.30}$$

In diesem Fall liefert die **Monotonie** der Funktion p^n die Ungleichung

$$p^n \leq \beta \quad \text{für jedes } p \leq p_u(n) \tag{28.31}$$

und somit den „praktisch sicheren Ausschluss" aller Modellparameter p, die kleiner als $p_u(n)$ sind.

Um auch in dem als drittes zur Diskussion stehenden **Fall $1 \leq k \leq n - 1$** alle Modellparameter p oberhalb bzw. unterhalb der zu konstruierenden Größen $p_o(k)$ bzw. $p_u(k)$ „praktisch ausschließen zu können", betrachten wir die *Unter-* bzw. *Überschreitungswahrscheinlichkeiten*, höchstens k bzw. mindestens k Treffer zu erhalten. Für jedes $k \in \{1, \ldots, n-1\}$ gilt die Integraldarstellung

$$\sum_{j=0}^{k} \binom{n}{j} p^j (1-p)^{n-j} = 1 - \frac{n!}{k!(n-k-1)!} \int_0^p t^k (1-t)^{n-k-1} dt. \tag{28.32}$$

Diese ergibt sich durch eine direkte Rechnung, da beide Seiten von (28.32) als Funktionen von p identische Ableitungen besitzen und mit der Festlegung $0^0 := 1$ an der Stelle $p = 0$ denselben Wert 1 liefern.

Für unsere Überlegungen ist nicht die genaue Gestalt der rechten Seite von (28.32) wichtig, sondern die aus (28.32) folgende, anschaulich einsichtige Tatsache, dass die Unterschreitungswahrscheinlichkeit eine stetige und mit wachsendem p **streng monoton fallende** Funktion darstellt. Wählen wir deshalb $p_o(k)$ in Analogie zu (28.26) und (28.27) als die eindeutig bestimmte Lösung p der Gleichung

$$\sum_{j=0}^{k} \binom{n}{j} \cdot p^j \cdot (1-p)^{n-j} = \beta, \tag{28.33}$$

so ergibt sich

$$\sum_{j=0}^{k} \binom{n}{j} \cdot p^j \cdot (1-p)^{n-j} \leq \beta \quad \text{für jedes } p \geq p_o(k), \tag{28.34}$$

so dass wir analog zu oben alle Modellparameter p, die größer als $p_o(k)$ sind, praktisch ausschließen können.

Da in gleicher Weise für jedes $k \in \{1, 2, \ldots, n-1\}$ die Überschreitungswahrscheinlichkeit

$$\sum_{j=k}^{n} \binom{n}{j} p^j (1-p)^{n-j} = \frac{n!}{(k-1)!(n-k)!} \int_0^p t^{k-1}(1-t)^{n-k} dt \qquad (28.35)$$

eine stetige und **streng monoton wachsende** Funktion von p ist, erhalten wir mit der Festsetzung von $p_u(k)$ als eindeutig bestimmter Lösung p der Gleichung

$$\sum_{j=k}^{n} \binom{n}{j} \cdot p^j \cdot (1-p)^{n-j} = \beta \qquad (28.36)$$

die Ungleichung

$$\sum_{j=k}^{n} \binom{n}{j} \cdot p^j \cdot (1-p)^{n-j} \leq \beta \quad \text{für jedes } p \leq p_u(k) \qquad (28.37)$$

und somit wie oben den praktischen Ausschluss aller Modellparameter p, die kleiner als $p_u(k)$ sind.

Bislang haben wir für jede beobachtbare Trefferanzahl k zwei Werte $p_o(k)$ und $p_u(k)$ so festgelegt, dass die Wahrscheinlichkeit für höchstens k bzw. mindestens k Treffer unter oberhalb von $p_o(k)$ bzw. unterhalb von $p_u(k)$ liegenden Parametern p kleiner als β ist. Um nachzuweisen, dass $p_o(k)$ und $p_u(k)$ tatsächlich Konfidenzgrenzen zur Konfidenzwahrscheinlichkeit $1 - \beta$ liefern, müssen wir zeigen, dass die **Zufallsvariablen $p_o(S_n)$ und $p_u(S_n)$** die Wahrscheinlichkeits–Ungleichungen (28.23) und (28.24) erfüllen!

Zum Nachweis von (28.23) halten wir $p \in (0, 1)$ fest und betrachten die Menge

$$M := \{k \in \{0, 1, \ldots, n\} : p > p_o(k)\} \qquad (28.38)$$

derjenigen Realisierungen k der zufälligen Trefferanzahl S_n, für welche der Modellparameter p oberhalb des Wertes $p_o(k)$ liegt. Wegen

$$P_p(p \leq p_o(S_n)) = 1 - P_p(p > p_o(S_n)) = P_p(S_n \in M)$$

ist die Ungleichung $P_p(S_n \in M) \leq \beta$ zu zeigen. Hier kann offenbar der Fall $M \neq \emptyset$ angenommen werden (andernfalls wäre $P_p(S_n \in M) = 0$). Setzen wir

$$k_o := k_o(p) := \max\{k \in \{0, 1, \ldots, n\} : p > p_o(k)\} = \max M , \qquad (28.39)$$

so ergibt sich wegen $M = \{0, 1, \ldots, k_o\}$ (wir benötigen im folgenden nur die Inklusion „$\subseteq$"), der Monotonie der Unterschreitungswahrscheinlichkeit, der Beziehung $p_o(k_o) < p$ sowie (28.33) die Ungleichungskette

$$P_p(S_n \in M) \quad \leq \quad P_p(S_n \leq k_o) \quad \leq \quad P_{p_o(k_o)}(S_n \leq k_o)$$

$$= \quad \sum_{j=0}^{k_o} \binom{n}{j} p_o(k_o)^j (1 - p_o(k_o))^{n-j} \quad = \quad \beta \, ,$$

so dass (28.23) durch Komplementbildung folgt. Völlig analog beweist man (28.24).

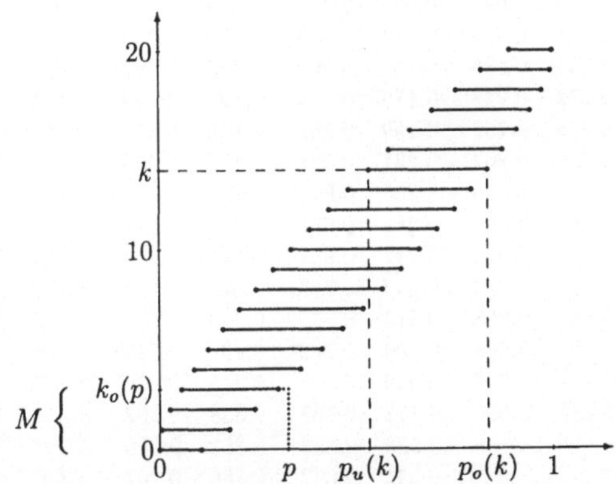

Bild 28.2 Konfidenzgrenzen für den Parameter p der Binomialverteilung
$(n = 20, \; \beta = 0.1)$

Bild 28.2 zeigt die Intervalle $[p_u(k), p_o(k)]$ für den Fall $n = 20$, $\beta = 0.1$ und $k = 0, 1, \ldots, 20$. Dabei sind zusätzlich zu einer festgehaltenen Wahrscheinlichkeit p der Wert $k_o(p)$ aus (28.39) und die Menge M aus (28.38) veranschaulicht.

Die Bestimmung der Konfidenzgrenzen $p_u(k)$ und $p_o(k)$ erfolgt numerisch mit Hilfe eines Computers. In den Fällen $n = 20$, $n = 30$, $n = 40$ und $n = 50$ sowie $\beta = 0.025$ können die Werte p_u und p_o aus Tabelle 28.1 abgelesen werden. Für die Situation, dass in 30 Versuchen kein einziger Treffer beobachtet wurde, also den Fall $n = 30$ und $k = 0$, ergibt sich z.B. der Wert 0.116 als obere Konfidenzgrenze für p zur Vertrauenswahrscheinlichkeit 0.975. Diese Vertrauensgrenze verkleinert sich auf 0.071, falls in 50 Versuchen kein Treffer auftritt.

Als weiteres Beispiel betrachten wir die Situation, dass in 50 Versuchen 20 Erfolge beobachtet wurden. In diesem Fall ist $[0.264, 0.548]$ das konkrete Vertrauensintervall für p zur Garantiewahrscheinlichkeit 0.95. Dieses Intervall ist wesentlich kürzer als das mit Hilfe von (28.20) gewonnene konkrete Intervall $[0.084, 0.718]$.

k	$n = 20$		$n = 30$		$n = 40$		$n = 50$	
	p_u	p_o	p_u	p_o	p_u	p_o	p_u	p_o
0	0.000	0.168	0.000	0.116	0.000	0.088	0.000	0.071
1	0.001	0.249	0.001	0.172	0.001	0.132	0.001	0.106
2	0.012	0.317	0.008	0.221	0.006	0.169	0.005	0.137
3	0.032	0.379	0.021	0.265	0.016	0.204	0.013	0.165
4	0.057	0.437	0.038	0.307	0.028	0.237	0.022	0.192
5	0.087	0.491	0.056	0.347	0.042	0.268	0.033	0.218
6	0.119	0.543	0.077	0.386	0.057	0.298	0.045	0.243
7	0.154	0.592	0.099	0.423	0.073	0.328	0.058	0.267
8	0.191	0.639	0.123	0.459	0.091	0.356	0.072	0.291
9	0.231	0.685	0.147	0.494	0.108	0.385	0.086	0.314
10	0.272	0.728	0.173	0.528	0.127	0.412	0.100	0.337
11	0.315	0.769	0.199	0.561	0.146	0.439	0.115	0.360
12	0.361	0.809	0.227	0.594	0.166	0.465	0.131	0.382
13	0.408	0.846	0.255	0.626	0.186	0.491	0.146	0.403
14	0.457	0.881	0.283	0.657	0.206	0.517	0.162	0.425
15	0.509	0.913	0.313	0.687	0.227	0.542	0.179	0.446
16	0.563	0.943	0.343	0.717	0.249	0.567	0.195	0.467
17	0.621	0.968	0.374	0.745	0.270	0.591	0.212	0.488
18	0.683	0.988	0.406	0.773	0.293	0.615	0.229	0.508
19	0.751	0.999	0.439	0.801	0.315	0.639	0.247	0.528
20	0.832	1.000	0.472	0.827	0.338	0.662	0.264	0.548
21			0.506	0.853	0.361	0.685	0.282	0.568
22			0.541	0.877	0.385	0.707	0.300	0.587
23			0.577	0.901	0.409	0.730	0.318	0.607
24			0.614	0.923	0.433	0.751	0.337	0.626
25			0.653	0.944	0.458	0.773	0.355	0.645

Tabelle 28.1 Konfidenzgrenzen für den Parameter p der Binomialverteilung
$(\beta = 0.025)$

28.7 Approximative Konfidenzintervalle für großes n

Eine Approximation der Konfidenzgrenzen $p_o(k)$ und $p_u(k)$ für große Stichprobenumfänge erhält man mit Hilfe des ZGWS von de Moivre–Laplace, indem zur Bestimmung der Lösung $p = p_o(k)$ der Gleichung $P_p(S_n \leq k) = \beta$ (vgl. (28.33)) die Approximation (vgl. (27.19))

$$P_p(S_n \leq k) = P_p \left(\frac{S_n - np}{\sqrt{np(1-p)}} \leq \frac{k - np}{\sqrt{np(1-p)}} \right) \approx \Phi \left(\frac{k - np + \frac{1}{2}}{\sqrt{np(1-p)}} \right)$$

verwendet und die Gleichung

$$\Phi \left(\frac{k - np + \frac{1}{2}}{\sqrt{np(1-p)}} \right) = \beta$$

nach p aufgelöst wird. Schreiben wir Φ^{-1} für die Umkehrfunktion von Φ, so ist diese Aufgabe äquivalent zur Bestimmung einer Lösung p der Gleichung

$$\frac{k - np + \frac{1}{2}}{\sqrt{np(1 - p)}} \;=\; \Phi^{-1}(\beta)\,. \tag{28.40}$$

In gleicher Weise führt die Approximation

$$P_p(S_n \geq k) = 1 - P_p\left(S_n \leq k - 1\right) \approx 1 - \Phi\left(\frac{k - 1 - np + \frac{1}{2}}{\sqrt{np(1 - p)}}\right)$$

auf die Lösung p der Gleichung

$$\frac{k - np - \frac{1}{2}}{\sqrt{np(1 - p)}} \;=\; \Phi^{-1}(1 - \beta) \tag{28.41}$$

als Näherungswert für die untere Vertrauensgrenze $p_u(k)$ (vgl. (28.36).

Der auf der rechten Seite von (28.41) stehende Wert $c := \Phi^{-1}(1 - \beta)$ heißt das $(1 - \beta)$-*Quantil der standardisierten Normalverteilung.* Wegen $\Phi(c) = 1 - \beta$ ist die Fläche unter der Gaußschen Glockenkurve $\varphi(x)$ im Bereich $c \leq x < \infty$ gerade β. Aufgrund der Symmetrieeigenschaft $\varphi(x) = \varphi(-x)$ gilt $\Phi^{-1}(\beta) = -c$ (siehe Bild 28.3), so dass die rechte Seite von (28.40) durch $-c$ gegeben ist. Einige wichtige Quantile der standardisierten Normalverteilung sind in Tabelle 28.2 aufgeführt.

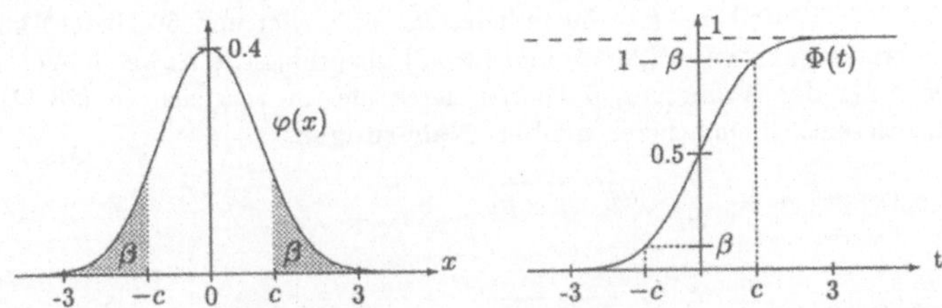

Bild 28.3 β– und $(1 - \beta)$-Quantil der standardisierten Normalverteilung

$1 - \beta$	0.9	0.95	0.975	0.99	0.995
$\Phi^{-1}(1 - \beta)$	1.282	1.645	1.960	2.326	2.576

Tabelle 28.2 Quantile der standardisierten Normalverteilung

Die Auflösung von (28.40), (28.41) nach p (Nenner hochmultiplizieren, quadrieren und die entstehende quadratische Gleichung lösen!) liefert die Approximationen

$$p_o(k) \approx \frac{k + \frac{1}{2} + \frac{c^2}{2} + c \cdot \sqrt{k + \frac{1}{2} - n^{-1}(k + \frac{1}{2})^2 + \frac{c^2}{4}}}{n + c^2} \,, \qquad (28.42)$$

$$p_u(k) \approx \frac{k - \frac{1}{2} + \frac{c^2}{2} - c \cdot \sqrt{k - \frac{1}{2} - n^{-1}(k - \frac{1}{2})^2 + \frac{c^2}{4}}}{n + c^2} \,. \qquad (28.43)$$

Die unterschiedlichen Vorzeichen vor der Wurzel rühren daher, dass für $p_o(k)$ die größere und für $p_u(k)$ die kleinere Lösung der jeweiligen quadratischen Gleichung ausgewählt werden.

Da der Herleitung dieser Formeln der ZGWS von de Moivre–Laplace zugrundelag und da die Güte der Approximation der standardisierten Binomialverteilung durch die Gaußsche Glockenkurve bei festem n umso schlechter ist, je näher p bei den extremen Werten 0 und 1 liegt, sollten die Konfidenzgrenzen (28.42) und (28.43) nur dann angewandt werden, wenn die relative Trefferhäufigkeit k/n den Werten 0 und 1 nicht zu nahe kommt.

Für den Fall $\beta = 0.025$, also $c = 1.96$ (vgl. Tabelle 28.2) und $n = 50$, $k = 10$ liefern die Formeln (28.42) und (28.43) die Approximationen $p_o(10) \approx 0.341$ und $p_u(10) \approx 0.105$, verglichen mit den exakten Werten $p_o(10) = 0.337$ und $p_u(10) = 0.100$ aus Tabelle 28.1.

Im Fall $k \geq 50$ und $n - k \geq 50$ (mindestens 50 Treffer und 50 Nieten) können die Vertrauensgrenzen in (28.42) und (28.43) für praktische Anwendungen unter Verwendung der Abkürzung $\hat{p} = k/n$ durch die im Vergleich zu (28.42) und (28.43) wesentlich einfacheren **groben Näherungen**

$$p_o(k) \approx \hat{p} + \frac{c}{\sqrt{n}} \cdot \sqrt{\hat{p} \cdot (1 - \hat{p})} \,, \qquad (28.44)$$

$$p_u(k) \approx \hat{p} - \frac{c}{\sqrt{n}} \cdot \sqrt{\hat{p} \cdot (1 - \hat{p})} \qquad (28.45)$$

ersetzt werden.

28.8 Planung des Stichprobenumfangs

Ein wichtiges Problem bei der Schätzung einer Wahrscheinlichkeit bzw. eines Anteils in einer fiktiven unendlich großen Population ist die Festlegung desjenigen Stichprobenumfangs, der zur Erzielung einer vorgegebenen Genauigkeit nötig ist. Hier denke man etwa an ein Meinungsforschungsinstitut, welches den Prozentsatz aller Wähler einer bestimmten Partei A bis auf einen Fehler von $\pm\ 2\%$ schätzen will. Wie in Abschnitt 28.1 modellieren wir diesen als die Trefferwahrscheinlichkeit p einer Bernoulli–Kette.

Man beachte, dass $p_o(k)$ und $p_u(k)$ in (28.44) bzw. (28.45) approximative Konfidenzgrenzen zur Konfidenzwahrscheinlichkeit $1 - \beta$ sind. Wollen wir aus diesen Grenzen ein approximatives zweiseitiges Konfidenzintervall $[p_u(k), p_o(k)]$ zur Konfidenzwahrscheinlichkeit $1 - \alpha$ konstruieren, so müssen wir $c := \Phi^{-1}(1 - \alpha/2)$ setzen, was etwa im Fall $\alpha = 0.05$ auf den Wert $c = 1.96$ führt. Aus (28.44) und (28.45) folgt, dass das Konfidenzintervall $[p_u(k), p_o(k)]$ die Länge

$$L_n \ := \ 2 \cdot \frac{c}{\sqrt{n}} \cdot \sqrt{\hat{p} \cdot (1 - \hat{p})} \tag{28.46}$$

besitzt. Soll das unbekannte p bei vorgebener Konfidenzwahrscheinlichkeit bis auf $\pm\varepsilon$ genau geschätzt werden (im Falle des Meinungforschungsinstitutes ist $\varepsilon = 0.02$), so führt die Forderung $L_n \le 2 \cdot \varepsilon$ auf die Ungleichung

$$n_{min} \ \ge \ \left(\frac{c}{\varepsilon}\right)^2 \cdot \hat{p} \cdot (1 - \hat{p}) \tag{28.47}$$

für den benötigten Mindeststichprobenumfang n_{min}. Da die relative Trefferhäufigkeit $\hat{p}$ erst nach Durchführung des Experimentes bekannt ist, bieten sich hier im Hinblick auf eine Planung des Stichprobenumfangs die folgenden Lösungen an: Hat man kein Vorwissen über $\hat{p}$, so kann man das Produkt $\hat{p}(1 - \hat{p})$ durch seinen größtmöglichen Wert $1/4$ ersetzen und gelangt so zu der Abschätzung

$$n_{min} \ \ge \ \frac{1}{4} \cdot \left(\frac{c}{\varepsilon}\right)^2, \tag{28.48}$$

also etwa $n \ge 2\ 401$ im Fall $\varepsilon = 0.02$ und $\alpha = 0.05$. Weiß man jedoch z.B. (etwa aufgrund früherer Befragungen), dass $\hat{p}$ höchstens gleich 0.2 ist, so kommt man mit ungefähr $0.2 \cdot 0.8 \cdot (1.96/0.02)^2 \approx 1\ 537$ Befragungen aus.

28.9 Anteils–Schätzung in endlichen Populationen

Im folgenden sei $p = r/N$ wie in (28.1) der unbekannte Anteil derjenigen Elemente einer **endlichen Population bekannten Umfangs N**, die eine interessierende Eigenschaft E besitzen. Dabei betrachten wir wie in Abschnitt 28.1 die Elemente der Population als nummerierte Kugeln, von denen r rot und $N - r$ schwarz sind.

Es liegt nahe, als Schätzwert für p den Anteil $\hat{p}$ roter Kugeln in einer rein zufälligen Stichprobe vom Umfang n **ohne Zurücklegen** zu verwenden. Zur Beurteilung der Qualität dieses Schätzverfahrens müssen wir $\hat{p}$ als Realisierung des zufälligen relativen Anteils R_n roter Kugeln in der Stichprobe ansehen. Es gilt $R_n = n^{-1} \cdot X_n$, wobei die Zufallsvariable X_n die Anzahl der gezogenen roten Kugeln angibt. Unter dem unbekannten Modellparameter $p = r/N$ besitzt X_n die hypergeometrische Verteilung $Hyp(n, r, s)$ mit $s = N - r$ (siehe 13.1). Wegen $E_p(R_n) = n^{-1}E_p(X_n)$ und $V_p(R_n) = n^{-2}V_p(X_n)$ liefern 13.1 a) und 22.6 b) unter Beachtung von $N = r + s$ die Beziehungen

$$E_p(R_n) = p, \tag{28.49}$$

$$V_p(R_n) = \frac{1}{n} \cdot p \cdot (1 - p) \cdot \left(1 - \frac{n-1}{N-1}\right). \tag{28.50}$$

Dabei haben wir wiederum die Abhängigkeit des Erwartungswertes und der Varianz vom unbekannten Modellparameter p hervorgehoben.

Eigenschaft (28.49) drückt die Erwartungstreue des durch R_n gegebenen Schätzverfahrens aus. Eigenschaft (28.50) zeigt, wie die Varianz der Schätzung vom unbekannten Anteil p, vom Stichprobenumfang n und vom Populationsumfang N abhängt. Der im Vergleich zu (28.8) auftretende *Endlichkeitskorrektur–Faktor*

$$\rho := 1 - \frac{n-1}{N-1} \quad \in (0, 1) \tag{28.51}$$

rührt von der Endlichkeit der Population und der Tatsache her, dass das Ziehen ohne Zurücklegen erfolgt.

Laien meinen oft, das als *Auswahlsatz* bezeichnete Verhältnis $a := n/N$ zwischen Stichprobenumfang und Umfang der Grundgesamtheit spiele eine wichtige Rolle für die Genauigkeit einer Anteilsschätzung. So würden viele etwa einer Stichprobe vom Umfang $n = 100$ aus einer Population vom Umfang $N = 1\,000$ (d.h. $a = 0.1$) eine größere Genauigkeit zubilligen als einer Stichprobe vom Umfang $n = 1\,000$ aus einer Grundgesamtheit vom Umfang $N = 10\,000\,000$ (d.h $a = 0.0001$). Mit der Approximation $\rho \approx 1 - a$ gilt jedoch nach Formel (28.50)

$$V_p(R_n) \approx \frac{1}{n} \cdot p \cdot (1 - p) \cdot (1 - a),$$

so dass sich für die vermeintlich genauere Stichprobe ($n = 100, N = 1\,000$) die Varianz $p(1 - p) \cdot 0.009$ ergibt. Die Varianz der vermeintlich ungenaueren Stichprobe mit dem Auswahlsatz $a = 0.0001$ ist aber kleiner als $p(1-p)\cdot 0.001$ (beachte die Ungleichung $1 - a < 1$). Der entscheidende Grund hierfür ist der wesentlich größere Stichprobenumfang $1\,000$.

Zur Bestimmung von Vertrauensbereichen für p kann völlig analog zu früher verfahren werden. Zunächst liefert die „verteilungs-unspezifische" Tschebyschev-Ungleichung die Aussage

$$P_p\left(R_n - \frac{\sqrt{\rho}}{2\sqrt{\alpha n}} \leq p \leq R_n + \frac{\sqrt{\rho}}{2\sqrt{\alpha n}}\right) \geq 1 - \alpha \tag{28.52}$$

(Übungsaufgabe 28.6, vgl. (28.19)). Analog wie in Abschnitt 28.6 existieren jedoch unter Ausnutzung der speziellen Struktur der hypergeometrischen Verteilung von $X_n = n \cdot R_n$ bessere Konfidenzgrenzen für die unbekannte Anzahl r roter Kugeln und somit auch für den unbekannten Anteil $p = r/N$. Wir wollen jedoch hierauf nicht näher eingehen.

Ein (hier nicht bewiesener) Zentraler Grenzwertsatz für die hypergeometrische Verteilung (siehe z.B. [MOR], S. 62) besagt, dass für praktische Zwecke die Verteilung der Zufallsvariablen

$$\frac{X_n - n \cdot p}{\sqrt{n \cdot p \cdot (1 - p) \cdot \rho}} \tag{28.53}$$

ausreichend gut durch die Gaußsche Glockenkurve approximiert wird, wenn der Nenner in (28.53) mindestens 3 ist. Die Vorgehensweise aus Abschnitt 28.7 liefert dann als approximative Vertrauensgrenzen für p zur Vertrauenswahrscheinlichkeit $1 - \beta$ die rechten Seiten von (28.42) und (28.43), wobei die dort auftretende Größe $c = \Phi^{-1}(1 - \beta)$ stets durch $\tilde{c} := c \cdot \sqrt{\rho}$ zu ersetzen ist.

Übungsaufgaben

Ü 28.1 In einer Bernoulli–Kette mit unbekannter Trefferwahrscheinlichkeit $p \in (0,1)$ sei der erste Treffer im k–ten Versuch aufgetreten. Stellen Sie die Likelihood–Funktion zu dieser Beobachtung auf und zeigen Sie, dass der Maximum–Likelihood–Schätzwert für p durch $1/k$ gegeben ist.

Ü 28.2 In einer Bernoulli–Kette mit unbekannter Trefferwahrscheinlichkeit $p \in (0,1)$ wird **n mal in unabhängiger Folge** beobachtet, wann der erste Treffer auftritt; die zugehörigen Versuchsnummern seien $k_1, k_2, \ldots, k_n$. Modellieren Sie diese Situation in einem geeigneten Produktraum und zeigen Sie, dass der ML–Schätzwert für p zum Beobachtungsvektor $(k_1, \ldots, k_n)$ durch $1/(n^{-1} \sum_{j=1}^{n} k_j)$ gegeben ist.

Ü 28.3 Zur Erforschung der Übertragbarkeit der Krankheit BSE (*bovine spongiforme Enzephalopathie*) wird in einem Tierversuch 275 biologisch gleichartigen Mäusen über einen gewissen Zeitraum täglich eine bestimmte Menge Milch von BSE–kranken Kühen verabreicht. Innerhalb dieses Zeitraums entwickelte keine dieser Mäuse irgendwelche klinischen Symptome, die auf eine BSE–Erkrankung hindeuten könnten[2].

Es bezeichne p die Wahrscheinlichkeit, dass eine Maus der untersuchten Art unter genau den obigen Versuchsbedingungen innerhalb des Untersuchungszeitraumes BSE–spezifische Symptome aufweist.

---

[2]Die geschilderte Situation lehnt sich an einen Aufsatz von D. M. Taylor et.al., *Veterinary Record* (1995), S. 592, an, für dessen Zusendung ich Herrn Prof.Dr.med. E. Greiser, Bremen, herzlich danke.

a) Wie lautet die obere Konfidenzschranke für p zur Garantiewahrsch. 0.99 ?

b) Wie viele Mäuse müssten anstelle der 275 untersucht werden, damit die obere Konfidenzschranke für p höchstens 10^{-4} ist?

c) Nehmen Sie vorsichtigerweise an, die obere Konfidenzschranke aus Teil a) sei die „wahre Wahrscheinlichkeit" p. Wie viele Mäuse mit BSE–Symptomen würden Sie dann unter 10 000 000 Mäusen erwarten?

Ü 28.4 a) In einer repräsentativen Umfrage haben sich 40% aller 1250 (= Stichprobenumfang beim ZDF–Politbarometer) Befragten für die Partei A ausgesprochen. Wie genau ist dieser Schätzwert, wenn wir die Befragten als rein zufällige Stichprobe ansehen und eine Vertrauenswahrscheinlichkeit von 0.95 zugrunde legen?

b) Wie groß muss der Stichprobenumfang mindestens sein, damit der Prozentsatz der Wähler einer Volkspartei (zu erwartender Prozentsatz ca. 40%) bis auf $\pm$ 1 % genau geschätzt wird (Vertrauenswahrscheinlichkeit 0.95)?

Ü 28.5 Das folgende Problem stellte sich im zweiten Weltkrieg, als aus den Seriennummern erbeuteter Waffen die Gesamtproduktion geschätzt werden sollte: In einer Urne befinden sich N von 1 bis N nummerierte Kugeln; N sei unbekannt.

a) Beim n- maligen rein zufälligen Ziehen **ohne Zurücklegen** ergaben sich die Nummern $k_1, k_2, \ldots, k_n$. Zeigen Sie, dass der Maximum–Likelihood–Schätzwert zu dieser Beobachtung durch $\hat{N} := \max_{j=1,\ldots,n} k_j$ gegeben ist.

b) Wie groß muss N sein, damit die Wahrscheinlichkeit, dass in einer Stichprobe vom Umfang 4 die größte Nummer höchstens gleich 87 ist, kleiner als 0.05 wird?

Ü 28.6 Beweisen Sie die Konfidenzaussage (28.52).

Lernziel–Kontrolle

Die Ausführungen dieses Kapitels, insbesondere über die *Maximum–Likelihood–Schätzmethode* und *Konfidenzbreiche*, berühren Grundfragen der Schließenden Statistik. Sie sollten

- verinnerlicht haben, dass gegebene Daten wie z.B. eine beobachtete relative Trefferhäufigkeit als Ergebnisse eines Zufallsexperimentes unter verschiedenen stochastischen Modellen (z.B. Binomialverteilungen mit unterschiedlichem p) auftreten können;

- die Bedeutung des *hypergeometrischen Modells* und des *Binomial–Modells* für die Anteilsschätzung in Populationen eingesehen haben;

- die *Maximum–Likelihood–Schätzmethode* kennen und anwenden können (vgl. die Übungsaufgaben 28.1, 28.2 und 28.5);

- Konfidenzbereiche richtig interpretieren können.

29 Statistische Tests

Mit der Verfügbarkeit zahlreicher Statistik–Software–Pakete erfolgt das Testen statistischer Hypothesen in den empirischen Wissenschaften vielfach nur noch per Knopfdruck nach einem beinahe schon rituellen Schema. Statistische Tests erfreuen sich u.a. deshalb einer ungebrochenen Beliebtheit, weil

- ihre Ergebnisse objektiv und exakt zu sein scheinen,

- alle von ihnen Gebrauch machen,

- der „Nachweis der statistischen Signifikanz" eines Resultates durch einen Test vielfach zum Erwerb eines Doktortitels notwendig ist.

Im folgenden wird ein Einblick in die Problematik des Testens statistischer Hypothesen gegeben. Dabei geht es insbesondere darum, die grundsätzlichen Möglichkeiten und Grenzen von statistischen Tests aufzuzeigen. Zur Veranschaulichung der Grundideen dient uns das nachstehende klassische Beispiel.

29.1 Beispiel: Die „tea tasting lady"

Eine englische Lady trinkt ihren Tee stets mit einem Zusatz Milch. Eines Tages verblüfft sie ihre Teerunde mit der Behauptung, sie könne allein am Geschmack unterscheiden, ob zuerst die Milch oder zuerst der Tee eingegossen worden sei. Dabei sei ihr Geschmack zwar nicht unfehlbar; sie würde aber im Vergleich zum blinden Raten öfter die richtige „Eingieß–Reihenfolge" treffen.

Um der Lady eine Chance zu geben, ihre Behauptung unter Beweis zu stellen, ist folgendes Verfahren denkbar: Es werden ihr n mal hintereinander zwei Tassen Tee gereicht, von denen jeweils eine vom Typ „Milch vor Tee" und die andere vom Typ „Tee vor Milch" ist. Die Reihenfolge dieser beiden Tassen wird durch den Wurf einer echten Münze festgelegt. Hinreichend lange Pausen zwischen den n Geschmacksproben garantieren, dass die Lady unbeeinflusst von früheren Entscheidungen urteilen kann.

Aufgrund dieser Versuchsanordnung können wir die n Geschmacksproben als unabhängige Treffer/Niete–Versuche mit unbekannter Trefferwahrscheinlichkeit p modellieren, wobei die richtige Zuordnung als Treffer angesehen wird. Da der Fall $p < 1/2$ ausgeschlossen ist (der Strategie des Ratens entspricht ja schon $p = 1/2$), ist eine Antwort auf die Frage „gilt $p = 1/2$ oder $p > 1/2$?" zu finden.

Nach den in Kapitel 28 angestellten Überlegungen ist klar, dass wir diese Frage — zumindest so, wie sie formuliert ist — nicht beantworten können. Denn die Entscheidungsgrundlage für eine Antwort kann nur die von der Lady in n Geschmacksproben erreichte Trefferanzahl sein. Hat sie etwa von 20 Tassen–Paaren 17 richtig zugeordnet, könnten wir ihr aufgrund dieses überzeugenden Ergebnisses außergewöhnliche geschmackliche Fähigkeiten attestieren, obwohl sie vielleicht nur geraten und dabei sehr großes Glück gehabt hat. Da sich unsere Antwort auf eine zufallsbehaftete Größe, nämlich auf die mit S_n bezeichnete zufällige Trefferanzahl in n Geschmacksproben, stützt, **sind falsche Entscheidungen grundsätzlich nicht auszuschließen**. Im vorliegenden Fall sind wir von den Fähigkeiten der Lady nur dann wirklich überzeugt, wenn sie so viele Treffer erzielt, dass ein solches Ergebnis unter der *Hypothese* $p = 1/2$ äußerst unwahrscheinlich wäre.

Um die beiden *Hypothesen* $H_0 : p = 1/2$ und $H_1 : p > 1/2$ einem *Test* zu unterziehen, wählen wir die folgende *Entscheidungsregel*: Wir beschließen, der Lady $n = 20$ Tassen–Paare zu reichen und ihr nur dann besondere Fähigkeiten zuzusprechen, wenn sie **mindestens $k = 14$ mal** die richtige Eingieß–Reihenfolge erkannt hat. Andernfalls, also bei höchstens $k - 1 = 13$ Treffern, sind wir der Auffassung, dass das erzielte Ergebnis durchaus auch bei bloßem Raten möglich gewesen wäre und folglich nicht den Anspruch erheben kann, „bedeutungsvoll" (*signifikant*) zu sein. Wir entscheiden uns also im Fall $S_{20} \geq 14$ für die Hypothese H_1 und im Fall $S_{20} \leq 13$ für die Hypothese H_0.

Zur Beurteilung dieser Entscheidungsregel betrachten wir die Wahrscheinlichkeit

$$g_{n,k}(p) := P_p(S_n \geq k) = \sum_{j=k}^{n} \binom{n}{j} \cdot p^j \cdot (1 - p)^{n-j},$$

mindestens k Treffer in n Versuchen zu erzielen, in Abhängigkeit von der unbekannten Trefferwahrscheinlichkeit p. Im Fall $n = 20$ und $k = 14$ stellt $g_{n,k}(p)$ die Wahrscheinlichkeit dafür dar, dass der Test zum Ergebnis „H_1 trifft zu" kommt, d.h. dass wir der Lady besondere geschmackliche Fähigkeiten attestieren. Die Funktion $g_{20,14}$ ist in Bild 29.1 dargestellt.

Wegen $g_{20,14}(0.5) = 0.0576\ldots$ haben wir mit unserem Verfahren erreicht, dass der Lady im Falle blinden Ratens nur mit der kleinen Wahrscheinlichkeit von ungefähr 0.058 besondere geschmackliche Fähigkeiten zugesprochen werden. Wir können diese *Wahrscheinlichkeit einer fälschlichen Entscheidung für* H_1 verkleinern, indem wir den *kritischen Wert* $k = 14$ vergrößern und z.B. erst eine Entscheidung für H_1 treffen, wenn mindestens 15 oder sogar mindestens 16 von 20 Tassen–Paaren richtig zugeordnet werden. So ist etwa $P_{0.5}(S_{20} \geq 15) \approx 0.0207$ und $P_{0.5}(S_{20} \geq 16) \approx 0.0059$. Die Frage, ob man $k = 14$ oder einen anderen Wert wählen sollte, hängt von den Konsequenzen einer fälschlichen Entscheidung für H_1 ab. Im vorliegenden Fall bestünde z.B. die Gefahr einer gesellschaftlichen Bloßstellung der Lady bei einem weiteren Geschmackstest, wenn man ihr geschmackliche Fähigkeiten attestiert, die sie in Wirklichkeit gar nicht besitzt.

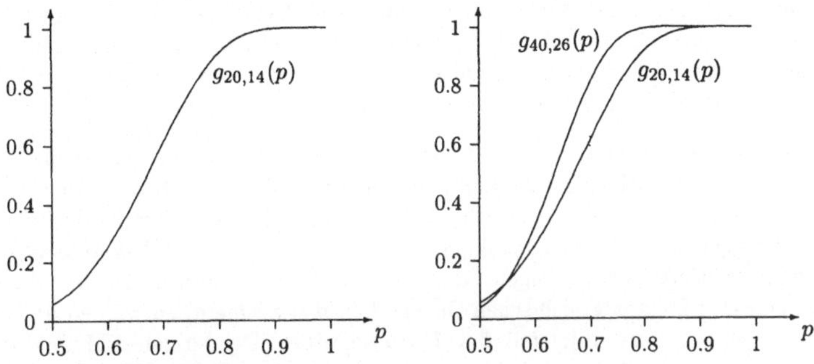

Bild 29.1 Die Funktionen $g_{20,14}$ und $g_{40,26}$

Bild 29.1 zeigt, dass aufgrund der Monotonie der Funktion $g_{20,14}$ mit einer größeren Trefferwahrscheinlichkeit p der Lady (plausiblerweise) auch die Wahrscheinlichkeit wächst, mindestens 14 Treffer in 20 Versuchen zu erzielen. Ist etwa $p = 0.9$, so gelangen wir bei obigem Verfahren mit der Wahrscheinlichkeit $g_{20,14}(0.9) = 0.997\ldots$ zur richtigen Antwort „H_1 trifft zu", entscheiden uns also nur mit der sehr kleinen Wahrscheinlichkeit $0.002\ldots$ fälschlicherweise für H_0. Beträgt p hingegen nur 0.7 (was sicherlich auch bemerkenswert wäre), so gelangen wir mit der Wahrscheinlichkeit $1 - g_{20,14}(0.7) = P_{0.7}(S_{20} \leq 13) = 0.392$ zur falschen Entscheidung „H_0 gilt." Die Wahrscheinlichkeit, uns fälschlicherweise für H_0 zu entscheiden, d.h. tatsächlich vorhandene geschmackliche Fähigkeiten abzusprechen, hängt also stark davon ab, wie groß diese Fähigkeiten in Form der Trefferwahrscheinlichkeit p wirklich sind.

Um der Lady eine Chance zu geben, auch im Fall $p = 0.7$ ein Ergebnis zu erreichen, das der Hypothese des bloßen Ratens deutlich widerspricht, müssen wir die Anzahl n der gereichten Tassen–Paare vergrößern. Wählen wir etwa $n = 40$ Tassen–Paare und lehnen H_0 ab, falls mindestens $k = 26$ Treffer erzielt werden, so ist die Wahrscheinlichkeit einer fälschlichen Ablehnung von H_0 wegen $P_{0.5}(S_{40} \geq 26) = 0.0403\ldots$ im Vergleich zum bisherigen Verfahren etwas kleiner geworden. Die in Bild 29.1 rechts zusätzlich zu $g_{20,14}$ eingezeichnete Funktion $g_{40,26}$ gibt in Abhängigkeit von p die Wahrscheinlichkeit an, dass wir aufgrund der 40 Geschmacksproben zur Antwort „H_1 gilt" gelangen. Es ist deutlich zu erkennen, dass sich durch die Verdoppelung der Versuchsanzahl von 20 auf 40 die Wahrscheinlichkeit einer richtigen Entscheidung bei zugrundeliegender Trefferwahrscheinlichkeit $p = 0.7$ von 0.608 auf über 0.8 erhöht hat.

29.2 Grundbegriffe der Testtheorie

Wie bei Schätzproblemen liegt auch bei statistischen Testproblemen die Situation vor, dass zufallsbehaftete reell– oder vektorwertige Daten beobachtet werden, wobei man diese Daten als Realisierungen einer Zufallsvariablen X bzw. eines Zufallsvektors auffasst. Da nur die Verteilung von X von Interesse ist, bleibt der formale Definitionsbereich der Zufallsvariablen im Hintergrund; im Zweifelsfall können Standardmodelle wie 19.2 oder 19.7 verwendet werden.

Ein weiteres gemeinsames Merkmal von Schätz– und Testproblemen ist die **Absteckung eines Rahmens in Form der Menge der überhaupt für möglich erachteten Verteilungen** von X. Oft hängen die Verteilungen dieses aufgrund der gegebenen Versuchsbedingungen formulierten *Modell–Rahmens* von einem oder mehreren reellwertigen Parametern ab. Es ist dann üblich, für diesen Parameter den kleinen griechischen Buchstaben ϑ (lies: *theta*) zu wählen und die Verteilungen mit ϑ zu indizieren, d.h. P_ϑ zu schreiben. Der Modell–Rahmen wird dann durch die mit dem großen griechischen Buchstaben Θ (lies: *Theta*) bezeichnete Menge aller überhaupt für möglich erachteten Parameter, den sogenannten *Parameterraum*, abgesteckt.

Machen wir die stillschweigende Annahme, dass verschiedenen Parametern auch verschiedene Verteilungen entsprechen, so kann der Modell–Rahmen in der Form

„der wahre zugrundeliegende Parameter ϑ gehört zu Θ"

oder kurz „$\vartheta \in \Theta$" beschrieben werden.

In der im vorigen Kapitel behandelten Situation einer Bernoulli–Kette vom Umfang n mit unbekannter Trefferwahrscheinlichkeit p entsprechen der Zufallsvariablen X die Trefferanzahl, dem Parameter ϑ die Trefferwahrscheinlichkeit p und der Menge der möglichen Verteilungen von X die Menge aller Binomialverteilungen $Bin(n,p)$ mit $0 \leq p \leq 1$. Somit ist der Parameterraum Θ das Intervall $[0,1]$, im Beispiel der *tea tasting lady* sogar das kleinere Intervall $[1/2\,,1]$.

Im Unterschied zu Schätzproblemen, in denen der unbekannte Parameter ϑ mit Hilfe einer Realisierung x von X möglichst gut geschätzt werden soll und im allgemeinen nach einem Vertrauensbereich für ϑ gefragt ist, wird bei einem Testproblem die Menge Θ gemäß

$$\Theta = \Theta_0 + \Theta_1$$

in zwei nichtleere disjunkte Teilmengen Θ_0 und Θ_1 zerlegt. Ein *statistischer Test* ist eine Entscheidungsregel, die innerhalb des vorgegebenen Modell–Rahmens für jede mögliche Realisierung x von X festlegt, ob man sich für die

Hypothese H_0 : „Es gilt $\vartheta \in \Theta_0$"

oder für die

Alternative (Gegenhypothese) H_1 : „Es gilt $\vartheta \in \Theta_1$"

entscheidet.

In Beispiel 29.1 ist $\Theta_0 = \{1/2\}$ und $\Theta_1 = (1/2, 1]$, und wir würden die Hypothese H_0 in der Form „die Lady besitzt keine besondere Gabe, die Eingießreihenfolge am Geschmack zu erkennen" formulieren.

Eine Hypothese $H_0 : \vartheta \in \Theta_0$ heißt *einfach*, falls sie sich nur auf eine Verteilung bezieht, also $|\Theta_0| = 1$ gilt. Andernfalls nennt man H_0 *zusammengesetzt*. Gleiches gilt für die Alternative. Im Beispiel der *tea tasting lady* liegen also eine einfache Hypothese und eine zusammengesetzte Alternative vor.

Die Tatsache, dass für jede Realisierung x der Zufallsvariablen X eine Entscheidung für H_0 oder für H_1 getroffen werden soll, bedeutet formal, dass wir die mit $\mathcal{X}$ bezeichnete Menge aller möglichen Realisierungen von X, den sogenannten *Stichprobenraum*, gemäß

$$\mathcal{X} = \mathcal{K}_0 + \mathcal{K}_1$$

in zwei disjunkte Teilmengen $\mathcal{K}_0$ und $\mathcal{K}_1$ zerlegen. Die Mengen $\mathcal{K}_0$ und $\mathcal{K}_1$ definieren die *Entscheidungsregel*

„Falls $x \in \mathcal{K}_0$, so entscheide für H_0" ,

„Falls $x \in \mathcal{K}_1$, so entscheide für H_1" .

Im Beispiel 29.1 der *tea tasting lady* gilt $X = S_n$, und der Stichprobenraum $\mathcal{X}$ ist die Menge $\{0, 1, 2, \ldots, n\}$ aller möglichen Trefferanzahlen. Ferner sind die Mengen $\mathcal{K}_0$ und $\mathcal{K}_1$ durch $\mathcal{K}_0 = \{0, 1, \ldots, k-1\}$ und $\mathcal{K}_1 = \{k, k+1, \ldots, n\}$ gegeben.

Anstelle der symmetrischen Formulierung „entscheide zwischen den beiden Möglichkeiten H_0 und H_1" ist die Sprechweise

„*zu testen ist die Hypothese* H_0 *gegen die Alternative* H_1"

üblich. Dieser Sprachgebrauch beinhaltet eine unterschiedliche Bewertung von H_0 und H_1 und somit der Mengen Θ_0 und Θ_1. Er wird dadurch verständlich, dass die Entscheidungen für H_0 oder für H_1 in einer gegebenen Situation unterschiedliche Konsequenzen haben können (siehe hierzu Abschnitt 29.3).

Aus denselben Überlegungen heraus nennt man die Menge $\mathcal{K}_1$ des Stichprobenraums $\mathcal{X}$ den *kritischen Bereich* und die Menge $\mathcal{K}_0$ den *Annahmebereich* des Tests. Hinsichtlich der Entscheidung des Tests aufgrund einer Realisierung x von X sind folgende Sprechweisen üblich:

- Im Fall $x \in \mathcal{K}_1$, d.h. einer Entscheidung für H_1 , sagt man
  die Hypothese H_0 wird verworfen
  bzw. **die Beobachtung x steht im Widerspruch zu H_0.**

- Im Fall $x \in \mathcal{K}_0$, d.h. einer Entscheidung für H_0 , sagt man
  die Hypothese H_0 wird nicht verworfen
  bzw. **die Beobachtung x steht nicht im Widerspruch zu H_0.**

Hat etwa die *tea tasting lady* aus Beispiel 29.1 bei 20 Tassen–Paaren und dem gewählten kritischen Bereich $\mathcal{K}_1 = \{14, 15, \ldots, 20\}$ stolze 15 mal die richtige Ein-gießreihenfolge erkannt, so würden wir anhand dieses Ergebnisses die Hypothese $H_0 : p = 1/2$ verwerfen und das erhaltene Resultat von 15 Treffern als im Wider-spruch zur Annahme blinden Ratens ansehen.

Ist $\vartheta \in \Theta_0$, und wird die Entscheidung „H_1 gilt" gefällt, so spricht man von einem *Fehler erster Art*. Ein *Fehler zweiter Art* entsteht, wenn $\vartheta \in \Theta_1$ ist und für „H_0 gilt" entschieden wird.

		„Wirklichkeit"	
		$\vartheta \in \Theta_0$	$\vartheta \in \Theta_1$
Ent- schei- dung	H_0 gilt	richtige Entscheidung	Fehler 2. Art
	H_1 gilt	Fehler 1. Art	richtige Entscheidung

Tabelle 29.1 Wirkungstabelle eines Tests

Die unterschiedlichen Möglichkeiten sind in der *Wirkungstabelle des Tests* (Ta-belle 29.1) veranschaulicht. Der Ausdruck „Wirklichkeit" unterstellt, dass wir an die Angemessenheit des Modell–Rahmens $\{P_\vartheta : \vartheta \in \Theta\}$ für eine vorliegende Si-tuation glauben. Dies bedeutet, dass wir die Existenz eines nur „Meister Zufall" bekannten „wahren" Parameters $\vartheta \in \Theta$ annehmen, welcher über das W–Maß P_ϑ das Auftreten der Daten im Stichprobenraum $\mathcal{X}$ steuert.

Im Beispiel der *tea tasting lady* begeht man einen Fehler erster Art, falls man ihr Fähigkeiten attestiert, die nicht vorhanden sind. Einem Fehler zweiter Art entspricht die Nichtanerkennung einer tatsächlich existierenden Begabung.

Da die vorliegenden Daten (Realisierungen der Zufallsvariablen X) im allgemei-nen sowohl von einer Verteilung P_ϑ mit $\vartheta \in \Theta_0$ als auch von einer Verteilung P_ϑ mit $\vartheta \in \Theta_1$ erzeugt worden sein können und da der wahre zugrundeliegende Parameter nicht bekannt ist, sind Fehler erster und zweiter Art unvermeidbar. Unser Ziel kann offenbar nur sein, **Wahrscheinlichkeiten für Fehlentschei-dungen** durch „vernünftige" Wahl eines Tests, d.h. durch adäquate Festlegung eines kritischen Bereichs $\mathcal{K}_1$, klein zu halten.

Man nennt die durch

$$g : \begin{cases} \Theta & \longrightarrow & [0,1] \\ \vartheta & \longmapsto & g(\vartheta) := P_\vartheta(X \in \mathcal{K}_1) \end{cases}$$

gegebene Funktion die *Gütefunktion* des zu $\mathcal{K}_1$ gehörenden Tests. Sie ist wie das Testverfahren selbst durch die Wahl von $\mathcal{K}_1$ bestimmt und ordnet jedem Parameterwert ϑ die *Verwerfungswahrscheinlichkeit der Hypothese H_0 unter P_ϑ* zu.

Bild 29.1 zeigt die Gütefunktion $g_{20,14}$ des mit dem kritischen Bereich $\mathcal{K}_1 := \{14, 15, \ldots, 20\}$ und 20 Tassen–Paaren operierenden Tests im Beispiel der *tea tasting lady*. Im rechten Bild 29.1 ist zusätzlich die Gütefunktion $g_{40,26}$ des auf 40 Tassen–Paaren basierenden Tests mit dem kritischen Bereich $\mathcal{K}_1 := \{26, 27, \ldots, 40\}$ dargestellt.

Um die Wahrscheinlichkeit einer falschen Entscheidung möglichst klein zu halten, ist eine Gütefunktion g mit „kleinen" Werten auf Θ_0 (Idealfall: $g(\vartheta) = 0$ für jedes $\vartheta \in \Theta_0$) und „großen" Werten auf Θ_1 (Idealfall: $g(\vartheta) = 1$ für jedes $\vartheta \in \Theta_1$) wünschenswert. Die Gütefunktionen der *trivialen Tests* mit den kritischen Bereichen $\mathcal{K}_1 = \mathcal{X}$ (dieser Test lehnt H_0 ohne Ansehen der Daten immer ab) bzw. $\mathcal{K}_1 = \emptyset$ (dieser Test erhebt ohne Ansehen der Daten nie einen Widerspruch gegen H_0) sind identisch 1 bzw. identisch 0, so dass diese Tests jeweils die eine „Hälfte des Idealfalls" darstellen, für die „andere Hälfte" jedoch schlechtestmöglich sind. Angesichts der Unvermeidbarkeit von Fehlentscheidungen hat sich zur Konstruktion „vernünftiger Tests" die folgende Vorgehensweise eingebürgert:

Man gibt sich eine **obere Schranke** $\alpha \in (0,1)$ **für die Wahrscheinlichkeit des Fehlers erster Art** vor und betrachtet nur diejenigen Tests, welche die Bedingung

$$g(\vartheta) \le \alpha \qquad \text{für jedes } \vartheta \in \Theta_0 \tag{29.1}$$

erfüllen. Ein solcher Test heißt *(Signifikanz–)Test zum (Signifikanz–)Niveau* α oder *Niveau α-Test*. Dabei sind Werte von α im Bereich von 0.01 bis 0.1 üblich.

Durch die Beschränkung auf Tests zum Niveau α wird erreicht, dass die Hypothese H_0 im Fall ihrer Gültigkeit auf die Dauer (d.h. bei oftmaliger Durchführung unter unabhängigen gleichartigen Bedingungen) in höchstens $100 \cdot \alpha\%$ aller Fälle verworfen wird (vgl. das Schwache Gesetz großer Zahlen 26.3). Man beachte, dass bei dieser Vorgehensweise der Fehler 1. Art im Vergleich zum Fehler 2. Art als schwerwiegender erachtet wird und deshalb mittels (29.1) kontrolliert werden soll. Dementsprechend muss in einer praktischen Situation die Wahl von Hypothese und Alternative (diese sind **rein formal** austauschbar!) anhand sachlogischer Überlegungen erfolgen.

Zur Konstruktion eines „vernünftigen" Niveau α–Tests mit kritischem Bereich $\mathcal{K}_1$ für H_0 gegen H_1 ist es intuitiv naheliegend, $\mathcal{K}_1$ aus denjenigen Stichprobenwerten in $\mathcal{X}$ zu bilden, welche unter H_0 „am unwahrscheinlichsten" und somit „am wenigsten glaubhaft" sind. Dieser Gedanke lag bereits den Tests in Beispiel 29.1 zugrunde.

Führt ein Niveau α–Test für das Testproblem H_0 gegen H_1 bei kleinem α zur Ablehnung von H_0, so kann man „praktisch sicher sein", dass H_0 nicht gilt (andernfalls hätte sich diese Testentscheidung nur mit einer Wahrscheinlichkeit von höchstens α eingestellt). Hier sind auch die Sprechweisen *die Ablehnung von H_0 ist signifikant zum Niveau α* bzw. *die Daten stehen auf dem $\alpha \cdot 100$ %–Niveau im Widerspruch zu H_0* üblich. Der Wert $1 - \alpha$ wird häufig als die *statistische Sicherheit* des Urteils „Ablehnung von H_0" bezeichnet.

Ergibt die Durchführung des Tests hingegen das Resultat „H_0 wird nicht verworfen", so bedeutet dies nur, dass die vorliegende Beobachtung x bei einer zugelassenen Irrtumswahrscheinlichkeit α für einen Fehler erster Art nicht im Widerspruch zu H_0 steht. Formulierungen wie „H_0 ist verifiziert" oder „H_0 ist validiert" sind hier völlig fehl am Platze. Sie suggerieren, dass man im Falle des Nicht–Verwerfens von H_0 die Gültigkeit von H_0 „bewiesen" hätte, was jedoch blanker Unsinn ist!

Die Wahl des Testniveaus α hängt davon ab, welcher Prozentsatz fälschlicher Ablehnungen der Hypothese H_0 toleriert werden soll. Je kleiner α ist, desto bedeutungsvoller (signifikanter) stellt sich im Fall einer Ablehnung von H_0 der erhaltene Widerspruch zu H_0 dar. **Ein kleiner Wert von α dient also der Sicherung der Alternative**. Tatsächlich werden die meisten Tests in der Hoffnung auf eine signifikante Ablehnung einer Hypothese durchgeführt.

Die Wahrscheinlichkeit für den Fehler zweiter Art eines Tests zum Niveau α hängt immer von der zugrundeliegenden Verteilung P_ϑ mit $\vartheta \in \Theta_1$ ab. Diesen Effekt haben wir schon im Beispiel der *tea tasting lady* anhand der Gestalt der Gütefunktionen in Bild 29.1 beobachtet. Bild 29.1 verdeutlicht auch den anschaulich einsichtigen Sachverhalt, dass die Wahrscheinlichkeit für einen Fehler zweiter Art prinzipiell umso kleiner wird, je „weiter der tatsächlich zugrundeliegende Modellparameter ϑ von dem Modellparameter oder den Modellparametern unter H_0 entfernt liegt".

29.3 Ein– und zweiseitiger Binomialtest

Dieser Abschnitt schließt an das Beispiel der *tea tasting lady* an. Die im folgenden geschilderte Situation spiegelt eine gängige Fragestellung der medizinischen und der biologischen Statistik wider; sie verdeutlicht die unterschiedlichen Konsequenzen der beiden möglichen Fehlerarten bei Testproblemen.

Aufgrund langjähriger Erfahrungen ist bekannt, dass eine Standard–Therapie zur Behandlung einer bestimmten Krankheit eine Erfolgsquote von nur 50% besitzt[1]. Eine Forschergruppe aus Medizinern, Biologen und Pharmakologen hat deshalb eine neue Therapie entwickelt, welche erstmals an einer Zufallsstichprobe von n Patienten aus der großen „Population" aller an dieser Krankheit leidenden Menschen erprobt werden soll.

In einem **stark vereinfachenden** stochastischen Modell (vgl. die Fußnote) beschreiben wir die Anzahl der Therapie–Erfolge unter n Patienten als Zufallsvariable S_n mit der Binomialverteilung $Bin(n, p)$, wobei $p \in (0, 1) =: \Theta$ die unbekannte Erfolgswahrscheinlichkeit bezeichne. Dabei ist zwischen den beiden Hypothesen $p \leq 1/2$ und $p > 1/2$ zu unterscheiden. Mögliche Fehlentscheidungen sind hier

a) die Behauptung der Überlegenheit der neuen Therapie ($p > 1/2$), obwohl diese in Wirklichkeit nicht besser ist als die Standard–Therapie ($p \leq 1/2$),

b) das Nichtvertreten einer wahren Forschungshypothese („Nichterkennen" eines Wertes p mit $p > 1/2$).

Da die öffentliche Vertretung einer in Wahrheit falschen Forschungshypothese wissenschaftlich als besonders verwerflich gilt und deshalb zu vermeiden ist, entspricht hier Fall a) dem Fehler erster Art. Wir testen somit die Hypothese $H_0 : p \leq 1/2$ (d.h. $\Theta_0 = (0, 1/2]$) gegen die Alternative $H_1 : p > 1/2$ (d.h. $\Theta_1 = (1/2, 1)$). Man beachte, dass im Gegensatz zum Beispiel der *tea tasting lady* diese Menge Θ_0 aus mehreren Werten besteht, dass also eine zusammengesetzte Hypothese zu testen ist.

Wie im Beispiel der *tea tasting lady* wählen wir den kritischen Bereich im Stichprobenraum $\mathcal{X} = \{0, 1, \ldots, n\}$ in der Form $\mathcal{K}_1 = \{k, k+1, \ldots, n\}$, verwerfen also die Hypothese H_0, falls „zu viele" Treffer aufgetreten sind. Zur Festlegung von $\mathcal{K}_1$ in Abhängigkeit einer vorgegebenen Wahrscheinlichkeit α für den Fehler erster Art müssen wir k so bestimmen, dass die Ungleichung

$$g_{n,k}(p) = P_p(S_n \geq k) = \sum_{j=k}^{n} \binom{n}{j} \cdot p^j \cdot (1-p)^{n-j} \leq \alpha$$

für jedes $p \in \Theta_0$, d.h. für jedes p mit $0 < p \leq 1/2$ erfüllt ist. Da die Überschreitungswahrscheinlichkeit $g_{n,k}(p)$ streng monoton in p wächst (vgl. (28.35)), ist obige Forderung gleichbedeutend mit der Gültigkeit der Ungleichung

---

[1] Der wie auch immer medizinisch zu definierende „Heilerfolg einer Therapie" zur Behandlung einer bestimmten Krankheit hängt von vielen Faktoren wie z.B. Alter, Geschlecht, Übergewicht, Vorerkrankungen, Rauch- und Trinkgewohnheiten usw. ab. Aus diesem Grunde werden Patienten bei klinischen Studien i.a. nach Geschlechtern getrennt und in Altersgruppen eingeteilt, um möglichst homogene Patientengruppen zu erhalten. Die Annahme einer gleichen Heilwahrscheinlichkeit ist dann u.U. innerhalb einer solchen Gruppe gerechtfertigt.

$$g_{n,k}(1/2) \;=\; \left(\frac{1}{2}\right)^{n} \cdot \sum_{j=k}^{n} \binom{n}{j} \;\leq\; \alpha \,.$$

Um die zugelassene Wahrscheinlichkeit α für einen Fehler erster Art weitestgehend auszuschöpfen, wählen wir den kritischen Wert k möglichst klein und setzen

$$k = k(n,\alpha) := \min \left\{ l \in \{0,1,\ldots,n\} : \left(\frac{1}{2}\right)^{n} \cdot \sum_{j=l}^{n} \binom{n}{j} \leq \alpha \right\} . \qquad (29.2)$$

Bei sehr kleinem α kann es vorkommen, dass die Ungleichung $2^{-n} \sum_{j=l}^{n} \binom{n}{j} \leq \alpha$ für kein $l \in \{0,1,\ldots,n\}$ erfüllt ist. Dann werden k als Minimum der leeren Menge formal gleich Unendlich gesetzt und der kritische Bereich als die leere Menge $\emptyset$ definiert. Der resultierende Test lehnt also H_0 in keinem Fall ab.

Anschaulich bedeutet die Konstruktion (29.2), dass wir beim Stabdiagramm der Binomialverteilung $Bin\,(n,1/2)$ „von rechts kommend" solange sukzessive Wahrscheinlichkeitsmasse für den kritischen Bereich auszeichnen, wie die Summe der Wahrscheinlichkeiten (Stäbchenlängen) das Testniveau α nicht überschreitet.

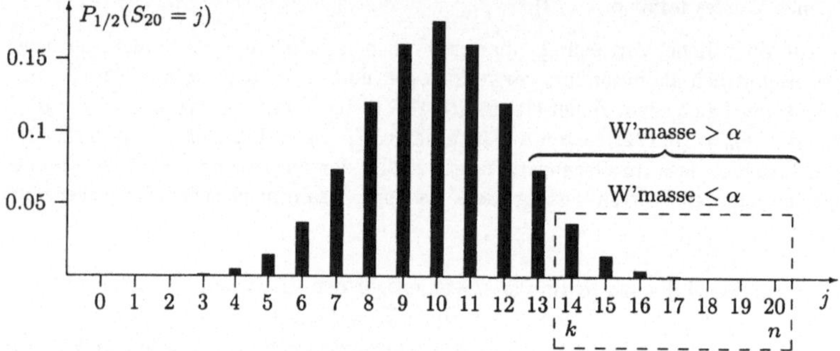

Bild 29.2 Kritischer Wert $k = 14$ im Fall $n = 20$ und $\alpha = 0.1$

Für das Zahlenbeispiel $n = 20$ und $\alpha = 0.1$ ergibt sich wegen

$$\left(\frac{1}{2}\right)^{20} \cdot \sum_{j=14}^{20} \binom{20}{j} \;\approx\; 0.0577 \leq 0.1 \qquad (29.3)$$

$$\left(\frac{1}{2}\right)^{20} \cdot \sum_{j=13}^{20} \binom{20}{j} \;\approx\; 0.1316 > 0.1 \qquad (29.4)$$

der kritische Wert $k = 14$ (siehe Bild 29.2). Die Testvorschrift lautet also:

- Lehne H_0 ab (d.h. behaupte, die neue Therapie sei auf dem 10%–Niveau signifikant besser als die Standardtherapie), falls von 20 Patienten mindestens 14 geheilt werden.

- Andernfalls wird kein Widerspruch zu H_0 erhoben und somit die Forschungshypothese der Überlegenheit der neuen Therapie nicht vertreten.

Da die Forschergruppe nur ein Interesse an der neuen Therapiemethode hat, wenn diese besser als die Standard–Methode ist, wurde die Alternative **einseitig nach oben**, d.h. in der Form $H_1 : p > 1/2$, formuliert. Allgemeiner kann in der Situation einer Bernoulli–Kette mit unbekannter Trefferwahrscheinlichkeit p die Hypothese $H_0 : p \leq p_0$ gegen die *einseitige Alternative* $H_1 : p > p_0$ getestet werden. Der Test, welcher H_0 für „zu große Werte" der Trefferanzahl S_n ablehnt, heißt *einseitiger Binomialtest*. Eine wichtige Frage im Zusammenhang mit diesem Test ist die Planung des Versuchsumfangs n zur „Erkennung eines relevanten Unterschiedes zu p_0"; sie wird in Abschnitt 29.6 behandelt.

Im Gegensatz zum einseitigen Binomialtest spricht man von einem *zweiseitigen Binomialtest*, wenn eine einfache Hypothese der Form $H_0 : p = p_0$ gegen die (zusammengesetzte) *zweiseitige Alternative* $H_1 : p \neq p_0$ geprüft werden soll. Ein klassisches Beispiel hierfür ist die Frage, ob Jungen– und Mädchengeburten gleichwahrscheinlich sind ($p_0 = 1/2$).

Da im Vergleich zu der unter $H_0 : p = p_0$ zu erwartenden Anzahl von Treffern sowohl zu viele als auch zu wenige Treffer für die Gültigkeit der Alternative sprechen, verwendet man beim zweiseitigen Binomialtest einen *zweiseitigen kritischen Bereich*, d.h. eine Teilmenge $\mathcal{K}_1$ des Stichprobenraumes $\{0, 1, \ldots, n\}$ der Form $\mathcal{K}_1 = \{0, 1, \ldots, l\} \cup \{k, k+1, \ldots, n\}$ mit $l < k$. Die Hypothese $H_0 : p = p_0$ wird abgelehnt, wenn **höchstens l oder mindestens k Treffer** aufgetreten sind.

Im wichtigsten Spezialfall $p_0 = 1/2$ besitzt die zufällige Trefferanzahl S_n unter H_0 die symmetrische Binomialverteilung $Bin(n, 1/2)$ (vgl. Bild 29.3 rechts). Es ist dann naheliegend, auch den kritischen Bereich symmetrisch zum Erwartungswert $n/2$ zu konstruieren und $l := n - k$ zu wählen. Dieser Test hat die Gütefunktion

$$\bar{g}_{n,k}(p) \;=\; \sum_{j=k}^{n} \binom{n}{j} p^j (1-p)^{n-j} \;+\; \sum_{j=0}^{l} \binom{n}{j} p^j (1-p)^{n-j} \,,$$

und seine Wahrscheinlichkeit für den Fehler erster Art ist

$$\bar{g}_{n,k}(1/2) \;=\; 2 \cdot \left(\frac{1}{2}\right)^n \cdot \sum_{j=k}^{n} \binom{n}{j} \,.$$

Die Bestimmung des kleinsten Wertes k mit der Eigenschaft $\bar{g}_{n,k}(1/2) \leq \alpha$ erfolgt dadurch, dass beim Stabdiagramm der Verteilung $Bin(n, 1/2)$ solange „von **beiden** Seiten her kommend" Wahrscheinlichkeitsmasse für den kritischen Bereich ausgezeichnet wird, wie auf jeder Seite der Wert $\alpha/2$ nicht überschritten wird (siehe Bild 29.3 rechts). Im Zahlenbeispiel $n = 20$, $\alpha = 0.1$ ergibt sich der Wert $k = 15$. Bild 29.3 links zeigt die Gütefunktion zu diesem Test.

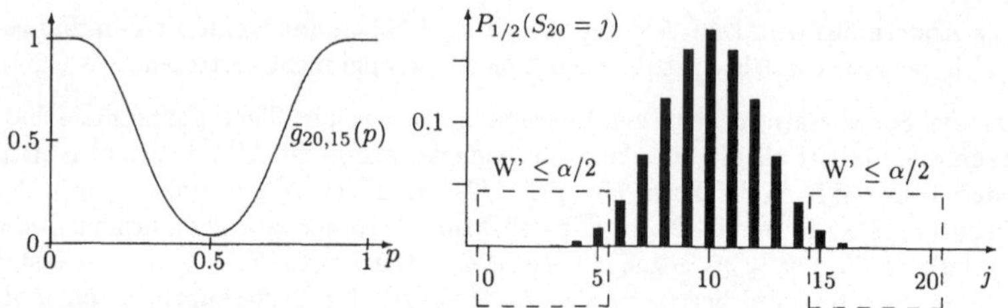

Bild 29.3 Gütefunktion und kritischer Bereich beim zweiseitigen Binomialtest

29.4 Der p–Wert

Im Gegensatz zur bisher vorgestellten Methode, bei einem Testproblem einen Höchstwert α für die Wahrscheinlichkeit des Fehlers erster Art festzulegen und daraufhin den kritischen Bereich zu wählen, ist es gängige Praxis, aus den Daten, d.h. aus einer Realisierung x der Zufallsvariablen X, einen sogenannten p–Wert $p^*(x)$ auszurechnen und die Signifikanz des erhaltenen Resultates anhand dieses Wertes zu beurteilen. Der p–Wert $p^*(x)$ zur Beobachtung x ist die kleinste Zahl α, für welche die Wahl von α als Testniveau gerade noch zur Ablehnung von H_0 führt.

Im Beispiel des einseitigen Binomialtests, d.h. $H_0 : p \le p_0$ gegen $H_1 : p > p_0$, sind die sinnvollen kritischen Bereiche von der Gestalt $\{k, k+1, \ldots, n\}$. Es seien l Treffer in n Versuchen beobachtet worden, d.h. die Zufallsvariable $X := S_n$ habe den Wert $x := l$ angenommen. Zur Bestimmung des p–Wertes $p^*(l)$ betrachten wir alle möglichen kritischen Bereiche $\{k, k+1, \ldots, n\}$ mit $k \in \{n, n-1, \ldots, 1, 0\}$, die das Resultat l enthalten, deren zugehöriger Test also zur Ablehnung von H_0 führt. Der kleinste dieser Bereiche ist die Menge $\mathcal{C}_l := \{l, l+1, \ldots, n\}$. Wählen wir das Testniveau

$$\alpha^* \; := \; P_{p_0}(\mathcal{C}_l) \; = \; P_{p_0}(S_n \ge l) \; = \; \max_{0 < p \le p_0} P_p(S_n \ge l) \, ,$$

so entscheiden wir uns im Fall der Beobachtung l „gerade noch" für die Alternative H_1. Da bei Wahl eines kleineren Testniveaus die Beobachtung l nicht mehr im zugehörigen kritischen Bereich läge, ist im Fall des einseitigen Binomialtests der p–Wert $p^*(l)$ zur beobachteten Trefferanzahl l durch

$$p^*(l) \; := \; \alpha^* \; = \; P_{p_0}(S_n \ge l) \; = \; \sum_{j=l}^{n} \binom{n}{j} \cdot p_0^j \cdot (1 - p_0)^{n-j} \tag{29.5}$$

gegeben. Hat etwa die Forschergruppe aus 29.3 unter $n = 20$ Patienten $l = 14$ mal einen Heilerfolg beobachtet, so ist der p–Wert dieser Beobachtung gleich $p^*(14) = 2^{-20} \cdot \sum_{j=14}^{20} \binom{20}{j} \approx 0.0577$ (vgl. (29.3)).

Im Falle des zweiseitigen Binomialtests betrachten wir nur den Fall der Hypothese $H_0 : p = 1/2$ gegen die Alternative $H_1 : p \neq 1/2$. Wie oben ergibt sich der p–Wert des Resultates „l Treffer in n Versuchen" zu

$$\bar{p}^*(l) \; := \; \begin{cases} \quad\quad 1, & \text{falls} \quad l = n/2 \\ 2 \cdot P_{1/2}(S_n \leq l), & \text{falls} \quad l < n/2 \\ 2 \cdot P_{1/2}(S_n \geq l), & \text{falls} \quad l > n/2. \end{cases}$$

Die von Statistik–Programmpaketen üblicherweise berechneten p–Werte liefern sofort eine Entscheidungsanweisung für jemanden, der sich einen Höchstwert α für die Wahrscheinlichkeit des Fehlers erster Art vorgegeben hat:

Gilt $\alpha \leq p^*(x)$, so erhebe keine Einwände gegen H_0,

Gilt $\alpha > p^*(x)$, so erhebe einen Widerspruch zu H_0 .

Problematisch an der Verwendung von p–Werten ist u.a., dass sie leicht missverstanden werden. So wäre es ein großer Irrtum zu glauben, dass etwa im Falle $p^*(x) = 0.017$ die Hypothese H_0 „mit der Wahrscheinlichkeit 0.017 richtig sei".

29.5 Konfidenzbereich oder Test?

Tests werden häufig auch dann durchgeführt, wenn die vorliegende Fragestellung in natürlicher Weise auf einen Konfidenzbereich führt. So möchte die Forschergruppe aus Abschnitt 29.3 eigentlich nur die unbekannte Erfolgswahrscheinlichkeit p der neuentwickelten Therapie „statistisch nach unten absichern", d.h. mit einer „großen Gewissheit" behaupten, p sei mindestens gleich einem Wert p_u. Falls dieser Wert p_u größer als $1/2$ ist, kann dann mit der gleichen „Gewissheit" gefolgert werden, dass die neue Therapie der Standard–Heilmethode überlegen ist.

Für eine Lösung dieses Problems ohne Testtheorie konstruieren wir wie in Abschnitt 28.6 anhand der Daten, d.h. anhand von k Therapie–Erfolgen bei n Patienten, eine untere Vertrauensgrenze $p_u(k)$ zur Vertrauenswahrscheinlichkeit $1 - \alpha$. Nach (28.24) gilt dann die **Wahrscheinlichkeitsaussage**

$$P_p(p_u(S_n) \leq p) \; \geq \; 1 - \alpha \quad \text{für jedes} \quad p \in (0, 1) \, , \tag{29.6}$$

welche gerade die gewünschte „statistische Absicherung nach unten" liefert: Mit einer Sicherheitswahrscheinlichkeit von mindestens $1 - \alpha$ schließt das zufällige Intervall $(p_u(S_n), 1)$ das unbekannte p ein. Haben wir also etwa in $n = 50$ Versuchen $k = 34$ Treffer und 16 Nieten beobachtet, so ist für die Wahl $\alpha = 0.025$ der Wert 0.467 die konkrete obere Vertrauensgrenze für die „Nieten–Wahrscheinlichkeit" $1 - p$ (vgl. Tabelle 28.1) und somit 0.533 (=1-0.467) die konkrete untere Vertrauensgrenze für die Trefferwahrscheinlichkeit p. Wegen $0.533 > 1/2$ kann die Forschergruppe bei 34 Therapie–Erfolgen unter 50 Patienten mit der statistischen Sicherheit von 97.5% die Überlegenheit der neuen Therapie ($p > 1/2$) behaupten. Die Interpretation dieser Aussage hat dabei wie im Anschluss an (28.16) zu erfolgen.

Wir wollen am Beispiel des einseitigen Binomialtests, d.h. des Problems der Prüfung der Hypothese $H_0 : p \leq p_0$ gegen die Alternative $H_1 : p > p_0$, auch einen allgemeinen Zusammenhang zwischen Konfidenzbereichen und Tests verdeutlichen: Ist $p_u(S_n)$ eine untere Vertrauensgrenze für p zur Vertrauenswahrscheinlichkeit $1 - \alpha$, d.h. ist (29.6) erfüllt, so liefert folgendes Verfahren einen Test für H_0 gegen H_1 zum Niveau α: Lehne H_0 bei einer beobachteten Realisierung k von S_n genau dann ab, wenn $p_0 < p_u(k)$ gilt, d.h. wenn die zur Hypothese H_0 gehörenden Parameterwerte nicht im Konfidenzintervall $[p_u(k), 1]$ liegen. Der kritische Bereich dieses Tests ist also die Menge $\mathcal{K}_1 := \{k : p_0 < p_u(k)\}$. Da für jedes p mit $p \leq p_0$ wegen der Inklusion $\{p_u(S_n) > p_0\} \subseteq \{p_u(S_n) > p\}$ die Ungleichung

$$
\begin{aligned}
P_p(S_n \in \mathcal{K}_1) &= P_p(p_0 < p_u(S_n)) \leq P_p(p < p_u(S_n)) \\
&= 1 - P_p(p_u(S_n) \leq p) \leq \alpha
\end{aligned}
$$

erfüllt ist, besitzt dieser Test das Niveau α. Ein analoger Zusammenhang besteht zwischen einem zweiseitigen Konfidenzbereich für p und dem zweiseitigen Binomialtest.

29.6 Planung des Stichprobenumfangs

Im Beispiel der *tea tasting lady* haben wir gesehen, dass bei Beibehaltung des Fehlers erster Art ein Vergrößerung der Versuchsanzahl n die Wahrscheinlichkeit für den Fehler zweiter Art verkleinert. Dort ergab sich z.B. für den mit $n = 40$ Versuchen und dem kritischen Wert $k = 26$ operierenden Test an der Stelle $p = 0.7$ (d.h. für den Fall, dass die wahre Trefferwahrscheinlichkeit 0.7 ist) eine Wahrscheinlichkeit für den Fehler zweiter Art von weniger als 0.2. Die entsprechende Wahrscheinlichkeit für den auf nur 20 Versuchen basierenden Test ist mit $1 - g_{20,14}(0.7) \approx 0.392$ wesentlich größer (siehe Bild 29.1).

Um das Problem der Planung des Stichprobenumfanges zur „Aufdeckung eines relevanten Unterschiedes" zu verdeutlichen, versetzen wir uns in die Situation der Forschergruppe aus Abschnitt 29.3. Diese Gruppe sieht einen möglichen Qualitätsunterschied zwischen ihrer neuen Methode (Erfolgswahrscheinlichkeit p) und der Standard–Therapie (bekannte Erfolgswahrscheinlichkeit 0.5) als *relevant* an, wenn die Erfolgswahrscheinlichkeit der neuen Methode mindestens 0.6 beträgt. Der Sprecher dieser Gruppe wendet sich an einen Statistiker und stellt ihm folgende Frage: „Wie viele Patienten müssen behandelt werden (wie groß muss n sein), damit ein Test zum Niveau $\alpha = 0.1$ für $H_0 : p \leq 1/2$ gegen $H_1 : p > 1/2$ mit der Mindestwahrscheinlichkeit $\gamma = 0.9$ die richtige Antwort „H_1 trifft zu" gibt, d.h. nur mit der kleinen Wahrscheinlichkeit $1 - \gamma = 0.1$ ein Fehler zweiter Art auftritt, wenn der Qualitätsunterschied zwischen neuer und Standard–Therapie tatsächlich relevant ist, also p mindestens 0.6 ist?"

In einem etwas allgemeineren Rahmen lässt sich dieses **Problem der Kontrolle der Wahrscheinlichkeit für einen Fehler zweiter Art bei gegebenem Testniveau** wir folgt formulieren: In einer Bernoulli–Kette mit unbekannter Trefferwahrscheinlichkeit p soll die Hypothese $H_0 : p \leq p_0$ gegen die Alternative $H_1 : p > p_0$ getestet werden, wobei $p_0 \in (0,1)$ vorgegeben ist. Ein Wert $p > p_0$ wird als *relevanter Unterschied zu* p_0 angesehen, wenn p mindestens gleich einem gegebenen Wert $p_1 > p_0$ ist (in obigem Beispiel sind $p_0 = 0.5$ und $p_1 = 0.6$). Wie groß muss n mindestens sein, damit ein Niveau α–Test von H_0 gegen H_1 mit einer Mindestwahrscheinlichkeit $\gamma \in (\alpha, 1)$ die richtige Antwort „H_1 trifft zu" gibt, wenn die zugrundeliegende Trefferwahrscheinlichkeit p tatsächlich relevant, also mindestens p_1 ist?

Im folgenden leiten wir mit Hilfe des ZGWS von de Moivre–Laplace eine Näherungsformel für den von α, γ, p_0 und p_1 abhängenden Mindeststichprobenumfang n_{min} her. Bezeichnet wie bisher S_n die in n Versuchen erzielte Trefferanzahl, so würde man auch die im Vergleich zu „$p \leq 1/2$" allgemeinere Hypothese „$p \leq p_0$" ablehnen, falls S_n einen kritischen Wert k_n erreicht (die Indizierung mit n soll die Abhängigkeit dieses Wertes von der Versuchsanzahl betonen). Dabei erfolgt die Festlegung von k_n über die „Niveau α–Bedingung"

$$P_{p_0}(S_n \geq k_n) \leq \alpha, \tag{29.7}$$

wobei α möglichst erreicht werden sollte, um die Wahrscheinlichkeit für den Fehler zweiter Art zu verkleinern. Setzen wir

$$k_n := n \cdot p_0 + \sqrt{np_0(1-p_0)} \cdot \Phi^{-1}(1-\alpha), \tag{29.8}$$

so liefert der ZGWS von de Moivre–Laplace

$$
\begin{aligned}
\lim_{n\to\infty} P_{p_0}(S_n \geq k_n) &= \lim_{n\to\infty} P_{p_0}\left(\frac{S_n - np_0}{\sqrt{np_0(1-p_0)}} \geq \frac{k_n - np_0}{\sqrt{np_0(1-p_0)}} \right) \\
&= 1 - \Phi\left(\Phi^{-1}(1-\alpha)\right) \\
&= \alpha.
\end{aligned}
$$

In Anbetracht der monotonen Abhängigkeit der Überschreitungswahrscheinlichkeit $P_p(S_n \geq k_n)$ von p haben wir also mit der Festlegung des kritischen Wertes durch (29.8) einen Test erhalten, welcher für praktische Zwecke bei großem n das approximative Niveau α besitzt. Im übrigen ändert es nichts an obiger Grenzwertaussage, wenn wir k_n durch seinen ganzzahligen Anteil $[k_n]$ ersetzen.

Da die geforderte Ungleichung

$$P_p(S_n \geq k_n) \geq \gamma \qquad \text{für jedes} \quad p \geq p_1$$

(wiederum aufgrund der Monotonie der Überschreitungswahrscheinlichkeit) aus der Gleichung $\gamma = P_{p_1}(S_n \geq k_n)$ mit k_n wie in (29.8) folgt, erhalten wir nach Standardisierung

$$\gamma = P_{p_1}\left(\frac{S_n - np_1}{\sqrt{np_1(1-p_1)}} \geq \frac{\sqrt{n}(p_0 - p_1) + \sqrt{p_0(1-p_0)} \cdot \Phi^{-1}(1-\alpha)}{\sqrt{p_1(1-p_1)}}\right)$$

und somit (vgl. (27.18))

$$\gamma \approx 1 - \Phi\left(\Phi^{-1}(1-\alpha)\sqrt{\frac{p_0(1-p_0)}{p_1(1-p_1)}} + \sqrt{n}\frac{p_0 - p_1}{\sqrt{p_1(1-p_1)}}\right).$$

Auflösung dieser Approximation nach n liefert die gesuchte Näherungsformel

$$n_{min} \approx \frac{p_1(1-p_1)}{(p_0-p_1)^2} \cdot \left[\Phi^{-1}(1-\gamma) - \Phi^{-1}(1-\alpha) \cdot \sqrt{\frac{p_0(1-p_0)}{p_1(1-p_1]}}\right]^2. \qquad (29.9)$$

Als Zahlenbeispiel betrachten wir die Frage der Forschergruppe ($p_0 = 0.5$, $p_1 = 0.6$, $\alpha = 0.1$, $\gamma = 0.9$). Mit $\Phi^{-1}(0.1) = -\Phi^{-1}(0.9) = -1.282$ (vgl. Tabelle 28.2) liefert (29.9) den Näherungswert $n_{min} \approx 161$, wobei auf die nächstkleinere ganze Zahl gerundet wurde. Es sollten also ca. 160 Patienten behandelt werden, damit eine wahre Heilrate von (mindestens) 60 % mit der Wahrscheinlichkeit 0.9 „erkannt wird." Die Güte der Näherungsformel (29.9) erkennt man daran, dass der mit Hilfe des Computer–Algebra–Systems MAPLE berechnete exakte Wert des benötigten Stichprobenumfangs 163 beträgt.

29.7 Der Chi–Quadrat–Test

Der von Karl Pearson um die Jahrhundertwende entwickelte *Chi-Quadrat-Test* ist eines der ältesten Testverfahren der Statistik. In seiner einfachsten Form dient er der Prüfung der Verträglichkeit von beobachteten relativen Häufigkeiten mit hypothetischen Wahrscheinlichkeiten in einem multinomialen Versuchsschema.

Zur Präzisierung der Fragestellung betrachten wir wie in Abschnitt 19.7 n unbeeinflusst voneinander ablaufende gleichartige Versuche (Experimente) mit jeweils s möglichen Ausgängen $1, 2, \ldots, s$, welche wir wie früher Treffer 1. Art, $\ldots$, Treffer s-ter Art nennen. Beispiele solcher Experimente sind der Würfelwurf mit den Ergebnissen 1 bis 6 ($s = 6$), ein Keimungsversuch bei Samen mit den Ausgängen „normaler Keimling", „anormaler Keimling" und „fauler Keimling" ($s = 3$) oder die Ziehung der 6 Lottozahlen ($s = \binom{49}{6}$).

Bezeichnet p_j die Wahrscheinlichkeit für einen Treffer j-ter Art, so besitzt der Zufallsvektor $X := (X_1, \ldots, X_s)$ der einzelnen Trefferanzahlen nach (19.15) die Verteilung $Mult(n; p_1, \ldots, p_s)$. Der Stichprobenraum für X ist die Menge

$$\mathcal{X} := \{ \boldsymbol{k} = (k_1, \ldots, k_s) \in \mathbb{N}_0^s : k_1 + \ldots + k_s = n \}$$

aller möglichen Vektoren von Trefferanzahlen. Wir nehmen im folgenden an, dass die Wahrscheinlichkeiten $p_1, \ldots, p_s$ unbekannt sind. Unser Ziel ist die Aufstellung eines Tests der einfachen Hypothese

$$H_0 : p_j = \pi_j \quad \text{für jedes} \quad j = 1, \ldots, s$$

gegen die zusammengesetzte Alternative

$$H_1 : p_j \neq \pi_j \quad \text{für mindestens ein} \quad j \in \{1, \ldots, s\}.$$

Hierbei sind $\pi_1, \ldots, \pi_s$ vorgegebene positive Wahrscheinlichkeiten mit $\pi_1 + \ldots + \pi_s = 1$. Im Fall $s = 6$ und $\pi_j = 1/6$ $(j = 1, \ldots, 6)$ handelt es sich dabei um das Testen der Echtheit eines Würfels. Die Berechnung von Wahrscheinlichkeiten unter der Hypothese H_0 betonen wir durch die Schreibweise „$P_{\boldsymbol{\pi}}$". Ferner schreiben wir kurz

$$m_n(\boldsymbol{k}) := \frac{n!}{k_1! \cdot \ldots \cdot k_s!} \cdot \prod_{j=1}^{s} \pi_j^{k_j}, \qquad \boldsymbol{k} \in \mathcal{X}, \qquad (29.10)$$

für die Wahrscheinlichkeit, unter der Hypothese H_0 den Vektor $\boldsymbol{k} = (k_1, \ldots, k_s)$ zu beobachten.

Zur Konstruktion eines Tests für H_0 gegen H_1 liegt es nahe, diejenigen Daten $\boldsymbol{k}$ in den kritischen Bereich $\mathcal{K}_1 \subseteq \mathcal{X}$ aufzunehmen, welche unter H_0 am unwahrscheinlichsten sind, also die kleinsten Werte für $m_n(\boldsymbol{k})$ liefern.

Als Zahlenbeispiel betrachten wir den Fall $n = 4$, $s = 3$ und $\pi_1 = \pi_2 = 1/4$, $\pi_3 = 1/2$. Hier besteht der Stichprobenraum $\mathcal{X}$ aus 15 Tripeln, welche zusammen mit ihren nach aufsteigender Größe sortierten H_0-Wahrscheinlichkeiten in Tabelle 29.2 aufgelistet sind (die Bedeutung der letzten Spalte wird später erklärt). Nehmen wir die obersten 5 Tripel in Tabelle 29.2 in den kritischen Bereich auf, setzen wir also

$$\mathcal{K}_1 := \{ (k_1, k_2, k_3) \in \mathcal{X} : k_3 = 0 \},$$

so gilt $P_{\boldsymbol{\pi}}(\mathcal{K}_1) = (1 + 1 + 4 + 4 + 6)/256 = 0.0625$. Folglich besitzt dieser Test die Wahrscheinlichkeit von 0.0625 für den Fehler erster Art.

Prinzipiell ist diese Vorgehensweise auch für größere Werte von n und s möglich. Der damit verbundene Rechenaufwand steigt jedoch mit wachsendem n und s so rapide an, dass nach einer praktikableren Möglichkeit gesucht werden muss.

Die auf Karl Pearson zurückgehende Idee zur Konstruktion eines „überschaubaren" kritischen Bereiches für großes n besteht darin, die in (29.10) stehenden Wahrscheinlichkeiten durch „handhabbarere" Ausdrücke zu approximieren, und zwar in der gleichen Weise, wie wir dies in Kapitel 27 beim Beweis des Zentralen Grenzwertsatzes von De Moivre–Laplace getan haben. Setzen wir

(k_1, k_2, k_3)	$\dfrac{4!}{k_1!k_2!k_3!}$	$\displaystyle\prod_{j=1}^{3} \pi_j^{k_j}$	$m_4(\boldsymbol{k})$	$\chi_4^2(\boldsymbol{k})$
$(4, 0, 0)$	1	1/256	1/256	12
$(0, 4, 0)$	1	1/256	1/256	12
$(3, 1, 0)$	4	1/256	4/256	6
$(1, 3, 0)$	4	1/256	4/256	6
$(2, 2, 0)$	6	1/256	6/256	4
$(3, 0, 1)$	4	1/128	8/256	5.5
$(0, 3, 1)$	4	1/128	8/256	5.5
$(0, 0, 4)$	1	1/16	16/256	4
$(2, 1, 1)$	12	1/128	24/256	1.5
$(1, 2, 1)$	12	1/128	24/256	1.5
$(2, 0, 2)$	6	1/64	24/256	2
$(0, 2, 2)$	6	1/64	24/256	2
$(0, 1, 3)$	4	1/32	32/256	1.5
$(1, 0, 3)$	4	1/32	32/256	1.5
$(1, 1, 2)$	12	1/64	48/256	0

Tabelle 29.2 Der Größe nach sortierte H_0–Wahrscheinlichkeiten im Fall
$n = 4,\ \ s = 3,\ \ \pi_1 = \pi_2 = 1/4,\ \pi_3 = 1/2$.

$$f_n(\boldsymbol{k}) := \left[(2\pi)^{s-1} n^{s-1} \prod_{j=1}^{s} \pi_j \right]^{-1/2} \cdot \exp\left(-\frac{1}{2} \sum_{j=1}^{s} \frac{(k_j - n\pi_j)^2}{n\pi_j} \right) \tag{29.11}$$

und beachten die Darstellung

$$m_n(\boldsymbol{k}) = \frac{\prod_{j=1}^{s} \left(e^{-n\pi_j} \cdot \frac{(n\pi_j)^{k_j}}{k_j!} \right)}{e^{-n} \cdot \frac{n^n}{n!}}\,,$$

so liefert die aus der Stirling–Formel folgende Beziehung (vgl. [MOR], S. 59)

$$e^{-n\pi_j} \cdot \frac{(n\pi_j)^{k_j}}{k_j!} \ \sim\ \frac{1}{\sqrt{2\pi n\pi_j}} \cdot \exp\left(-\frac{(k_j - n\pi_j)^2}{2n\pi_j} \right)$$

beim Grenzübergang $n \to \infty$, $\min_{1 \le j \le s} k_j \to \infty$ die asymptotische Gleichheit

$$m_n(\boldsymbol{k}) \sim f_n(\boldsymbol{k}). \tag{29.12}$$

Da somit bei großem n **kleine Werte von $m_n(\boldsymbol{k})$ mit großen Werten der im Exponentialausdruck von (29.11) stehenden Summe**

$$\chi_n^2(k_1, \ldots, k_s) := \sum_{j=1}^{s} \frac{(k_j - n\pi_j)^2}{n\pi_j} \tag{29.13}$$

korrespondieren, ist es sinnvoll, den kritischen Bereich $\mathcal{K}_1$ durch

$$\mathcal{K}_1 := \left\{ k \in \mathcal{X} : \sum_{j=1}^{s} \frac{(k_j - n\pi_j)^2}{n\pi_j} \geq c \right\} \tag{29.14}$$

festzulegen, d.h. die Hypothese H_0 für „große" Werte von $\chi_n^2(k_1, \ldots, k_s)$ abzulehnen. Dabei ist der kritische Wert c aus der vorgegebenen Wahrscheinlichkeit α für den Fehler erster Art zu bestimmen.

Man beachte, dass die Korrepondenz zwischen kleinen Werten von $m_n(k)$ und großen Werten von $\chi_n^2(k)$ schon für den Stichprobenumfang $n = 4$ in den beiden letzten Spalten von Tabelle 29.2 deutlich sichtbar ist.

Die durch (29.13) definierte, auf Karl Pearson zurückgehende Funktion $\chi_n^2 : \mathcal{X} \to$ $\mathbb{R}$ heißt χ^2-*Testgröße* (sprich: *Chi-Quadrat*). Sie misst die Größe der Abweichung zwischen den beobachteten Trefferanzahlen k_j und den unter H_0 zu erwartenden Anzahlen $n \cdot \pi_j$ in einer ganz bestimmten Weise.

Zur Festlegung des kritischen Wertes c müssen wir das wahrscheinlichkeitstheoretische Verhalten der **Zufallsvariablen**

$$T_n := \sum_{j=1}^{s} \frac{(X_j - n\pi_j)^2}{n\pi_j} \tag{29.15}$$

unter der Hypothese H_0 kennen (die Realisierungen von T_n sind gerade die Werte $\chi_n^2(k_1, \ldots, k_s)$ aus (29.13)). Dies erscheint auf den ersten Blick hoffnungslos, da die Verteilung von T_n unter H_0 in komplizierter Weise von n und insbesondere von $\pi = (\pi_1, \ldots, \pi_s)$ abhängt. Interessanterweise gilt jedoch wegen $X_j \sim Bin(n, \pi_j)$ die Beziehung $E_{\pi}(X_j - n\pi_j)^2 = n\pi_j(1 - \pi_j)$ und somit

$$E_{\pi}(T_n) = \sum_{j=1}^{s} (1 - \pi_j) = s - 1.$$

Folglich hängt zumindest der Erwartungswert von T_n unter H_0 weder von n noch vom hypothetischen Wahrscheinlichkeitsvektor π ab.

Die entscheidende Entdeckung Karl Pearsons im Hinblick auf die Anwendbarkeit eines mit $\chi_n^2(k_1, \ldots, k_n)$ als Testgröße (*Prüfgröße*) operierenden Tests der Hypothese H_0 war, dass unabhängig von π die Überschreitungswahrscheinlichkeit $P_{\pi}(T_n \geq c)$ beim Grenzübergang $n \to \infty$ **gegen einen nur von c und von der Anzahl s der verschiedenen Trefferarten abhängenden Wert konvergiert**. Es gilt nämlich die Grenzwertaussage

$$\lim_{n \to \infty} P_{\pi}(T_n \geq c) = \int_c^{\infty} f_{s-1}(t) \, dt, \tag{29.16}$$

(siehe z.B. [KR1], S. 179), wobei für jedes $r \in \mathbb{N}$ die Funktion f_r durch

$$f_r(t) := \frac{1}{2^{r/2} \cdot \Gamma(r/2)} \cdot e^{-t/2} \cdot t^{r/2-1}, \quad t > 0, \tag{29.17}$$

und $f_r(t) := 0$ im Falle $t \le 0$ definiert ist. Dabei ist

$$\Gamma(r/2) := \begin{cases} (m-1)!, & \text{falls} \quad r = 2m \text{ mit } m \in \mathbb{N} \\ 2^{-m} \cdot \prod_{j=1}^{m}(2j-1) \cdot \sqrt{\pi}, & \text{falls} \quad r = 2m+1 \text{ mit } m \in \mathbb{N}_0. \end{cases}$$

Die Funktion f_r heißt *Dichte der χ^2-Verteilung mit r Freiheitsgraden* und ist in Bild 29.4 für die Werte $r = 5$ bzw. $r = 2, 4, 6$ dargestellt.

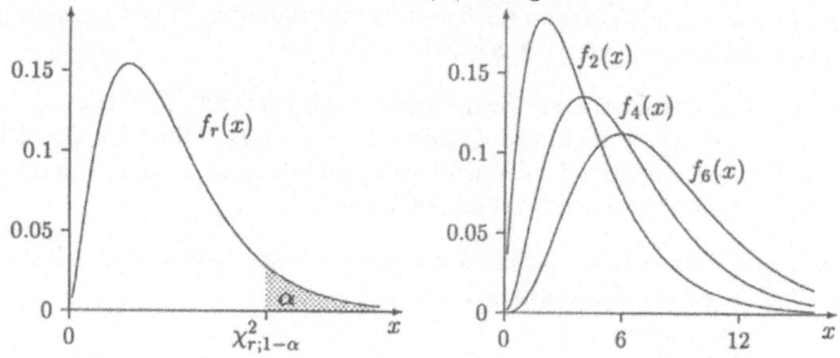

Bild 29.4 Dichten von Chi–Quadrat–Verteilungen

Aussage (29.16) zeigt, dass für ein vorgegebenes Testniveau α der kritische Wert c aus (29.14) bei großem n approximativ als Lösung der Gleichung

$$\int_c^{\infty} f_{s-1}(t)\, dt = \alpha \tag{29.18}$$

gwählt werden kann. Die eindeutig bestimmte Lösung c dieser Gleichung heißt $(1-\alpha)$-*Quantil* der χ^2-Verteilung mit $s-1$ Freiheitsgraden und wird mit $\chi^2_{s-1;1-\alpha}$ bezeichnet   (siehe Bild 29.4 links).

Der χ^2-Test zur Prüfung der Hypothese H_0 kann bei großem n (vgl. hierzu Bemerkung 29.9) so durchgeführt werden, dass zu einem vorgegebenen Niveau α zunächst der kritische Wert $c := \chi^2_{r-1;1-\alpha}$ aus Tabelle 29.3 ermittelt wird (man beachte, dass der Freiheitsgrad r gleich $s-1$ ist). Zu gegebenen Trefferanzahlen $k_1, \ldots, k_s$ berechnet man dann den Wert der Testgröße $\chi^2_n(k_1, \ldots, k_s)$ aus (29.13) und lehnt die Hypothese H_0 zum Niveau α ab, falls die Ungleichung $\chi^2_n(k_1, \ldots, k_s) \ge c$ erfüllt ist. Im Fall $\chi^2_n(k_1, \ldots, k_s) < c$ stehen die Daten nicht im Widerspruch zu H_0. Sollten Sie bei Benutzung eines Statistik–Software–Paketes den χ^2-Test durchführen und als Ergebnis den p–Wert $p^*(k)$ erhalten, so ist dieser als Fläche unter der Dichte f_{s-1} über dem Intervall $[\chi^2_n(k), \infty)$ zu interpretieren. Im Fall $p^*(k) < \alpha$ erfolgt dann eine Ablehnung von H_0 auf dem Niveau α.

			α			
r	0.1	0.05	0.025	0.01	0.005	0.001
1	2.71	3.84	5.02	6.63	7.88	10.83
2	4.61	5.99	7.38	9.21	10.60	13.82
3	6.25	7.81	9.35	11.34	12.84	16.27
4	7.78	9.49	11.14	13.28	14.86	18.47
5	9.24	11.07	12.83	15.09	16.75	20.51
6	10.64	12.59	14.45	16.81	18.55	22.46
7	12.02	14.07	16.01	18.48	20.28	24.32
8	13.36	15.51	17.53	20.09	21.95	26.12

Tabelle 29.3 $(1-\alpha)$-Quantile $\chi^2_{r;1-\alpha}$ der χ^2_r-Verteilung

29.8 Beispiel

Die Anzahl X von Merkmalsträgern in Familien mit je 4 Kindern ist unter bestimmten Annahmen $Bin(4, 3/4)$–verteilt, falls das Merkmal dem dominant–rezessiven Erbgang folgt (siehe 19.10). In diesem Fall ergibt sich für die Binomialwahrscheinlichkeiten $q_j := P(X = j)$, $j = 0, \ldots, 4$:

$$q_0 = \frac{81}{256}, \quad q_1 = \frac{108}{256}, \quad q_2 = \frac{54}{256}, \quad q_3 + q_4 = \frac{13}{256}$$

(die Werte q_3 und q_4 wurden addiert, um im Hinblick auf die nachfolgenden Daten die Bedingung (29.19) in Bemerkung 29.9 zu erfüllen).

Um zu untersuchen, ob das Merkmal *Myoklonusepilepsie* dem dominant–rezessiven Erbgang folgt, wurde bei $n = 270$ Familien mit je 4 Kindern die Anzahl der Familien, in denen genau j Kinder Merkmalsträger sind, bestimmt. Dabei ergaben sich die Werte $k_0 = 90$, $k_1 = 122$, $k_2 = 50$, $k_3 + k_4 = 8$, so dass die χ^2–Testgröße den Wert

$$\begin{aligned}
\chi^2_n &= \frac{1}{n} \cdot \left(\frac{(90 - nq_0)^2}{q_0} + \frac{(122 - nq_1)^2}{q_1} + \frac{(50 - nq_2)^2}{q_2} + \frac{(8 - n(q_3 + q_4))^2}{q_3 + q_4} \right) \\
&= \cdots = 4.047 \ldots
\end{aligned}$$

liefert. Setzen wir $\alpha = 0.1$, so ergibt sich aus Tabelle 29.3 der kritische Wert $\chi^2_{3;0.9} = 6.25$. Wegen $4.05 < 6.25$ wird somit die Hypothese eines dominant–rezessiven Erbgangs bei einer zugelassenen Wahrscheinlichkeit von 0.1 für den Fehler erster Art nicht verworfen (vgl. [WEB], S.191).

29.9 Bemerkung

Es gibt zahlreiche Untersuchungen zur Frage, ab welchem Stichprobenumfang n die linke Seite von (29.16) gut durch das rechts stehende Integral approximiert wird und somit die Einhaltung eines angestrebten Niveaus α durch Wahl des kritischen Wertes mittels (29.18) für praktische Zwecke hinreichend genau ist. Eine allgemeine Empfehlung hierzu ist die Gültigkeit der Ungleichung

$$n \cdot \min(\pi_1, \pi_2, \ldots, \pi_s) \geq 5 \; . \qquad\qquad (29.19)$$

Um den χ^2–Test auch in Fällen durchführen zu können, in denen diese Bedingung verletzt ist, bietet sich neben einer „exakten Methode" analog zur Aufstellung von Tabelle 29.2 die Möglichkeit an, den Wert $\chi_n^2(k)$ zu berechnen und **anschließend die Situation unter H_0 mittels Pseudozufallszahlen mehrfach auf einem Computer zu simulieren.**

29.10 Einige Fehler im Umgang mit statistischen Tests

Es ist vom Grundprinzip statistischer Tests her unzulässig, eine Hypothese, die etwa im Rahmen eines explorativen „Schnupperns" in einem Datensatz gewonnen wurde, anhand derselben Daten zu testen. Dem Test bleibt in diesem Fall nichts anderes übrig, als dem Wunsch des „Hypothesen–Formulierers" entsprechend zu antworten. Haben sich z.B. in einer Bernoulli–Kette mit unbekannter Trefferwahrscheinlichkeit p in 100 Versuchen 60 Treffer ergeben, so kann etwa die Hypothese $H_0 : p = 0.6$ nur anhand „unvoreingenommener", unter den gleichen Bedingungen gewonnener Daten geprüft werden.

Ein weiteres Problem im Umgang mit statistischen Tests ist die Tatsache, dass fast ausnahmslos „signifikante Ergebnisse" veröffentlicht werden (die anderen werden als „uninteressant" eingestuft). Der damit einhergehende *Verzerrungs–Effekt* des Verschweigens (Nichtpublizierens) nichtsignifikanter Ergebnisse wird *publication bias* genannt. Auf der Jagd nach Signifikanz wird manchmal auch verzweifelt nach einem Test gesucht, der gegebenen Daten diese höhere Weihe erteilt (für kompliziertere, hier nicht behandelte Testprobleme existieren häufig mehrere Tests, die jeweils zur „Aufdeckung bestimmter Alternativen" besonders geeignet sind). Hat man etwa nach 9 vergeblichen Anläufen endlich einen solchen Test gefunden, so ist es ein „Ermogeln von Signifikanz", das Nichtablehnen der Hypothese durch die 9 anderen Tests zu verschweigen.

Übungsaufgaben

Ü 29.1 Bei der Züchtung einer gewissen Blumensorte ergeben sich rote und weiße Exemplare. Nach den Vererbungsgesetzen muss dabei eine der beiden Farben als dominantes Merkmal mit der Wahrscheinlichkeit 3/4 auftreten. In einem Kreuzungsversuch ergeben sich 13 Nachkommen. Mit welcher Wahrscheinlichkeit irrt man sich, wenn man die dabei häufiger auftretende Farbe für dominant hält?

Ü 29.2 In einem Versuch mit einem Zweifach-Wahlapparat (vgl. Bild 19.1) **ohne chemische Präparierung** soll untersucht werden, ob sich ein Käfer rein zufällig für einen der beiden Ausgänge entscheidet. Bei $n = 30$ unabhängigen Durchläufen des Apparates unter gleichen Bedingungen wurde 18 mal der Ausgang „-" und 12 mal der Ausgang „+" gewählt. Spricht dieses Ergebnis „signifikant" für eine systematische Bevorzugung einer der beiden Ausgänge? Wie groß ist der p–Wert?

Ü 29.3 Ein Würfel soll mit Hilfe des χ^2-Tests auf seine Echtheit (Hypothese H_0) geprüft werden. Dabei ist eine Fehlerwahrscheinlichkeit α für einen Fehler erster Art zugelassen. Aufgrund von 100 Würfen dieses Würfels ergab sich eine Annahme der Hypothese der Echtheit. Als dieser Würfel weitere 400 mal geworfen und ein χ^2-Test anhand aller 500 Würfe durchgeführt wurde, standen die beobachteten Häufigkeiten für die einzelnen Augenzahlen im Widerspruch zu H_0. Erklärung?

Ü 29.4 Ein möglicherweise verfälschter Würfel wird 200 mal in unabhängiger Folge geworfen, wobei sich die Häufigkeiten 32, 35, 41, 38, 28, 26 der einzelnen Augenzahlen ergaben. Ist dieses Ergebnis mit der Hypothese der Echtheit des Würfels verträglich, wenn eine Wahrscheinlichkeit von 0.1 für den Fehler erster Art toleriert wird?

Ü 29.5 Beweisen Sie die alternative Darstellung $\chi_n^2(k_1, \ldots, k_s) = n^{-1} \sum_{j=1}^{s} k_j^2/\pi_j - n$ für die χ^2-Testgröße.

Ü 29.6 Um zu testen, ob in einem Paket, das 100 Glühbirnen enthält, höchstens 10 defekte Glühbirnen enthalten sind, prüft ein Händler jedes Mal 10 der Birnen und nimmt das Paket nur dann an, wenn alle 10 in Ordnung sind. Beschreiben Sie das Verhalten des Händlers testtheoretisch und ermitteln Sie das Niveau des Testverfahrens.

Lernziel–Kontrolle

Sie sollten

- die Bestandteile eines statistischen Testproblems (*Modell–Rahmen, Hypothese und Alternative, kritischer Bereich*) kennen;

- die Begriffe *Fehler erster und zweiter Art* kennen und wissen, dass üblicherweise der Fehler erster Art schwerer wiegt;

- verstanden haben, dass Hypothesen und Alternativen nie bewiesen werden können;

- wissen, dass das Nichtverwerfen einer Hypothese H_0 i.a. nur bedeutet, dass die vorliegende Datenbasis zu gering ist, um einen signifikanten Widerspruch zu H_0 herbeizuführen.

- wissen, dass Hypothesen, die anhand von Daten gebildet werden, nie anhand derselben Daten getestet werden dürfen.

Nachwort

Nachdem Sie, lieber Leser, beim Durcharbeiten bis an diese Stelle vorgedrungen sind, können Sie nun beurteilen, ob die zu Beginn dieses Buches gesteckten Ziele erreicht wurden. Sie sollten einen ersten Eindruck von den Grundbegriffen und Ideen der Stochastik gewonnen haben und dabei mit relativ elementaren mathematischen Kenntnissen ausgekommen sein. Zum einen wollte ich Ihre stochastische Intuition schärfen, zum anderen sollten Sie aber auch die formalen Grundlagen der „Mathematik des Zufalls" erlernen, um bei der Kunst des stochastischen Modellierens von Zufallsphänomenen auf sicherem Boden zu stehen.

So hoffe ich etwa, dass Ihnen die Modellbildung beim Ziegenproblem keine Schwierigkeiten mehr bereitet, dass Sie das Phänomen der ersten Gewinnreihenwiederholung im Zahlenlotto richtig einschätzen können und dass Sie das Auftreten des Simpson–Paradoxons für eine interessante, aber mathematisch völlig banale Erscheinung halten. Sie sollten ferner für die Anwendbarkeit stochastischer Modellvorstellungen wie Unabhängigkeit und gleiche Verteilung sensibilisiert sein und die Grenzen der Schließenden Statistik anhand einer einfachen Situation, der Schätzung einer Wahrscheinlichkeit, deutlich vor Augen haben.

Ich würde mich freuen, wenn Sie beim Lesen dieses Buches so manches „Aha-Erlebnis mit Meister Zufall" hatten und zumindest mit einem Bein in die Stochastik eingestiegen sind. Sollten Sie Lust verspüren, auch das andere Bein nachzuziehen, bieten sich ganz nach Ihren persönlichen Interessen verschiedene Möglichkeiten an: Für jemanden, der sich tiefer in die Mathematische Stochastik einarbeiten möchte, herrscht kein Mangel an weiterführenden Lehrbüchern. Ein Klassiker ist weiterhin [FEL]; an deutschsprachigen Büchern sind u.a. [KR1], [KRZ] und [PFA] zu nennen. Sollten Sie als Naturwissenschaftler in erster Linie an statistischen Methoden interessiert sein, ist [STA] ein umfangreiches Lehrbuch zur statistischen Datenanalyse mit vielen Fallbeispielen.

Stochastik gilt gemeinhin als schwierig; ein Hauptgrund hierfür ist die Verbindung von Mathematik und Zufallserscheinungen über die stochastische Modellbildung. Ich hoffe, dass dieses Buch möglichst vielen den Zugang zu dieser faszinierenden Wissenschaft erleichtert hat.

Tabelle A1

Verteilungsfunktion $\Phi(t)$ der standardisierten Normalverteilung.
Für $t < 0$ verwende man die Beziehung $\Phi(t) = 1 - \Phi(-t)$.

t	$\Phi(t)$	t	$\Phi(t)$	t	$\Phi(t)$	t	$\Phi(t)$
0.00	0.5000	0.76	0.7764	1.52	0.9357	2.28	0.9887
0.02	0.5080	0.78	0.7823	1.54	0.9382	2.30	0.9893
0.04	0.5160	0.80	0.7881	1.56	0.9406	2.32	0.9898
0.06	0.5239	0.82	0.7939	1.58	0.9429	2.34	0.9904
0.08	0.5319	0.84	0.7995	1.60	0.9452	2.36	0.9909
0.10	0.5398	0.86	0.8051	1.62	0.9474	2.38	0.9913
0.12	0.5478	0.88	0.8106	1.64	0.9495	2.40	0.9918
0.14	0.5557	0.90	0.8159	1.66	0.9515	2.42	0.9922
0.16	0.5636	0.92	0.8212	1.68	0.9535	2.44	0.9927
0.18	0.5714	0.94	0.8264	1.70	0.9554	2.46	0.9931
0.20	0.5793	0.96	0.8315	1.72	0.9573	2.48	0.9934
0.22	0.5871	0.98	0.8365	1.74	0.9591	2.50	0.9938
0.24	0.5948	1.00	0.8413	1.76	0.9608	2.52	0.9941
0.26	0.6026	1.02	0.8461	1.78	0.9625	2.54	0.9945
0.28	0.6103	1.04	0.8508	1.80	0.9641	2.56	0.9948
0.30	0.6179	1.06	0.8554	1.82	0.9656	2.58	0.9951
0.32	0.6255	1.08	0.8599	1.84	0.9671	2.60	0.9953
0.34	0.6331	1.10	0.8643	1.86	0.9686	2.62	0.9956
0.36	0.6406	1.12	0.8686	1.88	0.9699	2.64	0.9959
0.38	0.6480	1.14	0.8729	1.90	0.9713	2.66	0.9961
0.40	0.6554	1.16	0.8770	1.92	0.9726	2.68	0.9963
0.42	0.6628	1.18	0.8810	1.94	0.9738	2.70	0.9965
0.44	0.6700	1.20	0.8849	1.96	0.9750	2.72	0.9967
0.46	0.6772	1.22	0.8888	1.98	0.9761	2.74	0.9969
0.48	0.6844	1.24	0.8925	2.00	0.9772	2.76	0.9971
0.50	0.6915	1.26	0.8962	2.02	0.9783	2.78	0.9973
0.52	0.6985	1.28	0.8997	2.04	0.9793	2.80	0.9974
0.54	0.7054	1.30	0.9032	2.06	0.9803	2.82	0.9976
0.56	0.7123	1.32	0.9066	2.08	0.9812	2.84	0.9977
0.58	0.7190	1.34	0.9099	2.10	0.9821	2.86	0.9979
0.60	0.7257	1.36	0.9131	2.12	0.9830	2.88	0.9980
0.62	0.7324	1.38	0.9162	2.14	0.9838	2.90	0.9981
0.64	0.7389	1.40	0.9192	2.16	0.9846	2.92	0.9982
0.66	0.7454	1.42	0.9222	2.18	0.9854	2.94	0.9984
0.68	0.7517	1.44	0.9251	2.20	0.9861	2.96	0.9985
0.70	0.7580	1.46	0.9279	2.22	0.9868	2.98	0.9986
0.72	0.7642	1.48	0.9306	2.24	0.9875	3.00	0.9987
0.74	0.7703	1.50	0.9332	2.26	0.9881	3.02	0.9987

Lösungen ausgewählter Aufgaben

L 1.1 $\Omega = \{\{1,2\}, \{1,3\}, \{1,4\}, \{2,3\}, \{2,4\}, \{3,4\}\}$

L 1.2 a) $\Omega = \{(a_1, a_2, a_3, a_4, a_5, a_6) : a_j \in \{1, 2, \ldots, 49\}$ für $j = 1, \ldots, 6;$
$1 \le a_1 < a_2 < \ldots < a_6 \le 49\}$
 b) $\Omega = \{(a_1, a_2, a_3, a_4, a_5, a_6, z) : a_j \in \{1, 2, \ldots, 49\}$ für $j = 1, \ldots, 6; \ z \in \{1, \ldots, 49\},$
$1 \le a_1 < a_2 < \ldots < a_6 \le 49; z \notin \{a_1, a_2, a_3, a_4, a_5, a_6\}\}$

L 1.3 a) $\Omega = \{(A, A, A), (A, A, Z), (A, Z, Z), (Z, Z, Z)\}$ (es kann nur festgestellt werden, wie oft *Adler* (A) oder *Zahl* (Z) fällt!) oder $\Omega = \{(3,0), (2,1), (1,2), (0,3)\}$,
wobei die erste (bzw. zweite) Komponente angibt, wie oft Adler (bzw. Zahl) fällt.
 b) $\Omega = \{(A, A, A), (A, A, Z), (A, Z, A), (A, Z, Z), (Z, A, A), (Z, A, Z),$
$(Z, Z, A), (Z, Z, Z)\}$
 c) $\Omega = \{(E, A), (E, Z), (Z, A), (Z, Z)\}$ (die erste Komponente sei die obenliegende
Seite des Pfennigs, $E \stackrel{\wedge}{=}$ „Eichenblatt")
 d) $\Omega = \{Z, EZ, EEZ, EEEZ, EEEEZ, EEEEEZ, EEEEEE\}$
 e) $\Omega = \{6, 7, 8, 9, \ldots\} = \{j \in \mathbb{N} : j \ge 6\}$

L 2.1 a) $A \cap \overline{B} \cap \overline{C}$ b) $A \cap B \cap \overline{C} + A \cap \overline{B} \cap C + \overline{A} \cap B \cap C$
c) $A \cap \overline{B} \cap \overline{C} + \overline{A} \cap B \cap \overline{C} + \overline{A} \cap \overline{B} \cap C + \overline{A} \cap \overline{B} \cap \overline{C}$

L 2.2 a) $\overline{A_1} \cap \overline{A_2} \cap \ldots \cap \overline{A_n}$
 b) $A_1 \cap \overline{A_2} \cap \ldots \cap \overline{A_n} + \overline{A_1} \cap A_2 \cap \overline{A_3} \cap \ldots \cap \overline{A_n} + \ldots + \overline{A_1} \cap \overline{A_2} \cap \ldots \cap \overline{A_{n-1}} \cap A_n$
 c) $A_1 \cap A_2 \cap \ldots \cap A_{n-1} \cap \overline{A_n} + A_1 \cap A_2 \cap \ldots \cap \overline{A_{n-1}} \cap A_n + \ldots + \overline{A_1} \cap A_2 \cap \ldots \cap A_n$

L 2.3 $A = \{(Z, Z, Z), (Z, Z, A), (A, Z, Z)\}, \ B = \{(Z, Z, Z), (A, A, A)\}$
 a) $A \cup B = \{(Z, Z, Z), (Z, Z, A), (A, Z, Z), (A, A, A)\}$
 b) $A \cap B = \{(Z, Z, Z)\}$ c) $A \setminus B = \{(Z, Z, A), (A, Z, Z)\}$
 d) $\overline{A \cup B} = \{(A, A, Z), (A, Z, A), (Z, A, A), (Z, A, Z)\}$

L 2.4 Die Augensumme ist höchstens fünf, und der zweite Wurf ergibt keine höhere
Augenzahl als der erste Wurf.

L 3.2 Es sei $\Omega := \{0, 1\}^{2n}, \ A_j = \{(a_1, \ldots, a_{2n}) \in \Omega : a_j = 1\} \ (j = 1, \ldots, 2n),$
$X := \sum_{j=1}^{n} 1\{A_j\}$ und $Y := \sum_{j=n+1}^{2n} 1\{A_j\}$.
 a) $\{X \ge 1\}$ b) $\{X = Y\}$ c) $\{X < Y\}$ d) $\{X < n\} \cap \{Y < n\}$

L 3.3 a) $\{-5, -4, \ldots, -1, 0, 1, \ldots, 4, 5\}$
 b) $\{1, 2, 3, 4, 5, 6, 8, 9, 10, 12, 15, 16, 18, 20, 24, 25, 30, 36\}$
 c) $\{k : k \in \mathbb{Z}, -11 \le k \le 4\}$

L 3.4 Eine mögliche Wahl ist $\Omega := \{6\} \cup \{(j, 6) : j = 1, 2, 3, 4, 5\} \cup \{(i, j, 6) : i, j \in$
$\{1, \ldots, 5\}\} \cup \{(i, j, k) : i, j, k \in \{1, \ldots, 5\}\}$ mit $X(6) := 100, \ X(j, 6) := 50, \ X(i, j, 6) :=$
10 und $X(i, j, k) := -30$ für $i, j, k \in \{1, \ldots, 5\}$.

L 4.1 a) Die Behauptung ergibt sich aus $\{j : j = 1, \ldots, n, a_j \in \emptyset\} = \emptyset$.
b) Dies folgt aus $|\{j : j = 1, \ldots, n, a_j \in A\}| + |\{j : j = 1, \ldots, n, a_j \in \bar{A}\}| = n$.
c) Wir zählen diejenigen $j = 1, \ldots, n$ mit $a_j \in A \cup B$, indem wir zunächst getrennt diejenigen j mit $a_j \in A$ und diejenigen j mit $a_j \in B$ zählen und deren Anzahlen addieren. Anschließend subtrahieren wir diejenigen j mit $a_j \in A \cap B$, da sie beim vorangegangenen Addieren doppelt gezählt wurden.

L 4.2 a) $0.0962\ldots$, $0.1418\ldots$, $0.1205\ldots$ b) $6/49 = 0.1224\ldots$

L 4.3 246 aller 520 Männer (ca. 47.3 %) sind höchstens 39 Jahre alt.

L 5.1 a)

											b)	349.7, 352
32	8	4	8	4								
33	4	0	6	5						c)	254.90..., 15.96...
34	1	2	6	4	9	5				d)	336, 372.5
35	8	5	3	5	2	9	8	3	2	4	e)	349.27
36	1	6								f)	62, 358-336=22
37	4	1	8							g)	9.5
38	6										

L 5.2 Im Fall $n = 2 \cdot s + 1$ ($s \in \mathbb{N}_0$) können wir $\alpha = 1/2$ setzen und erhalten $k = [n \cdot \alpha] = s$, also $x_{t,1/2} = x_{(s+1)}$. Im Fall $n = 2 \cdot s$ ($s \in \mathbb{N}$) liefert die Wahl $\alpha := (s-1)/(2s)$ das Ergebnis $k = [n \cdot \alpha] = s - 1$ und somit $x_{t,\alpha} = (x_{(s)} + x_{(s+1)})/2$.

L 5.3 355

L 5.4 Für die Stichprobenstandardabweichung folgt die Behauptung aus $n^{-1} \sum_{j=1}^{n} (a \cdot x_j) = a \cdot \bar{x}$ und $\sum_{j=1}^{n} (a \cdot x_j - a \cdot \bar{x})^2 = a^2 \cdot \sum_{j=1}^{n} (x_j - \bar{x})^2$. Für die anderen Streuungsmaße ist die Behauptung unmittelbar klar.

L 5.5 a) 14.4 $(= (20 \cdot 14 + 30 \cdot 12 + 50 \cdot 16)/100)$
b) $x_1 = \ldots = x_{10} = 0$, $x_{11} = \ldots = x_{20} = 28$, $y_1 = \ldots = y_{15} = 0$, $y_{16} = \ldots = y_{30} = 24$, $z_1 = \ldots = z_{26} = 0$, $z_{27} = \ldots = z_{50} = 100/3$.

L 5.6 Bezeichnen K das Kapital und p den gesuchten Zinssatz, so folgt die Behauptung aus der Gleichung $K \cdot (1 + p/100)^n = K \cdot \prod_{j=1}^{n}(1 + p_j/100)$.

L 5.7 Sind s die Länge einer Teilstrecke und v_0 die gesuchte Durchschnittsgeschwindigkeit, so gilt $v_0 = n \cdot s/(s/x_1 + s/x_2 + \cdots + s/x_n) = \bar{x}_h$.

L 6.1 Es sei allgemein $P(A) \geq 1 - a$, $P(B) \geq 1 - b$, wobei $0 \leq a, b \leq 1$ und $a + b \leq 1$. Wegen $P(A \cap B) = P(A) + P(B) - P(A \cup B)$ (Additionsgesetz 6.2 f)) und $P(A \cup B) \leq 1$ folgt $P(A \cap B) \geq 1 - a + 1 - b - 1 = 1 - (a + b)$.

L 6.2 Siehe die Herleitung von (11.3).   **L 6.3** $a/(a + b)$.

L 6.4 a) $25/36$ b) $16/36$ c) $16/36$ d) $32/36$

L 7.1 Eine mögliche Ergebnismenge (Augenzahlen sortieren!) ist $\Omega := \{(i,j,k) : 1 \leq i \leq j \leq k \leq 6\}$. Durch gedankliche Unterscheidung der Würfel (z.B. durch unterschiedliche Färbung) ergeben sich die Wahrscheinlichkeiten $p(i,i,i) = 1/216$ $(i = 1,\ldots,6)$; $p(i,i,j) = p(i,j,j) = 3/216$, falls $1 \leq i < j \leq 6$, und $p(i,j,k) = 6/216$, falls $1 \leq i < j < k \leq 6$.

L 7.2 Durch gedankliche Unterscheidung der Groschen wie in Beispiel 7.3 (z.B. durch Färbung) ergibt sich die richtige Wahrscheinlichkeit zu 1/2, denn von vier gleichwahrscheinlichen Fällen treffen zwei zu.

L 7.3 Da aus Symmetriegründen jede Kugel die gleiche „Chance" hat, als zweite gezogen zu werden, sollte die gesuchte Wahrscheinlichkeit 1/2 sein. Für eine formale Lösung seien die Kugeln von 1 bis 4 numeriert und die Kugeln 1 und 2 rot. Ein geeigneter Grundraum ist dann $\Omega := \{(1,2),(1,3),(1,4),(2,1),(2,3),(2,4),(3,1),(3,2),(3,4),$ $(4,1),(4,2),(4,3)\}$. Unter der Gleichverteilung P auf Ω folgt dann für das interessierende Ereignis $A := \{(1,2),(2,1),(3,1),(3,2),(4,1),(4,2)\}$ das Ergebnis $P(A) = |A|/|\Omega| = 6/12 = 1/2$.

L 7.4 Die Verteilung der Augensumme X beim dreifachen Wurf mit einem echten Würfel ist durch

k	3	4	5	6	7	8	9	10
$P(X=k)$	$\frac{1}{216}$	$\frac{3}{216}$	$\frac{6}{216}$	$\frac{10}{216}$	$\frac{15}{216}$	$\frac{21}{216}$	$\frac{25}{216}$	$\frac{27}{216}$

und $P(X = j) = P(X = 21 - j)$ für $j = 11, 12, \ldots, 18$ gegeben.

L 7.5 2/3

L 8.1 4536 $(= 9 \cdot 9 \cdot 8 \cdot 7$; an der ersten Stelle darf keine 0 stehen!)

L 8.2 Jede 6-Kombination $1 \leq b_1 < b_2 < \ldots < b_6 \leq 49$ **ohne Zwilling** läßt sich gemäß $a_j := b_j - j + 1$, $j = 1,\ldots,6$, zu einer 6-Kombination $1 \leq a_1 < a_2 \ldots < a_6 \leq 44$ aus $Kom_6^{44}(oW)$ „zusammenziehen" und umgekehrt (vgl. (8.3)). Die gesuchte W' ist somit $1 - \binom{44}{6}/\binom{49}{6} = 0.495\ldots$

L 8.3 Für die erste Flagge gibt es n Möglichkeiten (Masten). Für jede weitere Flagge gibt es jeweils **eine zusätzliche** Möglichkeit, nämlich direkt oberhalb und unterhalb der zuletzt gehißten Flagge.

L 8.4 a) Der Beweis erfolgt durch Induktion über n. Der Induktionsschluß $n \to n+1$ ergibt sich dabei unter Beachtung von $z^0 = 1$ und $\binom{n}{n+1} = 0$ aus

$$
\begin{aligned}
(x+y)^{n+1} &= (x+y)^n \cdot (x+y-n) = \sum_{k=0}^{n} \binom{n}{k} x^k \cdot y^{n-k} \cdot (x - k + y - n + k) \\
&= \sum_{k=0}^{n} \binom{n}{k} \left(x^{k+1} \cdot y^{n-k} + x^k \cdot y^{n-k+1} \right) \\
&= \sum_{k=0}^{n} \binom{n}{k} x^{k+1} \cdot y^{n+1-(k+1)} + \sum_{k=0}^{n} \binom{n}{k} \cdot x^k \cdot y^{n+1-k} \\
&= \sum_{j=1}^{n+1} \left[\binom{n}{j-1} + \binom{n}{j} \right] \cdot x^j \cdot y^{n+1-j} + \binom{n}{0} \cdot x^0 \cdot y^{n+1-0} \\
&= \sum_{j=0}^{n+1} \binom{n+1}{j} \cdot x^j \cdot y^{n+1-j} .
\end{aligned}
$$

b) Der Beweis verläuft völlig analog zu a).

L 8.5 a) $\binom{n}{k} = \frac{n!}{k!(n-k)!} = \frac{n!}{(n-k)!(n-(n-k))!} = \binom{n}{n-k}$. Ein „begrifflicher" Beweis benutzt, daß jede k–elementige Teilmenge einer n–elementigen Menge in eindeutiger Beziehung zu ihrer $(n-k)$–elementigen komplementären Menge steht.

b) folgt unter Benutzung von Rekursionsformel (8.5) durch Induktion über n.

L 8.6 1260 $(= \binom{9}{4} \cdot \binom{5}{3} \cdot \binom{2}{2})$. Wählen Sie erst aus den 9 Plätzen die 4 Plätze für die roten und dann aus den restlichen 5 Plätzen die Plätze für die weißen Kugeln!

L 8.7 Die W', mindestens eine Sechs in vier Würfen zu werfen, ist $1-(5/6)^4 = 0.517\ldots$ (komplementäre W'!). Die W', mindestens eine Doppel–Sechs in 24 „Doppel–Würfen" zu werfen, berechnet sich analog zu $1 - (35/36)^{24} = 0.491\ldots$.

L 8.8 a) 7–stellige Gewinnzahlen mit lauter verschiedenen (gleichen) Ziffern hatten die größte (kleinste) W', gezogen zu werden. Als Grundraum Ω kann die Menge der 7–Permutationen ohne Wiederholung aus $\{0_1, 0_2, \ldots, 0_7, 1_1, 1_2, \ldots, 1_7, \ldots, 9_1, 9_2, \ldots, 9_7\}$ gewählt werden (jede Ziffer ist gedanklich von 1 bis 7 durchnumeriert). Bei Annahme eines Laplace–Modells besitzt jede Zahl mit lauter verschiedenen (bzw. gleichen) Ziffern die gleiche W' $7^7/70^{\underline{7}}$ (bzw. $7!/70^{\underline{7}}$). Der Quotient von größter zu kleinster Ziehungsw' ist $7^7/7! \approx 163.4$.

b) $7 \cdot 7 \cdot 7 \cdot 6 \cdot 7 \cdot 6 \cdot 5/70^{\underline{7}} \approx 7.153 \cdot 10^{-8}$

c) Jede Ziffer der Gewinnzahl wird aus einer separaten Trommel (welche die Ziffern $0, 1, \ldots, 9$ je einmal enthält) gezogen. Gleichwertig hiermit ist das 7-fache Ziehen mit Zurücklegen aus einer Trommel, welche jede der Ziffern $0, 1, \ldots.9$ einmal enthält.

L 8.9 a) Sei $\Omega = Per_{64}^{64}(oW)$ die Menge aller regulären Auslosungen mit der am Ende von Ü 8.9 gemachten Interpretation sowie P die Gleichverteilung auf Ω. Ohne Beschränkung der Allgemeinheit sei 1 die Nummer der Stuttgarter Kickers und 2 die von Tennis Borussia Berlin. Das Ereignis „Mannschaft j hat gegen Mannschaft k Heimrecht" ist formal durch $A_{jk} := \{(a_1, \ldots, a_{64}) \in \Omega : a_{2i-1} = j$ und $a_{2i} = k$ für ein $i \in \{1, \ldots, 32\}\}$ gegeben. Wegen $|\Omega| = 64!$ und $|A_{jk}| = 32 \cdot 1 \cdot 62!$ (Multiplikationsregel) gilt $P(A_{jk}) = |A_{jk}|/|\Omega| = 1/126$, $1 \le j \ne k \le 64$, also insbesondere $P(A_{21}) = 1/126$. Dieses Ergebnis kann auch so eingesehen werden: Für Mannschaft 1 gibt es 63 gleichwahrscheinliche Gegner, wobei nach Auswahl des Gegners noch 2 Möglichkeiten für das Heimrecht vorhanden sind.
Die Menge der möglichen Paarungen der „nicht regulären" ersten Auslosung ist $\Omega_0 := \{(a_1, \ldots, a_{64}) \in \Omega : 1 \in \{a_{63}, a_{64}\}\}$. Dabei sei im folgenden P_0 die Gleichverteilung auf Ω_0. Setzen wir für $j \ne 1$, $k \ne 1$, $j \ne k$ $A_{jk}^0 := \{(a_1, \ldots, a_{64}) \in \Omega_0 : a_{2i-1} = j$ und $a_{2i} = k$ für ein $i = 1, \ldots, 31\}$, so folgt (Multiplikationsregel!) $P_0(A_{jk}^0) = |A_{jk}^0|/|\Omega_0| = 31 \cdot 1 \cdot 2 \cdot 61!/(2 \cdot 63!) = 1/126 = P(A_{jk})$. Mit $A_{1k}^0 := \{(a_1, \ldots, a_{64}) \in \Omega_0 : a_{63} = 1, a_{64} = k\}$ und $A_{k1}^0 := \{(a_1, \ldots, a_{64}) \in \Omega_0 : a_{63} = k, a_{64} = 1\}$ $(k \ne 1)$ ergibt sich ebenso $P_0(A_{1k}^0) = 62!/(2 \cdot 63!) = 1/126 = P_0(A_{k1}^0)$. b) 1/126.

L 9.1 Die Fächer sind die 49 Zahlen, und die wöchentlich ermittelten 6 Gewinnzahlen sind die 6 Fächer, welche mit je einem Teilchen besetzt werden. Nach 52 Besetzungen kann es vorkommen, daß jedes Fach mit mindestens einem Teilchen besetzt ist.

L 9.2 Es liegt das Modell 9.1 (3) bzw. 9.2 (3) vor. Die Anzahl verschiedener Einkaufskörbe ist $\binom{n+k-1}{k}$.

L 9.3 a) Aus einer Urne mit 6 von 1 bis 6 numerierten Kugeln wird mehrfach unter Beachtung der Reihenfolge mit Zurücklegen gezogen (Modell 9.1 (1)).
  b) Unterscheidbare Teilchen werden unter Zulassung von Mehrfachbesetzungen auf 6 von 1 bis 6 numerierte Fächer verteilt (Modell 9.2 (1)).

L 9.4 a) 10^4 (Modell 9.1 (2) bzw. 9.2 (2))   b) 10^4 (Modell 9.1 (1) bzw. 9.2 (1))
c) $\binom{10}{4}$ (Modell 9.1 (4) bzw. 9.2 (4))   d) $\binom{10+4-1}{4}$ (Modell 9.1 (3) bzw. 9.2 (3))

L 10.2 $k \geq 41$

L 10.3 Für $\omega = (a_1, \ldots, a_{n+1}) \in \Omega$ ist $X_n(\omega) := \min\{k : k \in \{2, \ldots, n+1\}$ und $a_k \in \{a_1, \ldots, a_{k-1}\}\}$.

L 10.4 $0.5568\ldots$

L 11.1 329 Haushalte besitzen keines der 3 Geräte. Setzen Sie $\Omega =$ Menge aller befragten Haushalte, A $(B, C) := \{\omega \in \Omega : \omega$ besitzt CD–Spieler (Videorecorder, PC)$\}$ und $P =$ Gleichverteilung auf Ω. Nach Voraussetzung gilt $P(A) = 0.473$, $P(A \cap B) = 0.392$ usw. Mit (2.1) auf Seite 11 und 6.2 d) folgt $P(\overline{A} \cap \overline{B} \cap \overline{C}) = 1 - P(A \cup B \cup C)$ und daraus mit (11.3) $P(\overline{A} \cap \overline{B} \cap \overline{C}) = \cdots = 0.329$.

L 11.2 Sei $\Omega := Per_8^4(mW)$, $P :=$ Gleichverteilung auf Ω, $A_j := \{(a_1, \ldots, a_8) \in \Omega : j \notin \{a_1, \ldots, a_8\}\}$ („j–tes Fach bleibt leer"), $1 \leq j \leq 4$. $A_1, \ldots, A_4$ sind austauschbar, wobei $P(A_1 \cap \ldots \cap A_r) = (4-r)^8/4^8$, $1 \leq r \leq 4$. Mit 11.6 folgt $P(\cup_{j=1}^4 A_j) = 0.3770\ldots$

L 11.3 a) Die erste Ziehung aller n Kugeln liefert nur eine „Referenz–Permutation", welche ohne Einschränkung als $1, 2, \ldots, n$ angenommen werden kann.
  b) Wir wählen zuerst aus den n Zahlen die k Fixpunkte aus (hierfür gibt es $\binom{n}{k}$ Möglichkeiten). Bei gegebener fester Wahl von k Fixpunkten existieren $\mathcal{R}_{n-k}$ Möglichkeiten, die restlichen $n-k$ Zahlen fixpunktfrei zu permutieren. Eine Anwendung der Multiplikationsregel 8.1 liefert dann die Behauptung.
  c) Mit $X := \sum_{j=1}^n 1\{A_j\}$ und A_j wie in 11.3 folgt nach b) und Gleichung (11.9)
$$P(X = k) = \frac{1}{n!} \cdot \binom{n}{k} \cdot \mathcal{R}_{n-k} = \frac{1}{k!} \sum_{r=0}^{n-k} \frac{(-1)^r}{r!} .$$

L 12.1 Es ist $P(A_j) = (j-1)/n$. Mit 12.3 folgt
$E(\sum_{j=2}^n 1\{A_j\}) = n^{-1} \cdot \sum_{j=2}^n (j-1) = n^{-1} \cdot (n-1) \cdot n/2 = (n-1)/2$.

L 12.2 Es ist $E(Y_n) \leq 6$ und $E(Y_n) \geq 6 \cdot P(Y_n = 6)$. Mit $P(Y_n = 6) = 1 - P(Y_n \leq 5) = 1 - (5/6)^n$ folgt die Behauptung.

L 12.3 Ein mögliches Modell ist $\Omega := \{(a_1, a_2, a_3, a_4) : a_j \in \{0, 1\}$ für $j = 1, 2, 3, 4\}$ mit $a_j = 1$ (0), falls im j–ten Wurf Adler (Zahl) erscheint, sowie (aus Symmetriegründen) $P :=$ Gleichverteilung auf Ω. Für $\omega = (a_1, a_2, a_3, a_4) \in \Omega$ ist der Spielgewinn durch $X(\omega) := 16$ $(= 20 - 4)$, falls $\omega = (1, 1, 1, 1)$, $X(\omega) := 6$ $(= 10 - 4)$, falls $\sum_{j=1}^4 a_j = 3$ und $X(\omega) := -4$ sonst, gegeben. Wegen

$$E(X) = 16 \cdot P(X=16) + 6 \cdot P(X=6) - 4 \cdot P(X=4)$$
$$= 16 \cdot \frac{1}{16} + 6 \cdot \frac{4}{16} - 4 \cdot \left(1 - \frac{1}{16} - \frac{4}{16}\right) = -\frac{1}{4}$$

sollte man dieses Spiel möglichst nicht einen ganzen Abend lang spielen.

L 12.4

$$
\begin{aligned}
E(X) &= 1 \cdot P(X=1) + 2 \cdot P(X=2) + 3 \cdot P(X=3) + \cdots + n \cdot P(X=n) \\
&= \quad\ P(X=1) + \quad\ P(X=2) + \quad\ P(X=3) + \cdots + \quad\ P(X=n) \\
& \qquad\qquad\quad + \quad\ P(X=2) + \quad\ P(X=3) + \cdots + \quad\ P(X=n) \\
& \qquad\qquad\qquad\qquad\qquad\ + \quad\ P(X=3) + \cdots + \quad\ P(X=n) \\
& \qquad\qquad\qquad\qquad\qquad\qquad\qquad\qquad\quad \vdots \\
& \qquad\qquad\qquad\qquad\qquad\qquad\qquad\qquad\quad\ + \quad\ P(X=n) \\[1ex]
&= \textstyle\sum_{j=1}^{n} P(X \geq j).
\end{aligned}
$$

L 12.5 Sei X_j die Augenzahl beim j-ten Wurf ($j = 1, 2$) sowie $X := \max(X_1, X_2)$, $Y := \min(X_1, X_2)$. Aus $X + Y = X_1 + X_2$ und $E(X_1) = E(X_2) = 3.5$ sowie $E(X) = 4\frac{17}{36}$ (vgl. 12.5) folgt $E(Y) = E(X_1) + E(X_2) - E(X) = 2\frac{19}{36}$.

L 13.1 Aus Symmetriegründen (Gleichberechtigung!) ist die Antwort 1/2.

L 13.2 a) $\binom{10}{2}\binom{40}{8}/\binom{50}{10} = 0.3368\ldots$
b) $1 - \binom{10}{0}\binom{40}{10}/\binom{50}{10} - \binom{10}{1}\binom{40}{9}/\binom{50}{10} = 0.6512\ldots$

L 13.3 Analog zur Herleitung von $|A_j|$ besetzen wir zur Bestimmung von $|A_i \cap A_j|$ zuerst die i-te, danach die j-te Stelle und danach die restlichen Stellen des Tupels $(a_1, \ldots, a_n)$ (z.B. von links nach rechts). Das liefert $|A_i \cap A_j| = r \cdot (r-1) \cdot (r+s-2)^{\underline{n-2}}$ und somit die Behauptung.

L 13.4 Es ist $|\tilde{\Omega}| = \binom{r+s}{n}$ und $|B_i| = \binom{r+s-1}{n-1}$ (wegen $i \in \{b_1, \ldots, b_n\}$ müssen noch $n-1$ Elemente aus $\{1, \ldots, r+s\} \setminus \{i\,\}$ ausgewählt werden). Somit folgt $\tilde{P}(B_i) = |B_i|/|\tilde{\Omega}| = n/(r+s)$ sowie $E(\sum_{i=1}^{r} 1\{B_i\}) = \sum_{i=1}^{r} \tilde{P}(B_i) = r \cdot n/(r+s)$.

L 14.1 1/3 (jede der sechs Kugeln hat die gleiche Chance, nach Entnahme zweier Kugeln gezogen zu werden)

L 14.2 Wir wählen $\Omega = \{r, s\}^3$, wobei ein r (bzw. s) in der j-ten Komponente angibt, ob die j-te gezogene Kugel rot (bzw. schwarz) ist. Aufgrund der Beschreibung des Experimentes sind die Startverteilung und die Übergangswahrscheinlichkeiten durch $p_1(r) = 2/5$, $p_1(s) = 3/5$, $p_2(r|r) = 1/5$, $p_2(s|r) = 4/5$, $p_2(r|s) = 3/5$, $p_2(s|s) = 2/5$, $p_3(r|r,r) = 0$, $p_3(s|r,r) = 1$, $p_3(r|r,s) = p_3(r|s,r) = 2/5$, $p_3(s|r,s) = p_3(s|s,r) = 3/5$, $p_3(r|s,s) = 4/5$, $p_3(s|s,s) = 1/5$ gegeben. Der Ansatz (14.13) liefert $p(r,r,r) = 2/5 \cdot 1/5 \cdot 0 = 0$, $p(r,s,r) = 2/5 \cdot 4/5 \cdot 2/5 = 16/125$, $p(s,r,r) = 3/5 \cdot 3/5 \cdot 2/5 = 18/125$, $p(s,s,r) = 3/5 \cdot 2/5 \cdot 4/5 = 24/125$ und somit nach Summation (2. Pfadregel) den Wert $58/125 = 0.464$ für die gesuchte Wahrscheinlichkeit.

L 14.3 Legen wir w weiße Kugeln und insgesamt c Kugeln in Schachtel 1, so ist $p(w, c) = (w/c + (100 - w)/(200 - c))/2$ die Gewinnwahrscheinlichkeit. Dabei können wir aus Symmetriegründen den Fall $c \leq 100$ annehmen. Bei festgehaltenem c wird $p(w, c)$ für $w = c$ maximal. Da $p(c, c)$ für $c = 1$ den Maximalwert $(1 + 99/199)/2 = 0.7487\ldots$ annimmt, lautet die optimale Verteilung: Lege eine weiße Kugel in eine Schachtel und die restlichen 199 Kugeln in die andere.

L 14.4 Für $(a_1, a_2, a_3) \in \Omega := \{0, 1\}^3$ sei $a_1 = 1$ (bzw. 0), falls ein A- bzw. B-Schalter vorliegt und $a_2 = 1$ (bzw. 0), falls dieser Schalter defekt (bzw. intakt) ist. Weiter sei $a_3 = 1$ (bzw. $= 0$), falls der Schalter akzeptiert (bzw. ausgesondert) wurde. Für das gesuchte Ereignis $C := \{(1, 1, 1), (0, 1, 1)\}$ folgt wegen $p(1, 1, 1) = p_1(1) \cdot p_2(1|1) \cdot p_3(1|1, 1) = 0.6 \cdot 0.05 \cdot 0.05$, $p(0, 1, 1) = p_1(0) \cdot p_2(1|0) \cdot p_3(1|0, 1) = 0.4 \cdot 0.02 \cdot 0.05$ das Ergebnis $P(C) = 0.0015 + 0.0004 = 0.0019$.

L 16.1 $2/3$

L 16.2 a) $1/(2 - q)$.   b) $2/3$.

L 16.3 Bleibt die Kandidatin bei ihrer ursprünglichen Wahl, so gewinnt sie das Auto mit W' $1/4$. Entscheidet sie sich mittels einer echten Münze für eine der beiden anderen verschlossenen Türen, so gewinnt sie das Auto mit W' $3/8$.

L 16.4 $1/2$ (Bayes–Formel!)

L 16.5   a) Da Spieler 1 seine Karten und den „Skat" kennt, sind für ihn alle $\binom{20}{10}$ Kartenverteilungen (Möglichkeiten, aus 20 Karten 10 für Spieler 2 auszuwählen) gleichwahrscheinlich. Die gesuchte W' ist $2 \cdot \binom{18}{9}/\binom{20}{10} = \frac{10}{19} = 0.526\ldots$. Der Faktor 2 rührt daher, dass wir festlegen müssen, wer den Kreuz Buben erhält.

b) Unter der gegebenen Information sind für Spieler 1 alle $\binom{19}{9}$ Möglichkeiten, Spieler 2 noch 9 Karten zu geben, gleichwahrscheinlich. Die W', dass Spieler 2 den Pik Buben **nicht** erhält, ist $\binom{18}{9}/\binom{19}{9} = \frac{10}{19}$. Der Vergleich mit a) zeigt, dass die gegebene Information die Aussicht auf „verteilte Buben" nicht verändert hat.

c) Die geschilderte Situation ist ähnlich zu derjenigen beim Zwei–Jungen–Problem. Wir müssen genau modellieren, auf welche Weise die erhaltene Information zu uns gelangt. Kann Spieler 1 überhaupt nur die ganz links in der Hand von Spieler 2 befindliche Karte sehen (diese Karte entspricht dem „Fenster" im Zwei–Jungen–Problem), so ergibt sich die gleiche Antwort wie in a) und b), **wenn wir unterstellen, dass Spieler 2 seine Karten in der aufgenommenen rein zufälligen Reihenfolge in der Hand hält** (bitte nachrechnen). Nehmen wir jedoch an, dass Spieler 2 seine eventuell vorhandenen Buben **grundsätzlich auf der linken Seite seiner Hand einsortiert**, so ist die gegebene Information gleichwertig damit, dass Spieler 2 **mindestens einen** der beiden schwarzen Buben erhält (Ereignis B). Bezeichnet P die Gleichverteilung auf allen $\binom{20}{10}$ möglichen Kartenverteilungen der Gegenspieler, so gilt $P(B) = 1 - P(\overline{B}) = 1 - \binom{18}{10}/\binom{20}{10} = 29/38$ und somit P (Spieler 2 erhält genau einen schwarzen Buben $|B) = (2 \cdot \binom{18}{9}/\binom{20}{10})/(29/38) = 20/29 = 0.689\ldots$ Die gegenüber b) „schwächere Information" hat somit unter der gemachten Annahme die Aussicht auf verteilte Buben erheblich vergrößert.

L 16.6 a) Es fehlt die Angabe, wie viele rote und schwarze Kugeln vorhanden sind.

  b) Es seien A_j das Ereignis, dass zu Beginn j rote und $3 - j$ schwarze Kugeln vorhanden sind und B das Ereignis, dass beim zweimaligen rein zufälligen Ziehen ohne Zurücklegen beide Kugeln rot sind. Nehmen wir allgemeine a priori W'en $p_j := P(A_j)$ an, wobei $p_0 + p_1 + p_2 + p_3 = 1$, so folgt $P(B|A_0) = P(B|A_1) = 0$, $P(B|A_2) = 1/3$, $P(B|A_3) = 1$ und somit nach der Bayes-Formel

$$P(A_3|B) \; = \; \frac{p_3 \cdot 1}{p_2/3 + p_3 \cdot 1} \; = \; \frac{3p_3}{p_2 + 3p_3} \; .$$

Die Antwort ($= P(A_3|B)$) hängt also von p_2 und p_3 ab. Für die spezielle a priori-Verteilung (Gleichverteilung) $p_0 = p_1 = p_2 = p_3 = 1/4$ folgt $P(A_3|B) = 3/4$. Nehmen wir jedoch die aus der Gleichverteilung auf allen 8 Möglichkeiten $(r,r,r), (r,r,s), (r,s,r)$ usw. resultierende a priori-Verteilung $p_0 = p_3 = 1/8, p_1 = p_2 = 3/8$ an, so ergibt sich $P(A_3|B) = 1/2$.

L 16.7 Wie in 16.13 betrachten wir die Gleichverteilung P auf $\Omega = \{mm, mw, wm, ww\}$.

  a) Es sei $B = \{mm, mw, wm\}$. Die gegebene Information führt (mangels genauerer Vorstellungen, auf welche Weise der Fall ww ausgeschlossen wurde) zur bedingten Wahrscheinlichkeit $P(\{mm\})|B) = P(\{mm\} \cap B)/P(B) = 1/3$.

  b) $P(\{mm\}|\{wm, mm\}) = 1/2$.

L 16.8 Mit den Bezeichnungen nach Bild 16.2 gilt $p(mw, m) = p(wm, m) = q/4$ und somit $P(C) = q/2 + 1/4$, $P(A|C) = (1/4)/(q/2 + 1/4) = 1/(2q + 1)$.

L 17.1 a) Es ist $P(A_1) = P(A_2) = P(A_3) = 1/2$ und $P(A_1A_2) = P(A_1A_3) = P(A_2A_3) = 1/4$, so dass die Behauptung folgt.

  b) Wegen $1/4 = P(A_1A_2A_3) \neq P(A_1)P(A_2)P(A_3)$ sind A_1, A_2, A_3 nicht unabhängig.

L 17.2 In einem Laplace-Raum der Ordnung n ist die Unabhängigkeit von A und B zu $n \cdot |A \cap B| = |A| \cdot |B|$ äquivalent, und nach Voraussetzung gilt $1 \leq |A| \leq |B| \leq n-1$.

  a) 360 (jeweils 180 Paare (A, B) mit $|A| = 2$, $|B| = 3$, $|A \cap B| = 1$ und $|A| = 3$, $|B| = 4$, $|A \cap B| = 2$)

  b) 0 (gilt für jeden Laplace-Raum von Primzahl-Ordnung, da die Gleichung $n|A \cap B| = |A| \cdot |B|$ für $1 \leq |A| \leq |B| \leq n - 1$ und n prim nicht erfüllbar ist)

L 17.3 Die W', mit einer Tippreihe 5 Richtige zu erhalten, ist $q_5 := \binom{6}{5} \cdot \binom{43}{1}/\binom{49}{6} = 258/\binom{49}{6}$. Aufgrund der gemachten Voraussetzung ist die gesuchte W' gleich $1 - (1 - 10q_5)^{2000} = 0.308\ldots$.

L 17.4 Wir betrachten die Funktion $x \longmapsto 1/x - (1 - p)^x$, $x \geq 3$, und approximieren $(1 - p)^x$ für kleines p durch $1 - px$. Minimierung der Funktion $x \longmapsto 1/x - (1 - px)$ bezüglich x (1. Ableitung!) liefert $x_0 = 1/\sqrt{p}$ als Abszisse der Minimalstelle.

L 17.5 Bezeichnet die Zufallsvariable X den Gewinn von B bei Anwendung der Strategie a, b, c (für Stein, Schere, Papier), so gilt $E(X) = a/4 - a/4 - b/2 + b/4 + c/2 - c/4 = (c - b)/4$. $E(X)$ wird maximal ($= 1/4$) für $c = 1$, $a = b = 0$, ein auch intuitiv einzusehendes Resultat.

L 17.6 Wegen $E_{a,b}(X) = 4 - 7a + b(12a - 7)$ folgt die Behauptung aus

$$\min_{0 \leq b \leq 1} E_{a,b}(X) = \begin{cases} 4 - 7a, & \text{falls} \quad a > 7/12 \\ 5a - 3, & \text{falls} \quad a < 7/12 \\ -1/12, & \text{falls} \quad a = 7/12 \ . \end{cases}$$

L 18.1 Für $X := \min(X_1, X_2)$, $Y := \max(X_1, X_2)$ gilt $P(X = i, Y = i) = 1/36$ $(i = 1, \ldots, 6)$, $P(X = i, Y = j) = 2/36$ $(1 \leq i < j \leq 6)$, $P(X = i, Y = j) = 0$, sonst.

L 18.2 Sind X und Y unabhängig, so gilt $P(X = 1, Y = 1) = P(X = 1) \cdot P(Y = 1) = (1/2) \cdot (1/2) = 1/4$, also $c = 1/4$. Ist umgekehrt $c = 1/4$, so folgt $P(X = i, Y = j) = P(X = i) \cdot P(Y = j)$, $1 \leq i, j \leq 2$.

L 18.3 Es sei X_j die Augenzahl bei einem Wurf mit Würfel Nr. j, wobei Würfel Nr. j u.a. die Augenzahl j aufweist. Wegen der (vorausgesetzten) Unabhängigkeit von X_1, X_2 und X_3 gilt $P(X_1 < X_2) = P(X_2 < X_3) = P(X_3 < X_1) = 5/9 > 1/2$, so dass es keinen besten Würfel gibt. Wählt Peter z.B. Würfel 2, so nimmt Anja Würfel 3 usw.

L 18.4 Wählt der k–te Reisende den Wagen Nr. i_k $(k = 1, 2, 3)$, so ist der Grundraum $\Omega := Per_3^3(mW)$ aller 27 Tripel $\omega = (i_1, i_2, i_3)$ mit der Gleichverteilung P auf Ω ein geeignetes Modell. In diesem Modell ist die Zufallsvariable X_j formal durch $X_j(\omega) := \sum_{k=1}^{3} \mathbf{1}\{i_k = j\}$, $\omega = (i_1, i_2, i_3)$, gegeben. Einfaches Abzählen der jeweils günstigen Tripel liefert die folgenden Lösungen:

a) $P(X_1 = u, X_2 = v, X_3 = w) = 1/27$, falls $(u, v, w) \in \{(3, 0, 0), (0, 3, 0), (0, 0, 3)\}$, $P(X_1 = u, X_2 = v, X_3 = w) = 3/27$, falls $(u, v, w) \in \{(2, 1, 0), (2, 0, 1), (1, 2, 0), (1, 0, 2), (0, 1, 2), (0, 2, 1)\}$ und $P(X_1 = 1, X_2 = 1, X_3 = 1) = 6/27$.

b) $P(X_1 = 0) = 8/27$, $P(X_1 = 1) = 12/27$, $P(X_1 = 2) = 6/27$, $P(X_1 = 3) = 1/27$.

c) Steht Y für die Anzahl der leeren Wagen, so gilt $P(Y = 0) = 6/27$, $P(Y = 1) = 18/27$ und $P(Y = 2) = 3/27$.

L 19.1
$$\begin{aligned} E(X) &= \sum_{k=0}^{n} k \cdot \binom{n}{k} \cdot p^k \cdot (1 - p)^{n-k} = \sum_{k=1}^{n} n \cdot \binom{n-1}{k-1} \cdot p^k \cdot (1 - p)^{n-k} \\ &= np \cdot \sum_{k=1}^{n} \binom{n-1}{k-1} \cdot p^{k-1} \cdot (1 - p)^{n-1-(k-1)} \\ &= np \cdot \sum_{j=0}^{n-1} \binom{n-1}{j} \cdot p^j \cdot (1 - p)^{n-1-j} = np \cdot (p + 1 - p)^{n-1} \\ &= np. \end{aligned}$$

L 19.2 In der Situation von 19.1 sei $Y := \sum_{j=1}^{n} \mathbf{1}\{\overline{A_j}\}$. Wegen $Y \sim Bin(n, 1 - p)$ $(P(\overline{A_j}) = 1 - p)$ und $X + Y = n$ folgt $P(Y = k) = P(n - X = k) = P(X = n - k)$, was gleichbedeutend mit der Symmetrie um die Achse $x = n/2$ ist.

L 19.3 Sei $p := 1/6$, $q := 5/6$. a) $1 - q^6 = 0.665\ldots$
b) $1 - (q^{12} + \binom{12}{1}pq^{11}) = 0.618\ldots$ c) $1 - (q^{18} + \binom{18}{1}pq^{17} + \binom{18}{2}p^2q^{16}) = 0.597\ldots$

L 19.4 Claudia kann 10 mal gleichzeitig mit Peter und unabhängig von ihm ihre Münze werfen. Gezählt werden hierbei die Versuche, bei denen sowohl Peter eine Sechs als auch Claudia einen Adler wirft. Die W' für einen solchen „Doppeltreffer" ist 1/12. Somit besitzt die in der Aufgabenstellung beschriebene „Anzahl der dabei erzielten Adler" die Binomialverteilung $Bin(10, 1/12)$.

L 19.5 $\begin{pmatrix} k \\ k_1, \ldots, k_m \end{pmatrix}$

L 19.6 Ist X_j die Anzahl der Würfe, bei denen die Augenzahl j auftritt $(j = 1, \ldots, 6)$, gilt $(X_1, \ldots, X_6) \sim Mult(8; 1/6, \ldots, 1/6)$. Das beschriebene Ereignis tritt genau dann ein, wenn entweder eine Augenzahl 3mal und die 5 übrigen je einmal oder 2 Augenzahlen je 2mal und die 4 übrigen je einmal auftreten. Aus Symmetriegründen folgt

$$\begin{aligned} P(X_j \geq 1; j = 1, \ldots, 6) &= 6 \cdot P(X_1 = 3, X_2 = \cdots = X_6 = 1) \\ &+ \binom{6}{2} \cdot P(X_1 = X_2 = 2, X_3 = \cdots = X_6 = 1) \\ &= 6 \cdot \frac{8!}{3!} \left(\frac{1}{6}\right)^8 + 15 \cdot \frac{8!}{2!2!} \left(\frac{1}{6}\right)^8 = 0.114\ldots \end{aligned}$$

L 19.7 a) $Mult(25; 0.1, 0.2, 0.3, 0.4)$ b) $Mult(25; 0.3, 0.3, 0.4)$ c) $Bin(25; 0.6)$

L 20.1 Zu $u, v \in [0, 1]$ mit $0 \leq u < v \leq 1$ existieren $i, j \in \mathbb{Z}$ mit $0 \leq i \leq j \leq m - 1$ und $i/m \leq u < (i+1)/m$, $j/m \leq v < (j+1)/m$. Es gilt $P_m(\{a \in \Omega_m : u \leq a \leq v\}) = (j - i + 1)/m$ im Fall $u = i/m$ (bzw. $\ldots = (j - i)/m$ im Fall $u > i/m$). Wegen $(j - i)/m \leq v - u \leq (j + 1 - i)/m$ im Fall $u = i/m$ (bzw. $(j - i - 1)/m < v - u < (j + 1 - i)/m$ im Fall $u > i/m$ folgt die Behauptung.

L 20.2 Der Induktionsanfang $n = 1$ ist unmittelbar klar. Der Induktionsschluss $n \to n + 1$ folgt wegen $r_1 \cdot \ldots \cdot r_{n+1} - s_1 \cdot \ldots \cdot s_{n+1} = (r_1 \cdot \ldots \cdot r_n - s_1 \cdot \ldots \cdot s_n)r_{n+1} + s_1 \cdot \ldots \cdot s_n(r_{n+1} - s_{n+1})$ aus der Dreiecksungleichung und $0 \leq r_j, s_j \leq 1$.

L 21.1 a) $35/12$, $\sqrt{35/12}$ b) $P(X^* = (j - 7/2)/\sqrt{35/12}) = 1/6$ $(j = 1, \ldots, 6)$.

L 21.2 a) Aufgrund der Verteilungsgleichheit von X und $c - Y$ gilt $V(X) = V(c - Y)$, und 21.4 d) liefert $V(c - Y) = V(Y)$.   b) Mit $Y := \max(X_1, X_2)$ gilt $\min(7 - X_1, 7 - X_2) = 7 - Y$. Aus a) und 21.2 b) folgt $V(\min(X_1, X_2)) = V(Y) \approx 1.97$.

L 21.3 Aus $P(X = j) = 1/n$ $(j = 1, \ldots, n)$ folgt $E(X) = n^{-1} \sum_{j=1}^n j = (n + 1)/2$ und $E(X^2) = n^{-1} \sum_{j=1}^n j^2 = n^{-1}n(n + 1)(2n + 1)/6 = (n + 1)(2n + 1)/6$, also $V(X) = E(X^2) - (EX)^2 = \cdots = (n^2 - 1)/12$.

L 21.4 Aus $V(Y_n) = (6 - EY_n)^2 P(Y_n = 6) + \sum_{j=1}^5 (j - EY_n)^2 P(Y_n = j)$ und $\lim_{n\to\infty} EY_n = 6$, $\lim_{n\to\infty} P(Y_n = j) = 0$ $(j = 1, \ldots, 5$, vgl. L 12.2) folgt die Behauptung.

L 21.5 a) Mit $a := (b+c)/2$ folgt nach 21.4 a) und 12.2 d), da $|X(\omega) - a| \leq (c - b)/2, \omega \in \Omega : V(X) = E(X - a)^2 - (EX - a)^2 \leq E(X - a)^2 \leq (c - b)^2/4$.
b)   Aufgrund obiger Ungleichungskette gilt $V(X) = (c - b)^2/4$ genau dann, wenn $a = (b + c)/2 = EX$ und $P(|X - a| = (c - b)/2) = 1$, also $P(X = b) + P(X = c) = 1$ gilt. Wegen $EX = (b + c)/2$ folgt dann $P(X = b) = P(X = c) = 1/2$.

L 21.6 Ja. Es sei $P(X = 0) := 1 - p$, $P(X = n) := p$ $(n \in \mathbb{N}, 0 < p < 1)$. Dann gilt $EX = np$ und $V(X) = n^2 p(1 - p)$, also $EX = n^{-1/2}$, $V(X) = n^{1/2} - 1/n$ für $p = n^{-3/2}$. Wählen Sie z.B. $n = 10^6 + 1$.

L 22.1 Nach 22.2 c), e) gilt $C(aX + b, cY + d) = ac \cdot C(X, Y)$. Wegen $V(aX + b) = a^2 V(X)$ und $V(cY + d) = c^2 V(Y)$ (vgl. 21.4 d)) folgt die Behauptung.

L 22.2 a) $C(X_1, X_1 + X_2) = C(X_1, X_1) + C(X_1, X_2) = V(X_1) + 0 = 35/12$ (vgl. L21.1)
b) Mit a) und $V(X_1 + X_2) = V(X_1) + V(X_2) = 2V(X_1)$ folgt $r(X_1, X_1 + X_2) = 1/\sqrt{2}$.
c) Es ist $E(X_1 \cdot \max(X_1, X_2)) = \sum_{i,j=1}^{6} i \cdot \max(i, j)/36 = 616/36$. Wegen $EX_1 = 3.5$, $E(\max(X_1, X_2)) = 161/36$ (vgl. 12.5) ergibt sich $C(X_1, \max(X_1, X_2)) = 35/24$.
d) Mit $V(\max(X_1, X_2)) = 2555/1296$ (vgl. 21.2 b)) und Teil c) folgt $3\sqrt{3}/\sqrt{73} \approx 0.608\ldots$.

L 22.3 Es gilt $X = \sum_{j=1}^{n} \mathbf{1}\{A_j\}$ mit $P(A_j) = r/(r+s)$ und $P(A_i \cap A_j) = P(A_1 \cap A_2) = r(r+c)/((r+s)(r+s+c))$, $1 \leq i \neq j \leq n$, vgl. (15.6). (22.3) liefert dann die Behauptung.

L 22.4 Es sei $A_j := \{X_j < X_{j+1}\}$, $j = 1, \ldots, n-1$. Einfaches Abzählen liefert $P(A_j) = 5/12$ und somit $EX = (n-1) \cdot 5/12$. Aufgrund der Unabhängigkeit von A_i und A_j im Fall $|i - j| \geq 2$ sowie $P(A_i \cap A_{i+1}) = 20/216$ $(i = 1, \ldots, n-2)$ folgt mit (22.2)

$$V(X) = (n-1) \cdot \frac{5}{12} \cdot \frac{7}{12} + 2 \cdot \sum_{j=1}^{n-2} (P(A_j \cap A_{j+1}) - P(A_j)^2) = (n+1) \cdot \frac{35}{432}.$$

L 22.5 Es gelten $V(X_i + X_j) = n(p_i + p_j)(1 - p_i - p_j)$ (Binomialvert.!), und $V(X_i + X_j) = V(X_i) + V(X_j) + 2\,C(X_i, X_j)$. Aus $X_i \sim Bin(n, p_i)$ folgt $V(X_i) = np_i(1 - p_i)$ (analog für X_j), so dass sich die Behauptungen durch direkte Rechnung ergeben.

L 22.6 $b^* = 1/2$, $a^* = 161/36 - 7/4 = 49/18$, $M^* = \frac{2555}{1296}(1 - \frac{27}{73}) \approx 1.242$.

L 22.7 a) $d^* = C(X, Y)/V(Y)$, $c^* = EX - d^* EY$.   b) folgt aus 22.9 a).

L 22.8 Mit $\bar{x} = 13.3175$, $\bar{y} = 6.55$, $\sigma_x^2 = 0.12421875$, $\sigma_y^2 = 0.098875$ und $\sigma_{xy} = -0.0998625$ folgt $a^* = 17.25\ldots$, $b^* = -0.8039\ldots$, $r = -0.9010\ldots$.

L 22.9 Sei o.B.d.A. $x_1 < \ldots < x_n$, also $r_j = j$ und somit (wegen $\rho = +1$) $q_j = j$ für $j = 1, \ldots, n$. Nach der Abänderung gilt $q_n = 1$ und $q_j = j + 1$ für $j = 1, \ldots, n-1$. Direkte Rechnung liefert $\rho_{neu} = 1 - 6/(n+1)$.

L 23.1 $\binom{z}{k} = \frac{z \cdot (z-1) \cdot \ldots \cdot (z-k+1)}{k!}$
$= (-1)^k \cdot \frac{(-z) \cdot (-z+1) \cdot \ldots \cdot (-z+k-1)}{k!} = (-1)^k \cdot \binom{k-z-1}{k}$.

L 23.2   a) Wegen $1/(j(j-1)) = 1/(j-1) - 1/j$ folgt $\sum_{j=2}^{n} 1/(j(j-1)) = 1 - 1/n$ und somit $\sum_{j=2}^{\infty} P(X = j) = \lim_{n \to \infty}(1 - 1/n) = 1$.
  b) Aufgrund der Divergenz der harmonischen Reihe $\sum_{j}^{\infty} 1/j$ besitzt die Zufallsvariable X keinen Erwartungswert.

L 24.1 a) $1 - (5/6)^6 = 0.665\ldots$ b) Aus $0.9 \leq 1 - (5/6)^n$ folgt $n \geq 13$.

L 24.2 13983816/20 Wochen oder (bei Beachtung von Schaltjahren) ca. 13382 Jahre.

L 24.3 Mit X_1, X_2 wie in (24.6) und $X := X_1 + X_2$ folgt für $j = 0, 1, \ldots, k$

$$
\begin{aligned}
P(X_1 = j | X = k) &= \frac{P(X_1 = j, X = k)}{P(X = k)} = \frac{P(X_1 = j)P(X_2 = k - j)}{P(X = k)} \\
&= \frac{(1-p)^j \cdot p \cdot (1-p)^{k-j} \cdot p}{\binom{k+2-1}{k} \cdot (1-p)^k \cdot p^2} = \frac{1}{k+1}.
\end{aligned}
$$

L 24.4 a) A gewinnt nach der $(2k+1)$-ten Drehung (Ereignis C_k), falls k mal hintereinander A und B beide nicht ihren jeweiligen Sektor treffen und dann das Rad in „A" stehen bleibt. Wegen $P(C_k) = ((1-p) \cdot p)^k \cdot p$ gilt $P(\text{A gewinnt}) = \sum_{k=0}^{\infty} P(C_k) = p/(1 - (1-p) \cdot p)$. b) Aus $0.5 = p/(1 - (1-p) \cdot p)$ und $0 \le p \le 1$ folgt die Behauptung.

L 24.5 Das „einfache Modell" benutzt, dass die Zahlen $1, 2, 3$ und 5 nicht interessieren und ihr Auftreten nur „Zeitverschwendung ist". Wir können stattdessen eine echte Münze nehmen und deren Seiten mit 4 bzw. 6 beschriften. Das günstige Ereignis ist dann das Auftreten der Folge $4, 4, 6$, und die Wahrscheinlichkeit hierfür ist $1/8$.
Für eine rechenintensivere Lösung sei $A_k := \{$ „erste 6 im k-ten Versuch" $\}$ und $B := \{$ „genau 2 Vieren vor der ersten Sechs" $\}$. Es gilt $P(B|A_1) = P(B|A_2) = 0$ sowie für $k \ge 3$ $P(B|A_k) = \binom{k-1}{2} \cdot (1/5)^2 \cdot (4/5)^{k-1-2}$ (Binomialverteilung und Laplace-Modell!). Wegen $P(A_k) = (5/6)^{k-1} \cdot (1/6)$ folgt dann mit (23.10) und der Formel von der totalen Wahrscheinlichkeit $P(B) = \sum_{k=1}^{\infty} P(A_k) \cdot P(B|A_k) = \ldots = 1/8$.

L 24.6 a) Wegen $Y_j - 1 \sim G((n-j)/n)$ gilt $E(Y_j) = n/(n-j)$. Da X_n und die in (24.13) stehende Summe die gleiche Verteilung besitzen, folgt $E(X_n) = 1 + \sum_{j=1}^{n-1} E(Y_j)$ und somit die Behauptung.
b) Mit a) ergibt sich die Lösung $E(X_6) = 14.7$.

L 24.7 Nach (24.13) und 22.3 gilt $V(X_n) = V(\widetilde{X}_n) = \sum_{j=1}^{n-1} V(Y_j)$. Wegen $Y_j - 1 \sim G((n-j)/n)$ folgt $V(Y_j) = n \cdot j/(n-j)^2$ und somit die Behauptung.

L 25.1 a) Für jedes n mit $1 + x_n/n > 0$ gilt $(1 + x_n/n)^n = \exp(n \cdot \log(1 + x_n/n))$ und somit aufgrund des Hinweises $\exp(x_n/(1 + x_n/n)) \le (1 + x_n/n)^n \le \exp(x_n)$. Hieraus folgt die Behauptung. b) ergibt sich aus a) mit $x_n := np_n$.

L 25.2 Es gilt $P(X + Y = k) = \sum_{j=0}^{k} P(X = j) \cdot P(Y = k - j)$ und somit

$$
\begin{aligned}
P(X + Y = k) &= e^{-(\lambda+\mu)} \cdot \frac{(\lambda+\mu)^k}{k!} \cdot \sum_{j=0}^{k} \binom{k}{j} p^j \cdot (1-p)^{k-j} \quad \left(p := \frac{\lambda}{\lambda + \mu} \right) \\
&= e^{-(\lambda+\mu)} \cdot (\lambda+\mu)^k / k! \cdot 1.
\end{aligned}
$$

L 25.3 Der maximale Wert wird im Fall $\lambda \notin \mathbb{N}$ für $k = [\lambda]$ und im Fall $\lambda \in \mathbb{N}$ für die beiden Werte $k = \lambda$ und $k = \lambda - 1$ angenommen.

L 25.4 a) Für jede der $M := \binom{49}{6}$ möglichen Kombinationen ist die Anzahl der abgegebenen Tips auf diese Kombination binomialverteilt mit Parametern $n = 10^8$ und $p = 1/M$. Setzen wir $\lambda := n \cdot p = 7.1511\ldots$, so ist nach 25.2 die Anzahl der Reihen mit 6 Richtigen approximativ $Po(7.1511\ldots)$-verteilt.
b) 0.0742 $(\approx \sum_{k=0}^{3} e^{-\lambda} \lambda^k / k!$ mit λ wie in a)).

L 25.5 Es ist $P(X = k | X + Y = n) = P(X = k, X + Y = n)/P(X + Y = n)$ sowie $P(X = k, X + Y = n) = P(X = k) \cdot P(Y = n - k)$. Wegen $X + Y \sim Po(\lambda + \mu)$ liefert Einsetzen die Behauptung.

L 26.1 Wegen $\lim_{n \to \infty} n p_n = 0$ existiert zu vorgegebenem $\varepsilon > 0$ ein n_0 mit $n p_n < \varepsilon/2$ für jedes $n \geq n_0$. Für diese n liefert der Hinweis $P(|Y_n| \geq \varepsilon) \leq P(|Y_n - n p_n| \geq \varepsilon/2)$. Wegen $P(|Y_n - n p_n| \geq \varepsilon/2) \leq V(Y_n)/(\varepsilon/2)^2 = 4 n p_n (1 - p_n)/\varepsilon^2$ (Tschebyschev–Ungleichung) und $\lim_{n \to \infty} n \cdot p_n = 0$ folgt $\lim_{n \to \infty} P(|Y_n| \geq \varepsilon) = 0$, also $Y_n \xrightarrow{P} 0$.

L 26.2 Nach 21.4 d) und 22.2 f) gilt

$$V(\overline{X}_n) \;=\; \frac{1}{n^2} \cdot V\left(\sum_{j=1}^{n} X_j \right) \;=\; \frac{1}{n^2} \cdot \left(n \cdot \sigma^2 + 2 \cdot \sum_{1 \leq i < j \leq n} C(X_i, X_j) \right).$$

Da die Voraussetzung der Unkorreliertheit von X_i und X_j für $|i - j| \geq k$ und die Cauchy–Schwarz–Ungleichung die Abschätzung

$$\sum_{1 \leq i < j \leq n} |C(X_i, X_j)| \;\leq\; n(k - 1)\sigma^2$$

liefern, folgt $\lim_{n \to \infty} V(\overline{X}_n) = 0$ und somit die Behauptung wegen $E(\overline{X}_n) = \mu$ aus der Tschebyschev–Ungleichung.

L 26.3 Die Behauptung folgt aus Ü 26.2 mit $X_j := 1\{A_j\}$ und $k = 2$.

L 26.4 a) $a_{10} = \sum_{j=6}^{10} \binom{10}{j} 2^{-10} = \frac{386}{1024} = 0.376\ldots$.
b) Bezeichnet X_n die Anzahl der Mädchen unter n Neugeborenen, so gilt $X_n \sim Bin(n, 1/$ und somit $a_{100} = P(X_{100} \geq 60) \leq P(|X_{100} - 50| \geq 10) \leq V(X_{100})/100$.
Wegen $V(X_{100}) = 100 \cdot \frac{1}{2} \cdot \frac{1}{2} = 25$ folgt $a_{100} < a_{10}$.
c) $a_n = P(X_n \geq n \cdot 0.6) \leq P(|\overline{X}_n - \frac{1}{2}| \geq 0.1) \to \infty$ bei $n \to \infty$ (Schwaches Gesetz großer Zahlen 26.3).

L 27.1 Es ist $Y \sim Bin(n, p)$ mit $n = 10000$ und $p = 1/2$.
a) $P(Y = 5000) \approx 1/\sqrt{5000\pi} = 0.0079\ldots$ (mit (27.7) und (27.9)).
b) $P(4900 \leq Y \leq 5100) \approx \Phi(2) - \Phi(-2) \approx 0.954$ (mit (27.18)).
c) $P(Y \leq 5080) \approx \Phi(1.6) \approx 0.945$ (mit (27.16)).

L 27.2 Sind $X_1, \ldots, X_n$ unabhängige und je Poisson–verteilte Zufallsvariablen mit Parameter 1, so gilt $\sum_{j=1}^{n} X_j \sim Po(n)$ und folglich $P(S_n \leq n) = P(\sum_{j=1}^{n} X_j \leq n)$. Wegen $E(X_1) = V(X_1) = 1$ liefert (27.21):

$$\lim_{n \to \infty} P(S_n \leq n) \;=\; \lim_{n \to \infty} P\left(\sum_{j=1}^{n} X_j - n \leq 0 \right) \;=\; \lim_{n \to \infty} P\left(\frac{\sum_{j=1}^{n} X_j - n}{\sqrt{n}} \leq 0 \right)$$

$$=\; \Phi(0) \;=\; \frac{1}{2}.$$

Andererseits gilt $P(S_n \leq n) = \sum_{j=0}^{n} e^{-n} n^j / j!$.

L 27.3 Es sei $S_n^* := (S_n - n\mu)/(\sigma\sqrt{n})$. Für jedes positive ε gilt $P(S_n^* = t) \leq P(t \leq S_n^* \leq t + \varepsilon)$. Wegen $\lim_{n\to\infty} P(t \leq S_n^* \leq t + \varepsilon) = \Phi(t + \varepsilon) - \Phi(t)$ ergibt sich $0 \leq \limsup_{n\to\infty} P(S_n^* = t) \leq \Phi(t + \varepsilon) - \Phi(t)$. Lassen wir ε gegen 0 streben, so folgt wegen der Stetigkeit von Φ die Behauptung.

L 27.4 Die Zufallsvariable X_j nehme den Wert $+1$ bzw. -1 an, falls der j-te Wurf Kopf bzw. Zahl ergibt. Wegen $S_n = \sum_{j=1}^n X_j$ sowie $E(X_j) = 0$ und $V(X_j) = 1$ liefert der ZGWS von Lindeberg–Lévy die Aussage

$$(*) \qquad \lim_{n\to\infty} P(-\varepsilon\sqrt{n} \leq S_n \leq \varepsilon\sqrt{n}) = 2\Phi(\varepsilon) - 1 \,, \qquad \varepsilon > 0.$$

a) Bei festem $\varepsilon > 0$ gilt für hinreichend großes n die Inklusion $\{-100 \leq S_n \leq 100\} \subseteq \{-\varepsilon\sqrt{n} \leq S_n \leq \varepsilon\sqrt{n}\}$ und somit wegen (*) die Abschätzung $\limsup_{n\to\infty} P(-100 \leq S_n \leq 100) \leq 2\Phi(\varepsilon) - 1$. Lassen wir hier ε gegen 0 streben, so ergibt sich wegen $\Phi(0) = 1/2$ die Behauptung.

b) Die zu beweisende Aussage folgt aus (*) mit $\varepsilon := 1$.

L 27.5 Es sei $S_n^* := (\sum_{j=1}^n \mathbf{1}\{A_j\} - np)/\sqrt{np(1-p)}$. Zu gegebenem $K > 0$ und $\varepsilon > 0$ wählen wir n so groß, dass die Ungleichung $K/\sqrt{np(1-p)} \leq \varepsilon$ erfüllt ist. Es folgt $P(|\sum_{j=1}^n \mathbf{1}\{A_j\} - np| \geq K) = P(|S_n^*| \geq K/\sqrt{np(1-p)}) \geq P(|S_n^*| \geq \varepsilon)$. Wegen $\lim_{n\to\infty} P(|S_n^*| \geq \varepsilon) = 1 - \int_{-\varepsilon}^{\varepsilon} \varphi(x)dx$ folgt $\liminf_{n\to\infty} P(|\sum_{j=1}^n \mathbf{1}\{A_j\} - np| \geq K) \geq 1 - \int_{-\varepsilon}^{\varepsilon} \varphi(x)dx$ für jedes $\varepsilon > 0$ und somit beim Grenzübergang $\varepsilon > 0$ die Behauptung.

L 28.1 Die Likelihood–Funktion zur Beobachtung k ist $L_k(p) = (1 - p)^{k-1} \cdot p$. Maximierung dieser Funktion bzgl. p liefert die Behauptung.

L 28.2 Die Likelihood–Funktion zum Beobachtungsvektor $k = (k_1, \ldots, k_n)$ ist durch $L_k(p) = \prod_{j=1}^n ((1 - p)^{k_j} \cdot p) = p^n \cdot (1 - p)^{\sum_{j=1}^n k_j - n}$ gegeben. Das Maximum dieser Funktion wird an der Stelle $n/\sum_{j=1}^n k_j$ angenommen (vgl. die Herleitung von (28.11)).

L 28.3 a) Es ist $p_o(0) = 1 - 0.01^{1/275} = 0.0166\ldots$ (mit (28.27)).

b) Aus $1 - 0.01^{1/n} \leq 10^{-4}$ folgt $n \geq \log(0.01)/\log(0.9999)$, also $n \geq 46\,050$.

c) $166\,000 \;(= 10\,000\,000 \cdot 0.0166)$.

L 28.4 a) Es ist $1.96 \cdot \sqrt{\hat{p}(1 - \hat{p})}/\sqrt{1250} \approx 0.027$. Der Schätzwert von 40% ist somit im Rahmen der Vertrauenswahrscheinlichkeit 0.95 bis auf ± 2.72 % genau.

b) Da das voraussichtlich erwartete Produkt $\hat{p} \cdot (1 - \hat{p})$ nahe bei $1/4$ liegt, wählen wir die Abschätzung (28.48) und erhalten $n_{min} \geq (1.96/0.01)^2/4$, also $n_{min} \geq 9\,604$.

L 28.5 a) Es sei $k = (k_1, \ldots, k_n)$ und $m := \max_{j=1,\ldots,n} k_j$. Die Likelihood–Funktion zu k ist durch $L_k(N) = 0$, falls $N < m$, und $L_k(N) = 1/\binom{N}{n}$, falls $N \geq m$, gegeben. Das Maximum von $L_k(N)$ wird für $N = m$ angenommen.

b) Die Wahrscheinlichkeit des beschriebenen Ereignisses ist $p := \binom{87}{4}/\binom{N}{4}$. Die Ungleichung $p \leq 0.05$ ist äquivalent zu $N \geq 183$.

L 28.6 Das in (28.52) stehende Ereignis ist gleichbedeutend mit $\{|R_n - p| \le \varepsilon\}$, wobei $\varepsilon = \sqrt{\rho}/(2\sqrt{\alpha n})$. Mit (28.49) und (28.50) liefert die Tschebyschev–Ungleichung (21.4) (Komplementbildung!): $P_p(|R_n - p| \le \varepsilon) \ge 1 - V_p(R_n)/\varepsilon^2 = 1 - 4 \cdot \alpha \cdot p \cdot (1 - p) \ge 1 - \alpha$.

L 29.1 Die Anzahl X der Nachkommen mit dominantem Merkmal besitzt die Binomialverteilung $Bin(15, 3/4)$. Im Fall $X \le 6$ wird die häufiger auftretende Farbe fälschlicherweise für dominant gehalten. Die Wahrscheinlichkeit hierfür ist $P(X \le 6) = \sum_{j=0}^{6} \binom{15}{j} (3/4)^j (1/4)^{15-j} \approx 0.02429$.

L 29.2 Der p–Wert des erhaltenen Resultates ist $2 \cdot P_{1/2}(S_{30} \ge 18) = 2 \cdot (1 - P_{1/2}(S_{30} \le 17) = 2 \cdot (1 - 0.8192 \cdots) = 0.3615 \cdots$.

L 29.3 Da kein Würfel wirklich echt ist (die Echtheit ist nur ein ideales Modell!), reichten die ersten 100 Würfe nicht aus, um eine tatsächlich vorhandene kleine Unsymmetrie zu erkennen. Man hüte sich zu glauben, mit der Annahme von H_0 aufgrund der ersten 100 Würfe sei die Echtheit des Würfels „bewiesen" worden.

L 29.4 Es ist $\chi_n^2(k_1, \ldots, k_6) = \frac{6}{200} \sum_{j=1}^{6} \left(k_j - \frac{200}{6}\right)^2 = \cdots = 5.02$ und $\chi_{5,0.9}^2 = 9.24$. Wegen $5.02 \le 9.24$ wird die Hypothese der Echtheit bei einer zugelassenen Wahrscheinlichkeit von 0.1 für den Fehler erster Art nicht verworfen.

L 29.5 Verwenden Sie die binomische Formel sowie $\sum_{j=1}^{s} k_j = n$ und $\sum_{j=1}^{s} \pi_j = 1$.

L 29.6 Die Situation entspricht der einer Urne mit r roten und $s = 100 - r$ schwarzen Kugeln (diese stehen für die defekten bzw. intakten Glühbirnen), aus welcher $n = 10$ mal ohne Zurücklegen gezogen wird. Die Anzahl X der gezogenen roten Kugeln besitzt die Verteilung $Hyp(10, r, s)$. Der Parameterbereich für r ist $\{0, 1, \ldots, 100\}$. Hypothese und Alternative lauten $H_0 : r \le 10$ bzw. $H_1 : r > 10$. Der Händler wählt den Annahmebereich $\mathcal{K}_0 := \{0\}$ und den kritischen Bereich $\mathcal{K}_1 := \{1, 2, \ldots, 10\}$. Es gilt

$$P_r(X \in \mathcal{K}_1) = 1 - P_r(X = 0) = 1 - \frac{s \cdot (s-1) \cdot \ldots \cdot (s-9)}{100 \cdot 99 \cdot \ldots \cdot 91}, \quad s = 100 - r.$$

Diese Wahrscheinlichkeit ist monoton wachsend in r. Für $r = 10$, $s = 90$ ergibt sich $P_{10}(X \in \mathcal{K}_1) = 0.6695 \ldots$, d.h. der Test besitzt das approximative Niveau 0.67.

Literaturverzeichnis

[AS]   *Abramowitz, A. und Stegun, Irene A. (Hrsg.)* (1972): Handbook of Mathematical Functions. Dover Publications, New York.

[BER] *Bernoulli, J.* (1713): Wahrscheinlichkeitsrechnung (Ars conjectandi). Ostwald's Klassiker der exakten Wissenschaften Nr.107/108. Verlag Wilhelm Engelmann, Leipzig 1899.

[BH]   *Barth, F. und Haller, R.* (1992): Stochastik Leistungskurs. 6. Nachdruck der 3. Auflage 1985. Ehrenwirth Verlag, München.

[BID] *Birkes, D. und Dodge, Y.* (1993): Alternative Methods of Regression. Wiley, New York.

[BIO] *Bickel, P.J. and O'Connel, J.W.* (1975): Is there sex bias in graduate admissions? Science 187, 398–404.

[BO]   *Bosch, K.* (1994): Lotto und andere Zufälle. Vieweg, Braunschweig, Wiesbaden.

[BRE] *Breger, H.* (1996): Gottfried Wilhelm Leibniz als Mathematiker. In: Überblicke Mathematik 1996/97. Vieweg, Braunschweig, Wiesbaden, 5 – 17.

[BS]   *Brachinger, W. und Steinhauser, U.* (1996): Verschiebungssatz: Historische Wurzeln, statistische Bedeutung und numerische Aspekte. Allgemeines Statistisches Archiv 80, 273–284.

[BUE] *Buehler, W.* (1987): Gauss. Eine biographische Studie. Springer–Verlag, Berlin, Heidelberg, New York.

[COC] *Cochran, W.G.* (1972): Stichprobenverfahren. Verlag W. de Gruyter, Berlin, New York.

[DI]   *Dieter, U.* (1993): Erzeugung von gleichverteilten Zufallszahlen. In: Jahrbuch Überblicke Mathematik 1993. Vieweg, Braunschweig, Wiesbaden, 25–44.

[EIC] *Eichhorn, E.* (1994): In memoriam Felix Hausdorff (1868–1942). Ein biographischer Versuch. In: Vorlesungen zum Gedenken an Felix Hausdorff, E. Eichhorn und E.-J. Thiele (Hrsg.), Heldermann Verlag, Berlin.

[FEL] *Feller, W.* (1970): An Introduction to Probability Theory and Its Applications Vol.1, 3. Auflage. Wiley, New York.

[FIH]   *Fellmann, E.A. und Im Hof, H.C.* (1993): Die Euler–Ausgabe — Ein Bericht zu ihrer Geschichte und ihrem aktuellen Stand. In: Jahrbuch Überblicke Mathematik 1993. Vieweg, Braunschweig, Wiesbaden, 185–193.

[FEU]   *Lewis S. Feuer* (1987): Sylvester in Virginia. The Mathematical Intelligencer 9, No. 2, 13–19.

[GIR]   *Girlich, H.-J.* (1996): Hausdorffs Beiträge zur Wahrscheinlichkeitstheorie. In: Felix Hausdorff zum Gedächtnis I, E. Brieskorn (Hrsg.), Vieweg, Braunschweig, Wiesbaden, 31 – 70.

[HEU]   *Heuser, H.* (1994): Lehrbuch der Analysis. Teil 1. 11. Auflage. Verlag B.G. Teubner, Stuttgart.

[KN]   *Knuth, D.E.* (1981): The art of computer programming Vol. 2 / Seminumerical algorithms. 2. Auflage. Addison–Wesley Publ. Comp., Reading, Massachusetts.

[KOL]   *Kolmogorov, A.N.* (1933): Grundbegriffe der Wahrscheinlichkeitsrechnung. Springer Verlag, Berlin, Heidelberg, New York, Reprint 1973.

[KRA]   *Krämer, W.* (1991): So lügt man mit Statistik. Campus Verlag, Frankfurt, New York.

[KRF]   *Krafft, O.* (1977): Statistische Experimente: Ihre Planung und Analyse. Zeitschrift f. Angew. Math. u. Mech. 57, T17–T23.

[KR1]   *Krengel, U.* (1991): Einführung in die Wahrscheinlichkeitstheorie und Statistik. Vieweg, Braunschweig, Wiesbaden.

[KR2]   *Krengel, U.* (1990): Wahrscheinlichkeitstheorie. In: Ein Jahrhundert Mathematik 1890 – 1990. Festschrift zum Jubiläum der DMV. Dokumente zur Geschichte der Mathematik 6. Vieweg, Braunschweig, Wiesbaden, 457–489.

[KRZ]   *Krickeberg, K, und H. Ziezold* (1995): Stochastische Methoden, 4. Auflage. Springer Verlag, Berlin, Heidelberg, New York.

[LIE]   *Lienert, G.A.* (1973): Verteilungsfreie Methoden der Biostatistik. Verlag Anton Hain. Meisenheim am Glan.

[ME]   *Meschkowski, H.* (1981): Problemgeschichte der Mathematik II. B.I.–Wissenschaftsverlag Mannheim, Wien, Zürich.

[MOR]   *Morgenstern, D.* (1968): Einführung in die Wahrscheinlichkeitsrechnung und mathematische Statistik. Springer Verlag, Berlin, Heidelberg, New York.

[NEU] *Neuenschwander, E.* (1996): Felix Hausdorffs letzte Lebensjahre nach Dokumenten aus dem Bessel–Hagen–Nachlass. In: Felix Hausdorff zum Gedächtnis I, E. Brieskorn (Hrsg.), Vieweg, Braunschweig, Wiesbaden, 253 – 270.

[PFA] *Pfanzagl, J.* (1992): Elementare Wahrscheinlichkeitsrechnung, 2. Auflage. Verlag W. de Gruyter, Berlin.

[PRE] *Precht, M.* (1987): Bio–Statistik. Eine Einführung für Studierende der biologischen Wissenschaften. 4. Auflage. Oldenbourg Verlag.

[QUA] *Quatember, A.* (1996): Das Problem mit dem Begriff der Repräsentativität. Allgemeines Statistisches Archiv 80, 236–241.

[RIE] *Riedwyl, H.* (1978): Angewandte mathematische Statistik in Wissenschaft, Administration und Technik. Verlag Paul Haupt. Bern, Stuttgart.

[VR] *von Randow, G.* (1992): Das Ziegenproblem. Denken in Wahrscheinlichkeiten. Rowohlt Taschenbuch Verlag, Hamburg.

[SCH] *Schneider, I. (1995)*: Die Rückführung des allgemeinen auf den Sonderfall – Eine Neubetrachtung des Grenzwertsatzes für binomiale Verteilungen von Abraham de Moivre. In. History of Mathematics: States of the Art, 263–275.

[SDS] *Hand, D.J. u.a. (Hrsg.)* (1994): A Handbook of small Data Sets. Chapman & Hall, London, New York.

[SHA] *Shafer, G.* (1988): The St. Petersburg Paradox. In: Encyclopedia of Statistical Sciences Vol. 8, S. Kotz und N.L. Johnson (Hrsg.), Wiley, New York.

[SJB] *Statistisches Bundesamt (Hrsg.)*: Statistisches Jahrbuch 1995 für die Bundesrepublik Deutschland. Verlag Metzler–Poeschel, Stuttgart.

[STA] *Stahel, W. A.* (1995); Statistische Datenanalyse. Eine Einführung für Naturwissenschaftler. Vieweg, Braunschweig, Wiesbaden.

[TOP] *Topsøe, F.* (1990): Spontane Phänomene. Vieweg, Braunschweig, Wiesbaden.

[WA] *Wagner, C.H.* (1982): Simpson's Paradox in Real Life. The American Statistician 36, 46–48.

[WAL] *Walter, W.* (1990): Analysis I. 2. Auflage. Springer Verlag, Berlin, Heidelberg, New York.

[WEB] *Weber, E.* (1986): Grundriss der biologischen Statistik. 9. Auflage. Gustav Fischer Verlag, Jena.

Symbolverzeichnis

Mengenlehre

Strukturen, Notationen

Kombinatorik

empirische Datenanalyse

Wahrscheinlichkeitsräume

Verteilungen

Zufallsvariablen

Statistik

Sachwortverzeichnis